Jonathan Weiner
Zeit, Liebe, Erinnerung

Jonathan Weiner

Zeit, Liebe, Erinnerung

Auf der Suche nach den Ursprüngen des Verhaltens

Aus dem Amerikanischen von Yvonne Badal

Siedler

Für zwei gute Freunde,
meinen Bruder Eric
und John Bonner

Kleine Fliege,
Deines Sommers Freude
Fegte meine Hand
Achtlos beiseite.

Bin ich denn nicht
Eine Fliege gleich dir?
Oder bist du
Ein Mensch nicht gleich mir?

William Blake
»Die Fliege«
Lieder der Erfahrung

Inhalt

Teil I

Occams Burg

*Ist die Vorstellung zu verwegen, daß in der langen
Zeit seit dem Erdenbeginn, vielleicht seit Millionen
von Zeitaltern vor dem Beginn der Menschheitsge-
schichte — ist die Vorstellung zu verwegen, daß alle
Warmblüter einer einzigen lebenden Faser ent-
sprangen ... die die Fähigkeit besitzt, sich durch die
ihr innewohnende Kraft fortwährend zu vervollkommnen und diese Vervollkommnung von Generation zu Generation der Nachkommenschaft weiter-
zureichen, Welt ohne Ende?*

Erasmus Darwin
Zoonomia, 1794

My handwriting same as Grandfather.

Charles Darwin
Randnotiz im »M Notebook«, 1838

KAPITEL I

Aus so einfachem Anfange

*Das uralte Gebot »Erkenne dich selbst!« und
das zeitgenössische Gebot »Studiere die Natur!«
werden endlich eine Maxime.*

Ralph Waldo Emerson
»The American Scholar«[1]

The nearest gnat is an explanation.

Walt Whitman
»Song of Myself«[2]

Seymour Benzers Labor erstreckt sich über zwei Flure im
Church Hall Gebäude des California Institute of Technology
in Pasadena, kurz Caltech genannt. In seinem privaten Arbeitszimmer, in der Ecke gelegen, wo die beiden Flure aufeinander stoßen, bewahrt er seine Utensilien und Trophäen auf.
Der fensterlose Raum, in dem er die Nacht zum Tag macht,
ist vollgestopft mit Plastikbehältern, die Benzer vor Jahrzehnten mit seiner krakeligen Handschrift in schwarzer Tinte be-
schriftet hat: *Linsen, Spiegel, Nadeln, Drähte, Stifte, Schalter,
Zahnstocher, Pfeifenputzer.* Es ist für alles gesorgt, was er mitten in der Nacht für ein Experiment brauchen könnte, sogar
für *Zähne (Mensch und Haifisch).*
Die abgenutzte graue Arbeitsplatte ist mit Teströhrchen
und Flaschen bepackt: das übliche Labormaterial, abgesehen
von den gläsernen und inzwischen völlig verkratzten Halblitermilchflaschen mit den altmodischen Werbe-Etiketten
(»5 cents – Just a Little Better«) und Schaumgummistöpseln.

In diesen Röhrchen und Flaschen befinden sich Mustersammlungen von Hunderten Mutanten, die Benzer und seine Studenten, die Studenten seiner Studenten und andere Wissenschaftler gezüchtet haben.

Es handelt sich um Taufliegen, deren Verhalten durch Mutation verändert wurde. Eine heißt zum Beispiel *timeless* und ist ein »clock«-Mutant, mit dessen innerer Uhr etwas nicht stimmt. In einem fensterlosen Raum wie Benzers Büro scheint dieser Mutant in völlig zufälligen Intervallen zu wachen und zu schlafen, als hätte die Fliege ihren Bund mit Tag und Nacht gebrochen und ordnete sich nun einem anderen Zyklus unter. Ein weiblicher Mutant wurde *dissatisfaction* getauft, weil die Fliege sich alle Männchen vom Leibe hält, indem sie sie beharrlich mit ihren Flügeln verscheucht. Dann gibt es noch *pirouette*: Sie fliegt ihre Kreise in zuerst weiten und dann immer engeren Bögen, ganz ähnlich der Art und Weise von Naturwissenschaftlern, ein Problem so lange einzukreisen, bis sie es auf einen einzigen Punkt konzentrieren können. Manchmal verhungert die Fliege dabei.

Der französische Philosoph Blaise Pascal betrachtete im siebzehnten Jahrhundert den nächtlichen Sternenhimmel, bevor er auf eine Milbe herabsah und sie sich in allen Einzelheiten ausmalte: »Beine mit Gelenken, Adern in diesen Beinen, Blut in diesen Adern, Säfte in diesem Blut, Tropfen in diesen Säften«[3] und immer so fort, bis hin zu den Atomen. »Das ewige Schweigen dieser unendlichen Räume erschreckt mich«, schrieb er und meinte damit die »beiden Unendlichkeiten, die das Objekt der Wissenschaften sind«, die eine über ihm und um ihn herum und die andere unter und in ihm.[4] Von diesen beiden wahrhaft »erzittern« aber ließ ihn jener unendliche Raum, den er nicht einmal ansatzweise sehen konnte: der Sternenstaub der Atome, aus dem sich seine Gedanken und Ängste zusammensetzten und der seine Finger veranlasste, sich um die Feder zu legen. »Wer sich so betrachtet, wird vor sich selbst erschrecken.«

Das zwanzigste Jahrhundert war gleichsam eine lange, nach innen gerichtete Spirale auf der von Pascal vorgezeichneten Bahn. Sie begann mit einem einzigen Fliegenmutanten in einer Milchflasche am Anfang des Jahrhunderts und erreichte kurz vor dessen Ende jene Atome, über die Pascal so ehrfürchtig geschrieben hatte. Falls diese Spirale tatsächlich dorthin führt, wo sie hinzuführen verspricht oder droht, wird man sich ihrer eines Tages vermutlich als eines der bedeutendsten Entdeckungsprozesse seit dem Beginn aller Naturwissenschaften erinnern, vergleichbar dem Erkenntnisschub in der Physik des zwanzigsten Jahrhunderts. Die Physik eröffnete uns eine neue Sicht auf Raum und Zeit des Universums über und um uns herum; die Biologie ermöglichte uns erste flüchtige Einblicke in die Grundbausteine von Erfahrung im Universum unter und in uns: in Zeit, Liebe und Erinnerung.

Wie sehen die Verbindungen, die physischen Verbindungen zwischen Genen und Verhalten aus? Wie verläuft die Kettenreaktion, die von einem einzelnen Gen zu einem Bellen, einem Lachen, einem Lied, einem Gedanken, einer Erinnerung, dem Erkennen von Rot, der Hinwendung zum Licht, einer erhobenen Hand oder einem ausgebreiteten Flügel führt? Die ersten Naturwissenschaftler, die sich ernsthaft mit dieser Frage befaßten, waren jene Revolutionäre, welche herausfanden, woraus ein Gen Atom für Atom besteht – die Urväter der Wissenschaft, die man heute Molekularbiologie nennt. Seymour Benzer war einer von ihnen, und gemeinsam mit seinen Studenten brachte er dieses Unterfangen am weitesten voran. Doch da er ebenso zurückgezogen forschte wie seine Studenten, hat bisher noch niemand ihre Geschichte erzählt, obwohl die »harte« Wissenschaft Verhaltensgenetik im wesentlichen ihren Fliegenflaschen entsprungen ist. So gesehen ist die Fliegenflasche einer der bedeutendsten Nachlässe der Naturwissenschaften des zwanzigsten Jahrhunderts an die Naturwissenschaften des 21. Jahrhunderts – ein großes Geschenk, mit dem allerdings auch Wissen übergeben wird, das die nächtliche Ruhe von Menschen im dritten Jahrtausend empfindlich stören und ihr Alltagsleben entscheidend verändern könnte. Pascal zitierte den heiligen Augustinus: »Der Mensch ... kann nicht begreifen, was der Körper, und noch viel weniger, was der Geist ist, und am allerwenigsten, wie ein Körper mit einem Geist verbunden sein kann..., und gerade darin liegt sein eigentliches Wesen.«[5]

Von einem Regal in seinem Arbeitszimmer greift sich Benzer
ein verstaubtes Gestell mit Teströhrchen. Sie sind in zwei Reihen so übereinander angeordnet, dass er ein Röhrchen gegen
das nächste verschieben und sie miteinander jeweils so verbinden kann, dass ein geschlossener Glastunnel entsteht. Das
Ganze sieht aus wie eine Panflöte[6] und ist eine derart einfache
Konstruktion, dass Benzers erstes Modell aus den sechziger
Jahren bis heute verwendet wird. Inzwischen steht eine Nach-
bildung im Londoner Wissenschaftsmuseum, und im Explo-
ratorium von San Francisco plant man gerade, ein entsprechendes Modell zu automatisieren, damit der Besucher sämtliche Arbeitsschritte in einem Schaukasten beobachten kann.

Benzer wischt den Staub von den Röhrchen und legt sie
flach auf die Arbeitsfläche. Dann platziert er eine Fünfzehn-
Watt-Glühbirne auf die entgegengesetzte Seite des Tisches
und schaltet das Deckenlicht aus. Nur noch der schwache
Schein der Glühbirne beleuchtet die Teströhrchen und spie-
gelt sich in den Gläsern von Benzers Lesebrille. Die lange, mit
Flaschen und unterschiedlichsten Behältnissen vollgestellte
Regalreihe, die Stapel von Büchern und Manuskripten verschwinden im Dunkel. Der Lichtkegel fängt gerade noch die
Konturen eines gegen die Wand gelehnten Ammoniten ein,
einer fossilen Muschel in Form eines aufgerollten Elefanten-
rüssels, und die Schemen von ein paar Trilobiten, versteiner-
ten Fossilien mit knolligen Augen. In der hintersten Ecke von
Benzers Heiligtum wartet ein menschliches Gehirn. Benzer
will schon seit Ewigkeiten einen passenden Glasbehälter finden, um es als Memento mori – oder eher: Memento vivere –
auf seinen Schreibtisch zu stellen. Bis dahin muss es in einem
Eimer mit Formaldehyd ausharren, die Überreste des Rü-
ckenmarks wie die Nabelschnur eines Embryos unter sich
zusammengerollt.

Die Idee für seine »Panflöten« kam Benzer eines Nachts im
Jahr 1966, als er zwei Teströhrchen Kopf an Kopf aneinander
hielt, um einer Taufliege im so entstandenen Glastunnel den
Ausweg zu versperren.[7] Er drehte das Licht aus, klopfte mit
dem Röhrchentunnel auf seine Arbeitsplatte, damit die Fliege
auf den Boden des unteren Glases fiel, und legte ihn dann

flach auf den Tisch. Am einen Ende des Tunnels befand sich die Fliege, am anderen ein schwaches Licht. Benzer setzte sich außerhalb des Lichtkegels und beobachtete, wie sich die Fliege in ihrem Tunnel zum Licht vorarbeitete, ganz so wie er es erwartet hatte, denn in jedem Lehrbuch stand, dass eine erwachsene Taufliege an einem dunklen Ort von Licht angezogen wird – nicht anders als ein erwachsener Mensch in ähnlicher Lage. Auch die nächste Fliege bewegte sich auf das Licht zu. Doch dann stellte Benzer zu seiner Überraschung fest, dass ein und dieselbe Fliege bei mehrmaliger Wiederholung dieses Versuchs nicht immer dasselbe tat. Eine Fliege raste zum Beispiel beim ersten Test dem Licht entgegen, beim nächsten krabbelte sie nur ein Stück weiter und schließlich gab sie ganz auf. Eine andere ignorierte das Licht beim ersten Mal, stürzte sich ihm jedoch bei der nächsten Gelegenheit entgegen. Die meisten Fliegen wählten bei jedem Versuch erneut den Weg zum Licht, doch voraussagbar war dieses Ergebnis nie.

1966 bestand kaum noch ein Zweifel daran, dass künftigen Historikern von all den wissenschaftlichen Erkenntnissen des zwanzigsten Jahrhunderts vor allem die »Theorie der atomaren Materie« (»atomic theory of matter«) und die »Theorie der atomaren Vererbung« (»atomic theory of inheritance«) im Gedächtnis bleiben würden, die Physiker und Genetiker bereits zu Anfang des Jahrhunderts entwickelt hatten. Mitte des Jahrhunderts vereinigten dann einige junge Naturwissenschaftler, darunter Benzer und Francis Crick (beides abtrünnige Physiker) sowie James Watson (ein abtrünniger Ornithologe), diese beiden Theorien miteinander: Sie fanden heraus, woraus ein Gen Atom für Atom besteht – die Doppelhelix, die Spiraltreppe der DNS; sie kartierten die Feinstrukturen des Gens bis hinunter zu seinen Atomen und knackten den Code, in dem die genetischen Botschaften verfasst werden. Nun wussten sie präzise, was ein Gen physisch gesehen ist, aber sie wussten nicht, wie sie die – atomaren – Details, die sie untersuchten, mit den Details jener lebendigen Welt in Einklang bringen konnten, für die sie sich wie wir alle am meisten interessierten: Hände, Augen, Lippen, Gedanken, Handlungen, Verhalten. Nach weiteren zehn Jahren hatten diese zu Biologen gewandelten Physiker jedoch so viel über Gene in Erfahrung gebracht, dass sie beginnen konnten, über diese hinaus nach neuen Welten zu suchen, die es zu erobern galt. Den Wagemutigsten winkten eine Menge neuer Welten, denn vom Gen aus führen Pfade in unzählige Forschungsrichtungen, etwa zur Frage nach dem Ursprung allen Lebens oder nach dem Embryonalwachstum, dem Bewusstsein und nach dem Verhalten – jene Frage, die Crick »auf fesselnde Weise rätselhaft« nannte, »eines der letzten wahren Geheimnisse der Biologie«.

Watson, Crick, Benzer und die anderen aus ihrem Kreis waren durch die Arbeit mit Viren und *E.-coli*-Bakterien in Petrischalen auf die Doppelhelix gestoßen, doch natürlich war ihnen bekannt, dass schon vor ihnen Genetiker eine »Theorie der atomaren Vererbung« mit Hilfe von Taufliegen in Milchflaschen entwickelt hatten. Benzer, der einen starken und manchmal fast schon sentimentalen Sinn für Geschichte hat, gefiel die Vorstellung, den nächsten großen Schritt nach vorn durch einen Schritt zurück zu erreichen. Taufliegen sind größer als Bakterien, aber sie sind noch immer winzig. Sie gleichen Sandkörnchen mit Flügeln, klein genug, um durch die Maschen von Fliegengittern hindurchzukriechen, beinahe so klein wie Pascals Milben – so klein, dass Aristoteles sie für Gnitzen hielt.[8] Benzer, mit seiner Ausbildung als Physiker und seiner Forschung am *E. coli*, betrachtete Taufliegen schlicht als Verhaltensatome und hielt sie daher für bestens geeignet, um mit ihrer Hilfe eine neue naturwissenschaftliche Sicht zu begründen: die »Theorie des atomaren Verhaltens« (»atomic theory of behavior«).

Zufällig enthielt die allererste veröffentlichte Laborstudie über die *Drosophila* (Taufliege)[9] – ein längst vergessenes Elaborat, das Benzer später irgendwo auftrieb – auch einen Bericht über das Verhalten von Fliegen und deren Reaktionen auf Licht, Schwerkraft und mechanische Stimulanz. Schon in diesem ersten, 1905 erschienenen Aufsatz wurde bezweifelt, dass es sich beim Lichtinstinkt von Fliegen um einen einfachen Instinkt handle. Stellte man zum Beispiel ein Fliegenglas auf eine Fensterbank, ließen sich, so die Erkenntnis des Biologen aus Harvard, die meisten Fliegen an den Seiten des Glases nieder und wandten den Kopf von der Sonne ab. Drehte man jedoch das Glas ein wenig, bewegten sich fast alle sofort in Richtung Fenster.

Benzer glaubte jedenfalls mit der *Drosophila* genau jene goldene Mitte gefunden zu haben, nach der er Ausschau gehalten hatte.[10] Ein *E.-coli*-Bakterium ist ein Einzeller, daher konnte Benzer es sich gewissermaßen als ein Nervensystem mit einem einzelnen Neuron vorstellen. Ein menschliches Neugeborenes besitzt etwa eine Milliarde Neuronen, eines für jeden Stern in der Milchstraße. Eine Taufliege verfügt über ungefähr einhunderttausend Neuronen[11] und ist daher das geometrische Mittel zwischen dem einfachsten und dem kompliziertesten Nervensystem, das wir kennen. Die Masse eines einzelnen *E.-coli*-Bakteriums beträgt ein Zehnbillionstel Gramm, die eines Menschen einhunderttausend Gramm. Mit einer Masse von zweitausendstel Gramm stellt die Fliege wiederum das ungefähre geometrische Mittel dar. Die Generationenspanne eines Bakteriums beträgt das Hundertstel eines Tages, die eines Menschen zehntausend Tage (das heißt, großzügig gerundet, zehntausend Tage, bis er Nachwuchs produziert). Die Generationenspanne einer Fliege beläuft sich auf etwa zehn Tage, was sie erneut zum ungefähren geometrischen Mittel zwischen beiden macht. Und sogar die Anzahl der in einer Fliege enthaltenen Gene ergibt einen Mittelwert zwischen Bakterium und Mensch. Wenn man großzügig rundet, kann man sagen, dass ein Bakterium über 4000 Gene verfügt, ein Mensch über 70 000 und eine Fliege über 15 000; zwischen dem einfachsten und dem kompliziertesten aller uns bekannten Lebewesen auf diesem Planeten repräsentiert die Fliege wiederum den Mittelwert.

Benzer gestaltete sein Röhrchenexperiment nach dem Vorbild eines Laborverfahrens, das er sich bei einem Chemiker abgeguckt hatte: ein simpler Trick, um zwei Verbindungen zu trennen. Die eine ließ sich etwas leichter in Öl lösen, die andere leichter in Wasser. Also goss der Chemiker seine Mischung in

Öl und Wasser und schüttelte sie. Er wartete, bis sich Öl und Wasser getrennt hatten und das Öl oben, das Wasser unten schwamm, dann verteilte er die obere und untere Schicht auf separate Röhrchen, fügte frisches Öl und Wasser hinzu und schüttelte erneut. Nachdem er das oft genug wiederholt hatte, waren die beiden Verbindungen sauber getrennt. Im Röhrchen mit dem Öl befand sich nun eine beinahe reine Probe jener Verbindung, die Öl präferierte, im Röhrchen mit Wasser diejenige, welche Wasser bevorzugte. Chemiker nennen das die Verteilungsmethode nach dem Gegenstromprinzip, weil damit gewissermaßen Ströme in entgegengesetzte Richtungen erzeugt werden: Die eine Verbindung fließt nach oben, die andere nach unten.

Also beschloss Benzer, seinen eigenen Gegenstromapparat zu bauen. Dabei ging er davon aus, dass die meisten Fliegen in den Fliegenflaschen dieser Welt zwar das Licht dem Dunkel vorziehen, es jedoch immer einige geben wird, die die Dunkelheit lieber mögen. Nur wollte er, dass sich die Fliegen selber zu zwei mehr oder weniger reinen Teilchenmengen sortierten, nämlich in die Licht- und die Dunkelheitliebhaber. Anschließend würde er sich auf die Suche nach den Genen machen, die für diesen Unterschied verantwortlich sind. Nachdem er eine Weile herumexperimentiert hatte, kam er schließlich auf die Idee mit den »Panflöten«. Er konstruierte ein Gestell mit gegeneinander verschiebbaren Röhrchen und konnte nun eine Reihe von simplen Trennungsprozessen nach besagtem chemischem Prinzip in Gang setzen.

Im Halbdunkel seines Arbeitszimmers entkorkt Benzer eine seiner altmodischen Milchflaschen (»Just a Little Better«) und lässt ein paar Dutzend Taufliegen in das Röhrchen am linken Ende seines Gegenstromapparats fallen: das so genannte Startröhrchen Nummer Null. Dann klopft er das gesamte Gestell ein paar Mal auf die Arbeitsplatte. In der nächtlichen Stille seines Arbeitszimmers klingt das, als hämmerte jemand mit den Fäusten gegen die Tür. Die Klopfbewegung lässt die Fliegen auf den Boden des Startröhrchens fallen. Einen Moment lang schwirren sie im freien Fall im Dämmerlicht herum. Sie sind so winzig, dass sie wirklich so aussehen,

wie sich die alten Griechen Atome vorstellten: im Raum um-
herwirbelnde Punkte, beinahe unsichtbar und absolut ununter-
scheidbar (*atomos* heißt »unteilbar«).

Benzer legt den Gegenstromapparat flach auf die Arbeitsplatte. Die Fliegen am Boden des Startröhrchens befinden
sich jetzt am einen äußeren Ende des Glastunnels. Das einzige Licht, das sie wahrnehmen können, ist das der Fünfzehn-
Watt-Birne am anderen Ende. Die Fliegen haben nun die
Wahl: Sie können auf dem Boden des Röhrchens verharren
oder sich auf das Licht zubewegen. Pascal schrieb einmal: »Es
gibt genug Licht für die, welche nichts anderes wollen als
sehen, und Dunkelheit genug für die, welche eine entgegengesetzte Veranlagung haben.«[12] Die Fliegen stehen also vor einer
simplen Entscheidung: Verharren sie, so bleiben sie auf dem
Boden des Startröhrchens, bewegen sie sich vorwärts, werden
sie sich im nächsten Röhrchen wiederfinden, in Benzers
Röhrchen Nummer Eins.

Ein paar Fliegen krabbeln, manche hasten, andere fliegen,
und einige wandern ziellos umher. Nach fünfzehn Sekunden
sind alle Fliegen außer zweien dem Licht entgegengekom-
men.

Benzer nimmt den Apparat auf und verschiebt die obere
Röhrchenreihe um eine Stelle nach rechts. Jetzt befinden sich
alle Fliegen, die sich auf das Licht zubewegt haben – also beinahe alle dieser geflügelten Atome in diesem Apparat –, in
Röhrchen Nummer Eins, während die beiden Unbewegten
im Startröhrchen bleiben.

»Jeder bekommt eine zweite Chance«, murmelt Benzer.
Wieder klopft er die Fliegen nach unten, schiebt die obere
Röhrchenreihe zurück und legt die Apparatur dann flach auf
die Arbeitsplatte. Innerhalb von fünfzehn Sekunden bewegen
sich die meisten Fliegen erneut auf das Licht zu. Diesmal entschließt sich auch eine der Fliegen im Startröhrchen loszu-
marschieren; dafür entscheiden sich ein paar andere aus den
Reihen der Lichtsucher nun zum Verharren.

»Was machen sie jetzt?« fragt Benzer. »Sie wandern
herum.« Genau um das zu erfahren, hatte er diesen Gegenstromapparat konstruiert: Zweimal vor dieselbe Wahl gestellt,

treffen Fliegen nicht immer dieselbe Entscheidung. Als Schwarm, als Masse sind sie vorhersagbar, doch ihr individuelles Verhalten ist es nicht. Nicht einmal Taufliegen in einem Teströhrchen handeln notwendigerweise zweimal nach demselben Muster. Wie kommt das? Als Benzer ihre Entscheidungen und Umentscheidungen 1966 im Lichte einer Fünfzehn-Watt-Birne beobachtete, begann er erstmals zu ahnen, dass Fliegen mehr sind als reine Verhaltensatome. Bis dahin hatte er geglaubt, sie seien ebenso simpel, systematisch und vorhersagbar wie die Teilchen im Teströhrchen eines Chemikers. Stattdessen verhielten sie sich, als improvisierten sie von Moment zu Moment, als richteten auch sie sich danach, was sie im Augenblick wahrnehmen, und danach, was ihnen aus ihrer Vergangenheit in Erinnerung geblieben ist – und das kann man nur als die Persönlichkeit einer Fliege bezeichnen.

Erneut verschiebt Benzer die obere Röhrchenreihe um eine Stelle nach rechts. Die Fliegen, die beide Male das Licht gewählt hatten, befinden sich nun in Röhrchen Zwei. Alle, die es nur einmal zum Licht gedrängt hatte, sind in Röhrchen Eins. Lediglich die Fliege, die sich beide Male nicht gerührt hatte, befindet sich noch immer im Startröhrchen und irrt dort ziellos im Halbdunkel umher. Auf den menschlichen Betrachter wirkt es, als wäre sie in großen Schwierigkeiten.

»Jetzt geben wir ihnen *noch* eine Chance.« Benzer schüttelt die Röhrchen und schiebt die obere Reihe zurück in die Startposition: dieselbe Aktion, noch einmal fünfzehn Sekunden Warten. Und dann nochmal und nochmal: *klopf, klopf, klopf.* Jedes Mal bewegen sich fast alle Fliegen auf das Licht zu.

»O.k., das war's.« Benzer schaltet das Deckenlicht ein. Er kann das Ergebnis auf einen Blick erkennen. Röhrchen Sechs enthält Fliegen, die jede ihrer sechs Chancen zum Licht ergriffen haben. In diesem Röhrchen sind die meisten versammelt. In Röhrchen Fünf sind all jene, die sich bei fünf von sechs Gelegenheiten vorwärts bewegt haben, und immer so weiter, bis hin zum Startröhrchen, wo die einzige Fliege ist, die in Schwierigkeiten zu stecken scheint und vermutlich unter einer Schädigung leidet.

Um zu beweisen, dass er wirklich testet, was er zu testen

glaubt, klopft Benzer alle Fliegen ins Startrährchen zurück und legt den Apparat erneut auf den Tisch. Diesmal platziert er ihn so, dass alle Fliegen im Licht sind. Das heißt, sie stehen nun vor der umgekehrten Entscheidung. Da sie bereits im Licht sind, können sie entweder dort bleiben oder sich von dort wegbewegen. Als Benzer dieses Umkehrexperiment beginnt, verharren die meisten Fliegen am Boden des Startrährchens. Sie eilen nicht ebenso zügig ins Dunkel, wie sie es zuvor in Richtung Licht getan haben. Die Wiederholung des Experiments unter umgekehrten Vorzeichen ist Benzers Kontrollversuch. Er beweist, dass sich die Fliegen beim ersten Test nicht gleichgültig gegenüber der Lichtquelle verhalten und nicht nur deshalb durch alle Röhrchen hindurchbewegt haben, weil sie sich schlicht und einfach durch alle Röhrchen bewegen wollten. Benzer sieht also in der Tat vor sich, was er vor sich zu sehen glaubt: Das Licht ist der Schlüssel.

Philosophen sprachen schon immer gern von letzten Dingen: vom letzten Halt auf einer Reise, vom höchsten C auf der Tonleiter oder vom Endstadium eines alchimistischen Prozesses, wenn sich die Flüssigkeit in einem Becherglas endlich »vom gröberen Stoff in etwas Vollkommenes«[13] umgewandelt haben wird, wie Sir Francis Bacon schrieb – lauter letztgültige Dinge.

  In den Naturwissenschaften sind es die grundlegenden Fragen, die den Charakter von etwas Letztgültigem haben. Fragen, die von so vielen Generationen gestellt wurden, dass sie ewig zu währen scheinen: immer wieder gestellt und niemals beantwortbar. Fragen, die uns so brennend interessieren, dass uns jede Antwort darauf – sogar wenn es sich nur um eine erste Teilantwort handelte – vorkäme, als wären wir dem Geheimnis des Lebens auf der Spur. Die Frage nach dem Ursprung der Arten war eine der grundlegenden naturwissenschaftlichen Fragen – bis Darwin kam. Die Frage nach dem Ursprung des Universums ist eine unserer heutigen grundlegenden Fragen, ganz zu schweigen von der Frage nach dem Ursprung allen Lebens. Aber die Frage, die unserer forschenden Spezies als die persönlichste, naheliegendste, in

mancher Hinsicht auch komplizierteste und wichtigste erscheint, wird immer die Frage nach dem Ursprung von Verhalten sein. Seit jeher fragen wir uns, inwieweit unser Schicksals bereits vor unserer Geburt besiegelt wurde, was uns in
welchem Code und aus welcher Materie eingeschrieben ist,
was Atome, Gedanken, Gefühle und Verhalten verbindet und
welche Anteile unseres Verhaltens von Generation zu Generation weitergegeben werden.

Es war Benzers Gegenstromapparat, mit dem die Verhaltensgenetik begann. Er löste all die Schlagzeilen aus, die in
den vergangenen zehn Jahren ständig durch die Medien gei-
sterten und vermutlich noch zehn weitere Jahre für Wirbel
sorgen werden. Mit ihm wurde die von Benzer so genannte
»genetische Sektion des Verhaltens« eingeläutet.

Es geht um die Erforschung jener inneren Unendlichkeit,
die Pascal sich vorgestellt hatte, darum, die »dem Geist in seinem ersten Ursprunge eingeprägten Schriftzeichen« zu entziffern, die auch John Locke vermutete. Denn schon Locke
wusste, dass der Geist unmöglich ein unbeschriebenes Blatt
sein konnte. Er glaubte, dass unsere Temperamente zumindest in Teilen angeboren sind, weshalb einige Menschen un-
veränderbar dazu veranlagt seien, sich beherzt oder furcht-
sam, selbstsicher oder bescheiden und gefügig zu verhalten.
Dass unser Verstand darüber hinaus »angeborene Prinzipien«
enthalten könnte, hielt er jedoch für unwahrscheinlich, auch
wenn andere Philosophen des achtzehnten Jahrhunderts
überzeugt waren, dass wir im Wesentlichen wissend geboren
werden: »Daß ›zwei Körper nicht denselben Raum einnehmen können‹ ist eine Wahrheit, der man ebenso unbedenk-
lich zustimmt wie den Axiomen, ›ein Ding kann unmöglich
zugleich sein und nicht sein‹, ›weiß ist nicht schwarz‹, ›ein
Quadrat ist kein Kreis‹, ›bitter ist nicht süß‹«, um hier nur die
von Locke zitierten Beispiele aufzugreifen.[14] Viele Philosophen
glaubten – was Locke skeptisch beurteilte –, dass »dieser und
eine Million andere Sätze gleicher Art« angeboren sein müssten. Heute beginnt die Verhaltensgenetik diese Streitfragen
nach demselben Prinzip zu erforschen wie: »Das Hüftbein ist
mit dem Oberschenkelknochen verbunden.«

Sigmund Freud versuchte aus der Erklärung des menschlichen Verhaltens eine konkrete Wissenschaft zu machen. »Haben Sie nicht bemerkt«, schrieb er Anfang des zwanzigsten Jahrhunderts, »daß jeder Philosoph, Dichter, Historiker und Biograph sich seine eigene Psychologie zurechtmacht, seine besonderen Voraussetzungen über den Zusammenhang und die Zwecke der seelischen Akte vorbringt, alle mehr oder minder ansprechend und alle gleich unzuverlässig? Da fehlt offenbar ein gemeinsames Fundament.«[15] Dieses Fundament wollte Freud ebenso solide errichten, wie es die Fundamente der Physik und Chemie bereits waren; aber auch heute noch basieren die interessantesten Versuche auf der Physik und der Chemie – und auf Benzers ersten Erkenntnissen.

Außerdem bauen sie auf Darwin und jenen Darwinschen Verhaltensstudien auf, die in den dreißiger und vierziger Jahren des zwanzigsten Jahrhunderts von Konrad Lorenz, Niko Tinbergen, Karl von Frisch und deren Schülern – die sich alle als Ethologen bezeichneten – betrieben wurden. In einem von Tinbergens Werken ist die Silhouette eines Vogels im Flug abgebildet.[16] Entdecken neugeborene Gänseküken diese Silhouette am Himmel, deuten sie den Umriss als Gans, sofern er sich nach links bewegt, jedoch als Falken, bewegt er sich nach rechts. Die Silhouette einer Gans kann die Küken nicht erschrecken, der Umriss eines Falken versetzt sie in helle Aufregung. Harte Fakten wie diese faszinierten die Ethologen. Küken lernen diese Unterscheidung zwischen Freund und Feind nicht von ihren Müttern. Sie kennen sie bereits, wenn sie das erste Mal den Himmel sehen. Sie wissen es schon, wenn sie noch mit einer Eierschalenkappe auf dem Kopf im Nest stehen. Woher haben sie dieses Wissen? Die Ethologen erforschten solche Verhaltenselemente und versuchten sie in Routinen und Subroutinen zu unterteilen, die sie »Verhaltensatome« nannten. Inzwischen, mit dem Werkzeug der genetischen Sektion zur Hand, können Biologen die Instinkte von Küken und Neugeborenen tatsächlich auf der Basis von Atomen studieren.

In den siebziger Jahren versuchte E. O. Wilson, angeregt unter anderem durch seine Studien über Ameisengesellschaf-

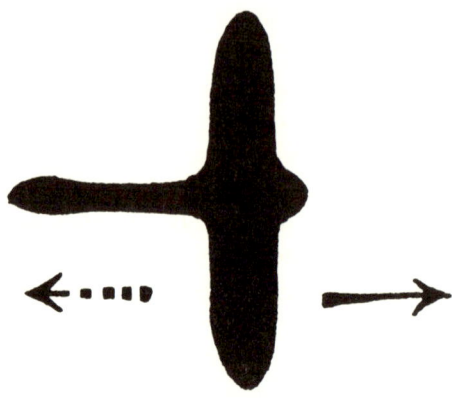

Was wissen wir von Geburt an? Dieser Umriss ist oft das erste, was frisch geschlüpfte Küken am Himmel wahrnehmen. Wenn der Schatten nach links gleitet, bleiben die Küken in ihren Nestern; gleitet er nach rechts, rennen sie aufgeregt herum. Linksgerichtet bedeutet Sicherheit (Gans), rechtsgerichtet bedeutet Gefahr (Falke). Alle Tiere – das Tier Mensch eingeschlossen – erben solche Verhaltenselemente. Inzwischen beginnen Biologen einige unserer ältesten und tief sitzendsten Instinkte genetisch zu sezieren.

ten, die Erkenntnisse der Ethologen in einer neuen Synthese, die er »Soziobiologie« nannte, auf den Menschen zu übertragen.[17] Sofort wurde er von Sozialwissenschaftlern attackiert, die diesen Biologisierungsversuch der menschlichen Natur schlicht verabscheuten. Aber auch Biologen griffen ihn an, weil sie der Meinung waren, dass seine Thesen auf reinen Luftschlössern beruhten und er es versäumt habe anzuerkennen, dass zur Erforschung der Grundlagen ernst zu nehmende Molekularbiologen unverzichtbar sind. Heute lassen sich viele von Wilsons soziobiologischen Spekulationen im genetischen Code der Ameisen, der Fliegen und des Menschen nachweisen, und auch er selbst legt großen Wert auf die Feststellung, dass die genetische Sektion des Verhaltens ein Eckpfeiler seiner Theorie sei. »Besser Benzer als Freud! Zitieren Sie mich. Besser Benzer als Freud!« sagt er in seinem Büro, über eine seiner berühmten Blattschneiderameisenkolonien gebeugt, die er mit *Drosophila* zu füttern pflegt – vorzugsweise mit flügellosen Mutanten.

»Es ist wahrlich eine großartige Ansicht«, schreibt Charles Darwin in den letzten Zeilen seines Buches *Über die Entstehung der Arten*, »daß der Schöpfer den Keim alles Lebens, das uns umgibt, nur wenigen oder nur einer einzigen Form eingehaucht hat, und daß, während unser Planet den strengsten Gesetzen der Schwerkraft folgend« sich drehe, das Leben so viele erstaunliche Arten in so großer Vielfalt hervorgebracht habe, von Viren und Bakterien bis hin zum Gras, von den Eichen bis zum Pfau, von den Menschenaffen bis zu den Walen. Darwin schien es kaum glaublich, dass »aus so einfachem Anfange sich eine endlose Reihe der schönsten und wundervollsten Formen entwickelt hat und noch immer entwickelt«.[18]

Einige der wundervollsten (wenn nicht die schönsten) der endlos vielen Lebensformen, die sich auf diesem Planeten entwickelt haben und noch immer entwickeln, stammen aus den Labors von Seymour Benzer und seinen Schülern. Die durch sie möglich gewordene Forschung verändert unsere Sicht auf das Leben. Sowohl die leidenschaftlichsten Verfechter als auch die leidenschaftlichsten Gegner dieser Wissenschaft glauben, dass sie die Bedingungen und Aussichten allen Lebens im 21. Jahrhundert verändern könnte. Viele vergleichen diesen historischen Moment mit dem plötzlichen Zuwachs an naturwissenschaftlichem Wissen im siebzehnten Jahrhundert, dem Jahrhundert Pascals, oder mit der sprunghaften Entwicklung in der Atomphysik in der ersten Hälfte des zwanzigsten Jahrhunderts. Andere meinen, dass das heutige wissenschaftliche Tempo nie dagewesen sei. »Vergleicht man die Geschwindigkeit, mit der die Erkenntnisse der Biowissenschaften heute vertieft werden, mit dem, was sich in den zwanziger Jahren dieses Jahrhunderts in der Physik abgespielt hat, schmeichelt man der Physik wahrscheinlich«, schrieb der einstige Herausgeber des Wissenschaftsjournals *Nature* vor einiger Zeit in seiner Abschiedskolumne, nachdem er jahrzehntelang die molekulare Revolution beobachtet hatte. »Gab es denn je eine Zeit, in der so viele Menschen eine offene Tür einrannten?«[19]

Nun, am Ende des zwanzigsten Jahrhunderts, fühlen sich immer mehr der besten und klügsten Naturwissenschaftler von diesem wissenschaftlichen Unterfangen angezogen. Die

Molekularbiologie machte die Biologie zur Königin der Naturwissenschaften. Auch James Watson holte sich eines ihrer Asse – einen der besten Studenten von einem von Benzers besten Studenten – und gab ihm ein Arbeitszimmer direkt neben dem seinen am Cold Spring Harbor Laboratory von New York, dessen Direktor er ist. Manchmal schlendert Watson spätabends in die Fliegenräume und betrachtet die aufgeregten Schwärme in den sauber aufgereihten Flaschen. Zwar ist sein Haar mittlerweile weiß und schütter geworden, aber ansonsten wirkt er noch immer so hager und hoch aufgeschossen wie mit Vierundzwanzig, als er sich einen Platz auf seinem Schreibtisch freischaufelte, ein paar Puzzlestückchen aus Blech und Pappe zusammenschob und die Doppelhelix vor sich sah. Wenn er heute die Mutanten in den Fliegenlabors neben seinem Büro beobachtet, hat er das Gefühl, als erfaßte er den Beginn des zwanzigsten und den Beginn des 21. Jahrhunderts mit einem Blick. Mit Fliegen hatte diese Forschung begonnen, und auf Fliegen steuert sie erneut zu. »Und das finde ich sehr...«, sagt Watson mit einem entrückten Ausdruck in den blauen Augen, »wissen Sie, einfach einmal vom Menschen abzusehen, uns selbst einmal hintanzustellen – die Tatsache, dass es gewisse komplexe Verhaltensweisen gibt, die offenbar vererbt werden... das ist wirklich...«, und er lacht durch die Zähne, was wie ein heiteres Wiehern klingt. So mag er auch vor vier Jahrzehnten gelacht haben, als er mit Crick über die physische Struktur des Gens diskutierte. »Wissen Sie«, sagt er und wiehert erneut, »*das ist das Problem, das wir lösen müssen.*«

Bei der Erforschung der physischen Zusammenhänge von Genen und Verhalten lieferten uns die Fliegen viele erste Antworten und Teilantworten: Zeit, Liebe und Erinnerung betrachtet durch das Facettenauge. In gewisser Hinsicht ist das eine Parabel über die wundersamen Wege des Lebens: so viele bedeutende naturwissenschaftliche Erkenntnisse zur Jahrtausendwende durch ein so winziges und andersartiges Lebewesen! Andererseits ist es auch eine Parabel über die Einheit allen Lebens, da nicht nur Fliege und Mensch, sondern alles Leben einer sogar noch einfacheren Materie entspringen: denselben Genen, denselben Atomen, demselben Lehm – alles aus so einfachem Anfange. Auf den ersten Blick erscheint uns die Welt fremd, aber auf den zweiten gibt es nichts auf Erden, das uns nicht vertraut wäre.

Mit seinem heutigen Wissen würde es Benzer nicht im Traum einfallen, eine Taufliege einfach nur als ein Verhaltensatom zu bezeichnen. Inzwischen ist seine Forschung in jenem Stadium kurz vor dem Durchbruch angelangt, in dem er vor lauter Arbeitswut kaum noch isst oder schläft. Mitten in der Nacht stellt er seine Teströhrchen ins Regal zurück, zieht die Schutzhaube von seinem Mikroskop und untersucht den Kopf einer Fliege. »Ungefähr die Größe eines Stecknadelkopfs«, murmelt er. »Hunderttausend Engel darauf. Und alle tanzen.«

KAPITEL II

Die weißäugige Fliege

Es müssen sehr wohl vieler Dinge kundig die Män-
ner sein, die das Wissen lieben.
                                    Heraklit[1]

Der Quantenphysiker Richard Feynman hielt einmal im
Beckman-Auditorium des Caltech einen Vortrag über das
Farbsehen. Er erklärte die molekularen Vorgänge im menschlichen Auge und Gehirn, die es uns ermöglichen, Rot, Gelb,
Grün, Violett, Indigo und Blau zu sehen. Von dieser Kettenreaktion, eine der ersten Entdeckungen der Molekularbiologie, war Feynman fasziniert. »Na ja«, wandte da jemand aus
dem Publikum ein, »aber was passiert denn wirklich im Kopf,
wenn man die Farbe Rot sieht?« Feynman antwortete: »Wir
Naturwissenschaftler haben unsere eigene Art, solche Fragen
zu behandeln: Wir ignorieren sie – vorläufig.«[2]
    Dieser Satz ruft noch immer ein Lächeln bei Benzer hervor.
Es ist mitten in der Nacht, was bei ihm heißt: sein Arbeitstag
ist halb geschafft. Er wiederholt diesen Satz oft und gerne vor
den Postdoktoranden, den »Postdocs«, in seinem Labor: »*Wir*
ignorieren sie. Pause. Vorläufig. Ich fand diese Aussage wunderbar. Weißt du, das machen wir andauernd. Das Problem, das
du instinktiv angehst, für das du ein Gespür hast, ist oft ein
Problem, das du einfach nicht lösen kannst, und deshalb
weichst du sozusagen davor zurück – vorläufig. Philosophen
ignorieren solche Fragen natürlich nicht. Vielleicht haben die
ja einen Hang zu unlösbaren Problemen – wenn sie lösbar
sind, sind sie nicht mehr wirklich interessant.«

Die Probleme, die Benzer und seine Studenten lösen, befassen sich mit Fragen, die Naturwissenschaftler und Philosophen seit Anbeginn der überlieferten Geschichte weder zu lösen noch zu ignorieren imstande waren. Im fünften Jahrhundert v. Chr. sah Hippokrates, der Urgroßvater der modernen Medizin, auf einen Sprung bei Demokrit vorbei, dem Urgroßvater der Atomphysik. Er fand ihn in seinem Garten inmitten aufgeschnittener Tierkadaver, »versunken in seine Überlegungen, ein Buch auf den Knien und manchmal hinschreibend, dann wieder auf- und abgehend«,[3] damit beschäftigt, »den Ursprung der schwarzen Galle« zu entdecken, damit er sich von Melancholie heilen und seine Mitmenschen darüber aufklären konnte, wie man dieser Krankheit zuvorkommen kann. Dies war der erste Versuch, ein Verhalten zu sezieren. Er fand ungefähr 25 Jahrhunderte zu früh statt.

Im zweiten Jahrhundert n. Chr. berichtete der griechische Arzt Galen, wie er gemeinsam mit ein paar Freunden eine Ziege durch Kaiserschnitt auf die Welt geholt hatte, »auf dass sie niemals sehe, wer sie gebar«.[4] Sie holten das Zicklein aus dem Mutterleib und legten es in einen Raum, in dem sie Schüsseln mit Wein, Öl, Honig, Milch, Korn und Früchten bereitgestellt hatten. »Wir beobachteten, wie das Zicklein seine ersten Schritte machte, als habe es irgendwie vernommen, dass es Beine hat«, schrieb Galen. »Dann schüttelte es den Geburtsschleim von sich ab; als nächstes kratzte es sich mit dem Fuß an der Seite; dann sahen wir, wie es die Schüsseln in dem Raum beschnupperte und anschließend unter allen diejenige mit der Milch herausroch und sie aufleckte. Da jubelten wir, denn vor unseren Augen hatte sich Hippokrates' Aussage bewahrheitet: ›Die Natur der Tiere ist unverbildet.‹«

Hippokrates und Galen versuchten die menschlichen Temperamente in einen Bezug zu den vier Elementen Feuer, Luft, Erde und Wasser zu setzen. Das Wort Temperament leitet sich vom lateinischen *temperare,* »mischen«, ab. Galens Theorie zufolge ist jeder Mensch eine Mischung aus diesen Elementen. Astrologen wollten wiederum einen Bezug zwischen den Temperamenten und den Sternen herstellen und Zusammenhänge zwischen den beiden Unendlichkeiten finden − dem Universum über unseren Köpfen und dem Universum in unseren Köpfen. Auch so manche Symbole auf den Fliegenflaschen stammen aus der Astrologie.[5] Virgo zum Beispiel, eines der zwölf Sternbilder, ist zum Teil Buchstabe, zum Teil Hieroglyphe, zum Teil hebräisch, zum Teil phönizisch − und wenn das Zeichen auf einer Fliegenflasche auftaucht, bedeutet es dasselbe, was es schon immer bedeutet hat: *Jungfrau*. Der Kreis mit dem Pendelkreuz steht für *weiblich* und war einst das Zeichen für den Planeten Venus. Der Kreis mit dem drohend aufgerichteten Pfeil bedeutet *männlich* und war einst das Zeichen für den Planeten Mars, mit der Konnotation »Unheil«.

Montaigne fragte sich im sechzehnten Jahrhundert: »Wie unbegreiflich ist es zum Beispiel, daß dem kleinen Samentropfen, aus dem wir hervorgehen, nicht allein die Körpergestalt, sondern auch die Denkweise und die Neigungen unserer Väter eingeprägt sind! Wie kann diese wässrige Winzigkeit eine solch endlose Zahl von Formen fassen? Und woher kommt es, daß sich dergleichen Ähnlichkeiten auf so völlig regellose und nicht vorhersehbare Weise darin fortpflanzen, daß der Urenkel seinem Urgroßvater gleicht und der Neffe seinem Onkel?«[6] Solche Fragen waren in Montaignes Jahrhundert ebenso wenig zu beantworten wie zu Galens Zeiten.

Shakespeare scheint der erste gewesen zu sein, der beim Nachdenken über dieses geheimnisvolle Geschehen zu den Wörtern »nature« (im Sinne von Anlage) und »nurture« (im Sinne von Umwelt) griff. In seinem letzten, 1612 fertig gestellten Stück *Der Sturm* beklagt sich Prosperus (unter allen Shakespeareschen Charakteren derjenige, der einem Selbstporträt des Dichters am nächsten kommt, der Archetyp des Künstlers, Wissenschaftlers und Philosophen) über seinen angenommenen Sohn Caliban:

> *A devil, a born devil, on whose nature*
> *Nurture can never stick; on whom my pains*
> *Humanely taken, all, all lost, quite lost.*[*7]

Auf die eine oder andere Weise haben die Paradoxa von Anlage und Umwelt jeden Dichter oder Bühnenautor und jedes Elternpaar seit den Ur-Eltern fasziniert. Abel wurde Schafhüter, Kain Ackerbauer, und doch stammten beide von Adam und Eva ab. Esau war ein listiger Jäger, ein »Mann des freien Feldes«, Jakob dagegen ein »untadeliger Mann, der bei den Zelten blieb«." Esau war stark behaart, Jakob hatte glatte Haut. Und doch war Jakob seinem Bruder Esau unmittelbar aus dem Mutterleib gefolgt.

Ende der dreißiger Jahre des achtzehnten Jahrhunderts vermerkte Charles Darwin in den Notizen zu seiner Evolutionstheorie in einem seiner geheimen Tagebücher, dass seine Handschrift der seines radikalen Großvaters Erasmus ähnelte, welcher seinerseits ein Jahrhundert zuvor eine Evolutionstheorie veröffentlicht hatte. Und er fragte sich, ob er es hier womöglich mit einem »Beispiel für geistiges Erbgut« zu tun habe.[8] Als sein Vetter Francis Galton später Darwins *Über die Entstehung der Arten* las, stellte sich auch ihm die Frage, ob er dieses Buch womöglich nur deshalb so verschlungen habe, weil »sowohl dessen glänzender Autor als auch ich gewisse geistige Neigungen von unserem gemeinsamen Großvater Dr. Erasmus Darwin geerbt haben«.[9] Darwin und Galton verbrachten beide Jahrzehnte damit, Beispiele und Anekdoten für die von ihnen vage so genannte »Macht des Erbguts« zusammenzutragen – vage, weil ihnen zwar bewusst war, dass es ohne Erbgut keine Evolution geben kann, sie jedoch keine Vorstellung davon hatten, wie dieses Erbe seine Kräfte spielen lässt. Obwohl schließlich keiner von beiden diesem Geheimnis näher auf die Spur kommen sollte als Galen, war es Darwins Theorie, die diese Fragen für spätere Generationen einrahmen sollte wie ein Türstock die Eingangspforte.

---

* Anm. d. Ü.: Da gerade die beiden Begriffe »nature« und »nurture« im von den Sozialwissenschaften wie der Biologie verwendeten Sinne bei der klassischen deutschen Übersetzung verloren gingen, sei hier das Original zitiert. Zur Übersetzung siehe Anmerkung 7.

" Anm. d. Ü.: Genesis 25,27-34.

Die geistigen Strömungen bis zum Anbruch des zwanzigsten Jahrhunderts wirkten sich auf diese Frage jedoch weit weniger aus als auf beinahe alle anderen Grundprobleme, die sich beim Studium der Natur stellten. Was immer zum Thema Anlage und Umwelt gedacht wurde, verhielt sich wie die Fliegenmutantin *pirouette*: Der Gedanke drehte sich so lange in spiralförmigen Kreisen um sich selbst, bis er starb. Und jeder neue Denkansatz, mit dem man einer Lösung dieses Problems näher gekommen zu sein glaubte, war so weit von anderen Denkansätzen entfernt, dass er vom übrigen Wissen der Menschheit ebenso abgeschnitten schien wie jenes Gehirn mit dem Stück »Nabelschnur«, das in Benzers Arbeitszimmer in Formaldehyd vor sich hin darbt. Vor der Entdeckung des Gens war dieses Problem schlicht nicht lösbar.

Es war schließlich ein Mönch in Brünn, dem heutigen Brno in der Tschechischen Republik, der bei Experimenten mit Gartenerbsen auf das Gen stieß. Gregor Mendel kümmerte sich in den fünfziger Jahren des neunzehnten Jahrhunderts um einen Klostergarten und ein Gewächshaus, in dem er Versuche anstellte.[10] Er kreuzte verschiedene Erbsenstämme, indem er jeweils die Blüten des einen Stamms mit den Pollen eines anderen bestäubte, und gewann dadurch einen besseren Einblick in spezifische Erbmuster als irgendjemand vor ihm. Seine Züchtungen brachten zum Beispiel glatte oder schrumpelige, gelbe oder grüne, hoch oder niedrig wachsende Erbsenpflanzen hervor. Insgesamt züchtete er sieben Paare aus gegensätzlichen Stämmen. Doch ihre Merkmale vermischten sich durch seine Kreuzungen nicht, sie wurden intakt weitergegeben und übersprangen dabei oft mehrere Generationen. Dieses Experiment war im Grunde so simpel, dass es auch von Hippokrates oder Demokrit hätte gemacht werden können. Revolutionär daran war der Nachweis, dass Vererbung in gewisser Hinsicht der griechischen Vorstellung vom Verhalten der Atome nahe kommt. Länge mischt sich zum Beispiel niemals mit Kürze. Solche Merkmale mischen sich beim Menschen, nicht aber bei Erbsen – einer der Gründe, weshalb es für Mendel ein so großer Glücksfall war, für seine Experimente ausgerechnet Erbsen gewählt zu haben. Bei diesen Pflanzen blieben die Muster unverändert und in aller Deutlichkeit erhalten, die Merkmale über Generationen hinweg unvermischt, weshalb Mendel auch annahm, dass sie von mehreren Faktoren bestimmt würden. Erst viel später sollten Biologen, die sich erneut mit Mendels Forschungen befassten, diese Faktoren – mit einer Verbeugung vor Physik und Chemie – »Erbteilchen« nennen. Niemand weiß, wie sich der Mönch ein Bild von ihnen machen konnte, auch wenn er, wie Benzer, ein geschulter Physiker war.

Vor dreißig Jahren bestiegen Benzer und Gunther Stent – noch ein Urvater der Molekularbiologie – den Fudschijama.[11] Benzer erinnert sich an diese Bergtour vor allem deshalb so begeistert, weil er dabei die erste Mandarine seines Lebens aß. Die Nacht verbrachten sie in einem buddhistischen Tempel auf halber Höhe des Vulkans. Die Tempelwächterin, eine uralte Frau, fragte Benzer und Stent mit Hilfe des Dolmetschers, welche Berufe sie ausübten. Als sie ihre Arbeit zu erklären begannen, nickte sie: »Aha, Mendel.«

Während Mendel Erbsen anbaute, erhaschte Darwins Vetter Francis Galton einen Blick auf die Erbteilchen des Menschen. Das Buch seines Cousins, *Über die Entstehung der Arten*, hatte ihn dazu animiert, Hunderte von Briefen und Fragebögen an Freunde, Bekannte und Freunde von Bekannten zu schicken und ihnen Fragen über vorhandene Familienähnlichkeiten zu stellen, vor allem wenn es sich um Zwillinge handelte. Galton verbrachte den Rest seines Lebens damit, solche Daten zu sammeln und statistische Methoden zu erfinden, um die sich ergebenden Muster zu analysieren. Einmal schilderte er Darwin in einem Brief ein Verhalten, das offenbar Generationen überdauert hatte:

»Die Frau eines Herrn von sehr angesehener Stellung fand, daß derselbe die eigenthümliche Angewöhnung hatte, wenn er in festem Schlafe auf dem Rücken in seinem Bette lag, seinen rechten Arm langsam vor seinem Gesichte aufwärts bis zur Stirn zu erheben und ihn dann mit einem Schwunge wieder fallen zu lassen, so daß die Handwurzel schwer auf seinen Nasenrücken fiel. Diese Bewegung kam nicht in jeder Nacht vor, sondern nur gelegentlich und zwar unabhängig von irgend einer etwa zu ermittelnden Ursache. Zuweilen wurde die Bewegung eine Stunde lang und noch länger unaufhörlich wiederholt. Die Nase des Herrn war ziemlich vorstehend und ihr Rücken wurde von den erhaltenen Schlägen häufig schmerzhaft ...

Viele Jahre nach dem Tode dieses Herrn heirathete sein Sohn eine Dame, welche niemals von dem Familienereignis gehört hatte. Sie beobachtete indessen genau dieselbe Eigenthümlichkeit an ihrem Manne; da aber dessen Nase nicht besonders vorragend ist, hat diese bis jetzt noch nicht unter den Schlägen zu leiden gehabt ... Eines seiner Kinder, ein Mädchen, hat dieselbe Eigenthümlichkeit geerbt ...«[12]

»Es scheint, als erbten wir Stück für Stück«, schlussfolgerte Galton 1889 in seinem Buch *Natural Inheritance*.[13] Nur so konnte er sich einen Reim auf das merkwürdige Beharrungsvermögen von fragmentarischen familiären Ähnlichkeiten und Verhaltensweisen machen. Spezifische Erbmuster gingen aus seinen Daten allerdings nicht so klar und sauber hervor wie aus Mendels Experimenten, dessen Forschungsbericht – 1866 im Journal von Mendels örtlicher naturgeschichtlicher Gesellschaft veröffentlicht – weder Galton noch Darwin je gelesen hatten.

Niemand begriff, was Mendels Aufsatz für die Erbforschung bedeutete, bis ein Botaniker ihn im Januar 1900 in einem Papier zitierte.[14] Offenbar war die Zeit nun reif, denn noch im selben Jahr sollten Mendels Erkenntnisse noch in zwei weiteren Artikeln zitiert werden. Und diese drei Papiere erregten plötzlich große Aufmerksamkeit, obwohl die Existenz von atomaren Teilchen – und daher auch von Mendels Erbteilchen – nach wie vor als reine Spekulation galt. Einer der Biologen, die diese Papiere mit skeptischem Interesse lasen, war Thomas Hunt Morgan – 1866 in Lexington, Kentucky, geboren, im selben Jahr, in dem Mendel seinen Aufsatz veröffentlicht hatte.

Im Herbst 1907 forderte Morgan, der zu dieser Zeit Zoologie an der Columbia University lehrte, einen seiner Studenten auf, Bananen auf das Fensterbrett im Labor zu legen, um so ein paar Taufliegen anzuziehen.[15] Weder der Lehrer noch der Schüler dachten damals an Mendel. Der Student wollte Tiere in völliger Dunkelheit züchten, um festzustellen, ob sie ihren Lichtinstinkt verlieren würden,[16] und Morgan hatte ihm nur deshalb zu Taufliegen geraten, weil sein winziges Labor in der Schermerhorn Hall mit Versuchstieren bereits völlig überfüllt war. Morgan – ein klassischer Naturalist – forschte begeistert mit Tauben, Hühnern, Seesternen, Ratten und Gelbhalsmäusen.

Also fing sein Student Fernandus Payne ein paar Fliegen, sperrte sie im Dunkeln ein und wartete. Schon nach kurzer Zeit glaubte er eine Veränderung festzustellen. Die zehnte Generation schien sich etwas langsamer auf Licht zuzubewegen als die erste. Payne schrieb über seine Erkenntnisse einen Aufsatz »Forty-nine Generations in the Dark«, der in der späten Frühgeschichte der Genetik völlig unterging. Benzer hatte jedenfalls keine Ahnung von seiner Existenz, als er 1966 seinen Gegenstromapparat baute.

Als nächstes beschloss Morgan festzustellen, ob er solche Veränderungen bei Taufliegen beschleunigen könnte. Morgan war zwar kein armer Mann, aber ein ausgesprochener Geizhals, wenn es um sein Labor ging – noch ein Grund, weshalb er gern mit Fliegen experimentierte. Die Lampen für die Mikroskope bestanden aus ganz gewöhnlichen Glühbirnen, für die er und Payne Schutzblenden aus zurechtgeschnittenen Blechdosen bastelten.[17] Als Fliegenflaschen benützten sie jene legendären Milchflaschen, die sie auf ihrem Weg zum Labor frühmorgens von den Veranden der umliegenden Häuser klauten oder aus der Studentencafeteria mitnahmen.[18] Diese Tradition sollte Benzer später wieder aufgreifen.

Morgan begann, seine Fliegen Hitze, Kälte und Röntgenbestrahlungen auszusetzen, um eine Fliege zu erschaffen, die sich in irgendeiner Weise von den anderen unterschied. Außerdem injizierte er Säuren, Basen, Salze, Zucker oder Alkohol in ihre Geschlechtsteile. Doch jede Fliege unter seiner Lupe hatte nach wie vor sechs Beine, dieselben ädrig gemaserten Flügel und dieselben leuchtend roten Augen. Aber Morgan blieb am Ball, beobachtete weiter und wartete auf einen Mutanten. Nach diesem Muster sollte auch Benzer später verfahren, allerdings manipulierte er seine Fliegen auf differenziertere Weise und hielt nicht nach physischen Veränderungen Ausschau, sondern nach veränderten Verhaltensweisen.

Im Frühherbst 1909 begann Morgan mit dem Versuch, die Evolution seiner Fliegen mit einer anderen Methode zu beschleunigen. Er konzentrierte sich auf ein dunkles Muster am Mittelleib der Fliegen, ein variabler Fleck in Form eines Dreizacks.[19] Woche für Woche sorgte er dafür, dass sich nur Fliegen mit unterschiedlichen Dreizacks vermehrten, und wartete ab, ob durch den Druck dieser künstlichen Selektion plötzlich viele Mutationen in seinen Fliegenflaschen auftauchen würden. Doch Woche für Woche sahen er und Payne nichts als ganz gewöhnliche Dreizacks an ganz gewöhnlichen Fliegen.

»Da stehen zwei Jahre vergeudeter Arbeit«, erklärte Morgan in den ersten Januartagen 1910 einem Besucher und deutete auf die Regale voller gestohlener Milchflaschen.[20] Doch nur wenige Tage darauf entdeckte er eine Fliege mit einem Dreizack, der etwas dunkler und stärker konturiert war. Dann fand er eine andere mit einem dunklen Fleck an der Stelle, wo Flügel und Mittelleib zusammenwachsen. Und schließlich stieß er nach Zehntausenden mehr oder weniger identischen rotäugigen Fliegen auf ein einzelnes Exemplar mit weißen Augen.

Morgans Frau Lilian, die von seiner Arbeit fasziniert war und später (als die Kinder zur Schule gingen) einen wichtigen Beitrag im Labor leistete, war gerade schwanger. In der Familiensaga wurde später (fälschlicherweise) die Geburt dieses Babys mit der Ankunft des neuen Mutanten zeitlich verknüpft. Lilian pflegte zum Beispiel begeistert zu erzählen, wie Morgan erstmals an ihr Krankenhausbett trat und sie ihn fragte: »Na, wie geht's der weißäugigen Fliege?«

Angeblich nahm Morgan die Fliege jeden Abend mit nach Hause und stellte sie in ihrem Glas neben das eheliche Bett.

Er erzählte, dass sie schwach wirkte, aber noch durchhielt. »Und wie geht's dem Baby?«[21]

Eine Woche später war der kleinere der beiden neuen Erdenbürger alt genug, um sich fortzupflanzen (noch ein Grund, weshalb die Arbeit mit Fliegen so beliebt ist). Morgan paarte die weißäugige Fliege, ein Männchen, mit normalen jungfräulichen Weibchen.[22] Sie produzierten 1237 Nachkommen. Diese Fliegenkinder (wie Morgan sie nannte) hatten rote Augen. In der darauf folgenden Woche arrangierte Morgan die Hochzeiten der Kinder. Fasziniert stellte er fest, dass unter den Enkelkindern alle Weibchen rote Augen hatten, aber jedes zweite Männchen ihn aus weißen Augen anstarrte. Natürlich fielen Morgan sofort Mendels Erbsen ein. Als Mendel niedrig wachsende mit hoch wachsenden Erbsen gekreuzt hatte, entstand eine erste Generation aus ausschließlich hohen Pflanzen, während in der folgenden Generation drei Viertel aller Pflanzen hoch und ein Viertel niedrig wuchsen. Im Niedrigwuchs bei Mendels Erbsenpflanzen kam zum Ausdruck, was man heute ein rezessives Merkmal nennt, wie zum Beispiel blaue Augen beim Menschen. Morgan fragte sich also, ob es sich bei den weißen Augen der männlichen Taufliegen um ein solches rezessives Merkmal handeln könnte.

Ein Drosophiloge der damaligen Zeit pflegt heute gern zu sagen: »Am Anfang war *white*.« Der Fliegenmutant *white* war Morgans Einstieg in die Entwicklung der modernen Gentheorie, in die »Theorie des atomaren Erbguts«. Auf ganz ähnliche Weise sollte die Entdeckung des ersten *clock*-Mutanten, einer Fliege ohne Zeitsinn, Jahrzehnte später der »Theorie des atomaren Verhaltens« (»atomic theory of behavior«) den Weg ebnen: Dieser Mutant ermöglichte Benzer und seinen Studenten den Einstieg in ihre bemerkenswerten Experimente mit Grundinstinkten, welche sie auseinander nahmen und wieder zusammensetzten, als wären sie Uhrmacher, die das Uhrwerk freigelegt haben und darin herumschrauben.

Die Entdeckung von *white* verblüffte Morgan, denn seit 1900 hielten alle Biologen nach Mendels Elementen Ausschau. Durch ihre Mikroskope konnten sie winzige Fäden, Chromosomen genannt, im Kern eines jeden Eis erkennen und sehen, dass ein Spermatozoon nach dem Eindringen in das Ei einen passenden Satz Fäden beiträgt. Vielen Biologen schien das die Erklärung für die physischen Vorgänge zu sein, die zu den Ergebnissen in Mendels Erbsengarten geführt hatten. Eine Erbsenpflanze kann zum Beispiel den Faktor für langen Wuchs auf dem einen Chromosom des entsprechenden Paares tragen und den für gedrungenen Wuchs auf dem anderen. Die Logik schien einfach zwingend: Mendel hatte Merkmale paarweise angeordnet gesehen, nun sahen auch die Forscher hinter ihren Mikroskopen die Chromosomen paarweise angeordnet. Wenn ein junger Körper Eier oder Spermien zu produzieren beginnt, erhält jede Keim- und Spermienzelle nur ein Chromosom von jedem Chromosomenpaar. Auf diese Weise können sich die einzelnen Chromosomen nach der Paarung von Sperma und Ei in der befruchteten Keimzelle treffen, und schon beginnt der Prozess des Werdens von neuem Leben.

All das deckte sich mit Mendels Beobachtungen. Doch Morgan sträubte sich dagegen. Ständig klagte er, dass selbst seine engsten Freunde an der Columbia University »verrückt nach Chromosomen« seien.[23] Auch wenn es so aussähe, als seien Chromosomen »die große Sache«, erklärte Morgan, wollte er doch erst einmal harte Beweise sehen: »Ich befürchte, dass wir gerade auf bestem Wege sind, eine Art Mendelsches Ritual herzustellen, um diese außergewöhnlichen Fakten zu erklären.« Und genau diese abwartende Haltung brachte Morgan schließlich auf jene einfache Experimentalreihe, die die Revolution in der Biologie des zwanzigsten Jahrhunderts einläuten sollte. Mit derselben abwartenden Haltung erforschte auch Benzer Jahre später in seinem Fliegenlabor die Zusammenhänge zwischen Genen und Verhalten. Der Quantenphysiker Feynman klopfte einmal an die Tür von Benzers Arbeitszimmer und bat ihn, seinem Sohn das Gehirn einer Fliege zu zeigen. Benzer setzte den Jungen vor ein Mikroskop und erklärte ihm: »Da sind einhunderttausend Transistoren in diesem Gehirn.« Als Physiker hatte Benzer selbst zur Entwicklung des Transistors beigetragen. Wenn er nun die einhunderttausend Neuronen der Fliege mit Transistoren verglich, wollte er dem Jungen nur eine Vorstellung von der unglaublichen Miniaturisierung eines Fliegenhirns

vermitteln. Dabei zwinkerte er dem Vater hinter dem Rücken
des Sohnes zu, von Physiker zu Physiker.

Aber Feynman sagte: »Nein, nein, erkläre es ihm richtig.
Das sind keine Transistoren, das sind Neuronen. Mach es
nicht zu einfach.«[24]

Benzer gefiel dieser Satz. Feynman hatte Recht. Ein Neuron ist in der Tat sehr viel komplexer als ein Transistor, und
auch der Weg vom Gen zum Neuron und vom Neuron zum
Verhalten ist wesentlich länger und geheimnisvoller als der
Weg vom Elektron zum Radio oder zu einem Computer. Benzer und Feynman hatten beide eine beinahe angriffslustig einfache, direkte Art zu reden – ein Wesenszug, den sie mit T. H.
Morgan gemein haben, obwohl Benzer und Feynman aus
New York sind und von jüdisch-osteuropäischen Einwande-
rern abstammen und Morgan aus einer alteingesessenen ari-
stokratischen Familie aus Kentucky kam. Allen dreien war
und ist dieser bodenständige Stil eigen – ganz nach Art der
Fliegen –, der die Lingua franca aller großen Naturwissenschaftler ist und bei dem die Verachtung für alles Prätentiöse
und für getragenes Fachchinesisch ebenso mitschwingt wie
die Vorliebe für den Gebrauch des gesunden Menschenver-
stands, gepaart mit einer ungewöhnlich großen Neugierde auf
alles, was existiert.

Durch das Mikroskop in seinem ersten Fliegenlabor in der
Schermerhorn Hall an der Columbia University konnte T. H.
Morgan also sehen, dass eine Taufliege über vier Chromosomenpaare verfügt. Bei den weiblichen Fliegen sehen alle vier
gleich aus: kurze Fäden ohne besondere Kennzeichen. Bei
den Männchen sieht das vierte Paar jedoch anders aus: ein
Teil ist größer als der andere. Es ist das Chromosomenpaar,
das heute unter der Bezeichnung X und Y berühmt ist. Morgan konzentrierte sich auf dieses ungleiche vierte Paar. Er
wusste, dass eine Fliege genauso wie eine Erbsenpflanze oder
ein Mensch immer ein Chromosom von jedem Elternteil erbt.
Bei jedem Paar stammt ein Teil vom Vater und einer von der
Mutter. Aus der Tatsache, dass eine weibliche Fliege zwei X
besitzt und eine männliche ein X und ein Y, konnte Morgan
nun ableiten, dass ein Sohn das X von der Mutter und das Y

vom Vater erbt. Wenn der Vater weiße Augen und die Mutter rote Augen hat, wird er rote Augen bekommen. Hat der Vater jedoch rote Augen und die Mutter weiße, wird er weiße haben. Und damit stellte sich für Morgan die Frage, ob eine Fliege auf dem X-Chromosom über ein Gen für die Augenfarbe verfügt.

Eine weibliche Fliege erhält ein X-Chromosom von jedem Elternteil. Vererben ihr Mutter wie Vater ein X mit einem Gen für weiße Augen, wird auch sie weiße Augen bekommen. Gibt ein Elternteil jedoch ein X mit einem Gen für rote Augen an sie weiter, wird sie rote Augen haben, da Rot bei Fliegen ebenso über Weiß dominiert wie Purpur über Weiß bei den Blüten von Mendels Erbsenpflanzen.

Menschen verfügen über sehr viel mehr Chromosomenpaare (dreiundzwanzig; Morgans Generation konnte sie allerdings noch nicht exakt sortieren und zählen). Zweiundzwanzig davon sehen unter dem Mikroskop aus wie identische Zwillingsfäden. Nur das letzte Paar stimmt mit den restlichen nicht überein, genauso wie bei den Fliegen: zwei X-Chromosomen bei Frauen und ein X plus ein Y bei Männern. Also schlussfolgerte Morgan, dass Farbenblindheit »demselben Prinzip unterliegt wie die weißen Augen meiner Fliegen«.[25]

Langsam, aber sicher gelangte Morgan zu der Überzeugung, dass es so etwas wie Gene geben musste und dass sich tatsächlich ein Gen für die Augenfarbe irgendwo auf dem X-Chromosom der Fliege versteckt. Mittlerweile hatten er und seine ersten Studenten so viele Fliegen durch ihre Lupen und Mikroskope betrachtet, dass ihnen schon die kleinste Abweichung auffiel. Folglich fanden sie auch immer mehr Mutanten in ihren Fliegenflaschen. Eine Fliege hatte zum Beispiel anomal kurze Flügel. Als Morgan sie züchtete, drängte sich ihm die Vermutung auf, dass die Entscheidung für die Länge der Flügel ebenso wie die für die Augenfarbe auf dem X-Chromosom getroffen wird.

Er begann mit diesen Mutanten zu experimentieren.[26] Eine Fliege mit roten Augen und langen Flügeln ist eine normale Fliege. Ein Männchen mit weißen Augen und kurzen Flügeln ist ein Doppelmutant. Paaren sich diese beiden, erbt jede

Von seinem Fliegenlabor an der Columbia University aus veränderte Tho-
mas Hunt Morgan zu Beginn des zwanzigsten Jahrhunderts grundlegend
das Studium der Natur. Morgan hasste es, fotografiert zu werden, deshalb
machten seine Studenten heimlich eine Aufnahme. Sie versteckten die Ka-
mera in einem Inkubator und lösten sie mit einer Schnur aus. Der Foto-
apparat gehörte ebenso wie die Bücher und Mikroskope, die hinter Morgan
zu sehen sind, seinem Lieblingsstudenten Alfred Sturtevant, der mit seiner
nächtlichen Eingebung 1911 zur Entwicklung der Gentheorie beitrug.

Tochter ein X von der Mutter und ein X vom Vater. Da nun
Rot und Lang über Weiß und Kurz dominieren, mussten also
auch die Töchter erwartungsgemäß rote Augen und lange
Flügel bekommen. Morgan kreuzte einige Exemplare und
fand seine Theorie bestätigt.

Damit glaubte er nun genau zu wissen, was sich auf jedem
dieser X-Chromosomen befand, jedenfalls sofern seine Gentheorie stimmte: Ein X trägt Gene für rote Augen und lange
Flügel, das andere X für weiße Augen und kurze Flügel. War
diese Annahme richtig, dann durften aus der Paarung dieser
normal aussehenden Weibchen mit normalen Männchen nur
zwei Arten von Söhnen hervorgehen, jeweils abhängig davon,
welches X ein Sohn geerbt hat. Einige Söhne würden normal
sein wie die Mutter, einige mussten Doppelmutanten werden
wie der Großvater.

Morgan überprüfte auch das durch Kreuzung. Und wie erwartet, waren einige Söhne normal und einige Doppelmutanten. Aber es gab auch welche mit weißen Augen und normalen Flügeln und andere, die rote Augen und kurze Flügel hatten, also Einzelmutanten waren. Auf den ersten Blick schien
das ganz unmöglich zu sein: Es konnte doch jeder Sohn nur
ein X von der Mutter geerbt haben, aber die Mutter hatte
weder ein X mit einem Gen für weiße Augen und einem Gen
für lange Flügel noch ein X mit einem Gen für rote Augen
und einem für kurze Flügel. Es schien, als habe die Mutter
bestimmte Teilchen ihrer beiden X-Chromosomen vermischt
und ausgetauscht, bevor sie ein X an jeden ihrer Söhne wei-
tergab.

Nach langem Grübeln fand Morgan schließlich eine Erklärung. Er sah sich den mikroskopischen Akt der Eiproduk-
tion in einer weiblichen Fliege genau an. Das Ei muss vier
Chromosomen erhalten, einen Faden von jedem der vier
Chromosomenpaare. In der speziellen Zelle, welche die Chromosomen für jedes neue Ei vorbereitet, kommen die Chromosomen jedoch nur in Paaren vor. Um nun also ein Ei zu produzieren – ein Prozess, den man Meiose nennt –, muss sich
jedes dieser Chromosomenpaare trennen. Kurz vor dieser
Trennung benimmt sich jedes Paar allerdings äußerst merk-

würdig: Die beiden Fäden wickeln und winden sich umeinander, als wollten sie selbst sich miteinander paaren. Sie umschlingen sich wie kopulierende Schlangen.

Morgan versuchte sich plastisch vorzustellen, wie es aussehen könnte, wenn sich zwei dieser X-Chromosomen »paarten«, umeinander wickelten und dabei so ausrichteten, dass jeder Punkt am einen X den entsprechenden Punkt am anderen berührt: In diesem intimen Moment, so Morgans Überlegung, könnten Teilchen aus jedem Chromosom irgendwie miteinander die Plätze tauschen. Die Gene könnten vom einen X zum anderen überwechseln. Anschließend trüge das einzelne X-Chromosom, das in das Ei der weiblichen Fliege wandert, einige Gene vom väterlichen und einige vom mütterlichen X. Und dieser Austauschprozess könnte für all die Merkwürdigkeiten verantwortlich sein, die sich Morgan zu erklären versuchte. Kurz gesagt: Die Gene auf den X-Chromosomen mussten sich vertauscht, vermischt und neu eingepasst haben.

Es war Ende des Jahres 1911, als Morgan sich erstmals dieses so genannte Crossing over – den Genaustausch – vorstellte. Er erzählte seinem Lieblingsstudenten Alfred Sturtevant davon, der gerade im letzten Studienjahr an der Columbia University war. Was dann geschah, ist einer der großartigsten wissenschaftlichen Momente des zwanzigsten Jahrhunderts, der es wirklich verdient, auch Nicht-Genetikern zugänglich zu werden. Denn dieser Moment trug entscheidend dazu bei, Stil wie Inhalte des Studiums allen Lebens für das gesamte restliche Jahrhundert festzulegen.

Wenn es ein solches Crossing over gäbe, sagte Morgan zu Sturtevant, dann hätte das sehr interessante Implikationen. Er sollte doch nur einmal versuchen, sich die weibliche Fliege und ihre beiden X kurz vor diesem ganzen Hin und Her des Austausches vorzustellen: Auf dem einen X trage sie Gene für rote Augen und lange Flügel, auf dem anderen X Gene für weiße Augen und kurze Flügel. Angenommen, diese beiden Gene lägen sehr nahe beieinander auf dem X. In diesem Fall wäre es doch sehr wahrscheinlich, dass sie auch während des Crossing over zusammenblieben, wie zwei Menschen, die in

einer wogenden Menge unmittelbar nebeneinander stehen.
Angenommen aber, die beiden Gene lägen an den entgegen-
gesetzten Enden des X-Chromosoms: Da wäre die Chance
doch sehr viel größer, dass sie voneinander getrennt würden,
wie zwei Menschen, die in einer Menge weit ab voneinander
stehen.

Morgan schlug vor, diese Idee anhand der Ergebnisse eines
Zuchtexperiments zu prüfen. Waren Einzelmutanten selten,
würde das bedeuten, dass das Gen für die Augenfarbe und
das Gen für die Flügellänge eng auf dem X beieinander lagen,
da diese beiden Gene während des Crossing over nicht so
häufig getrennt wurden. Gab es jedoch viele Einzelmutanten,
mussten die beiden Gene auf dem X weit auseinander liegen,
da sie häufig voneinander getrennt wurden. Und tatsächlich
brachte das Experiment relativ viele Einzelmutanten hervor:
etwa 30 Prozent der Söhne.

Sturtevant konnte Morgans Gedankengang nun aber nicht
nur folgen – während er Morgan im Fliegenlabor zuhörte,
hatte er die Eingebung seines Lebens.[27] Inzwischen hatten
Morgan, er und die anderen Studenten im Fliegenlabor bereits ziemlich viele Gene gefunden, die auf dem X-Chromosom der Fliege zu liegen schienen. Sturtevant erkannte nun,
dass er – wenn Morgan mit seiner Crossing-over-Theorie
Recht hatte – tatsächlich herausfinden könnte, wo genau jedes
dieser Gene auf dem X liegt. Er könnte Mendels Theorie
überprüfen, er könnte Morgans Theorie überprüfen, und er
könnte eine Karte aller auf einem Chromosom liegenden
Gene anlegen – alles auf einen Streich.

An diesem Nachmittag griff sich Sturtevant einen Stapel
Laborbefunde, die kompletten Unterlagen über Kreuzungen,
an denen ein halbes Dutzend Gene beteiligt waren, und ging
nach Hause. Dort breitete er die Papiere vor sich aus. Dann
stellte er sich ein halbes Dutzend Punkte wie auf einer Perlenschnur aufgereiht vor:

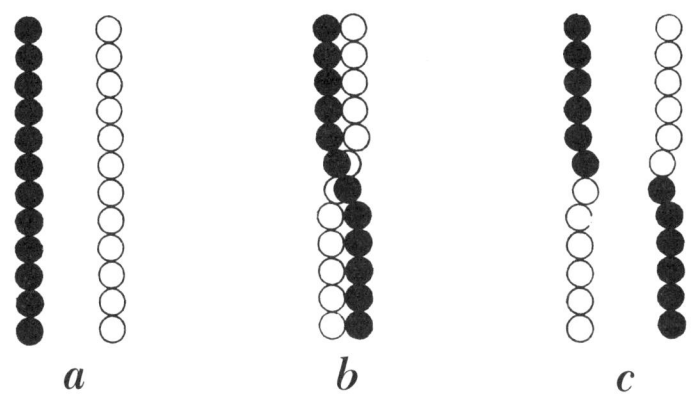

Der Beweis für die Existenz von Genen. Dies ist T. H. Morgans Diagramm jenes Phänomens, welches unter dem Begriff Crossing over (Genaustausch) bekannt wurde und von einem Biologen einmal der »intimste Vorgang bei der Fortpflanzung« genannt wurde. (a) Die schematische Darstellung eines einzelnen Chromosomenpaars. Morgan stellte die Gene auf dem Chromosom aufgereiht wie auf einer Perlenschnur dar. Die schwarzen Perlen stammen von der Mutter, die weißen vom Vater. (b) Kurz vor der Entstehung einer Eizelle wickeln sich die beiden Chromosomen umeinander, und die Gene wechseln über. (c) Nun trägt jedes Chromosom dieses Paars einige Gene von der Mutter und einige vom Vater. Dieses Crossing over benutzten Morgan und seine Studenten, um in einer der außergewöhnlichsten Versuchsreihen des zwanzigsten Jahrhunderts die erste Genkarte zu erstellen.

Existierte wirklich so etwas wie Gene und lagen diese in einer geraden Linie auf einem Chromosom, dann konnten sie nur linear angeordnet sein. *A* musste näher an *B* als an *C* liegen und so fort. Deshalb musste es auch in jeder Fliegengeneration mehr *AB*s als *AC*s geben, da es wahrscheinlicher war, dass *A* und *B* zusammen auf die Reise gingen, als *A* und *C*. Morgan und seine Studenten hatten bereits Zehntausende Fliegen gekreuzt und von jeder Kreuzung Aufzeichnungen gemacht. Also prüfte Sturtevant, welche Gene im Laufe dieses Prozesses häufiger beieinander geblieben waren und welche sich öfter getrennt hatten.

Am Anfang war *white*. Welche Gene liegen nahe an *white*? Eines davon glaubte Sturtevant erraten zu können: Im Fliegenlabor hatten sie ein Gen gefunden, das sich auf die Körperfarbe der Fliege auswirkt. Sie nannten dieses Gen *yellow*, da sie zum ersten Mal auf seine Existenz geschlossen hatten, nachdem sie auf einen Mutanten mit einem gelben Körper gestoßen waren. Für seine Zwecke brauchte Sturtevant nun nur die Ergebnisse einer Kreuzung zu finden, bei der ein Elternteil weiße Augen und den üblichen braunen Körper hatte und der andere Elternteil rote Augen und einen gelben Körper. Wenn das Gen für die Augenfarbe und das Gen für die Körperfarbe eng beieinander lagen, musste nahezu jeder Nachkomme als eine der beiden folgenden Varianten auftreten: entweder weißäugig mit braunem Körper oder rotäugig mit gelbem Körper. Lagen die Gene jedoch weiter auseinander und waren daher während des Crossing over häufiger getrennt worden, dann mussten viele Abkömmlinge dieser beiden Fliegen weiße Augen und gelbe Körper haben.

Sturtevant durchforstete die Kreuzungsunterlagen, die er mit nach Hause genommen hatte, und fand exakt 21 736 Fliegen, die Abkömmlinge eines solchen Elternpaares waren. Von diesen 21 736 Fliegenkindern hatten nur 214 – oder etwa 1 Prozent – weiße Augen und einen gelben Körper. Also waren diese beiden Gene während des Crossing over kaum je voneinander getrennt worden. Und das bedeutete, dass das Gen *yellow* sehr nahe am Gen *white* liegen musste.

Sturtevant nannte dieses eine Prozent eine »Map Unit« – eine Karteneinheit – und vermerkte, dass *white* und *yellow* eine Karteneinheit voneinander entfernt lagen.

Unter diesen Unterlagen befanden sich auch die Aufzeichnungen über Kreuzungen von Fliegen mit gelben Körpern und solchen mit scharlachroten Augen. Aus ihnen waren 4551 Fliegenkinder hervorgegangen. Von diesen hatten 1464 Fliegen, also etwa 32 Prozent, sowohl einen gelben Körper als auch scharlachrote Augen geerbt. Wenn 1 Prozent eine Map Unit ist, dann sind 32 Prozent zweiunddreißig Map Units. *Yellow* liegt also eine Karteneinheit von *white* und zweiunddreißig Karteneinheiten von *vermilion* (Scharlachrot) entfernt.

» Wer hätte eine solche Sintflut voraussehen können?« schrieb Morgan, als die Fliegen in ihren Flaschen alles andere aus seinem Labor in der Columbia University zu verdrängen drohten. Seine Forschung war wirklich beeindruckend, sein Fliegenlabor jedoch alles andere als das: Jeden Tag kamen Morgan und seine Studenten mit neuen, schnell leer getrunkenen Halblitermilchflaschen unterm Arm ins Labor, die sie von den Veranden der umliegenden Häuser und aus der Studentencafeteria geklaut hatten. Man beachte die Bananen in der Ecke: Futter nicht nur für die Fliegen, sondern auch für die ersten Genetiker der Welt. Die Fotografie entstand um 1920.

Dann eine dritte Kreuzung: In den Unterlagen waren 1584 Fliegenkinder mit einem *white*-Elternteil und einem *vermilion*-Elternteil festgehalten. Unter diesen 1584 Kindern fand Sturtevant 471, etwa 29 Prozent, die sowohl *white* als auch *vermilion* geerbt hatten,[28] also lag *white* neunundzwanzig Karteneinheiten von *vermilion* entfernt.

Jetzt kam der Moment, den Mathematiker immer den »schönen Teil« nennen, wenn sie eine brillante Gleichung erklären. Generationen von Genetikern, die seither Sturtevants Nacht der Nächte nachvollzogen haben, konnten nur den Kopf schütteln angesichts der Einfachheit des Tricks, der ihre neue Wissenschaft auf ihre revolutionäre Bahn gelenkt hatte. Viele Jahre später sollte Benzer diesen Trick noch einmal anwenden und damit eine zweite Revolution in Gang setzen.

Sturtevant stand vor einem einfachen mathematischen Rätsel. Er wusste, dass *white* näher an *yellow* als an *vermilion* lag. Er wusste, dass *yellow* näher an *white* als an *vermilion* lag. Und er wusste, dass die Entfernung zwischen *yellow* und *vermilion* größer war als die Entfernung zwischen *white* und *vermilion*. Es gab also nur eine Möglichkeit, diese Zahlenwerte umzusetzen, wenn die Gene auf einer geraden Linie angeordnet waren. Es musste ganz einfach folgendermaßen aussehen:

yellow white   *vermilion*

Sturtevant überprüfte die Zahlen. Er hatte eine Map Unit zwischen *yellow* und *white*; dreißig Map Units zwischen *white* und *vermilion* und zweiunddreißig Map Units zwischen *yellow* und *vermilion*. Soweit schien alles zu stimmen, »zumindest mathematisch betrachtet«, wie er später schrieb. Angesichts der etwas ungenauen Daten waren seine Berechnungen erstaunlich exakt. Auch als er die übrigen Kreuzungsdaten überprüfte, stimmten Zahlen und Distanzen überein. Eine Mutation namens *miniature wing* kartierte er etwa drei Map Units von *vermilion* entfernt. Die Flügel des *miniature*-Mutanten sind normal geformt, aber sehr kurz, vergleichbar einem menschlichen Arm, der inklusive Hand nur bis zum Gürtel reicht. Dann platzierte er *rudimentary wing* ungefähr vierundzwanzig Map Units von *miniature* entfernt. Die Flügel von *rudimentary* sind richtiggehend verpfuscht: Einige sind faltig und blasig, andere verstümmelt und manche mit unregelmäßig wachsenden Härchen bedeckt.

Kurz vor Sonnenaufgang war Sturtevant fertig. Als Student im letzten Semester hatte er an der Columbia ein volles Pensum an Kursen zu absolvieren, und gerade hatte er eine ganze Nacht für ein höchst ungewisses Projekt drangegeben, zu dem ihm noch dazu niemand verpflichtet hatte. »Ich hatte eine ziemliche Menge Hausaufgaben«, sagte Sturtevant viele Jahre später, »und nichts davon gemacht, aber dafür marschierte ich

Alfred Sturtevant, T. H. Morgans Lieblingsstudenten, gelang 1911 im Alter von neunzehn Jahren als erstem die Zeichnung einer Genkarte. Es war seine Entdeckung, die die Biologie auf ihre lange Reise ins Innere schickte. Sturtevant machte sich die Genkartierung zur Lebensaufgabe. Von Morgan sollte er sich nie trennen. Das Foto wurde etwa 1925 aufgenommen.

am nächsten Morgen mit einer Karte zurück.«[29] Im Fliegenlabor legte er die erste Genkarte der Welt aus. Die Gene waren auf einer Linie verzeichnet:

yellow white   *vermilion miniature*   *rudimentary*

Morgan und seine Studenten beugten sich über die Karte und erkannten auf einen Blick, dass das, was sie seit Monaten in ihrem von Fliegen verunreinigten Labor vermutet hatten, mit an Sicherheit grenzender Wahrscheinlichkeit richtig war: Es gibt Gene; sie liegen auf Chromosomen; und sie können beobachtet und erforscht werden. Es war der hellste Blitz und stärkste Donnerhall in der Biologie seit der Wiederentdeckung von Mendels Forschung im Jahr 1900. Morgan, der wahrlich nicht zu Übertreibungen neigte, nannte den Einblick, den diese Karte eröffnete, einmal »eine der unglaublichsten Entwicklungen der gesamten Biologiegeschichte«.[30] Sturtevant war neunzehn Jahre alt.

Morgan verbrachte wie seine Studenten die nächsten Jahrzehnte damit, immer mehr Gene auf dem X und den anderen drei Fliegenchromosomen zu kartieren, bis die Zweifler innerhalb und jenseits der biologischen Fachbereiche schließlich davon überzeugt waren, dass Gene tatsächlich existieren.

Viele Jahre später, als Benzer und sein Student Ronald J. Konopka die Fliege ohne Zeitsinn fanden, verfolgten sie deren exzentrisches Verhalten bis zu jenem ersten Chromosom, dem X, zurück. Und als sie dieses mutierte Gen kartierten, stellten sie fest, dass es direkt neben Morgans Ausgangspunkt liegt, weniger als eine Map Unit von *white* entfernt.

KAPITEL III

Was ist Leben?

*Trotz seines amateurhaften Tastens besaß Martin
doch eine Eigenschaft, ohne die es keine Wissenschaft geben kann: eine ausgiebige, schnuppernde,
schnüffelnde, niedrig gemeine, vollkommen undra-
matische Neugierde, die ihn erbarmungslos vorwärts trieb.*

Sinclair Lewis
Dr. med. Arrowsmith[1]

Morgan hatte das Feld der Genetik als kritischer Störenfried
betreten und sich auch mit der Gentheorie niemals so an-
freunden können wie all die anderen, die nach ihm kamen.
Im Gegensatz zu Sturtevant, Calvin Bridges, Curt Stern und
vielen anderen seiner begabten Schüler war er kein mathematischer Denker. Er war der geborene Naturalist. Er liebte es,
mit Seesternen, Seeanemonen und Tauben zu forschen, obwohl sie allmählich von den Fliegenflaschen aus seinem
Labor verdrängt werden sollten. In gewisser Weise ähnelte er
Max Planck, der 1900, im selben Jahr, als die Biologie Mendel
wiederentdeckte, die Physik auf den Kopf stellte. Planck beschrieb Strahlung als einen Teilchen- und Wellenstrom, als
Wirkungsquanten, und auch Morgan stellte die Transmission
von Leben als einen Teilchenstrom dar. An Plancks Quantentheorie hatte ein klassischer Physiker so schwer zu kauen, dass
dieser Jahre mit nichts anderem zubrachte, als sie zu verteidigen. »Er war ein Revolutionär wider Willen«, erzählte James
Franck, einer seiner Studenten. »Schließlich kam er zu dem

Schluss: ›Es hilft nichts. Wir müssen mit der Quantentheorie
leben. Und glaube mir, sie wird sich durchsetzen. Nicht nur in
der Optik. Sie wird in alle Bereiche eindringen. Wir müssen
mit ihr leben.‹‹[2]

Morgans Entdeckung veränderte die Biologie ebenso
grundlegend wie Plancks Theorie die Physik, und auch Morgan betrachtete die von ihm selbst ausgelöste Revolution mit
ambivalenten Gefühlen. Im Krieg der »bug hunters« gegen
die »worm slicers« – wie sich die beiden feindlichen Lager, die
altmodischen Naturalisten unter freiem Himmel und die hy-
permodernen Experimentalisten im Labor, manchmal selber
nannten – spielte Morgan die Rolle des Naturliebhabers, der
die Biologie aus dem Freien ins Labor holt. Er war ein
»Squishy«, der für die »Crunchies« kämpfte.[*] Jahrelang
mühte er sich, mit Sturtevant, Bridges und Stern Schritt zu
halten, während diese Mutanten kreuzten, Zahlen zerlegten
und das erste, zweite, dritte und schließlich auch vierte Fliegenchromosom kartierten. Morgan leistete zwar einen eigenen Beitrag zu dieser Forschung, doch das gelang ihm nur
durch einen höchst intensiven Arbeitseinsatz und eine zuneh-
mend angestrengtere Mobilisierung seiner ganzen Vorstel-
lungskraft, wie sein Student Curt Stern einmal schrieb. »Ich
erinnere mich an einen ziemlich grausamen Moment: Bridges
erklärte ihm ein besonders kniffliges neues Resultat, und der
Urvater dieses Forschungsgebiets verließ das Zimmer, schüttelte den Kopf und sagte: ›Zu viel für mich!‹‹[3]

Morgan hatte auch Probleme, einen Zusammenhang zwischen ihren eigenen und Darwins Erkenntnissen zu sehen.
Seine Studenten versuchten ihm auseinanderzusetzen, dass
sie im Fliegenlabor nichts anderes machten als die »natürliche
Zuchtwahl« in der Natur, nämlich all die winzigen Mutationen auszuwählen und auszulesen, die einer Fliege rote oder
weiße Augen, glatte oder gespaltene Borsten, lange oder kurze
Flügel beschert. Im Laufe von vielen Generationen, erklärten

---

[*]   Anm. d. Ü.: »Squishy« ist der Spitzname für die Vertreter der
      »weichen« und »Crunchy« für die Vertreter der »harten« Biolo-
      gie.

sie ihm, könne diese natürliche Auslese kleinster Veränderungen schließlich zu zwei verschiedenen Fliegenarten führen und nach weiteren Generationen zu immer komplizierteren Verästelungen am Baum des Lebens. Einige der größten Biologen des zwanzigsten Jahrhunderts, darunter R. A. Fisher, Sewall Wright, J. B. S. Haldane, Ernst Mayr, G. Ledyard Stebbins und Theodosius Dobzhansky (auch einer von Morgans Studenten), sollten schließlich Darwins und Morgans Theorien vereinen und damit die außerhalb wie innerhalb der Labors angesiedelte Natur zusammenführen und eine Synthese des sichtbaren und unsichtbaren Lebens herstellen. Doch Sturtevant musste Morgan im Fliegenlabor Darwins Theorie immer wieder erneut auseinandersetzen. »Du musstest einfach am Ball bleiben«, erzählte Sturtevant Morgans Biografen Garland Allen.[4] »Er ließ sich nur schwer überzeugen. Man musste einfach dranbleiben. Es war wie ein Arbeitsgang, den du ständig von vorn beginnen musstest.«

Umso mehr spricht es für Morgans Courage, dass er 1928, bereits zweiundsechzig Jahre alt, sein Fliegenlabor ans Caltech übersiedelte, das schon damals als eines der weltbesten Forschungszentren auf den Gebieten der Chemie und Physik galt. Er entschloss sich zu diesem Schritt in der Hoffnung, dadurch einen Beitrag zur Vernetzung von Biologie, Chemie, Physik und Mathematik leisten zu können.[5] Morgans eigene Kenntnisse auf diesen Gebieten waren nicht sehr fundiert, doch wie ein General, der die Entwicklung eines Krieges überblickt, wollte auch er rechtzeitig Truppen an die neue Front schicken. In der Tat hatte er etwas von einem General an sich, ob das nun anlage- oder umweltbedingt war.[6] Sein Vater Charlton Hunt Morgan hatte unter General John Hunt Morgan (Charltons Bruder und Thomas' Onkel) als Mitglied einer legendären Bande rebellischer Draufgänger namens »Morgan's Raiders« gekämpft, und zu seinen Vorfahren zählten der Raubritter J. Pierpont Morgan ebenso wie Francis Scott Key, der Verfasser des »Star-Spangled Banner«.

In Pasadena (dem Sitz des Caltech) entwickelten und forcierten Morgan und seine Bande (darunter auch Sturtevant und Bridges, die dem Mann, den sie Boss nannten, niemals von der Seite weichen sollten) die Gentheorie. Als Morgan dafür den Nobelpreis erhielt, teilte er sich das Preisgeld mit Sturtevant und Bridges. Doch sogar in seiner Nobelpreisrede 1934 in Stockholm brachte er noch Zweifel an ihrer Bedeutung zum Ausdruck.[7] »Was sind Gene?« fragte er. »Können wir sie nun, da wir sie auf den Chromosomen lokalisieren können, rechtmäßig als Materiebausteine, als chemische Körper betrachten?«[8] Genetiker, betonte er, hätten den Vorteil, dass sie diese Frage verdrängen könnten – vorläufig. Sie könnten mit Genen umgehen, als wären sie lediglich mathematische Punkte auf abstrakten Karten. Und genau das taten Morgan und seine Bande. Später sollte man dies als die reine oder klassische Genetik bezeichnen. Moleküle spielten dabei keine Rolle, ganz im Gegensatz zu der Forschung, die mit Benzer und seinem Kreis ihren Anfang nahm. Wenn Morgan die Punkte auf seinen Karten betrachtete, fragte er sich noch immer: »Gibt es sie wirklich, oder sind sie reine Fiktion?«

1934 blickte Benzer erstmals durch ein Mikroskop. Es war dasselbe Jahr, in dem Morgan fragte: »Was sind Gene?« Als Morgan in Stockholm seinen Preis in Empfang nahm, bekam Benzer, ein Junge aus Bensonhurst, Brooklyn, sein erstes Mikroskop zur Bar Mitzwah geschenkt.[9] Er verfrachtete es in den Keller, wo er sich ein Labor eingerichtet hatte. Und dort vollbrachte er auch sein erstes und für ihn nächstliegendes Experiment: Er studierte durch das Mikroskop Hunderttausende von langen, dunklen und um sich schlagenden Kaulquappen mit winzigen Köpfen – Spermien.

Niemand sonst in Benzers Familie interessierte sich für Wissenschaft. Seine Eltern stammten aus einem Schtetl westlich von Warschau und verdienten ihr Brot im Schneidergewerbe. Sein Vater pflegte jeden Abend aus dem Garment District, dem Schneiderviertel von Manhattan, mit einem Arm voller Kleiderbündel nach Hause zu kommen, und seine Mutter stellte diese dann spätnachts auf ihrer Nähmaschine fertig. Manchmal baten sie Seymour, mit der U-Bahn in die Stadt zu fahren und die Bündel abzuliefern. Doch da Seymour der einzige Sohn der Familie und Kronprinz der Ben-

Seymour Benzers erstes Labor im Keller der elterlichen Wohnung in Bensonhurst, Brooklyn. Hier mischte er jedes nur erdenkliche Gebräu, nahm Fliegen auseinander und posierte als verrückter Wissenschaftler. Hier las er auch Dr. med. Arrowsmith, *jenen Roman, der ihn später zum Genstudium hinführen sollte. Diese Selbstporträts machte er Mitte der dreißiger Jahre mit Selbstauslöser.*

zers war, das »Ei mit zwei Dottern«, wie man in ihrer Alten Welt sagte, ließen ihn seine Eltern und drei Schwestern an den meisten Nachmittagen und Abenden unbehelligt in der 64th Straße Stockball spielen oder im Keller experimentieren. Nach seiner Bar Mitzwah hatte Seymour mit der Thoraschule nichts mehr am Hut. An hohen Fest- und Feiertagen ging er zwar nach wie vor mit seinem Vater in die Synagoge, denn der hätte es als Schande empfunden, den eigenen Sohn an Rosch Haschana oder Jom Kippur nicht an seiner Seite zu haben, aber der Sohn schaffte es immer, irgendeine interessantere Lektüre als das Gebetbuch hineinzuschmuggeln. Und während die übrigen Gemeindemitglieder psalmodierten und sein Vater in die andere Richtung blickte, las Seymour das Buch von Stern und Gerlach: *The Principles of Atomic Physics.*
Durch das Mikroskop inspizierte er Blut, Schweiß, Tränen,

Spucke, Zungenbelag, Wasser aus dem Rinnstein und Bienenstachel. Und immer wieder zerlegte er Fliegen, einfache Stubenfliegen. Sein Lieblingsbuch als Teenager war *Dr. med. Arrowsmith* von Sinclair Lewis. Es sollte seine Bibel werden, denn es stellte Naturwissenschaft als Abenteuer dar, als etwas, zu dem man ein romantisches Verhältnis entwickeln kann, als die reine Glaubenslehre des Forschers, welche es wert ist, ihr sein Leben zu widmen. Martin Arrowsmith, der Held des Romans, wird in einer Kleinstadt im mittleren Westen geboren. Als Neuling an der Universität von Winnemac kommen ihm Gerüchte über einen geheimnisvollen deutschen Biologen auf dem Campus namens Max Gottlieb zu Ohren, der Bakterien erforscht. Eines späten Abends schlendert Arrowsmith nach einer Party zum Medizingebäude hinüber, blickt zum »turmgeschmückten medizinischen Hauptbau« hinauf und entdeckt ein einzelnes Licht. Da erlischt das Licht, und bald darauf kommt »eine hohe Gestalt, asketisch, in sich verschlossen, abgelöst«, auf ihn zu. Sie blickt durch Martin hindurch »ins Leere, vor sich hinmurmelnd, mit gebeugten Schultern, die langen Arme auf dem Rücken«. Es war Gottlieb. »Er hatte den fadenscheinig abgenutzten Überrock eines Professors getragen, aber in Martins Erinnerung war er mit einem schwarzen Samtumhang bekleidet, und auf seiner Brust strahlte hochmütig ein silberner Stern.«[10]

Arrowsmith wird zum Jünger Max Gottliebs, einem Mann von »nervöser Empfindlichkeit«,[11] der Nacht für Nacht unruhig durch sein Labor streift und zu seinen Studenten sagt: »Ich mache große Fehler. Aber ein Ding gibt es, das ich immer unbefleckt gehalten habe: die Glaubenslehre des Forschers.«[12] Von Gottlieb lernt Arrowsmith, jenen Typ des medizinischen Karrieristen zu verachten, der nichts anderes als seine Praxis und sein Honorar im Sinn hat, oder diesen »Schwindel-Wissenschaftler«, der »die vorgeschriebenen Experimente rasch und sauber ausführte und sich niemals in selbständige Experimente hineinwagte, die ihn in das unklare Land des Unerforschten hineingeführt und ihm Ruhm oder Enttäuschung gebracht hätten«.[13] Arrowsmith wagt sich in selbstständige Experimente hinein. Er begegnet einer wunderbaren Krankenschwester namens Leora, heiratet sie und findet schließlich Ruhm wie Enttäuschung.

Kaum hatte Benzer den *Arrowsmith* ausgelesen, kaufte er sich einen Füllfederhalter mit der feinsten Feder, die er auftreiben konnte, sowie tiefschwarze Tinte und begann Max Gottliebs Handschrift zu imitieren, geradeso wie sie Sinclair Lewis in seiner Geschichte beschreibt: eine »kohlschwarze Spinnwebenschrift«.[14]

Als er im Alter von fünfzehn Jahren seinen High-School-Abschluss machte – niemand aus seiner Familie war je weiter als bis zur zwölften Klasse gegangen –, geriet das Geschäft seines Vaters durch die Große Depression immer mehr in Schwierigkeiten. Doch Seymour war »das Ei mit zwei Dottern« und somit fürs College bestimmt. Er bekam ein Regents-Stipendium und besuchte das Brooklyn College. Dort traf er bereits im ersten Studienjahr die einundzwanzigjährige Krankenschwester Dora. Dotty, wie sie allgemein genannt wurde, übernahm Nachtwachen an der Klinik, damit sie sich Zeit für Seymour stehlen konnte, während die Patienten schliefen, geradeso wie es Leora für ihren Martin Arrowsmith tut.

Nicht viele Menschen entwickeln ein ebenso starkes Gespür für Physik wie für die Erforschung allen Lebens. Das Mitglied aus Morgans »Bande« im Ur-Fliegenlabor mit dem ausgeprägtesten Interesse an beiden Wissenschaften war ein kleingewachsener, reizbarer, nervöser, visionärer junger Mann namens Hermann J. Muller.[15] Muller brannte von Anfang an darauf zu beweisen, dass Gene feststoffliche Körper sind. Und er wollte unbedingt herausfinden, woraus diese bestehen. Dieses Interesse unterschied ihn deutlich von allen anderen Mitgliedern der Morgan-Bande, wie Sturtevant später dem Historiker Garland Allen erzählte: »Wir anderen hätten auch so weitergemacht, wir dachten eher: Na ja, vielleicht werden unsere Urenkel einmal ein bisschen mehr darüber wissen – ja, so standen wir dazu.«[16]

Muller fand schließlich eine Möglichkeit, die Mutationsrate von Fliegen zu beschleunigen – jenes Projekt, das Mor-

gan in den Jahren vor dem Auftauchen der weißäugigen
Fliege so ungeheuer frustriert hatte. Lange nachdem Muller
Morgans Fliegenlabor verlassen und ein eigenes gegründet
hatte, gelang es ihm, Mutationen bei der *Drosophila* zu bewirken, indem er sie mit Röntgenstrahlung bombardierte, auf
sehr ähnliche Weise also, wie Atomphysiker mittlerweile eine
Kernumwandlung herbeiführten.[17] Muller setzte die Fliegen
einer derart hohen Strahlendosis aus, dass er die Mutationsrate um etwa 15 000 Prozent erhöhte. Die Röntgenstrahlen
töteten Milliarden von Spermazellen in den Fliegen, und von
den überlebenden Zellen war beinahe die Hälfte mutiert.
Mullers Fliegen sahen nach ihrer Strahlenbehandlung zwar
noch genauso aus wie zuvor und verhielten sich auch nicht anders als bisher, doch ihre Kinder waren verändert: an den
Flügeln (*vergrößert, zerknittert, gefleckt*), den Härchen (*gekraust*)
oder am Körper (*stämmig, geteilter Mittelleib*). Einige dieser
Veränderungen bemerkte Muller erst, nachdem er die Fliegen
mit Äther betäubt und durch das Mikroskop betrachtet hatte.
Aber viele konnte er bereits mit bloßem Auge erkennen. Ein
Mutant war weißäugig.

In Deutschland hörte ein junger Atomphysiker namens
Max Delbrück von diesen »Strahlungs«-Experimenten und
entschied, dass ihn die Transmutation von Genen noch mehr
interessieren könnte als die Umwandlung von Atomen.[18] Er
verließ Deutschland und schloss sich Thomas Hunt Morgan
am Caltech an, wo dieser gerade mit seinem Experiment begann, die Naturwissenschaften zu vernetzen. Die Chemiker
und Physiker am Caltech empfanden die Kluft zwischen ihrer
Welt und der Welt der Biologen allerdings als ebenso groß,
wie es umgekehrt die Biologen taten. Delbrück fragte sich
zum Fliegenlabor durch, wo ihn Sturtevant sofort bat, sich einiger noch unklarer Punkte auf der Karte des vierten Fliegen-
chromosoms anzunehmen. Er gab Delbrück einen Stapel von
Kopien, und dieser verschwand damit in einem Zimmer auf
der anderen Seite des Flurs, wo er sie dann mit wachsender
Verzweiflung zu durchforsten begann. Diese Angelegenheit
schien ihm doch sehr viel schwieriger zu sein als die Atomphysik: »Es waren abschreckende Unterlagen, jeder Genotyp

war ungefähr eine Meile lang, schrecklich, und ich verstand einfach gar nichts.«[19]

Bridges versuchte zu helfen. Ein Genotyp ist die Deskription der Gene eines Lebewesens: die Linie des genetischen Codes, den es geerbt hat. Ein Phänotyp ist die Genexpression: das Lebewesen selbst, die Art und Weise seines Aussehens und Verhaltens. Ihr erstes Gen hatte die Morgan-Bande nach der weißäugigen Fliege *white* genannt. Doch *white* tritt in mehr als nur einer Form auf. Die meisten Fliegen tragen zwei Kopien der normalen Form des *white*-Gens und haben rote Augen. Einige tragen eine Kopie der normalen Form und eine Kopie der mutierten Form, aber auch sie haben rote Augen, da die normale Form auch dann dominiert, wenn zugleich eine mutierte Form des Gens im Genotyp vorhanden ist. Hier und da trägt eine Fliege nur die mutierte Form des Gens, was bedeutet, dass diese Fliege das Merkmal »weiße Augen« hat. Doch ungeachtet dieser Komplexitäten bei Genotyp und Phänotyp hatte die Morgan-Bande sowohl das Gen als auch die weißäugige Fliege selbst schlicht und einfach *white* getauft.

Nun trägt jede Fliege in einem Fliegenlabor nicht nur ein mutiertes Gen, sondern viele, genauso wie jede Fliege außerhalb eines Fliegenlabors (im biologischen Jargon »Wildtyp« genannt) und genauso wie jeder Mensch (wild oder nicht). Bei den meisten dieser mutierten Gene findet keine Expression statt. Drosophilogen züchten häufig Fliegen, um Doppel-, Tripel- oder Mehrfachmutanten hervorzubringen. Die Bezeichnung des Genotyps einer Fliege auf dem Etikett einer Fliegenflasche kann dann etwa folgendermaßen beginnen: *f; cn bw; TM2/tra...*[20] Und jeder junge »Herr der Fliegen« kann diese Formel auf einen Blick deuten. Sie besagt, dass die Fliege in der Flasche die Mutation *forked* auf ihrem X-Chromosom trägt. Das Wort *forked* ist die Kurzform für *forked bristles* (gespaltene Borsten). Auf dem zweiten Chromosom trägt sie *cinnabar* und *brown*. Obwohl sich sowohl *cinnabar* als auch *brown* auf die Augenfarbe beziehen, entsteht beim Zusammentreffen beider Mutationen die Tendenz zu weißen Augen. Auf ihrem dritten Chromosom trägt die Fliege *tra* oder *transformer*. Wenn

eine Fliege mit zwei X-Chromosomen *tra* auf ihrem dritten
Chromosom trägt, bilden sich bei ihr ein männliches, tinten-
schwarzes Abdomen, ein Penis und Sperma heraus, und sie
paart sich mit Weibchen, obwohl das Tier angesichts seiner
beiden X-Chromosomen genetisch betrachtet selbst eine
weibliche Fliege ist. Doch *TM2* ist eine lange Geschichte...

Delbrück mochte Sturtevant und Bridges, aber er konnte
mit dieser Theorie und ihrem Fachchinesisch einfach nichts
anfangen. In Berlin war er in derselben Gegend aufgewachsen
wie Max Planck. Als Student hatte er sich mit Niels Bohr,
Werner Heisenberg, Erwin Schrödinger und Albert Einstein
gemessen. Nun vermisste er die Klarheit und Einfachheit, die
sich hinter Plancks $E = nh\nu$ und Einsteins $E = mc^2$ verbarg. Er
spürte, dass er aus dem Fliegenlabor raus musste, wenn er
nicht verrückt werden wollte. Schließlich entdeckte er im Keller einen Mikrobiologen, der mit Bakterien und bakterienfres-
senden Viren experimentierte. Bei den Bakterien handelte es
sich um *Escherichia coli*, ganz gewöhnliche menschliche Darm-
bakterien. Die Viren waren Bakteriophagen (abgeleitet aus
dem griechischen *phagein*, »verschlingen«), kurz Phagen genannt. *E. coli* war ein wohlbekannter Organismus. Und auch
der Bakteriophage war bekannt – nicht zuletzt durch den
Roman über Arrowsmiths Weg zu Ruhm und Enttäuschung.

Im Bakteriophagen sah Delbrück seine Chance, dem Fliegenlabor zu entkommen. Mit dem Phagen und dem *E. coli*
konnte er Vererbungsphänomene auf jene klare, einfache Pro-
blematik reduzieren, die ihm die Physik so ans Herz hatte
wachsen lassen. Er begann also, *E.-coli*-Bakterien zu ermöglichen, sich wie ein lebender Teppich auf dem Boden einer Petrischale auszubreiten. Dann verteilte er ein paar mörderische
Bakteriophage-Teilchen in der Schale. Innerhalb weniger
Stunden hatte der Phage Löcher in den Teppich gefressen.
Ein Bakterium ist zu klein, als dass man es mit bloßem Auge
erkennen könnte, ein Virusteilchen sogar so klein, dass es
selbst unter dem stärksten Lichtmikroskop nicht zu sehen ist.
Dennoch konnte Delbrück verschiedene Phage-Stämme ausmachen, und zwar indem er sich einfach die Löcher ansah,
die sie in den Teppich fraßen: Einige Stämme fraßen große,

zerfranste Löcher, andere ordentlich geformte kleine. Mit Delbrücks eigenen Worten: Die Virusstämme geben sich durch ihr Verhalten so zu erkennen, wie »ein kleiner Junge seine Anwesenheit signalisiert, wenn ein Stück Kuchen verschwindet«.[21] Und diese unterschiedlichen Verhaltensmuster sind genetisch bedingt.

Während des Zweiten Weltkrieges blieb Delbrück in den Vereinigten Staaten. (Er und seine Familie waren leidenschaftliche Gegner der Nazis; es wäre gefährlich für sie gewesen, nach Berlin zurückzukehren, selbst wenn sie es gewollt hätten.) Mit einem kleinen, aber stetig wachsenden Freundeskreis, darunter ein anderer »feindlicher Ausländer«, der italienische Biologe Salvador Luria, führte Delbrück eine Reihe von Phage-Experimenten durch – elegant einfache Experimente, ganz im Stil von Physikern.[22] Sie versuchten, Erbteilchen zu finden und herauszubekommen, wie diese funktionieren. Damit schlugen sie genau die Richtung ein, die sich Morgan für seine Studenten erträumt hatte: Sie begannen das Verhalten sich paarender Chromosomen auf einer Ebene zu erforschen, die kein Mikroskop mehr erfassen konnte. (»Sie müssen mit außerordentlicher Präzision zusammenfinden«, hatte Morgan geschrieben, »was die Vermutung nahe legt, dass wir es hier mit Ereignissen auf molekularer Ebene zu tun haben. Wir können nicht weiterkommen, ohne dass uns die Physik mit einem Schlüssel ausstattet, der uns diese ungewöhnlichen Vorgänge erschließt.«[23]) Eine solche Schlüsselentdeckung wurde 1944 gemacht, als die bakteriologische Studie eines Mikrobiologen einen Hinweis darauf gab, dass es sich bei der entscheidenden Substanz um Desoxyribonukleinsäure (DNS) handeln könnte.[24] Doch nicht viele Biologen haben damals von dieser Studie Notiz genommen. Morgan selbst war nahezu am Ende seines Lebens angelangt – er starb 1945 – und wagte nicht einmal zu träumen, dass die Antwort auf seine Frage so nahe lag. »Er hatte einfach nicht das Gefühl, dass es bereits einen Ansatzpunkt gab«, erzählte Sturtevant dem Historiker Garland Allen.[25] »Ich erinnere mich an eines meiner letzten Gespräche mit Morgan, nicht lange vor seinem Tod. Er sagte, er habe nicht Schritt halten können mit den

Dingen, obwohl das doch *die* Frage war, die er *immer* geklärt haben wollte.« Was sind Gene? Was wird zwischen Chromosomen ausgetauscht?

»Die Stimmung unter uns«, schloss Sturtevant und sprach damit für die große Mehrheit der Biologen, die 1945 noch immer im Trüben fischten, habe man so beschreiben können: »›Mensch, wenn wir doch nur irgendwie vorankommen könnten – aber wie?‹ Keiner wusste es.«

Seymour heiratete Dotty im Januar 1942, gerade als die USA in den Krieg eintraten. Dann bestiegen sie einen Zug in Richtung Purdue University, Indiana, wo Seymour sich als Doktorand der Physik eingeschrieben hatte. Doch kaum angekommen, wurde er für ein geheimes Kriegsprojekt rekrutiert.[26] Unter Hochdruck und der Beteiligung aller Alliierten versuchten Physiker im Rahmen eines Projekts, das sowohl vom Umfang als auch von seiner militärischen Bedeutung her durchaus mit dem »Manhattan Project« (Bau der Atombombe) gleichzusetzen war, ein neues, besseres Radar zu entwickeln. Damals konstruierte man eine Radaranlage noch um einen Siliziumgleichrichter herum, eine Art Drehkreuz für Elektrizität: In einem Gleichrichter kann Strom (anders als in einem normalen Kupferdraht) in nur eine Richtung fließen. Diese Gleichrichter aber waren unzuverlässig, weshalb der Leiter des Purdue-Teams, der Wiener Physiker Karl Lark-Horovitz, versuchte, Silizium durch Germanium zu ersetzen. Die meisten Physiker in diesem Team waren jung und unerfahren – aber das war die Elektronik ja schließlich auch. Sie wussten zwar, dass Germanium und Silizium Elektrizität besser leiten konnten als Holz und schlechter als Kupfer, weshalb man sie ja auch Halbleiter nennt. Doch bestimmte Aspekte des Verhaltens eines Halbleiters waren ihnen noch völlig unklar – und genau hier tat Benzer von Anfang an sein Bestes. Ihm sind einige der grundlegenden Erkenntnisse zu verdanken, die zur Konstruktion eines stabilen Germaniumgleichrichters führten. Unter anderem entdeckte er beispielsweise ein Germaniumkristall, das sehr hohen Spannungen standhält.

In den ersten Jahrzehnten des zwanzigsten Jahrhunderts

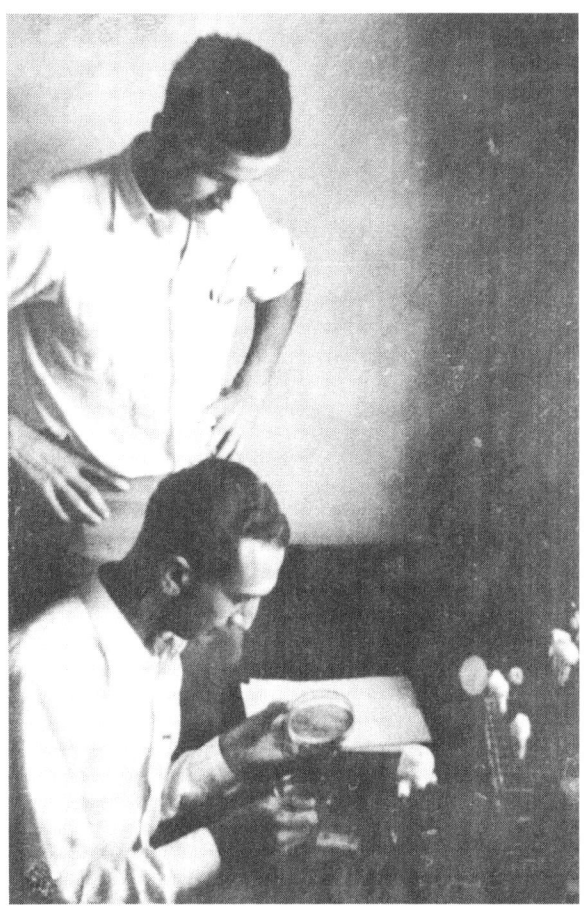

Der junge Atomphysiker Max Delbrück brachte die Genforschung durch Experimente von eleganter Einfachheit voran: mit Viren und Bakterien in Petrischalen. Hier Delbrück im Jahr 1941, wie er Salvador Luria, seinem ersten Partner bei diesen Experimenten im Cold Spring Harbor Laboratory, über die Schulter sieht. Ihre Begegnung läutete die Molekularbiologie ein und sollte zu einem gemeinsamen Nobelpreis führen.

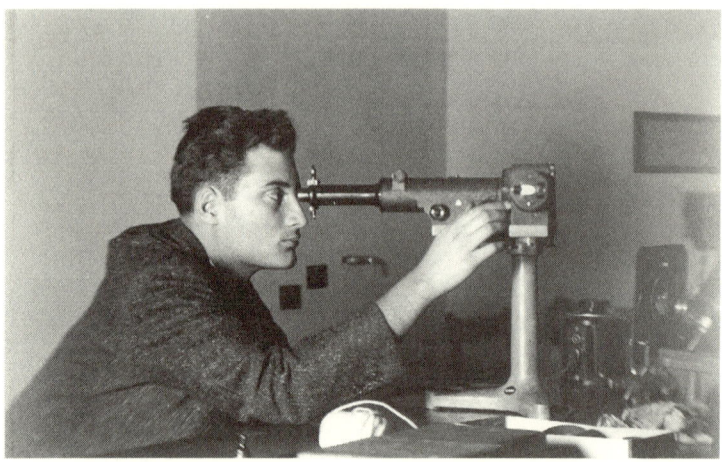

Benzer, hier noch als Student der Physik und Chemie, betrachtet ein Spektrum durch das Spektroskop. Die Biologie brauchte dringend Unterstützung aus der Chemie und Physik, doch in den späten dreißiger Jahren gab es nicht viele Forscher, die ein Gespür für alle drei Wissenschaften hatten. Ein Großteil der modernen Molekularbiologie aber geht auf Benzer und andere Physiker zurück, die sich wie er der Biologie zuwandten.

hatten Physiker das Elektron als eine Art außerirdisches Kuriosum betrachtet. Beim jährlichen Weihnachtsessen des Cavendish Laboratory in Cambridge pflegten junge Physiker den Trinkspruch auszurufen: »Auf das Elektron! Möge es niemals für irgendwen von irdischem Nutzen sein!«[27] Doch natürlich kann auch die reine, romantische, sozusagen überirdische Forschung – Arrowsmiths Art der Forschung – die Welt verändern. Im Laufe des Krieges machten Purdues Germaniumgleichrichter ihren Weg in die Bell Laboratories von New Jersey. Dort brachte nach Kriegsende ein Team von Physikern den Halbleiter unter Verwendung von Purdues Germanium einen entscheidenden Schritt voran und entwickelte den Transistor. Transistoren sind die entscheidenden Elemente von Radio, Fernsehen, Computern – von allen elektronischen Dingen. Und damit läuteten sie eine neue industrielle Revolution ein. Heute ist die Elektronik die größte Industrie der Vereinigten Staaten. Benzer war dreiundzwanzig Jahre alt, als er

Seymour und Dotty Benzer heirateten 1942 in New York City und bestie-
gen unmittelbar darauf einen Zug, der sie zur Purdue University nach In-
diana brachte. Dort sollte Benzer erstmals zu einer Revolution beitragen –
der Elektronik.

seinen Teil dazu beitrug, das Elektron einem irdischen Nutzen zuzuführen.

1946 gab ihm ein Freund aus dem Geheimlabor ein Buch
des deutschen Quantenphysikers Erwin Schrödinger: *Was ist
Leben?*[28] Es ging um die Genfrage. Schrödinger hatte es in
Dublin geschrieben, wohin er vor dem Krieg geflohen war.
Jeder Physiker, der sich in dieser Zeit der Biologie zuwandte,
vollzog damit eine Art Flucht vor dem Krieg.

In *Was ist Leben?* versuchte Schrödinger Parallelen zwischen
der Welt der Atomphysik und der Welt der Genetik aufzuzei-

gen. Dabei stellte er zur Disposition, dass sich das Gen als
eine bisher unbekannte Art von Kristall erweisen könnte, als
ein aperiodisches Kristall, dem die Botschaft im Kristallgitter
eingeschrieben ist wie ein Alphabet, dessen Buchstaben das
Geheimnis des Lebens tragen könnten. »Wir kommen schein-
bar zu der merkwürdigen Schlußfolgerung, der Schlüssel zum
Verständnis des Lebens liege darin, daß es auf einem reinen
Mechanismus, einem ›Uhrwerk‹ im Sinne der Planckschen
Arbeit beruhe«, schrieb Schrödinger.[29] »Man werfe mir bitte
nicht vor, ich hätte die Chromosomen einfach als ›Zahnräder
der organischen Maschine‹ bezeichnet.« Ein Zahnrad, das be-
werkstellige, was diese Zahnräder bewerkstelligten, »ist nicht
ein plumpes Menschenwerk, sondern das feinste Meisterstück, das nach den Leitprinzipien von Gottes Quantenme-
chanik vollendet wurde«.[30]

Benzer war fasziniert von Schrödingers Auseinandersetzung mit der Erbmaterie und dem »Beständigkeitsgrad der
Erbfaktoren«, der, wie Schrödinger meinte, »nahezu absolut«
sei. »Wir dürfen nämlich nicht vergessen, daß das, was durch
die Eltern dem Kinde weitergegeben wird, nicht nur die eine
oder andere Besonderheit ist, eine Hakennase, kurze Finger,
Anfälligkeit zu Rheumatismus, die Bluterkrankheit, die Rot-
grünblindheit usw.« Was vererbt werde, sei nicht nur eine
dreidimensionale, sondern die vollständige, also vierdimen-
sionale »Potentialanlage des Phänotyps«: die Ganzheit eines
menschlichen Wesens in Raum und Zeit.[31]

Was ist Leben? bot keine entscheidenden Erkenntnisse über
die Natur des Gens. Schrödinger berief sich im Wesentlichen
auf eine eher abwegige Arbeit von Max Delbrück aus dessen
Zeit in Deutschland, die auf der Idee basierte, dass sich eine
Mutation wie ein Quantensprung verhalte. Schrödinger
stellte diese Vorstellung ins Zentrum seines Buches und
nannte sie »Delbrücks Modell«. In Wirklichkeit waren diese
Überlegungen Delbrücks schon seit Jahren überholt, doch
wegen des Krieges und all der Mauern, die noch zwischen
Physik und Biologie standen, wusste Schrödinger nichts über
Delbrücks neuere Arbeit am Phagen. Dennoch hatte *Was ist
Leben?* einen enormen Einfluss auf eine ganze Generation von

jungen Naturwissenschaftlern, da es den Eindruck erweckte, dass die Genfrage *lösbar* sei. In den Admiralty Headquarters von London, einem fensterlosen Kasten, der nur »die Zitadelle« genannt wurde, las der junge Physiker Francis Crick, der die Kriegsjahre mit einer Arbeit über Minen verbracht hatte, Schrödingers Buch und beschloss sofort, sich der Biologie zuzuwenden.[32] Auch an der Chicagoer Universität nahm ein Student namens James Dewey Watson das Buch zur Hand. Bisher hatte er Vögel studiert, »aber«, schrieb er später, »vom Moment an, als ich Schrödingers *Was ist Leben?* las, drängte es mich, dem Geheimnis des Gens auf die Spur zu kommen«.[33]

In Purdue fragte sich Benzer, nachdem auch er *Was ist Leben?* gelesen hatte, ob es irgendeinen Zusammenhang zwischen seinen dotierten Germaniumkristallen und dem Geheimnis dieser Erbkristalle gab. Außerdem ließ der Name Max Delbrück unausweichlich ein wenig Sentimentalität in ihm aufkommen, denn Delbrück wurde in *Was ist Leben?* mit derselben romantischen Aura des germanischen Genies umgeben wie Max Gottlieb in *Dr. med. Arrowsmith*. Schließlich hörte Benzer gerüchteweise, dass Delbrück mittlerweile am Caltech arbeitete – wie Max Gottlieb mit Viren und Bakterien. Seine Leora hatte Benzer bereits gefunden. Und hier war nun jemand, der sein Max werden konnte. Bei einer Tagung der American Physical Society in Bloomington, Indiana, wurde Benzer zum Abendessen in das Haus eines Biologen namens Salvador Luria eingeladen. Benzer fragte ihn, ob er zufällig jemanden kenne, der mit Viren arbeite.

»Na ja, *ich* arbeite mit Viren«, antwortete Luria.

»Sagen Sie«, fragte Benzer, »haben Sie je von Delbrück gehört?«[34]

Luria ging zu einer Schublade und holte einen Schnappschuss von Delbrück heraus. Er und Delbrück hatten seit 1940 miteinander gearbeitet; Luria war der erste gewesen, der ernsthaft mit Delbrück am Bakteriophagen geforscht hatte. Benzer hätte nicht beeindruckter sein können. Noch am selben Abend drängte Luria ihn, einen Sommerkurs über den Bakteriophagen in Cold Spring Harbor zu belegen, den Delbrück selbst ein paar Jahre zuvor eingerichtet hatte, um genau das zu erreichen, was auch Morgan versucht hatte, nämlich mehr Naturwissenschaftler und vor allem mehr Physiker in den Dunstkreis der Biologie zu ziehen.

Also belegte Benzer im folgenden Sommer den Kurs. Mittlerweile hatten Delbrück, Luria und deren Freunde eine eigene Sprache entwickelt, um die Richtungsänderung im Schicksal einer Zelle zu beschreiben: Induktion, Transformation, Zelldetermination, Zellbindung. Nach nur einem Tag, so erzählte Benzer, sei er induziert, transformiert, determiniert und an den Wunsch gebunden gewesen, Biologe zu werden. Nachdem er mit Dotty nach Purdue zurückgekehrt war, fuhren sie aus Lafayette heraus, parkten irgendwo draußen in der Weite von Indiana und sprachen die Dinge durch. Nicht alle Kinder der Großen Depression hätten überhaupt solche Überlegungen angestellt. Sie hatten eine einjährige Tochter. Seymours Familie war arm und Dottys noch ärmer − Dotty hatte während ihrer ganzen High-School-Zeit nur einen einzigen, bald schon völlig verschlissenen Rock besessen.

»Die Leute aus meiner Gruppe in Purdue hielten mich für total verrückt«, erzählt Benzer heute gerne. »Da waren wir, das Halbleiterding boomte, Lark-Horovitz und ich hatten sechs Patente mit der Arbeit am Halbleiter erworben.« Die anderen Veteranen aus dem geheimen Labor in Purdue planten bereits, mit der Gründung von Elektronikfirmen schnell reich zu werden. »Bist du übergeschnappt?« fragten sie ihn. »Du brauchst doch bloß auf den Zug aufzuspringen!«

Doch seit seinen frühen *Arrowsmith*-Jahren war Benzer der festen Überzeugung, dass das Glück in der Befriedigung seiner Neugier liege und eine Abkehr von der reinen Wissenschaft dem Sturz in tiefe Enttäuschung gleichkomme. »Aber ich interessiere mich für Biologie«, antwortete er schlicht und einfach. Und Lark-Horovitz, der gespürt haben muss, dass sein »Golden Boy« innerlich bereits abwesend war, gab ihm seinen Segen.

KAPITEL IV

Der Finger des Engels

Ich studiere mich selbst mehr als jeden anderen Ge-
genstand. Ich bin meine Metaphysik und Physik.
Michel de Montaigne
»Von der Erfahrung«[1]

Benzer behielt seinen Stammsitz am Physik-Fachbereich von
Purdue, begann jedoch wie ein Zigeuner herumzuziehen.
Ende der vierziger, Anfang der fünfziger Jahre verbrachte er
ein Jahr an den Oak Ridge National Laboratories in Tennes-
see, dann zwei Jahre in Delbrücks Labor am Caltech, einen
Sommer im Labor von Cornelius van Niel in Pacific Grove
und schließlich noch ein Jahr in André Lwoffs Labor am Institut Pasteur in Paris. Überall prägte er mit seinen elegant
einfachen Experimenten den Stil der Phage-Gruppe (»pretty
and witty«, wie es der Historiker der Molekularbiologie Horace Freeland Judson, einmal nannte[2]). Wie Arrowsmiths
Mentor Max Gottlieb war auch Benzer immer schon der nur
an reiner Wissenschaft interessierte Naturwissenschaftler gewesen. Und auch er bewahrte sich seine Bescheidenheit – und
seine Vorliebe, die Nacht zum Tage zu machen.
    Doch den Ton in der Phage-Gruppe setzte Delbrück. Sogar
für die anderen Mitglieder dieses exklusiven Haufens war
Delbrück von schier einschüchternder Intelligenz. Außerdem
war er jung, schnell, fit, hatte einen beißenden Witz und eine
wunderschöne junge Frau zur Seite. Seine Anhänger fanden
ihn derart charismatisch, dass sie sich von ihm behandeln
ließen, als wäre er ihr Zenmeister, der sie wieder und wieder

in den Dreck stoßen durfte, um ihnen zur Erleuchtung zu verhelfen. Bei Vorträgen setzte sich Delbrück grundsätzlich in die
Mitte einer vorderen Reihe. So konnte er mittendrin aufsprin-
gen, dabei provokativ den Diaprojektor verdunkeln und die
halbe Sitzreihe zwingen aufzustehen, damit er sich in Richtung Tür schlängeln und auf diese Weise sein Missfallen
kundtun konnte. Jeder, der Delbrücks Gruppe am Caltech
besuchte, musste einen solchen Vortrag halten, und immer
fällte Delbrück dasselbe Urteil:»Das war die schlechteste Vorlesung, die ich je gehört habe.«

Der große Durchbruch bei der Genfrage kam völlig überraschend eines Morgens im April 1953 in einem Turmzimmer
des Cavendish Laboratory von Cambridge – für Physiker bereits ein legendärer Ort, seit dort J. J. Thomson das Elektron
entdeckt und Ernest Lord Rutherford das Atom gespalten
hatte. Als nun James Watson und Francis Crick dort ihr Modell der Doppelhelix zusammenbauten, gelang ihnen in ein
paar Minuten, woran die Morgan-Bande jahrzehntelang ge-
scheitert war. Physik, Chemie und Biologie verbanden sich in
einem einzigen, wunderschönen spiralförmigen Molekül: der
Wendeltreppe der DNS, inzwischen eine Ikone der Naturwissenschaften des zwanzigsten Jahrhunderts wie die Fliegenflasche und der Atompilz. Crick war in seinen Dreißigern, und
Watson stand einen Monat vor seinem fünfundzwanzigsten
Geburtstag. Auf Schnappschüssen aus dieser Zeit sieht er aus
wie ein magerer Junge mit hungrigem Blick. In Cold Spring
Harbor lief er in kurzen Hosen herum und schleifte hinter
jedem Turnschuh den Doppelstrang seiner Schnürsenkel her.
Lange Haare, erzählt Benzer, Shorts und offene Turnschuhe
waren Watsons Markenzeichen, mit denen er das Establish-
ment zu schockieren liebte. (»André Lwoff in Frankreich hat
er wirklich zum Wahnsinn getrieben, wenn er zu Konferenzen
ganz bewusst mit offenen Schnürsenkeln erschien.«[3])

Watson und Crick erkannten auf einen Blick, dass sie nicht
nur die physische Struktur des Gens gefunden, sondern
außerdem entdeckt hatten, wie und wo es den Geheimcode in
sich trägt. Die Wendeltreppe der DNS birgt dieses Geheimnis
auf ihren Stufen, jenen kleinen molekularen Sprossen, die

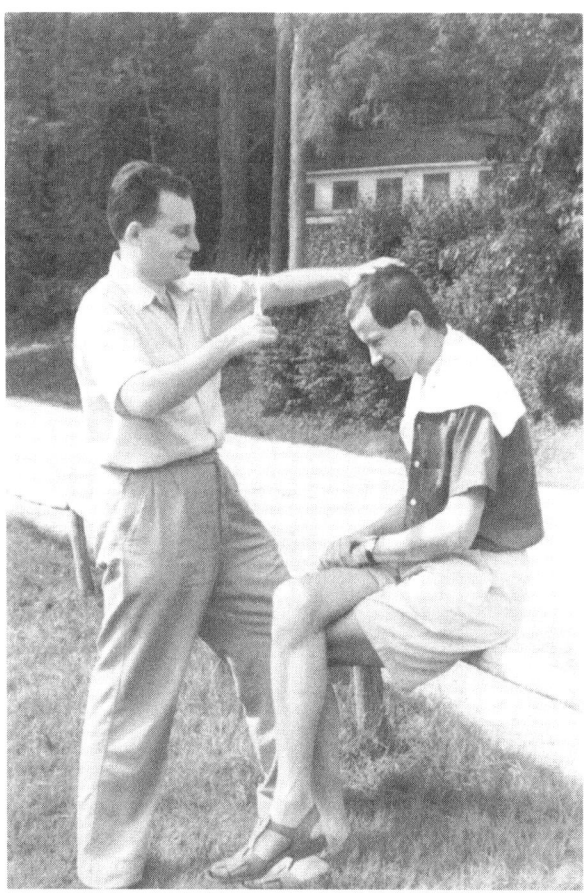

Cold Spring Harbor Laboratory Anfang der fünfziger Jahre: Für fünf Dollar am Tag machten sie dort Revolution. Max Delbrück war genauso jung und arm wie die meisten der ersten Molekularbiologen, die sich um ihn scharten. Sie waren nicht nur Wissenschaftler, sondern auch Bohemiens. »Max führte das gegenseitige Haareschneiden ein«, erzählt Seymour Benzer (der hier gerade die Schere in der Hand hat). »Vor meinem Haarschnitt hatte er einen Deal mit mir gemacht: Jeder schneidet dem anderen die Haare, aber wer zuerst fertig ist, darf vorher nicht in den Spiegel sehen.«

man unter der Bezeichnung Basen oder Nukleotide kennt
und die in vier chemischen Varianten auftreten. Schrödinger
hatte in seinem Buch *Was ist Leben?* hervorgehoben, dass
schon ganz wenige Zeichen ein Alphabet ergeben können.[4]
Da der Morsecode, schrieb er, auch nur aus zwei verschiedenen Zeichen bestehe, Punkt und Strich, sei durchaus denkbar,
dass auch der Code des Lebens aus nur einigen wenigen Zeichen besteht. Tatsächlich sind es vier, die vier Stufen der Wendeltreppe: Adenin, Cytosin, Thymin und Guanin oder A, C,
T und G. Die Wendeltreppe kann jede basische Sequenz enthalten, jede Art von Buchstabenpermutation, etwa A, C, T, G,
A, G, C, A und immer so weiter, Millionen von Buchstaben in
einem einzigen DNS-Strang, drei Milliarden Buchstaben, spiralförmig aufgerollt im Kern einer jeden menschlichen Zelle.

Crick erzählt, Watson sei, während sie ihren Bericht für die
Zeitschrift *Nature* schrieben – »A Structure for Deoxyribose
Nucleic Acid«[5] –, »ständig in Panik geraten, dass die Struktur
falsch sein könnte und er sich zum Idioten macht«.[6] Es sollte
noch Jahre dauern, bis sich Watson und Crick beruhigt
zurücklehnen konnten; schließlich war es eine Sache, zu behaupten, dass sie den Code des Lebens entschlüsselt hätten,
aber eine ganz andere, dies auch zu beweisen. Auf den klassischen Genkarten waren *white, yellow* und *miniature* einfach nur
Punkte, Abstraktionen. Sie sahen nicht aus wie lange, ge-
drehte Kettenmoleküle, sondern eher so, wie Planeten für
einen Astronomen durch das Teleskop wirken oder wie
Atome für Physiker der Jahrhundertwende ausgesehen haben
mochten: wie unteilbare, nicht spaltbare Punkte.

Nach dem Triumph von Watson und Crick war die junge
Wissenschaft (man nannte sie noch nicht Molekularbiologie[7])
daher herausgefordert, die klassischen Genkarten mit dem
neuen Modell der Doppelhelix in Einklang zu bringen. Und
es war Benzer, der sich darüber den Kopf zerbrach. Bereits
kurz nachdem Watson und Crick ihre Entdeckung bekannt
gegeben hatten, entwickelte er einen Plan, wie die alte und die
neue Revolution – die klassische Genetik und die Molekularbiologie – vereint werden könnten.[8]

Benzers Ansatzpunkt war wie immer »pretty and witty«. Er

Im Zentrum der Revolution: Max Delbrücks Phage-Labor am Caltech. Delbrück sitzt vor dem Fenster, Gunther Stent in der Mitte. Beide sollten später zu den ersten gehören, die ihre Forschungen vom Gen auf die Verbindungen zwischen Genen und Verhalten verlagerten.

durchdachte noch einmal jenes Ereignis, das der Genetik einst Tür und Tor geöffnet hatte – Sturtevants Nacht der Nächte. Während sich zwei Chromosomen umeinander legen und Erbmaterial austauschen, so Benzers Überlegung, wechseln Gene vermutlich en masse über. Da nun aber ein jedes Gen auf der Karte wie ein nicht spaltbarer Punkt aussieht, war die klassische Genetik immer davon ausgegangen, dass sich die Chromosomen während des Crossing over grundsätzlich zwischen den Genen spalten, genauso wie eine Schere ein Blatt Papier immer zwischen den Atomen trennt. Benzer wusste jedoch, dass, wenn Watson und Crick mit der Doppelhelix Recht hatten, ein Gen kein imaginärer und von offenem Raum umgebener Punkt sein konnte. Vielmehr musste es sich um einen langen, fortlaufend spiralförmig gedrehten Faden handeln, um eine Kette mit Sprossen oder Nukleoti-

*Benzer (rechts) im Sommer 1953 in Cold Spring Harbor bei der Planung
des* rII-*Experiments.*

den. Und wenn es sich um eine molekulare Konstruktion
handelte, die aus Millionen und Abermillionen von zusammenhängenden Atomen besteht, gab es nicht den geringsten
Grund, weshalb eine Spaltung nicht ebenso innerhalb eines
Gens wie zwischen zwei Genen stattfinden konnte. Wenn man
aufs Geratewohl eine Zeitungsseite durchreißt, so Benzers Gedankengang, verläuft der Riss ja auch mitten durch Wörter
hindurch und nicht nur dazwischen.
    Auch einige Mitglieder der Morgan-Bande hatten sich
schon Gedanken über dieses Problem gemacht und versucht,
es weiter zu verfolgen. Einer von Morgans Studenten, Guido
Pontecorvo, hatte zum Beispiel einen brillanten Aufsatz zu
diesem Thema geschrieben, und einigen anderen war es mit
ungeheurem Arbeitsaufwand gelungen, das Gen einer Fliege
ein oder zwei Mal zu spalten. Nun, im Lichte des Doppel-

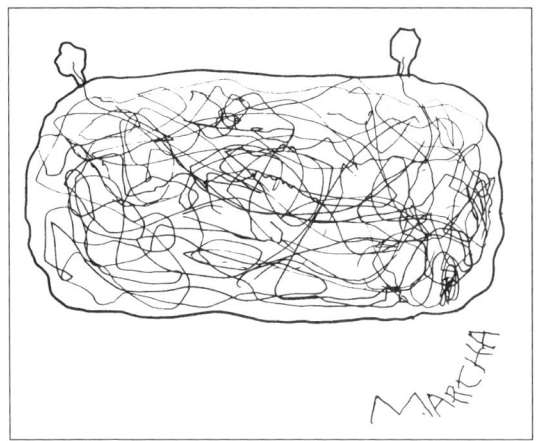

Zwei Virenteilchen (oben) haben an einem einzelnen E.-coli-Bakterium angedockt und ihm ihre langen DNS-Stränge injiziert. 1953, im Jahr der Entdeckung der Doppelhelix, fand Benzer eine Methode, dieses Durcheinander aus virueller DNS zum Ausgangspunkt für die Kartierung des Inneren eines Gens zu machen. Die Zeichnung stammt aus dem historischen Papier Benzers, in dem er erstmals über dieses Experiment berichtete. Benzers Vermerk: »Die Künstlerin, Martha Jane Benzer, die diese Zeichnung dankenswerterweise signierte, war damals fünf Jahre alt.«

helix-Modells betrachtet – dem zufolge ein Gen aus den Sprossen einer langen, gewundenen Leiter besteht –, wirkten ihre Spekulationen und Experimente noch überzeugender. Jeder Raum zwischen den Genen musste aus Sprossen derselben Materie wie die Gene selbst bestehen. Nach diesem Modell gab es keinen ersichtlichen Grund, weshalb sich eine DNS-Kette während des Crossing over nicht ebenso gut in der Mitte des Gens spalten konnte wie dazwischen. Wenn nun aber eine Spaltung auch mitten durch ein Gen hindurch verlaufen konnte und wenn es Benzer gelänge, eine solche Stelle zu finden, dann, so glaubte er, hätte er endlich die Möglichkeit, die klassische Genetik mit der von ihm und seinen Freunden betriebenen neuen Wissenschaft zu vernetzen und beide gemeinsam in neue schwindelerregende Höhen zu katapultieren.

Benzers Plan erforderte, dass er Virenstränge nach demselben Muster paarte, wie Mendel Erbsen und Morgan Fliegen gekreuzt hatten.[9] Viren haben aber keinen Sex. Doch dieses Problem konnte Benzer umgehen, indem er eine Schale voller Bakterien mit zwei Phagen-Strängen auf einmal infizierte. Vielleicht würden sich ja hier und da zwei Virenteilchen zusammentun, eines aus jedem der beiden Stränge, um ein einzelnes Bakterium anzugreifen. Dieser Vorgang sollte für Benzer später derart große Bedeutung erlangen, dass sich seine jüngste Tochter Martha im Alter von fünf Jahren dazu angeregt fühlte, eine Zeichnung jenes seltenen Ereignisses einer Doppelinfektion anzufertigen.

Jedes Virus besitzt nur ein einziges Chromosom. Innerhalb eines hilflosen, doppelt gebissenen Bakteriums verwickelt sich das Chromosom des einen Virusteilchens mit dem des anderen. Dann winden sich die beiden Chromosomen wie Schlangen bei der Paarung umeinander, nicht anders als die Chromosomenpaare in Erbsen, Fliegen und Menschen, und dabei wechseln schließlich einige Gene über.

1953 hatten die Phage-Forscher bereits einen Großteil des Phage-Chromosoms kartiert. Auf diesen Karten tauchte eine Mutation namens *r* als imaginärer Punkt in einer Chromosomenregion namens *rII* auf. Das *r* stand für »rapid«: *r*-Mutanten verschlingen Bakterien in einem enormen Tempo. Die Idee zu seinem mittlerweile legendären Experiment kam Benzer, als er über einen Stamm defekter *r*-Mutanten stolperte – einen Stamm, der sozusagen den Appetit verloren hatte – und daraufhin sofort beschloss, sich auf die *rII*-Region zu konzentrieren.

Er kreuzte zwei verschiedene Stämme defekter *r*-Mutanten in einer Petrischale. Nach der klassischen genetischen Mutationstheorie mussten die beiden Mutantenstämme über identische *rII*-Regionen verfügen und konnten somit ausschließlich defekte Nachkommen produzieren. War jedoch die These von Watson und Crick richtig, konnte die Beschädigung bei jedem der beiden *r*-Mutantenstämme an einem anderen Punkt innerhalb dieser Region liegen. Und das, so glaubte Benzer, ließe sich durch die Kreuzung zweier defekter *r*-Mutanten beweisen. Angenommen, ein Elternteil trägt den genetischen Defekt am einen Ende seiner *rII*-Region und der andere Elternteil trägt ihn am gegenüberliegenden Ende der *rII*-Region. Weiter angenommen, dass beide Chromosomen Teile ihrer jeweiligen *rII*-Region austauschen, während sie sich umschlingen. In diesem Fall wäre möglich, dass das von ihnen erschaffene neue Chromosomenmosaik im Bakterium eine gesunde Portion des *rII*-Gens vom einen und eine gesunde Portion des *rII*-Gens vom anderen Elternteil bekommt. Ihre Nachkommen wären gesund.

Kreuzte Benzer also zwei defekte *r*-Mutanten und erhielt eines oder mehrere gesunde *r*-Kinder, wäre nachgewiesen, dass das Crossing over in manchen Fällen direkt durch ein Gen hindurch geschieht und nicht immer nur zwischen Genen. Und das wiederum würde bedeuten, dass Gene genauso wenig unteilbar sind wie Atome, sondern Festkörper, die geteilt und seziert werden können. Sollte es Benzer tatsächlich gelingen, ein Gen zu spalten, dann, so sah er voraus, würden er und seine Freunde das Experiment noch sehr viel weiter treiben können.

All das wurde Benzer eines schönen Tages im Herbst 1953 in seinem Labor im dritten Stock des Physikgebäudes der Purdue University bewusst, wo er (nominell) noch immer Professor der Physik war. Ein Jahr zuvor war er während eines Routineexperiments mit *r*-Mutanten am Institut Pasteur in Paris erstmals über einen defekten *r*-Stamm gestolpert. Benzer erinnert sich, dass er damals nur mit den Achseln gezuckt und dann den Stamm entsorgt hatte: »Pasteur hätte dazu gesagt: ›Mein Geist war noch nicht darauf vorbereitet.‹« In Purdue stieß er nun während der Vorbereitungen auf ein Bakteriophage-Experiment für eine Vorlesungsdemonstration erneut auf einen defekten *r*-Mutanten. Zuerst glaubte er, einen Fehler gemacht zu haben. »Dummkopf, mach's noch mal!« Also bereitete er einen neuen Bakterienteppich vor und fügte wieder *r*-Mutanten hinzu. Doch als er etwas später zurückkam, sah er, dass sich der *r*-Mutant wieder nicht wie gewöhnliche *r*-Mutanten verhalten hatte. Diesmal war sein Geist darauf vorbereitet.

Nach langem Nachdenken und einigen Diskussionen mit seinen Phage-Freunden im darauf folgenden Sommer in Cold Spring Harbor skizzierte Benzer seinen Plan für das *rII*-Experiment. Gegen Ende des Sommers 1954 traf er bei einer Tagung in Amsterdam zufällig Delbrück und zeigte ihm den Entwurf seines Papiers. Delbrück, inzwischen zum »elder statesman« ihrer Revolution gereift – wie Morgan der »elder statesman« der alten Revolution gewesen war –, reagierte empört auf Benzers *rII*-Manuskript. Allein schon die Idee, dass ein Gen in seine Einzelteile zerlegt werden könne, schien ihn unglaublich zu irritieren, erzählt Benzer. »Einer seiner typisch barschen Kommentare war: ›Größenwahn!‹«[10] Noch heute hält Benzer die Randbemerkungen Delbrücks in seinem Manuskript in Ehren: »Du musst einen dreifachen Highball getrunken haben, bevor du das geschrieben hast. Das wird eine Menge Leute empören, die ich sehr respektiere.«[11]

Selbst wenn man bereit war, Benzers Behauptung Glauben zu schenken, war die Chance, dass zwei defekte *r*-Elternteile normale *r*-Kinder zeugten, astronomisch gering, etwa eins zu einer Milliarde. Zumindest legten das Benzers eigene Berechnungen nahe. Er würde ungeheuer viele Viren produzieren müssen, um unter einer Milliarde Vorgänge auf ein einziges solches Ereignis zu stoßen. Andererseits gab es mehr als genug Virenteilchen in einer Petrischale, um dieses Experiment tatsächlich durchführen zu können. »Man kann mit ihnen in einem Reagenzglas ein Experiment durchführen«, schrieb Benzer später, »das in zwanzig Minuten eine genetische Datenmenge ergibt, die, benutzte man Menschen dazu, buchstäblich die gesamte Bevölkerung der Erde erfordern würde.«[12] Das und noch vieles mehr erkannte Benzer bereits in jenem allerersten Augenblick, als sein vorbereiteter Geist im Physiklabor von Purdue auf einen defekten *r*-Mutanten stieß. Judson schreibt in *The Eighth Day of Creation*: »Entweder man erkannte es auf Anhieb oder nie.«[13]

Im Grunde war es ein sehr einfaches Experiment, wie alle Experimente von Benzer. Und beinahe vom ersten Moment an spaltete er dabei Gene in Teilchen. Wie der junge Martin Arrowsmith nach der Entdeckung des Phagen geriet auch er nun in einen »feurigen Nebel«: »Aber plötzlich löschten seine Forschungsexperimente alle anderen Interessen aus, so daß er Gottlieb und Leora und seinen ganzen Lerneifer vergaß ... und Tag und Nacht vor seinen trunkenen Augen zu einem feurigen Nebel verschmolzen, während ihm plötzlich klar wurde, daß er etwas in Händen hielt, das eines Gottlieb würdig war, etwas, das den rätselhaften Urquellen allen Lebens entsprang.«[14] Die Gene und Mutationen in Benzers Petrischalen waren endlich keine Abstraktionen mehr. Die Atomspaltung durch Rutherford hatte zur Atombombe geführt, die Genspaltung durch Benzer führte zum Boom der Genkartierung und Genmanipulationen, der die heutigen Biowissenschaften beherrscht. Ein paar Jahre lang ließ ihn seine Forschung tatsächlich alles andere vergessen (außer Dotty – sie waren ungewöhnlich eng verbunden). Die Aufregung war natürlich besonders groß für jene abtrünnigen Physiker wie Benzer oder Crick, die es einst gewagt hatten, auf offenem Meer aus dem Flaggschiff der Naturwissenschaften in ein winziges Ruderboot zu springen. Crick bat Benzer um einen Vortrag im Kapitza Club von Cambridge, einem exklusiven Physikerclub.[15] (Dort war auch erstmals die Entdeckung des Neutrons bekannt gegeben worden.[16]) Im Auditorium saß Paul Dirac, einer der mächtigsten theoretischen Physiker des Jahrhunderts – und einer der schweigsamsten, noch viel schweigsamer als Benzer. Physiker, die ihn in Cambridge besuchten, waren schon glücklich, wenn sie ihm ein einziges Ja oder Nein hatten entlocken können. »Immerhin, ein Wort hab ich aus Dirac rausgeholt«, pflegten sie sich dann zu erzählen.[17]

Benzer begann seinen Vortrag im Kapitza Club, indem er auf eine Tafel das Datum 1808 schrieb, das Jahr, in dem John Dalton *A New System of Chemical Philosophy* veröffentlicht hatte. Daneben schrieb er das Datum 1913: Niels Bohr hatte sein Papier über den Bau von Atomen und Molekülen veröffentlicht. Einhundertfünf Jahre waren zwischen der ersten klaren Beschreibung eines fiktiven Atoms und der ersten klaren Beschreibung eines materiell realen Atoms vergangen.

Anschließend schrieb Benzer die Jahreszahl 1866 an die

Tafel, das Jahr, in dem Mendel seine Arbeit über Erbsen veröffentlicht hatte, und dann 1953, das Jahr, in dem Watson und
Crick ihre Erkenntnisse über die Struktur des Gens, die Doppelhelix der DNS, bekannt gegeben hatten. Nur siebenund-
achtzig Jahre waren zwischen der ersten klaren Beschreibung
eines fiktiven Gens und der ersten klaren Beschreibung eines
materiell realen Gens vergangen.

Dirac betrachtete die Tafel und sagte vier lange Worte:
»Die Biologie holt auf.«

Nachdem Benzer das *rII*-Gen gespalten hatte, verbrachte er
die nächsten Jahre damit, wie ein Besessener *r*-Mutanten zu
sammeln und zu kreuzen. Einer seiner Freunde aus der
Phage-Welt, Alfred Hershey, hatte den Himmel auf Erden
einmal so definiert: »Wenn man ein wirklich gutes Experiment findet und es ständig wiederholen kann.« Benzer jedenfalls hatte das Gefühl, Hersheys Himmel auf Erden gefunden
zu haben.[18] Bei jedem Mutanten trug die *rII*-Chromosomen-
region an irgendeinem Ort auf der Sprossenkette der DNS
einen Defekt. Und jeden dieser Fehler konnte Benzer auf
exakt dieselbe Weise nutzen, wie Sturtevant einst ein halbes
Dutzend Mutationen für seine Erfindung der Genkartierung
benutzt hatte. Wenn zwei Buchstaben innerhalb eines Gens
nahe beieinander liegen, besteht nur eine geringe Chance,
dass sie beim Crossing over getrennt werden. Je weiter die
Buchstaben auseinander liegen, desto größer ist die Chance,
dass sie beim Crossing over getrennt werden. Wann immer
Benzer also einen neuen *rII*-Mutantenstamm in seinen Petrischalen fand (diese *r*-Mutanten entstehen in Petrischalen
spontan und mit einer gewissen Häufigkeit, genauso wie
weißäugige Fliegen in Fliegenflaschen), konnte er exakt bestimmen, wo diese spezifische Kopie des *rII*-Gens beschädigt
war. Mit anderen Worten, er konnte die relative Position von
Mutationen innerhalb der *rII*-Region mit derselben Methode
kartieren, mit der Morgans Bandenmitglieder die Lage von
Genen auf Chromosomen kartiert hatten. Benzer zeichnete
die erste detaillierte Karte vom Inneren eines Gens. Nachdem
Arrowsmith den Bakteriophagen entdeckt hat, verlässt er sein

Labor jeden Morgen bei Tagesanbruch »mit stark blutunter-
laufenen, tiefliegenden Augen«, bis er nach ein paar Wochen
allmählich verrückt wird vor Anspannung und Erschöpfung.
»Dann verfolgte ihn der Wunsch, alle Worte auf Schildern
und Reklamen von hinten zu lesen.«[19] Jedes Mal, wenn Benzer nach Tagesanbruch auf den schnurgeraden Straßen des
flachen Indianas aus seinem Labor nach Hause fuhr, bemerkte er, dass ihm sein Verstand denselben Streich spielte:
POTS. DEEPS TIMIL. TIMIL DEEPS. TIXE.

Bis zum Sommer 1956 hatte er Hunderte und Aberhun-
derte Teilchen des *rII*-Gens kartiert. Er verzeichnete sie auf
einem Wandbild, das sich immer tiefer in sein Labor im Phy-
sikgebäude erstreckte. Es war die weltweit erste Version des
später so genannten »sacred text«, des Codes aller Codes. Ältere Biologen erinnern sich noch gut, wie beeindruckend Benzer war, wenn er mit seiner Genkarte auf Konferenzen auf-
tauchte, sie auf das Podium schleppte und dann andächtig
wie eine Thorarolle entrollte. Würde man das einzelne Chromosom eines Phagen auf einer geraden Linie 150 000fach vergrößert aufzeichnen, wäre es etwa zehn Meter lang. Bei gleicher Vergrößerung wäre die *rII*-Region ungefähr einen halben
Meter lang. Auf Benzers Rolle war die Feinstruktur dieses
halben Meters kartiert, mit Hunderten von verschiedenen
Punktmutationen.

Bis heute schwingt Ehrfurcht in der Stimme von Benzers
alten Busenfreunden aus der Phage-Gruppe von Cold Spring
Harbor mit, wenn die Sprache auf ihn und sein *rII*-Projekt
kommt.

»Das war die Atomspaltung der Biologie.«

»Was er bei der Feinstruktur machte, war einfach epochal.«

»Er sprach den ganzen Sommer in Cold Spring Harbor
über nichts anderes als seine *rII*-Idee. Ich hätte sie stehlen
können, ich hätte in meinem Labor verschwinden und sie
übernehmen können. Aber damals hat man so etwas einfach
nicht getan.«

Im Laufe der fünfziger Jahre wurde Benzers »Thorarolle«
immer länger. Das Gen war längst kein Punkt mehr wie ein
weit entfernter, mit bloßem Auge betrachteter Planet. Es war

zum neuen Forschungsgebiet der Molekularbiologie geworden. 1959 veröffentlichte ein Genetiker einen Rückblick auf diese Geschichte unter dem Titel *Classic Papers in Genetics*.[20] Er begann seine Anthologie mit Mendels Erbsen als Ausgangspunkt und beendete sie mit Benzers *rII* als Ausgangspunkt für alles, was seither geschah und noch geschehen werde. Und genauso war es. In den letzten Jahren des Jahrhunderts sollte sich die Genkartierung – das »Human-Genom-Projekt« – zu einem Milliarden-Dollar-Projekt ausweiten. Nicht umsonst wird es oft als das »Manhattan Project« der Biologie bezeichnet. Internationale Teams von Molekulargenetikern kartieren mittlerweile im Wettstreit miteinander jedes Fliegen-Gen, jedes Wurm-Gen und jedes menschliche Gen, bis sie auch die letzten gefunden haben werden. Die Kosten dafür betragen Milliarden von Dollar, und der jährliche Zuwachs beläuft sich auf über hundert Millionen Buchstaben.

In den fünfziger Jahren lag dieser Forschungsbereich allerdings noch völlig im Dunkeln; schließlich war er weit entfernt von all den Formen, Farben und Gestalten der sichtbaren Natur, die ja für die meisten Biologen überhaupt der Grund waren, weshalb sie sich dem Studium der Natur zugewandt hatten. Noch 1959 brachten Biologen für Benzer kaum mehr Verständnis auf, als die meisten Biologen 1911 für Morgan übrig gehabt hatten. Benzer kartierte Kontinente, über die der Rest der Welt nicht das Geringste wusste. Im Sommer 1959 gestattete er sich eine Pause von seiner »Thorarolle« – von seinen Jahren der »hard *rII*«, wie er selbst sagt – und belegte einen Kurs in Embryologie am Marine Biological Laboratory von Woods Hole in Massachusetts. Eines Abends schreckte er während einer Vorlesung verdutzt auf, als er den Professor das Wort »Gen« sagen hörte.[21] Plötzlich wurde ihm bewusst, dass er dieses Wort den ganzen Sommer über ebenso wenig gehört hatte wie den Begriff »Mutation«.

»Ja, aber was ist eine Mutation?« fragte einer der Studenten.

»Oh, das ist ein sehr schwieriges Problem«, antwortete der Professor. »Wir wissen darüber nichts.«

»Du liebe Güte, was mache ich hier?« dachte Benzer und

»Die Atomspaltung der Biologie.« Zwischen Ende 1953 und Anfang der sechziger Jahre arbeitete Benzer an seiner Karte über das Innere des Gens. Die Details trug er auf einer immer länger werdenden Papierrolle ein. Hier markiert er, über die Papierrolle auf dem Labortisch gebeugt, für ein offizielles Foto der Purdue University den »erschöpften Wissenschaftler«.

beschloss augenblicklich, zu seinen Genen und Mutationen zurückzukehren.

Um den Leuten besser verständlich machen zu können, was er da eigentlich kartierte, begann Benzer Zeitungsartikel zu sammeln, in denen er Druckfehler gefunden hatte (inzwischen wurde über kaum etwas anderes als über den Kalten Krieg berichtet).[22] Solche Druckfehler konnten in verschiedenen Formen auftreten. Zum Beispiel werden einfach Buchstaben vertauscht:

> *...already the doomsday warnings are arriving, the*
> *foreboding accounts of a Russian horde that will*
> *come sweeping out of the East like Attila and his*
> *Nuns.* Boston Globe

Oder es werden Buchstaben ausgelassen:

> »*I can speak just as good* n*glish as you,*« *Gorbulove*
> *corrected in a merry voice.*   Seattle Times

Oder hinzugefügt:

> »*I have no fears that Mr. Khrushchev can contami-*
> *nate the American people,*« *he said.* »*We can take in*
> *stride the best brain-washing*ton *he can offer.*«
>   Hartford Courant

Oder es entstehen Inversionen:

> *He charged the bus door opened into a snowbank,*
> *causing him to slip as he stepped out and*
> uɐɹ ɥɔᴉɥʍ 'snq ǝɥʇ ɥʇɐǝuǝq ꞁꞁɐɟ *over him.*
>   St. Paul Pioneer Press

Oder ganz einfach Unsinn:

> *Tomorrow:* »*Give Baby Time to Learn to Swallow*
> *Solid Food.*« etaoin-oshrdlucmfwypvbgkq.
>   Youngstown (Ohio) Vindicator

Benzer fand und kartierte eine Menge solcher Fehler im *rII*-
Gen: Zufügungen, Auslassungen, Unsinn. Mutationen sind
letzten Endes nichts anderes als Druckfehler. Der genetische
Code des einzigen Chromosoms des Phage-Virus umfasst ungefähr 200 000 Buchstaben, etwa so viele, wie sich auf mehreren Zeitungsseiten befinden. Also gibt es sogar in einem einzigen Virus reichlich Raum für Druckfehler. Und auch Mutationen, die das grundlegende Verhaltensrepertoire einer Fliege,
einer Maus oder eines menschlichen Wesens beeinflussen,
sind letztlich nichts anderes als Druckfehler. In gewissem
Sinne kann man sogar das *rII* als ein Verhaltensgen bezeichnen, da seine Beschädigung das Verhalten des Virus beeinflusst. Jeder Defekt an irgendeinem der tausend Punkte auf

Benzers Karte zieht eine entsprechende Verhaltensänderung des Virus nach sich. Das heißt, ein Druckfehler an irgendeinem dieser tausend Punkte auf der Karte ruiniert das *rII*-Gen. Es gibt einen alten Spruch: »Jeder Finger kann leiden.« Im Genom können jedes Gen und jeder einzelne Buchstabe in jedem Gen leiden.

Im Sommer 1960 griff der Physiker Richard Feynman im Keller von Caltechs Church Hall das damals so genannte »Benzer mapping« auf. Feynman war begeistert von Benzers genial einfachen Winkelzügen, mit denen er das so seltene Phage-Teilchen in seinen Petrischalen auftrieb.[23] Freunden erklärte er, das sei, als wollte man einen Chinesen mit Elefantenohren und rosa Punkten auftreiben, dem auch noch das linke Bein fehlt.[24] Bald darauf nahmen auch Crick und Sydney Brenner am Cavendish Laboratory, wo Watson und Crick die Doppelhelix zusammengesetzt hatten, *rII*-Mutanten und Benzers Kartierung zu Hilfe, um den genetischen Code zu knacken.[25] Crick und Brenner wussten, dass sie einen Code mit vier Buchstaben vor sich hatten: A, T, C und G. Im Rahmen einer genialen *rII*-Experimentalreihe gelang ihnen schließlich der Beweis, dass der Code aus Dreiergruppen besteht, das heißt, die Wörter sind in Gruppen von drei Buchstaben eingeschrieben: CAT, TGA, AGT. Kurze Zeit später fuhr Benzer zu einer Tagung nach Indien.[26] Als er auf der Suche nach Exotischem über die Straßenmärkte schlenderte – er hatte nicht nur eine Vorliebe für eigenwillige Arbeitszeiten, sondern auch für eigenwillige Speisen –, entdeckte er einen Wahrsager mit einem Vogel. Passanten blieben stehen und stellten ihm Fragen, woraufhin der Mann seinen Vogel befragte, dieser im Käfig verschwand, unter verschiedenen Zettelchen am Käfigboden herumpickte und schließlich denjenigen mit der »richtigen« Antwort herausbrachte. Benzer fragte: »Ist der genetische Code universell?« Der Vogel antwortete: »Die Nachricht von zu Hause ist gut.«

Im Dachgeschoss des Pariser Institut Pasteur dachten Jacques Monod und François Jacob darüber nach, welche Folgen sich aus dieser neuen Sichtweise des Gens ergaben.[27] Jeder von uns beginnt als eine einzige Zelle, und alle enden wir als eine Ansammlung vieler höchst unterschiedlicher Zellen. Und doch enthält jede unserer Zellen nach wie vor dasselbe genetische Sortiment wie die allererste. In gewisser Weise weiß jede unserer Zellen alles, bringt jedoch immer nur einen kleinen Teil davon zum Ausdruck.

Der jüdischen Überlieferung nach[28] weiß jeder Säugling im Moment der Geburt alles, weshalb wir in den Gesichtern von Neugeborenen auch so unendlich viel Weisheit zu erkennen glauben. Doch wenn das Kind auf die Welt kommt, legt ihm ein Engel den Finger auf die Lippen, damit es die Fülle seines Wissens nicht verrät. Uns bleibt, so die Geschichte, von diesem Vorgang nur das Philtrum, die Rinne zwischen Oberlippe und Nase. Irgendwie muss auch unsere DNS vom Finger eines Engels berührt und daran gehindert worden sein, die Fülle ihres Wissens in jeder unserer Zellen zum Ausdruck zu bringen. Manche Gene erwachen nur in einer Leberzelle, andere nur in einer Hirnzelle. Viel später, in den neunziger Jahren, als Molekularbiologen begannen, alle Gene des menschlichen Körpers zu kartieren, entdeckte man Tausende, die ausschließlich in den Neuronen des Gehirns zum Leben erwachen – doppelt so viele Gene als an irgendeiner anderen Stelle des Körpers finden ihre Expression im Gehirn. Doch keine Zelle liest jemals alle auf der »Thorarolle« verzeichneten Wörter. Daher kann jedes Lebewesen dieser Erde und sogar die geringste Zelle in unserem Körper zu Recht mit den Worten des Predigers Salomo behaupten: Bin viel gereist und habe vieles gesehen, daher verstehe ich mehr, als ich ausdrücken kann.

In ihren kaninchenbauartigen Labors im Institut Pasteur entdeckten Jacob und Monod diesen Finger des Engels und gaben ihm den Namen »Repressor«. Repressoren treiben durch den Zellkern, berühren die Doppelhelix hier und da – das heißt, sie docken überall an den Ketten an strategisch wichtigen Stellen an – und bringen damit die meisten Gene in den meisten unserer Zellen die meiste Zeit zum Schweigen, so dass in jedem gegebenen Moment immer nur ein kleiner Teil jeder Doppelhelix zum Ausdruck kommt. Nur die wenigen Gene, die eine Zelle im Moment tatsächlich braucht, finden ihre Expression, der Rest bleibt still und wartet. Heute können Molekularbiologen dieses Geschehen genau beobachten. Mit dem Einsatz eines Atomkraft-Mikroskops können sie Enzyme dabei beobachten, wie diese die DNS-Stränge herunterrutschen oder wie sich die Stränge der DNS ähnlich einer Thorarolle entrollen, um den Enzymen jenen Teil der Rolle zugänglich zu machen, der in diesem Augenblick gebraucht oder eben nicht gebraucht wird.[29]

Jacob und Monod wussten, dass diese engelgleich schwebenden Proteine einen ersten flüchtigen Blick auf die Verbindung zwischen Genen und Verhalten erlaubten. Sie sahen den Beginn aller Sinne, jener Werkzeuge, die jedes Lebewesen braucht, um Veränderungen in der Umwelt wahrzunehmen und dann, mit diesen Informationen ausgestattet, sein Verhalten anzupassen. Alles hängt von solchen segensreichen Momenten des Erkennens ab: von Verbindung, die auf Verbindung trifft; von Form, die Form begegnet; von Profil, das Profil erkennt. Die Formen dieser schwebenden Proteine ermöglichen es einer Zelle, eindringende Chemikalien zu erkennen und genau jenen Teil der DNS zu lesen, den sie in diesem Moment braucht, um auch auf das kleinste Ereignis in ihrem unmittelbaren Umfeld reagieren zu können. Ezra Pound schrieb in einem Gedicht über die Begegnung mit Freunden in der Pariser Metro:

The apparition of these faces in the crowd
Petals on a wet black bough.

Die Finger der Engel sind ständig und in jeder unserer Zellen an diesen überraschenden Momenten des Erkennens beteiligt, nicht nur wenn wir geboren werden, sondern in jedem Moment an jedem Tag in jeder unserer Zellen.

Gegen Ende des Jahrhunderts entdeckte ein Molekulargenetiker bei seiner Forschung mit Schafen in Schottland[30] eine Möglichkeit, einer Zelle einen kleinen Elektroschock zu verpassen, so dass die Engel einen Augenblick lang ihre Fingerspitzen wegziehen. Diese Arbeit lieferte erste Hinweise darauf, dass jede Zelle – sogar eine, die aus dem Inneren des Euters eines Mutterschafs oder aus der Wange eines Menschen stammt – dazu gebracht werden kann, alles auszudrücken, was sie weiß, um sich dann zu einem vollständigen Lamm oder Menschenkind heranzubilden – mitsamt Philtrum.

Schon die ersten Molekulargenetiker in den fünfziger Jahren wussten, dass sie in ein sonderbares neues Gebiet aufbrachen, und das entsprach ganz Benzers Vorlieben für sonderbare Speisen und Arbeitszeiten. Benzer arbeitete mit Crick in dessen Turmzimmer am Cavendish, mit Jacob und Monod in ihren Mansarden am Pasteur, mit Delbrück im Keller des Caltech – wo er auch gewesen war, überall erzählte man sich später Geschichten über ihn. Am Pasteur teilte er sich ein Labor mit Jacob. In seinen Memoiren erinnert sich dieser: »Täglich schleppte er zum Lunch irgendwelche merkwürdigen Lebensmittel an – Kuheuter, Bullenhoden, Krokodilschwanz, Schlangenfilet –, die er irgendwo am anderen Ende von Paris aufgetrieben hatte und dann auf seinem Bunsenbrenner kochte.«[31]

Auch zu Hause aß Benzer mit Vorliebe Raupen, Entenfüße, Pferdefleisch, lebende Schnecken. Einmal wachte seine kleine Tochter Barbie in Paris mit so verschwollenen Augen auf, dass er sie zum Arzt bringen musste. Aber als der fragte: »Hat sie kürzlich irgendwas Ungewöhnliches gegessen?«, war es Benzer einfach zu peinlich, mit der Wahrheit herauszurücken.

»In den ersten Monaten wechselten wir kaum ein Wort«, schreibt Jacob weiter über den Mitbenutzer seines Labors. »Wir hatten nicht dieselben Arbeitszeiten. Ich kam um neun Uhr in der Früh, er gegen eins am Mittag. Wenn er hereinkam, schmetterte er mir ein klangvolles ›Hi!‹ entgegen, um dann nach dem Lunch selbstversunken seine Kulturen zu inspizieren. Im Laufe des Nachmittags stieß er dann ein oder zwei Rülpser aus. Gegen sieben Uhr abends wünschte ich ihm eine gute Nacht und überließ ihn seinen nächtlichen Experimenten.«

KAPITEL V

»Ein neues Gebiet
und ein dunkler Punkt«

*Psychologie war für ihn ein neues Gebiet und ein
dunkler Punkt in seiner Erziehung.*

Henry Adams[1]

Als Physiker staunte Benzer immer wieder über das Phänomen, dass es der Mathematik gelingt, zu großen Teilen vor-
auszusagen, wie sich das Universum verhält, vom Fall eines
Apfels bis zur Bahn einer Rakete, vom Quantensprung eines
Elektrons bis zum Leuchten der Sonne. Niemand konnte den
Zusammenhang zwischen einer knappen Formel und einem
Apfel, einer Rakete, einem Elektron oder einem Stern erklären. Niemand konnte verstehen, was ein Physiker einmal
die unverständliche Effektivität der Mathematik nannte. Ein
mathematischer Physiker, der zur Entwicklung der Atombombe beigetragen hatte, schrieb: »Der Gedanke, dass ein
paar Kritzeleien auf einer Tafel oder einem Blatt Papier das
Leben der Menschheit verändern konnten, überrascht mich
noch immer zutiefst.«[2]

Nach der Entdeckung der DNS staunte die ganze Welt
über die unverständliche Effektivität der Moleküle. Es war
durchaus vorstellbar, dass die von Benzer, Watson, Crick,
Sydney Brenner, Gunther Stent und ein paar anderen Mitte
des zwanzigsten Jahrhunderts mitbegründete neue Wissenschaft das Leben der Menschheit eines Tages vielleicht noch
gewaltiger verändern würde als die Atomphysik. Crick definierte die Molekularbiologie einmal als Möglichkeit, »die
Grenze zwischen dem Lebenden und dem Nichtlebenden« zu

beobachten, das heißt die Grenze zwischen der Ebene, auf der menschliche Wesen warmes, lachendes Fleisch sind, und jener, auf der wir nichts als Atome sind.[3] Eine einzige menschliche Daumenspitze enthält eine Billion mal eine Billion Atome. Der Daumen lebt, die Atome sind tot. Molekularbiologen erforschen die Aktionsweisen des Lebens auf der Ebene von Molekülen, von elegant miteinander verbundenen Atomen, jenen kleinsten aktiven Teilchen in einer jeden Fingerspitze und in der Spitze eines jeden Fühlers. Sydney Brenner bezeichnete die neue Wissenschaft als »die Suche nach Erklärungen für das Verhalten von Lebewesen auf Basis der Moleküle, aus denen sie sich zusammensetzen«. Es handelt sich also um eine hybride Wissenschaft, die nicht nur ein Verständnis für das Verhalten alles Lebendigen erfordert, sondern auch für das Verhalten aller Materie und vor allem, wie Crick einmal sagte, »für die Hybris des Physikers«.[4]

Bis Anfang der sechziger Jahre hatten diese Revolutionäre bereits so viel über Moleküle erfahren, dass sie nun in ein kurzes Zwischenspiel kollektiver Depressivität gerieten, weil sie glaubten, ihre Suche sei bereits vorüber und es warteten nie wieder entschlüsselbare Geheimnisse auf sie, die den Nebeln vergleichbar waren, die sie gerade aufgelöst hatten. Heute lacht Benzer, wenn er sich an diese düstere Stimmung erinnert. »Wir hatten das Gefühl, dass sämtliche molekularen Probleme demnächst gelöst wären. Es war ein bisschen wie bei dem Physiker, der Ende des neunzehnten Jahrhunderts sagte: ›Jetzt brauchen wir uns nur noch um eine weitere Dezimalstelle zu kümmern.‹« Als kleiner Junge hatte Crick befürchtet, dass sich das Reich der Wissenschaft zu schnell ausdehnen und für ihn nichts mehr übrig lassen würde, wenn er einmal erwachsen wäre. (»Mach dir keine Sorgen, Ducky«, hatte ihn seine Mutter beruhigt, »es wird noch eine Menge für dich übrig bleiben.«[5]) Nun glaubten die jungen Molekularbiologen, dass sie sich sozusagen selbst abgeschafft hätten, dass einfach nichts mehr für sie übrig geblieben sei.[6] Viele wurden reizbar wie Kriegshelden ein Jahr nach ihrer Heimkehr. Benzer verbrachte seine Sommer noch immer am Marine Biological Laboratory in Woods Hole, doch mittlerweile war seine Forschung über Gene und Mutationen so berühmt, dass er nicht einmal mehr über die Water Street laufen konnte, ohne von wildfremden Personen Berichte über ihre neuesten Erkenntnisse aufgezwungen zu bekommen. Sogar in Ruhe am Stony Beach schwimmen zu gehen war ihm nicht mehr möglich. Auch sein Cousin Sidney verbrachte die Sommer in Woods Hole. An seinem Briefkasten stand »S. Benzer«. Folglich klingelte ständig irgendwer an der Tür und fragte: »Sind Sie …?« »Nein, das ist mein Vetter Seymour!« stöhnte Sidney dann entnervt und knallte die Tür zu.[7]

Eines Sommers brachte Watson ein brandneues Manuskript nach Woods Hole in das von den Benzers gemietete Sommerhaus. »Er wollte, dass meine Frau es liest«, erinnert sich Benzer lachend.[8] »Er sagte: ›Solche Bücher werden von Hausfrauen gekauft, also will ich es auch an einer Hausfrau testen.‹ Natürlich habe ich es auch gelesen. Ich konnte es gar nicht mehr weglegen.« Es waren Watsons Erinnerungen an seine Zeit mit Crick und die Entdeckung der Doppelhelix. Als Titel schwebte ihm *Honest Jim* oder *Base Pairs* vor. In diesen Memoiren gestand Watson, dass er und Crick einen Blick auf die Röntgentopographien geworfen hatten, die ihr Freund Maurice Wilkins und dessen Kollegin Rosalin Franklin von der Doppelhelix angefertigt hatten, um ihnen bei der Entdeckung des Jahrhunderts zuvorzukommen. Watsons Manuskript war so sensationell offenherzig für die damalige Zeit (es begann mit den Worten: »Ich habe Francis Crick noch nie in gemäßigter Stimmung erlebt«), dass die Harvard Corporation die Herausgeber von Harvard University Press zwang, es nicht zu veröffentlichen.

Nachdem die Memoiren unter dem Titel *Die Doppelhelix*[9] schließlich doch publiziert und zu einem Bestseller geworden waren, setzte sich Crick empört an seine eigenen Erinnerungen: »Ich gestehe, ich kam gerade mal bis zum Titel (*The Loose Screw*) und einer, so hoffte ich jedenfalls, faszinierenden Eröffnung (›Jim war schon immer ungeschickt mit seinen Händen. Man brauchte ihm nur zuzusehen, wie er eine Orange schälte…‹), aber dann fehlte mir der Mumm, um weiterzuschreiben.«[10]

Was sich in der Phage-Gruppe abspielte, war letztlich nichts anderes als das, was in jeder Primatenschar laufend geschieht – das nach einem Machtwechsel übliche Gezänk und Geraufe, mitsamt dem dazugehörigen Schimpansen-Tratsch und Gibbon-Klatsch. Die Macht verlagerte sich von den alten Biologen auf die jungen Molekularbiologen. Vielen war bewusst, dass die reine Forschung mit den Intentionen eines Arrowsmith und der Weltentrücktheit eines Gottlieb künftig kaum noch möglich sein würde. *Die Doppelhelix*, nicht mehr *Arrowsmith*, war nun das Buch, das junge Leser in die Welt der Naturwissenschaften einführte.[11] Watson, das genaue Gegenteil von Martin Arrowsmith, löste diesen als Idol ab – der langhaarige junge Wissenschaftler, der mit fliegenden Schnürsenkeln herumläuft und tut, was ihm gefällt, um zu bekommen, was er will. Natürlich hätten Einfluss und Tempo der neuen Wissenschaft das moralische Klima in der biologischen Disziplin auch dann verändert, wenn Watson nicht zum Idol geworden wäre. Aber Tatsache war, dass der junge Watson genauso wie einst der junge Arrowsmith zum Helden einer neuen Zeit – oder ihrer Vorboten – geworden war. Er verkörperte den Geist des kommenden Zeitalters.

Crick war enttäuscht von der Art und Weise, wie Watson in seinem Buch ihrer beider Verhalten dargestellt und damit unsterblich gemacht hatte. Für Crick war ihre gemeinsame Suche etwas wesentlich Schöneres und Interessanteres gewesen als ein reiner Konkurrenzkampf. »Die einzige Person«, erzählte Crick einem Historiker, »die das für einen Konkurrenzkampf hielt, war Jim selbst, niemand sonst.«[12] Nun fürchtete er, dass sie als wilde Tiere in die Annalen der Geschichte eingehen würden, die über Leichen gingen, um ein paar Bananen zu ergattern. *Die Doppelhelix*, schrieb Crick, konnte nur ein Bestseller werden, weil Watson damit bewiesen habe: »Auch Wissenschaftler sind nur Menschen, obwohl im Wort ›Mensch‹ genau genommen das Verhalten aller Säugetiere zum Ausdruck kommt und nicht nur das, was unserer eigenen Spezies vorbehalten ist, wie beispielsweise die Mathematik.«[13]

Delbrück hatte sich bereits vor der Entdeckung der Doppelhelix abgesetzt. Er überließ diese Forschung seinen Anhängern und machte sich allein auf den Weg. In seinem Kellerlabor von Church Hall begann er das Verhalten von Einzellern unter dem Mikroskop zu studieren. Er beobachtete, wie *E. coli, Euglena, Paramecium* und *Rhodospirillum* zum Licht schwimmen oder kriechen.[14] Delbrück hatte es schon immer vorgezogen, abseits der Massen zu arbeiten, und nun spielte er stundenlang mit einem Algenpilz namens *Phykomyzet* herum, der auf winzigen, Sporangienträger genannten Stielen auf Mist wächst. Es faszinierte ihn, wie diese Sporangienträger vom Licht angezogen werden, eine Verhaltensweise, die im biologischen Fachjargon Phototropismus genannt wird. Wieder und wieder beobachtete er, wie sich diese Sporentürme dem Licht entgegenreckten – letztlich tat er also nichts anderes als Benzer, als dieser später beobachtete, wie die Fliegen in seinem Gegenstromapparat dem Licht entgegenrannten. Mit dem Phage hatte Delbrück das Studium der Gene revolutioniert; jetzt, mit dem *Phykomyzet,* glaubte er auch die Verhaltensgenetik revolutionieren zu können.

Wenn Historiker die großen Migrationswellen aus der Alten in die Neue Welt betrachten, sprechen sie gerne von einem »Push and Pull«. Delbrück spürte beides. Die alte Neue Welt war überfüllt, deshalb suchte er nach einer neuen Neuen Welt, in der er leben konnte. Er wandte sich ab von der Jagd nach dem Gen und stellte sich der nächsten großen Frage: Wie kommt man vom Gen zu einem lebenden Geschöpf, das dem Licht entgegenschwimmt, -kriecht, -fliegt oder -wächst? Gibt es Wahrnehmungsatome? Gibt es Verhaltensatome? Diese Fragen waren ihrer Zeit so weit voraus, dass sie ihm von vornherein ein ruhiges Forschen weit abseits der Massen garantierten. Anfang 1953, kurz bevor Watson und Crick ihre Jahrhundertentdeckung machten, diktierte Max Delbrück einen Brief an Benzer.[15] Er saß gerade mit seiner Frau Manny im Jeep und »kämpfte sich durch den Sonntagsverkehr«, auf der Rückfahrt von einem viertägigen Campingausflug in die Wüste von Ensenada, Mexiko. Delbrück saß am Steuer, Manny tippte den Brief an Benzer in eine Reise-

schreibmaschine auf ihrem Schoß: »Ich beginne morgen ein
neues Glücksspiel: ein paar Experimente zum Phototropismus der Sporangienträger des *Phykomyzet*. Wenn sie funktionieren, ziehe ich mich vom Phage zurück.« Der Campingtrip
sei sein »Urlaub vor dem Beginn eines neuen Lebens« gewesen.

Anfang der sechziger Jahre empfand auch Benzer, nach
beinahe einem Jahrzehnt harter Arbeit am *rII*, dieses »Push
and Pull«. Die Genforschung war zum Sammelbecken so vieler Wissenschaftler geworden, dass er befürchtete, es könnte
dort bald schon ebenso zugehen wie in der Elektronik. Benzer
war gerade vierzig geworden und sah sich um. In Cold Spring
Harbor und Woods Hole planschten immer mehr Kleinkin-
der bei Ebbe im Meer herum. Und immer häufiger sprachen
die über sie wachenden Väter und Mütter über Guanin und
Cytosin, Adenin und Thymin. Natürlich unterhielten sie sich
auch über das Aussehen und die Eigenarten ihrer Kinder.
Diesen Pionieren der Genforschung fiel selber auf, wie oft sie
dieselben Beobachtungen machten wie Eltern an allen Strän-
den dieser Welt: »Genau wie der Vater.« »Von wem hat sie das
nur?« »Gleichen sich wie ein Ei dem anderen.« »Das liegt in
der Familie.« »Muss wohl im Blut liegen.« Der Unterschied
zu anderen Elternpaaren war nur, dass sie solche Klischees
halb pikiert und halb amüsiert aussprachen, sie sozusagen in
Gänsefüßchen setzten, um sich gegenseitig zu signalisieren,
wie weit sie deren Geheimnissen schon auf die Spur gekommen waren.

Benzer und seine Frau zum Beispiel fanden ihre ältere
Tochter Barbie wunderbar lebhaft und ihre jüngere Tochter
Martha wunderbar ruhig. Martha hatte sich seit ihrer ersten
Woche in der Wiege völlig anders verhalten als Barbie. Wenn
Benzer sie nun beim Spielen am Strand von Cold Spring Har-
bor beobachtete, fragte er sich: »Ziehen wir sie wirklich so un-
terschiedlich auf, oder ist das genetisch bedingt?«[16]

»Hat man ein Kind, verhält es sich eben wie ein Kind«, erklärte Benzer vor nicht langer Zeit in Stockholm dem Auditorium bei seiner Dankesrede für den Crafoord-Preis, den er für
seine Forschung über Gene und Verhalten bekam.[17] »Doch

hat man ein zweites Kind, stellt man vom ersten Tag an fest, dass es ganz anders ist als das erste.«

Benzer spürte, dass er sich mit dem *rII* immer mehr zu langweilen begann, sich aber dafür ausgesprochen lebendig fühlte, sobald er etwas über die Themen Verhalten und Persönlichkeitsstruktur las. Also machte er den »Tratsch-Test«[18], wie Crick ihn getauft hatte: »Man tratscht über das, wofür man sich wirklich interessiert.« Benzer achtete darauf, worüber er, seine Frau und seine Freunde tratschten, und fühlte sofort den »Pull«, den verhaltensgenetische Fragen ausübten. Auch seine Freunde empfanden diese Anziehungskraft. Es spukte also in allen Köpfen dasselbe Thema herum. Als Watson einige Jahre später Vater wurde, wusste Benzer augenblicklich, was er ihm schenken wollte. Seine Frau Dotty kaufte und verpackte es. Als Watson das Päckchen öffnete, fand er ein paar Babyturnschuhe mit offenen Schnürsenkeln darin.

1955, Benzer hatte gerade mit der Kartierung des *rII*-Gens begonnen, prophezeite Delbrück, dass ihn diese Karte zehn Jahre lang beschäftigen würde. »Er hatte Recht«, schrieb Benzer 1966 im Rückblick auf seine Abenteuer mit dem *rII* in einem Beitrag zu einer Festschrift anlässlich Delbrücks sechzigstem Geburtstag.[19] »1965 erwachte ich aus meiner Faszination wie aus einer Hypnose, und heute fällt es mir schon schwer, an dieses Thema überhaupt zu denken.« Im Laufe eines einzigen Jahres, gegen Ende seiner Kartierungs-Manie, hatte er ein halbes Dutzend Papiere veröffentlicht. In dieser Zeit fing Delbrück einmal einen Brief ab, den seine Frau an Benzers Frau geschrieben hatte, und fügte ein Postskriptum hinzu: »Liebe Dotty, bitte sage Seymour, dass er aufhören soll, so viele Papiere zu schreiben. Würde ich ihnen dieselbe Aufmerksamkeit schenken, die seine Papiere *einst* verdienten, käme ich zu gar nichts anderem mehr. Wenn er schon unbedingt weitermachen *muss*, dann sage ihm, er möge wenigstens das tun, worum Ernst Mayr seine Mutter einmal gebeten hat, nämlich in ihren langen täglichen Briefen *unterstreichen, was wichtig ist*.«

Plötzlich fand Benzer kaum noch etwas, das er des Unterstreichens für wert erachtet hätte. Wieder einmal fuhr er mit

Dotty in die Kornfelder hinaus, und wieder stellte sie sich hinter seine Entscheidung, noch einmal ganz von vorn anzufangen. Seine Arbeit am *rII* sei zwar immer aufregender geworden, schrieb er später, aber plötzlich sei ihm bewusst geworden, wie viele Leute um ihn herum dasselbe taten, wie viele sich um dieselbe Helix oder denselben Vortex drehten. »Ich wäre beinahe in den biochemischen Auguss hineingezogen worden. Delbrück rettete mich, als er meine Frau aufforderte, mir zu sagen, ich solle endlich aufhören, so viele Papiere zu schreiben. Und ich hörte auf.«[20]

Zehn Jahre nach der Entdeckung der Doppelhelix begann Benzer wie ein Besessener alles zu lesen, was er über erbliche Verhaltensmuster finden konnte. Einige seiner Freunde aus der Phage-Zeit schlossen sich ihm an, beispielsweise Brenner, Stent und Delbrück. Das war schon eine ziemlich überhebliche und von sich selbst überzeugte Sippschaft, doch angesichts ihrer Leistungen in den vergangenen zehn Jahren hatten sie jedes Recht dazu. Crick betrachtete ihre Vermessenheit »als ein gesundes Korrektiv angesichts der schwerfälligen und eher abwartenden Haltung, auf die ich so häufig stieß, wenn ich mich unter Biologen mischte«.[21] Sie hatten eine neue Wissenschaft ins Leben gerufen, und nun drängte es sie voranzukommen. Die Frage nach dem Instinkt empfanden sie dabei als logische Erweiterung der Frage nach dem Erbmaterial. Ein Instinkt ist wie ein Gen eine Art von Gedächtnis, ein Geschenk der Zeit. Und dieses Geschenk gewährt allen, die es erhalten, enorme Vorteile: Es verhilft uns von Geburt an dazu, über tausenderlei Dinge Bescheid zu wissen, die wir, müsste ein jeder von uns von vorne beginnen, in der Spanne eines einzigen Lebens niemals neu entdecken könnten. Am Caltech pflegte Delbrück mit dem Mathematiker Solomon Golomb Schach zu spielen. Delbrück brauchte sechzig Minuten für einen Zug, den Golomb in einer Minute machte, dennoch gelang es Delbrück nie zu gewinnen. Freunde fragten ihn, warum er ständig verliere, wo er doch für jeden Zug so viel Zeit zur Verfügung habe. Delbrück antwortete: »Ich denke, aber er weiß.«[22] Delbrück und sein Kreis beschlossen also, dem Geheimnis des angeborenen Wissens ebenso auf die Spur zu kommen, wie sie zuvor das Rätsel des Erbmaterials gelöst hatten. Sie wollten den Instinkt auf dieselbe Weise auseinander nehmen, wie Benzer zuvor das Gen auseinander genommen hatte.

Neu an ihrem Ansatz war, dass sie planten, sich von unten nach oben und von innen nach außen vorzutasten. Freud arbeitete mit Introspektion, betrachtete die Dinge also von außen nach innen. Für Freud war das Gehirn eine Art Black Box. Seiner Darstellung der »Struktur des seelischen Apparats« hatte er eine Warnung an den Leser angefügt: »Aus welchem Material er gebaut ist, danach bitte ich nicht zu fragen. Es ist kein psychologisches Interesse, kann der Psychologie ebenso gleichgiltig [sic!] sein wie der Optik die Frage, ob die Wände des Fernrohrs aus Metall oder aus Pappendeckel gemacht sind.«[23] An anderer Stelle ermahnte er seine Anhänger: »Drittens muß man sich erinnern, daß all unsere psychologischen Vorläufigkeiten einmal auf den Boden organischer Träger gestellt werden sollen.«[24] Doch nicht nur die Freudianer, auch alle Schismatiker erforschten die Psyche strikt von oben nach unten und von außen nach innen. Ein Psychologe schrieb einmal, was ihn betreffe, könne der Schädel ebenso gut mit Watte gefüllt sein.[25]

Benzer hatte für diese Art psychologischer Literatur nur Sarkasmus übrig. Max Gottliebs schroffe Äußerungen im *Arrowsmith* – der wahre Wissenschaftler hasse »Pseudowissenschaftler wie diese Psychoanalytiker« – hatten sich ihm tief ins Gedächtnis gegraben. Benzer und sein Kreis hatten das Buch der dem Leben eingeschriebenen Symbole gefunden, und das konnte jedermann lesen. Nun hoffte er, dass es ihrem Wissensgebiet – im Gegensatz zur Freudschen Psychologie – gelingen würde, immer höher und höher auf den eigenen Fundamenten aufzubauen.

Abgesehen von Freud, waren die beiden einflussreichsten Psychologen des Jahrhunderts John Watson und B. F. Skinner, die Urväter des Behaviorismus. Sie arbeiteten nicht mit Introspektion, sondern mit Inspektion. 1912 schrieb John Watson[26], die Wissenschaft habe jene »lähmende Seelenwolke«

aufgelöst, welche die Erforschung von Himmel und Erde bislang vernebelt hatte, nun müsse sie auch jene Nebel lichten, die sich um die Erforschung der Psyche gelegt hatten. Also versuchten Watson, Skinner und ihre Anhänger ihre These vom Reiz-Reaktions-Schema zu beweisen, indem sie Tauben und Ratten konditionierten. Für sie war alles, was an den so genannten »Wahlpunkten« – den Entscheidungsmomenten des Lebens – eine Rolle spielt, von Erfahrung, durch die Umwelt und das soziale Umfeld geprägt, also in jedem Fall von außen. John Watson (der Behaviorist) stellte die viel zitierte Behauptung auf, wenn man ihm ein Dutzend gesunder Säuglinge brächte, garantiere er, ein nach dem Zufallsprinzip ausgewähltes Baby auf jeden nur denkbaren Beruf vorbereiten zu können, unabhängig von seinen »Talenten, Neigungen, Eignungen, Fähigkeiten, seiner Berufung oder der Rasse seiner Vorfahren«.[27]

»Nur wenige Menschen machen sich eine Vorstellung davon, wie weit sich das Studium des menschlichen Verhaltens wirklich treiben lässt«, schrieb B. F. Skinner 1953, dem Jahr, als Watson und Crick die Doppelhelix entdeckten, und setzte damit eine Art konspirative Flüsterpropaganda in Gang, die eine ganze Bewegung ins Rollen bringen sollte.[28] Längst hatte sich die Entscheidung der Behavioristen, jede Introspektion zu vermeiden, zu der seltsamen Ansicht verhärtet, dass in uns ohnehin nichts vorhanden sei, was beobachtet werden könne. Die Behavioristen hatten eine Psychologie ohne Sehnsüchte, Intentionen oder Emotionen erfunden; eine Psychologie – so wurde einmal gesagt – ohne Psyche;[29] eine Psychologie, die ausschließlich Äußerlichkeit war. Skinner experimentierte zum Beispiel mit Belohnungsschemata, indem er etwa einer Taube beibrachte, auf einen Knopf zu picken und damit die Freigabe einer Belohnungsration auszulösen. Da er ständig die zeitlichen Abstände zwischen den Belohnungen ausdehnte, erreichte er, dass die Taube so lange ohne Unterlass pickte, bis ihr Schnabel zu einem Stummel verkommen war.[30] Er war fest davon überzeugt, dass der Mensch seine illusionären Vorstellungen von Geist, Seele und Emotion, von einem Innenleben und einer angeborenen

Natur revidieren und durch die Idee eines von Reiz und Reaktion geprägten Verhaltens ersetzen müsse. Erst wenn wir
uns ein für alle Mal von solchen Illusionen verabschiedet hätten, könnten die Übel dieser Welt beseitigt werden, schrieb
Skinner: »Die gegenwärtige unglückselige Lage der Welt
kann im Wesentlichen auf unsere Unschlüssigkeit diesbezüg-
lich zurückgeführt werden.«[31]

Benzer war von den Behavioristen ganz und gar nicht beeindruckt. Doch was er suchte, fand er auch bei den Philosophen nicht, zumindest nicht bei jenen Denkern, die Nietzsche
einmal mit einigem Selbsthass »Erkenntnis-Mikroskopiker«[32]
genannt hatte, bei solchen also, die die eigenen Gedanken wie
unter dem Mikroskop sezierten und sich dann fragten: Was
weiß ich, und warum weiß ich es? Oder: Woher weiß ich, dass
ich weiß? Im Gegensatz zu Benzers Freund Gunther Stent,
der es liebte, sich mit Philosophen zu befassen, lächelten die
meisten aus Benzers Kreis über sie und meinten achsel-
zuckend: »*They need a little help from their friends.*«

Jeder Wissenschaftler kennt Occams Parsimoniegesetz,
auch »Occams Rasiermesser« genannt: Vor die Wahl von verschiedenen Hypothesen gestellt, wähle die einfachste. Dazu
gibt es aber nun noch einen unausgesprochenen Folgesatz,
den man »Occams Burg« nennen könnte: Vor die Wahl von
verschiedenen Orten gestellt, um darauf eine neue Wissenschaft aufzubauen, wähle den einfachsten. Entscheide dich für
den, der die wenigsten Vorbereitungen erfordert, die wenigsten Aushebungen und Ausgüsse und die wenigsten Stütz-
konstruktionen. Bei Grundstückskäufen lautet die Regel
immer: Lage, Lage, Lage! In der Wissenschaft heißt diese
Regel: Grundlage, Grundlage, Grundlage! Wo die Grundlage
am festesten ist, wird die Burg am höchsten werden, wo der
Boden hart ist, dort baue. Das Universum ist so angelegt, dass
du von überall eine Aussicht hast.

Auf den Grundlagen der Physik, Chemie und von Morgans Fliegenlabor war eine neue Naturwissenschaft aufgebaut
worden. Benzer und seine Freunde hatten bereits ein paar
Stockwerke daraufgesetzt und dabei immer dort angebaut, wo
der Boden am härtesten war. Meist hatten sie verstanden,

dass es sich dabei um einen sehr mühevollen, nur langsam fortschreitenden Prozess handelt, wie er in den Worten des Propheten Jesaja zum Ausdruck kommt: »Gebeut hin, gebeut her; harre hie, harre da; hie ein wenig, da ein wenig.«[33] Die Molekularbiologie ist Occams stolzeste und zugleich sonderbarste Burg. Errichtet auf einem der (aus dem Blickwinkel des Grundstückwesens) am wenigsten geeignet scheinenden Orte dieser Erde, nämlich dem Fliegenlabor, wuchs sie zu einer der höchsten Errungenschaften des menschlichen Geistes in den vergangenen hundert Jahren empor.

Auf dieser Grundlage wollte Benzer aufbauen. Überzeugt, dass sich hinter den unzähligen Stuckaturen unseres Körpers und unseres Geistes genetische Unterschiede verbergen, war er sich ganz sicher, dass diese Unterschiede bei jeder unserer Verhaltensänderungen an einem Wahlpunkt eine Rolle spielen. Die dafür verantwortlichen Gene wollte er nun aufspüren und dann herausfinden, wie sie diese Unterschiede herbeiführen. Damals waren das völlig neue Fragen, und Benzer fühlte sich von ihrer Exotik mindestens ebenso angezogen wie von Schlangenfilets. Er ging dieses neue Problem an, als beträte er einen völlig dunklen Raum und wüsste nicht, wie viele Stufen es dort zu beachten gab, so denn überhaupt welche vorhanden wären.

Die erste Hälfte der sechziger Jahre verbrachte Benzer im Wesentlichen mit Lesen und Nachdenken. Er besuchte Labors und hörte Vorlesungen, kurzum, er suchte einen Ansatzpunkt. Unter den Büchern, die aus dieser Zeit in seinem Regal stehen, befindet sich einfach alles, von Darwins *Expressions of the Emotions in Man and Animals* und Galtons *Hereditary Genius* über *The Machinery of the Brain*, *Physiological Psychology*, *The Physiological Clock*, *Behaviorism*, *Behavior of the Lower Organisms* bis hin zu *ABC and XYZ of Bee Culture* (33. Ausgabe).

Seit Menschen denken, suchen sie nach diesem festen Fundament. In einem seiner letzten Dialoge, bevor er den Schierlingsbecher trank, beschwerte sich Sokrates, dass die Grundlagen, auf denen Aussagen über die menschliche Natur basierten, ständig wechselten und sich daher alle Diskussionen darüber laufend im Kreise drehten.[34]

Pascal schrieb: »Wir verbrennen vor Sehnsucht, einen festen Ort und ein endgültig bleibendes Fundament zu finden, um einen Turm darauf zu erbauen, der sich bis ins Unendliche erhebt; aber alle unsere Fundamente bersten und die Erde tut ihre Abgründe auf.«[35]

Darwin notierte in sein geheimes Tagebuch: »Metaphysik weiterhin in derselben Art wie bisher zu studieren erscheint mir, wie an Astronomie herumzurätseln, ohne etwas von der Mechanik zu wissen.«[36] Mit anderen Worten: Der Versuch, die großen metaphysischen Fragen ohne Kenntnisse der Funktionsweisen des Geistes klären zu wollen, ohne in die Anatomie und Mechanik des Geistes einzudringen, ist ein ebenso hoffnungsloses Unterfangen wie der Versuch, die Bewegungen der Sterne und Planeten ohne Kenntnisse der Himmelsmechanik zu erklären. »Die Erfahrung zeigt, dass die Frage des Geistes nicht gelöst werden kann, indem man die Zitadelle selbst attackiert«, notierte Darwin weiter. »Der Geist ist Körperfunktion – um argumentieren zu können, müssen wir eine *stabile* Grundlage schaffen.«

Gene sollten Benzers Grundsteine sein. Von diesem Fundament aus wollte er in Höhen aufbauen, von denen bislang niemand glaubte, dass der menschliche Geist sie je erreichen würde. Er wollte etwas Neues herausfinden über einige der ältesten Eckpfeiler menschlicher Erfahrung – Zeit, Liebe und Erinnerung – und damit die ältesten Fragen nach dem Erbgut, der Anlage und der Umwelt beantworten. Tag und Nacht wälzte er diese Probleme in seinem Physiklabor von Purdue. Auch während der Sommer in Cold Spring Harbor, wo Dotty aus ihrem gemieteten Haus ein Brooklyn außerhalb von Brooklyn zu schaffen pflegte, hörte er nicht auf, sich darüber den Kopf zu zerbrechen. Max und Manny Delbrück mussten immer lächeln, wenn sie zum Abendessen zu ihnen hinüberschlenderten und Dotty auf der Veranda inmitten wehender Wäsche winken sahen: Sie war genauso bodenständig wie Seymour und ihm ein ebenso fester Ankerplatz wie Leora ihrem Martin Arrowsmith.

Naturphilosophen ringen seit jeher mit der Frage von Anlage oder Umwelt, Umwelt oder Anlage, und drehen sich in

den Turbulenzen dieses Themas ständig im Kreis. Ihre
Schriften wirken wie verzweifelte Flugversuche in einem geschlossenen Raum – ganze Generationen waren wie Fliegen
in einer Fliegenflasche gefangen oder wie die Fledermaus in
D. H. Lawrences Gedicht:

> *Herum und herum und herum*
> *in zuckend nervösem unausstehlichem Fluge...*[37]

Benzer plante, sich vom Gen über das Neuron und das Gehirn bis zum Verhalten vorzuarbeiten, und hoffte, eines nach
dem anderen sezieren zu können, so wie er das Gen seziert
hatte. Während er sich darüber den Kopf zerbrach und alles
las, was ihm in die Finger kam, musste Dotty beim Metzger Hirn einkaufen: Schafshirn, Rinderhirn, Ziegenhirn,
Schweinehirn und Hühnerhirn. Eines nach dem anderen
schleppte sie nach Hause, und eines nach dem anderen
sezierte er, wie immer mitten in der Nacht. Und anschließend
aß er eines nach dem anderen auf.

Teil II
Konopkas Gesetz

Die besten Dinge stehen immer am Anfang.
Blaise Pascal
Lettres Provinciales

KAPITEL VI

Erstes Licht

I'll tell you how the Sun rose
A Ribbon at a time
                                    Emily Dickinson[1]

Everyone who ever lived ... lived at a moment of
equal astonishment.
                                    Richard Powers
                                    Galatea 2.2[2]

Seine neue Bestimmung fand Benzer durch ein Büchlein von Dean E. Wooldridge mit dem Titel *The Machinery of the Brain*[3]. Auf dem Umschlag ragen menschliche Gehirnfurchen in plastischem Tiefdruck wie erklimmbare Berge in die Höhe.

In diesem kleinen Buch las Benzer von den frühen Experimenten, die ein Biologe namens Roger Sperry am Caltech gemacht hatte. Sperry hatte die Sehnerven einer Kröte durchtrennt, den linken Sehnerv mit der rechten Hälfte ihres Gehirns verbunden und den rechten mit der linken Hirnhälfte.[4] Die Nerven einer Kröte können zerschnitten und gespleißt werden wie Kabel; menschliche Nerven, so sie erst einmal beschädigt sind, werden sich bedauerlicherweise nie wieder verbinden (obwohl die Wissenschaft, die mit Benzers Hilfe ins Leben gerufen wurde, das eines Tages durchaus ändern könnte). Ein Sehnerv besteht aus einem Bündel von mehreren zehntausend Nerven. Diese Fasern verlaufen kreuz und quer und winden sich umeinander, als wären sie sich während der embryonalen Wachstumsphase nicht sicher gewesen, welchen Weg sie zwischen Auge und Gehirn einschlagen sollten. Offensichtlich aber finden sie im Embryo ihren Weg. Ist der Mensch erst einmal erwachsen, würde ihnen das kein zweites Mal gelingen: Nerven wachsen nicht nach. Sperry wollte nun herausfinden, ob sie bei einer voll ausgewachsenen Kröte ihren Weg noch einmal finden können.

Ein paar Wochen nach der Operation stellte Sperry verblüfft fest, dass sich die Kröte wie eine ganz normale Kröte verhielt. Kaum ließ sich eine Fliege in ihrer Reichweite nieder, schoss ihre Zunge heraus. Irgendwie hatten diese Zehntausenden von Fasern ihren Weg gefunden, und die Kröte konnte wieder sehen. Sie hatte nur ein Problem: Wenn die Fliege von rechts kam, streckte sie ihre Zunge nach links; kam die Fliege von links, schoss ihre Zunge nach rechts.

Aus *The Machinery of the Brain* erfuhr Benzer auch von Sperrys Katzenexperimenten.[5] Die Sehnerven des rechten und linken Auges einer Katze kreuzen sich einmal auf ihrem Weg in die beiden Hemisphären des Großhirns und trennen sich dann wieder. An dieser Kreuzung, dem Chiasma opticum, übermitteln sie sich Informationen. Auch der Mensch verfügt über diese Sehnervenkreuzung. Sperry durchtrennte also das Chiasma opticum mit dem Skalpell. Und wieder wartete er, bis sich sein Versuchstier von der Operation erholt hatte. Dann stellte er die Katze vor eine Entscheidung, genauso wie Benzer es später mit seinen Versuchstieren im Gegenstromapparat tun sollte. Beispielsweise konfrontierte er sie mit zwei Türen, von denen eine mit einem Kreis und die andere mit einem Quadrat gekennzeichnet war. Die Katze betrachtete diese Türen mit einem Auge – über dem anderen hatte Sperry eine Augenklappe angebracht –, so dass das Bild des Kreises wie auch das des Quadrats von dem einen Auge der Katze in eine der beiden Hirnhälften übertragen wurde. Nach ein paar Versuchen hatte die Katze gelernt, die Tür mit dem Kreis zu wählen, weil sich dahinter ein Fressnapf verbarg.

Egal, mit welchem Auge die Katze diese Lektion gelernt hatte: Beim nächsten Versuch wählte sie grundsätzlich den Kreis, auch dann, wenn Sperry inzwischen die Augenklappe vertauscht hatte. Obwohl nur ein Auge die Botschaft an eine

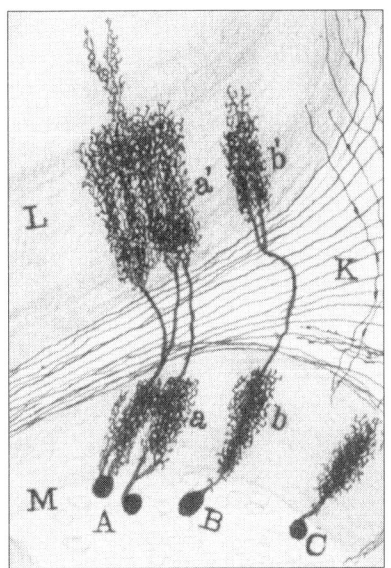

In den ersten Jahren des zwanzigsten Jahrhunderts färbte, zeichnete und nummerierte der spanische Neuroanatom Santiago Ramón y Cajal als erster einzelne Nervenzellen des Gehirns. (Diese Abbildung zeigt Nerven aus dem Gehirn einer Biene und dem einer Fliege.) Anfang der sechziger Jahre studierten Seymour Benzer und andere Molekularbiologen Cajals Verdrahtungsdiagramme und fragten sich, ob es ihnen gelingen würde, den Verbindungen zwischen Genen, Nerven und Verhalten auf die Spur zu kommen.

Hirnhälfte gesandt hatte, hatten beide Hemisphären diese Lektion irgendwie gelernt. Sperry vermutete, dass diese Erfahrung über das Corpus callosum vermittelt worden war, durch jenes dicke Nervenfaserbündel, das bei Katzen wie bei Menschen die beiden Hirnhälften verbindet. Also durchtrennte er auch das. Als er die Augenklappe der Katze erneut vertauschte, wusste sie nicht mehr, ob sie die Tür mit dem Kreis oder die mit dem Quadrat wählen sollte. Wenn die linke Hirnhälfte die Lektion gelernt hatte, wusste die rechte nichts davon; hatte es die rechte gelernt, blieb die linke unwissend. Sperry gelang es sogar, der linken Hirnhälfte beizubringen, den Kreis zu wählen, und der rechten, sich für das Quadrat zu entscheiden. Welche Tür die Katze wählte, hing davon ab, mit welchem Auge sie den Wahlpunkt sah.

Sperry wiederholte dieses Experiment mit einem Affen.[6] Auch bei ihm durchtrennte er das Chiasma opticum und das Corpus callosum. Zusätzlich unterzog er eine Hälfte des Affenhirns einer Lobotomie. Er setzte dem Tier eine Augenklappe auf und zeigte ihm eine Schlange. Affen haben instinktiv Furcht vor Schlangen. Wenn das Bild der Schlange zur unbeschädigten Hirnhälfte wanderte, begann der Affe zu schreien, entleerte spontan seinen Darm und versuchte zu fliehen. Wanderte das Bild jedoch zur lobotomisierten Hemisphäre, schenkte der Affe der Schlange bestenfalls einen »Na und?«-Blick. Es war, als hätte er zwei verschiedene Gehirne, als wohnten zwei Seelen in seiner Brust.

The Machinery of the Brain rief in Benzer dieselbe Empfindung hervor, die *Arrowsmith* in seiner Jugendzeit in Brooklyn und *Was ist Leben?* in seiner Zeit als junger Physiker in Lafayette in ihm ausgelöst hatten – das Gefühl, eine speziell auf ihn zugeschnittene Landkarte entdeckt zu haben. Wooldridge, der Autor, hatte einst die Forschungs- und Entwicklungsabteilung der Hughes Aircraft Company geleitet und später eine einflussreiche High-Tech-Firma gegründet – Thompson Ramo Wooldridge –, deren Präsident er nach wie vor war. Die Zeit, sich in Labors, wie beispielsweise dem von Sperry am Caltech, herumzutreiben, hatte er nun nicht mehr. Sein Buch aber – das er als »Reisebericht«, als »Beschreibung eines exotischen Landes durch seinen ersten Besucher«[7] bezeichnete – würde eines Tages, so hoffte er, vielleicht einem anderen zum Biologen gewandelten Physiker irgendwo auf der Welt als Ausgangspunkt »für intensivere Forschungen« dienen können.

1965 nahm sich Benzer ein Sabbatjahr von Purdue und besuchte Sperrys Labor im dritten Stock von Church Hall. Im Keller desselben Gebäudes beschäftigte sich Delbrück mit seinem dem Licht entgegenwachsenden Pilz.

In Sperrys Labor beobachtete Benzer Biologen, die die Hirne von Goldfischen, Affen, Fröschen, Hühnern, Chamä-

leons, Katzen und Menschen studierten. Seine Forschungen
am menschlichen Gehirn sollten Sperry später den Nobelpreis
einbringen. Unter anderem befasste er sich mit Epileptikern,
deren rechte und linke Hemisphäre operativ verändert worden waren. Ein Schnitt durch das Corpus callosum verhindert, dass sich epileptische Anfälle von einer Hirnhälfte auf
die andere ausweiten.[8] Schon seit Jahren führten Chirurgen
diese Operation aus, immer im Glauben, dass sie das Verhalten ihrer Patienten damit nicht beeinflussten. Ein Fachmann
scherzte einmal, die einzige Rolle des menschlichen Corpus
callosum scheine zu sein, einen epileptischen Anfall von der
einen auf die andere Hirnhälfte zu übertragen. Ein anderer
Experte behauptete sogar, es solle lediglich verhindern, dass
die beiden Hirnhälften in der Mitte durchhingen.

Sperry bewies jedoch, dass das Verhalten von Split-Brain-
Patienten – Patienten mit getrennten Hirnhälften – unter bestimmten Bedingungen ausgesprochen seltsam sein kann. Auf
eine Leinwand wird das Bild eines künstlich fabrizierten Ge-
sichts projiziert: Die eine Hälfte ist männlich, die andere weiblich. Der Patient bekommt es so zu sehen, dass seine linke
Hirnhälfte nur das Gesicht des Mannes und seine rechte nur
das der Frau erkennen kann. Wenn man ihn nun fragt, was er
gesehen hat, antwortet er: »einen Mann«, da die linke Hirnhälfte die Sprache dominiert. Doch fordert man ihn auf, auf
ein Gesicht zu deuten, das dem gerade gesehenen ähnelt,
zeigt er auf eine Frau, weil die rechte Hirnhälfte Handlung
und Bewegung beherrscht.[9] Als nächstes wird das Wort
»Gehen« auf die Leinwand projiziert, und zwar so, dass nur
die rechte Hirnhälfte des Patienten es erkennen kann. Gleich
darauf steht dieser auf und beginnt zu laufen. Der Experimentator fragt ihn, weshalb er aufgestanden sei. »Ich hol mir
eine Cola«, bekommt er zur Antwort.[10] Der Patient kann den
wahren Grund nicht erklären, denn den kennt nur seine
rechte Hirnhälfte. Die aber ist stumm.

Das menschliche Gehirn besteht wie das Gehirn eines
Affen, einer Katze und sogar das einer Kröte oder einer Fliege
aus vielen unterschiedlichen Einzelteilen. Einige Neuroanato-
men sprechen heute von Modulen. Wie jeder Hirnlappen

seine eigenen charakteristischen Windungen und Furchen
hat, so hat auch jeder Lappen und jede andere Region des
Hirns und des Hirnstamms eine charakteristische Funktion[11]:
ohne die Medulla oblongata keine Atmung, ohne den Pons
keine Empfindung von kleinsten Bewegungen, ohne das Mittelhirn keine Augenbewegung. Solche Module können sogar
noch feinere Abstimmungen haben, wie Sperry und andere
bald herausfanden. Der Grundgedanke bei der Idee, deren
Wahrheitsgehalt Freud und seine Anhänger von außen, durch
Introspektion also überprüfen wollten, lautete: Wir haben
konkurrierende Motive und Triebe, sind uns aber im jeweiligen Augenblick immer nur eines kleinen Teils von ihnen
bewusst. Sensible Menschen haben schon immer gespürt,
welche Spannungen durch die damit entstehenden Unge-
reimtheiten erzeugt werden. Henry David Thoreau schreibt
in seinem Gedicht »Sic Vita«[12]:

> *I am a parcel of vain strivings tied*
> *By a chance bond together,*
> *Dangling this way and that, their links*
> *Were made so loose and wide.*

Wir haben alle schon einmal das Gefühl gehabt, dass die
rechte Hand nicht weiß, was die linke tut. Etwa wenn wir beschlossen haben, nichts zu essen oder zu trinken, und dann
registrieren, dass uns die Hand wie von selbst etwas eingießt
oder zu essen reicht. Um uns solche Vorgänge zu erklären,
denken wir uns dann irgendeine Geschichte aus, genauso wie
Sperrys Proband sein Aufstehen damit erklärte, dass er sich
eine Cola holen wollte. Thoreau hatte Recht, jeder von uns ist
ein Bündel aus vergeblichen Mühen, die zufällig zusammen-
geschnürt wurden und sich uns normalerweise nicht alle auf
einmal erschließen, sondern erst eine nach der anderen, im
Laufe der Zeit. Einige solcher triebhaften Handlungen scheinen aus einer archaischen Vergangenheit nach uns zu greifen,
andere scheinen so übermächtig, dass sie drohen, alle übrigen
auszubooten. Das Leben ist ein großes Parlament der Instinkte, wie Konrad Lorenz schrieb.[13] Und genau dieses Parla-

ment wollte Benzer durch die Erforschung der Gene ergründen.

In Sperrys Labor streifte Benzer unruhig von Tisch zu Tisch. Er fühlte, dass ihn der Phage ein für alle Mal verdorben hatte: Bei der Forschung mit dem Phagen konnte er mit Milliarden von Testobjekten arbeiten, die alle in einer einzigen Schale von der Größe seiner Handfläche Platz hatten. Er konnte Dutzende von Generationen an einem einzigen Tag heranzüchten und mit einem Blick den einzig Missgebildeten unter einer Milliarde normal Gestalteter herausfinden. Nachdem er mit solcher Geschwindigkeit hatte arbeiten können, mit solchen Annehmlichkeiten und solch schnellen Erfolgen, konnte er sich einfach nicht vorstellen, Goldfische, Affen, Frösche, Hühner, Katzen oder Chamäleons zu kreuzen und aufzuziehen. Und Menschen, wie er später einmal trocken sagte, »waren ausgeschlossen, weil sie so schwierig davon zu überzeugen sind, sich in den erforderlichen Kombinationen zu paaren, außerdem dauert der Generationenwechsel zu lange, und auch die Nachkommenschaft ist zu gering«.[14]

Benzer fasste Ameisen, Spinnen und Bienen ins Auge. Bienen interessierten ihn, aber im Gegensatz zu Mendel hatte er wenig Lust, Bienenstöcke mit Brutkammern einzurichten. Eine Zeit lang ließ er Spinnen in Gläsern ihre Netze spinnen und bewunderte die schönen Muster ihres vorherbestimmten Tuns. Doch letztlich fand er sie ebenso ungeeignet für seine Zwecke wie Bienen. »Ich durchforstete die Literatur«, erzählt er. »Niemand hatte je eine Mendelsche Kreuzung zwischen Spinnen gemacht. Ein Grund dafür ist sicher, dass die Weibchen die Männchen fressen.«

Benzer dachte nach und verschlang wie ein Verrückter Fachliteratur. Er bewunderte Darwins 1872 veröffentlichtes Buch *Der Ausdruck der Gemüthsbewegungen bei dem Menschen und den Tieren*, das noch aus einer Zeit stammte, in der die Sonne über dem britischen Imperium niemals unterging und jemand wie Darwin an Forscher, Missionare und »Beschützer der eingebornen Bevölkerung« in allen Ecken des Imperiums Fragebögen wie den folgenden verschicken konnte[15]:

(1) Wird Erstaunen durch weit geöffnete Augen, offenen Mund und Hochziehen der Augenbrauen ausgedrückt?

(2) Ruft Scham Erröten hervor, sofern die Hautfarbe das Sichtbarwerden eines solchen ermöglicht? Und wie weit erstreckt sich dieses Erröten über den Körper?

(3) Hält ein Mann bei Entrüstung oder Abwehr Körper und Kopf aufrecht, strafft er die Schultern und ballt die Faust?

(4) Wenn er in Gedanken oder Grübeleien versunken ist, runzelt er dann die Stirn oder zieht sich die Haut unter den Unterlidern zusammen?

Und immer so fort. Die Antworten, die Darwin aus Australien, Neuseeland, Indien, Afrika, vom Malaiischen Archipel, aus China und dem Nordwesten der USA erhielt, waren alle positiv. Mimik und Gestik des Menschen sind im Wesentlichen auf der ganzen Welt gleich – einer der Gründe, weshalb das Imperium Hollywoods heute mindestens so groß ist, wie es das britische 1872 war.

Die Grundzüge menschlicher Mimik und Gestik sind ererbt, und Benzer war sich ganz sicher, dass es hier noch eine Menge zu erforschen gab. Der Schreckreflex ist uns zum Beispiel ganz offensichtlich nicht nur eingeschrieben, er ist auch anpassungsfähig. Viele von uns zucken zusammen, wenn sie eine Schlange sehen, und manche von uns reagieren wie Sperrys Affe. Nochmals: Diese Reaktion ist vermutlich angeboren und anpassungsfähig – zumindest war sie es im Verlauf von Millionen Jahren menschlicher Evolution, bis wir von den Bäumen herunterkletterten und Städte zu bauen begannen. Doch in Städten leben wir erst einen winzigen Bruchteil der Zeit, die seit der Entstehung unserer Spezies vergangen ist, weshalb die Evolution diesen Reflex bei den meisten von uns auch noch kaum – etwa so wie durch eine partielle Lobotomie – abschwächen konnte. In *Der Ausdruck der Gemüthsbewegungen* schildert Darwin ein Experiment im Londoner Zoo: »Ich brachte mein Gesicht dicht an die dicke Glasscheibe vor einer Puff-Otter in dem Zoologischen Garten mit dem festen Entschlusse, nicht zurückzufahren, wenn die Schlange auf mich losstürzte. Sobald aber der Stoß ausgeführt wurde, war es mit meinem Entschlusse aus, und ich sprang ein oder zwei Yards mit erstaunlicher Geschwindigkeit zurück. Mein Wille und mein Verstand waren kraftlos gegen die Einbildung einer Gefahr, welche niemals direct erfahren worden war.«[16]

Benzer faszinierten auch die Bücher von Darwins Vetter Galton, der seltsame Selbstbeobachtungen gemacht hatte, um dem Erbmaterial, von dem er glaubte, es läge allem Verhalten zu Grunde, auf die Spur zu kommen. Durch Erforschung seiner eigenen Vorstellungen und Befragung anderer Personen über deren Reaktionen versuchte er herauszufinden, worin sich Menschen ähneln und worin sie sich unterscheiden. Nicht jeder beantwortete Galtons Fragebögen. Darwin zum Beispiel weigerte sich (»Ich habe noch nie versucht, in meine eigenen Gedanken einzudringen.«[17]). Doch wie Galton herausfand, machten Selbstbetrachtungen den meisten Menschen Spaß. »Ich glaube, dass dieses Vergnügen am Sezieren des eigenen Selbst ein wesentlicher Grund ist, weshalb angeblich so viele die Beichte vor einem Priester als so angenehm empfinden.«[18]

Galton korrespondierte mit einem Zahlenvisionär, dessen Vater bereits als Zahlenvisionär galt.[19] Der Mann erzählte ihm, dass er ständig Zahlen vor seinem geistigen Auge sehe, und schickte Galton eine Zeichnung. »Es begann«, schreibt Galton, »mit einem Uhrblatt, beziffert von I bis XII, und verjüngte sich wie der Schwanz eines Papierdrachens in wellenförmigen Kurven, deren Windungen mit den Zahlen 20, 30, 40 usw. beziffert waren.« Überrascht stellte Galton fest, dass solche Zahlenvisionen ziemlich häufig sind. Als er während eines Vortrags vor großem Publikum fragte, wer das schon einmal erlebt habe, »erhoben sich unzählige Hände im ganzen Saal«.[20] Außerdem traten solche Visionen offenbar über mehrere Generationen in einer Familie auf. Folglich musste in diesen Konstrukten des individuellen Geistes eine familiäre Besonderheit zum Ausdruck kommen – heute würden wir sagen: Sie müssen genetisch bedingt sein. Jahre später sollte Benzer eine private Untersuchung durchführen und in der Familie seiner Frau ebenfalls auf solche Zahlenvisionäre stoßen.

Galtons Experimente verschafften Benzer immer wieder
Einblicke in die »Anzahl von Vorgängen im Geist und in die
unergründlichen Tiefen, in welchen sie stattfinden und derer
ich mir zuvor kaum bewusst gewesen war«, wie Galton geschrieben hatte.[21] Es war, so Galton prosaisch, als begleitete
man einen Klempner in den Keller und sehe zum ersten Mal
»das komplizierte System aus Abwasser-, Gas- und Wasser-
rohren, aus Rauchfängen, Klingeldrähten und so weiter, von
denen unser Wohlbefinden abhängt, die uns jedoch gewöhnlich verborgen bleiben und mit deren Existenz wir uns, solange sie gut funktionierten, niemals beschäftigten«.[22] Und
welch ein Unterschied besteht zwischen der Sichtweise eines
Hausbewohners und der eines Klempners!

»Laien – und ich meine nicht besonders gebildete, sondern
ganz gewöhnliche Laien – denken immer, wenn etwas natürlich ist, bedürfe es keiner Erklärung«, sagt Francis Crick. »So
nach dem Motto: ›Was gibt's darüber nachzudenken? Das ist
doch ganz natürlich!‹ Verstehen Sie? Wir aber wissen, dass
natürliche Dinge oft extrem komplizierte Mechanismen be-
nötigen, um natürliche Verhaltensweisen *hervorzurufen* – am
schnellsten finden wir das immer dann heraus, wenn etwas
schief läuft. Aber so ist nun mal die Einstellung vieler Laien,
sie glauben, ihr Verhalten sei im Prinzip ganz einfach. Sie tun
etwas und empfinden das als ausgesprochen natürlich, was
also gibt's da zu erklären? Und den Gedanken, dass ihr Tun
von Genen oder irgendetwas anderem bestimmt wird, finden
sie einfach *schrecklich*.« Crick lacht. »Obwohl alle Eltern sagen,
wie unterschiedlich ihre Kinder sind und wie extrem früh
ihnen das bereits aufgefallen sei.«

Galton wusste nichts von den Genen, die all diesen Vorgängen im Gehirn zu Grunde liegen. Dennoch war sich Benzer sicher, dass Galton Recht gehabt hatte: Es musste einfach genetische Unterschiede bei all den tausend unterschiedlichen
Denkvorgängen geben und folglich ebenso viele individuelle
Eigenarten. Galton drängte künftige Wissenschaftlergenera-
tionen, die Variabilität der menschlichen Instinkte zu erforschen. Wie Darwin hatte auch er sie anhand der Angst vor
Schlangen studiert. »Mir selbst graut vor ihnen«, schrieb er,

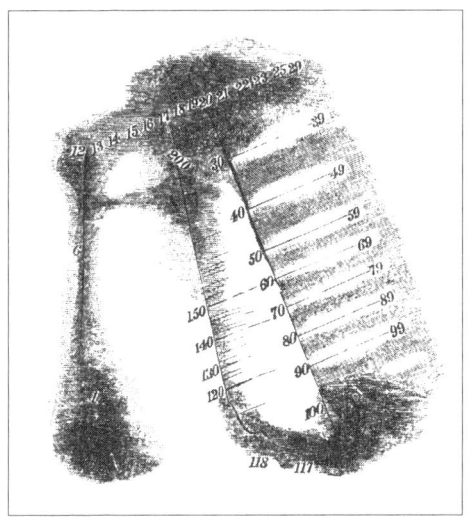

Darwins Vetter Francis Galton war überzeugt, dass jeder Verstand seine Eigenarten habe und dass diese größtenteils vererbt würden. So berichtete er zum Beispiel, jede fünfzehnte Frau und jeder dreißigste Mann sehe im Geist »Zahlengestalten«. Wenn solche Zahlenvisionäre an eine Zahl denken, sehen sie diese immer an der gleichen Stelle in einem imaginären Raum schweben. Eine Testperson erzählte Galton, die Zahl Eins sehe er immer links unten und die Zahl Hundert rechts unten, und die Zahlenschritte dazwischen formierten sich zu einem komplizierten Spektralbogen. Solche Zahlenvisionen können generationenlang in einer Familie auftreten.

»und ich kann mich nur unter äußerster Selbstbeherrschung und dabei in höchster Anspannung dazu zwingen, eine zu berühren.«[23] Manchmal zwang er sich zuzusehen, wie Kaninchen und Vögel im Londoner Zoo an Schlangen verfüttert wurden. Er fand den Anblick entsetzlich, wenn auch faszinierend, und konnte einfach nicht verstehen, dass Kinder mit ihren Kindermädchen neben ihm stehen blieben, darüber lachten und dann einfach weitergingen. »Ihre Gleichgültigkeit war der vielleicht schmerzhafteste Teil dieser ganzen Transaktion. Mitleid zu empfinden hatten sie noch nicht gelernt.«

Da es Galton mindestens ebenso sehr vor Blut graute wie vor Schlangen, glaubte er, dass es sich auch hierbei um einen

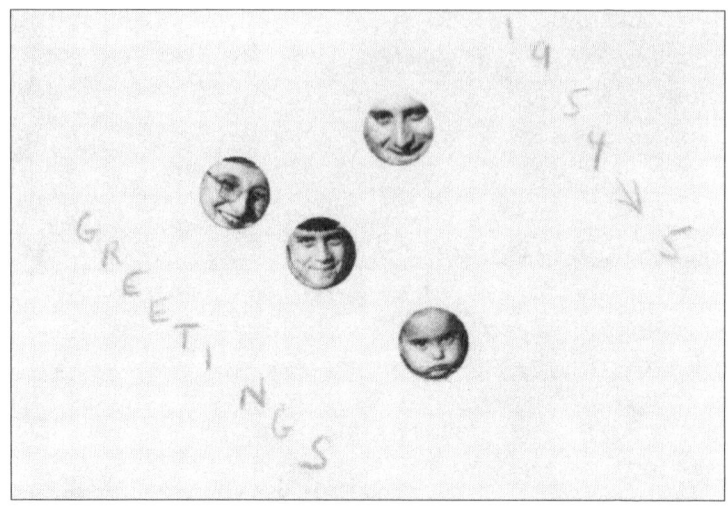

»Wenn du ein Kind hast, verhält es sich einfach wie ein Kind«, erzählt Benzer. »Aber sobald du ein zweites hast, merkst du vom ersten Tag an, dass es anders ist als das erste.« Die Abbildung zeigt die Neujahrsgrüße der Benzers aus dem Jahr 1954.

menschlichen Instinkt handeln könnte. »Doch dann sah ich ein gut gekleidetes Kind von vielleicht vier Jahren, das mit unschuldigem Blick beim Metzger seinen Finger begeistert in eine noch blutende Schafshälfte bohrte, während sich das Kindermädchen im Laden aufhielt.«[24] Sofort forderte er, dass Lehrer nach den Albträumen von Kindern forschen und feststellen sollten, welche Ereignisse ihnen Gänsehaut verschaffen konnten: »Es wäre jedoch unerlässlich, dieses Thema ohne jede Voreingenommenheit anzugehen, als reine Beobachtung, geradeso als handelte es sich bei den Kindern um eine bisher unerforschte Fauna und Flora in einem unbekannten Land.«

Benzer war klar, dass er mit etwas Einfacherem beginnen musste.

Immer wenn Benzer aus Sperrys Labor herausschlenderte, kam er am Nachlass aus Morgans letztem Fliegenlabor vorbei. Morgans gesammelte Werke, angefangen bei seinen ersten Aufzeichnungen über Mäuse und Seesterne, lagerten in schier endlosen Reihen von Aktenschränken, die den ganzen Flur einnahmen. Morgan war schon lange tot, doch Alfred Sturtevant, inzwischen ein Veteran der Morgan-Bande, kam noch immer häufig vorbei, die Pfeife zwischen die Zähne geklemmt, um nachzufragen, was es Neues und Interessantes in der Genetik gab, und um sein Forschungsbeet mit Iris zu pflegen, das er gleich vor dem Gebäude angelegt hatte. Einer seiner besten Studenten, Ed Lewis, hatte die Räumlichkeiten von Sturtevants Labor im dritten Stock übernommen, mitsamt den Tausenden und Abertausenden von mutierten Fliegen – und natürlich den obligatorischen Milchflaschen.

Benzer beobachtete Lewis beim Sortieren der Fliegen, und Lewis beobachtete Benzer, wie dieser ihn beobachtete. Seit der Entdeckung der Doppelhelix hatte sich die Kluft zwischen der Molekular- und der übrigen Biologie von Jahr zu Jahr weiter vertieft. Die Molekularbiologen galten als die »bad boys«, als Leuteschinder und langer Arm des herrschenden Trends. In Harvard zum Beispiel versuchte Jim Watson mit ungeheurer Energie und ungeheuer wenig Taktgefühl, die biologische Fakultät mit Molekularwissenschaftlern vollzustopfen und das ganze »Treibholz« loszuwerden: die Feldbiologen, Systematiker, Ökologen, Ethologen und Naturkundler. Unter den jungen Professoren, die zur gleichen Zeit wie Watson nach Harvard kamen, befand sich auch E. O. Wilson, der – unter anderem – einer der bedeutendsten Feldbiologen, Systematiker, Ökologen, Ethologen und Naturkundler dieses Jahrhunderts werden sollte. Bei einer Fakultätssitzung schlug Wilson vor, noch einen weiteren Ökologen einzustellen. Da hörte er Watson leise vor sich hin murmeln: »Sind die verrückt?«

»Was meinst du damit?« fragte Wilson.

»Wer einen Ökologen einstellen will, ist einfach verrückt.«[25]

Auch Wilson hatte *Was ist Leben?* in seiner College-Zeit an der Universität von Alabama in Tuscaloosa gelesen und war davon ebenso gefesselt gewesen wie Watson, Crick und Benzer (»Man stelle sich vor: die Biologie vom selben Geist verän-

dert, der das Atom gespalten hat!«²⁶). Sowohl Wilson als auch
Watson sollten ihre aktive berufliche Laufbahn in der Überzeugung beenden, dass die Suche nach den Verhaltensatomen
das zentrale Thema der Naturwissenschaften sei. Damals jedoch hatte Watson Wilson nichts zu sagen, wenn sie in den
Hallen von Harvard aneinander vorbeiliefen, nicht einmal
dann, wenn sie die einzigen Menschen weit und breit waren.
In Wilsons Buch *Naturalist* gibt es ein Kapitel mit dem Titel
»The Molecular Wars«. Es beginnt mit den Worten: »Ohne
eine Spur von Ironie kann ich sagen, dass ich mit brillanten
Feinden gesegnet war.«²⁷ James Dewey Watson war einer von
ihnen. »Als er noch ein junger Mann war, in den fünfziger
und sechziger Jahren«, schreibt Wilson, »hielt ich ihn für den
unangenehmsten Menschen, dem ich je begegnet war.«

Seit der Aufklärung hatte die Welt keine derartige Bagage
intellektueller Streithähne gesehen, ein jeder zutiefst davon
überzeugt, ein gottgegebenes Erbrecht auf seinen Platz in der
Geschichte zu haben. Auch unter den Philosophen der Aufklärung hatte es diesen Typ des hochgewachsenen, hageren
und überaus von sich selbst überzeugten jungen Mannes gegeben, den die meisten Zeitgenossen (mit den Worten von
Horace Walpole) als »pompösen, arroganten, diktatorischen
Gecken« empfanden – und auch »als in höchstem Grade unangenehm, was ich wohl nicht extra betonen muss«.²⁸

Seymour Benzer war gewiss kein unangenehmer Mensch,
aber ein Revolutionär. In Church Hall pflegte er mit Delbrück
und manchmal auch Watson (wenn dieser zu Besuch kam)
durch die Korridore zu streifen und über Geschichten »aus
den Tagen der Genetik« zu sprechen, als handelte es sich
dabei um graue Vorzeit, obwohl Ed Lewis noch immer in seinem Labor saß und Fliegenmutanten kreuzte, und obwohl
der Mann, der die erste Genkarte angefertigt hatte, gleich
draußen vor dem Universitätsgebäude vor seinem Beet kniete
und seine Irispflanzen von Unkraut befreite. Eine Mitarbeite-
rin der Public-Relations-Abteilung vom Caltech führte einmal
Gespräche mit Benzer im Rahmen eines hauseigenen Oral-
History-Projekts. Sie fragte ihn, ob Lewis von den jungen
Molekularbiologen der sechziger Jahre verachtet worden sei.

»Nein«, antwortete Benzer, »er war ein netter Kerl. Er war sehr gut mit Fliegen. Aber damals war das ungefähr so, als hätte man jemanden um sich, der die griechische Mythologie erforscht: ist ja ganz nett für die Universität, so jemanden zu haben. Er hielt Genetikkurse ab, und die Kids zählten Fliegen. Natürlich waren wir voreingenommen. In Wirklichkeit war er der wahre Erbe der Morgan-Sturtevant-Tradition, und das war völlig in Ordnung.«[29]

Lewis empfand diese Isolation als sehr schmerzhaft. »Die *Drosophila* verschwand beinahe völlig in der Versenkung«, erzählt er. »Delbrück haute ständig auf den Tisch: ›Die Genetik ist tot! Sie ist tot, sie ist tot!‹« Immer wieder habe jener auf die eine oder andere Art betont, dass die Molekularbiologie die einzig wahre Biologie sei.

(Viele Jahre später, nur einen Katzensprung vom Campus entfernt, kichert Manny Delbrück, in Max' Lieblingsschaukelstuhl sitzend, bei der Erinnerung an die apokalyptischen Reden, die ihr Mann gewöhnlich schwang. »Wissen Sie, Max *kannte* einfach keine andere Biologie.«)

Doch was Lewis in seinem Fliegenlabor schließlich herausfand, sollte eine neue Generation von Molekularbiologen erneut faszinieren und ihm seinen Anteil an einem Nobelpreis sichern. Damals allerdings sah Lewis wenig Sinn darin, Delbrück von der Bedeutung seiner Arbeit überzeugen zu wollen. Lewis war ein gutes Stück kleiner, freundlicher und stiller als die meisten anderen »Leuteschinder«. Er stellte Aquarien mit seltenen tropischen Fischen und Anemonen in sein Labor und zog Generationen von Kraken auf, die Benzer, der noch niemals zuvor ein Krakenembryo gesehen hatte, überwältigend schön fand. Lewis hatte nicht nur eulenhafte Augenbrauen, deren lange Haare sich wie Nervenendigungen in alle Richtungen streckten, Lewis *war* eine Nachteule, genau wie Benzer. Manchmal, wenn Benzer kurz vor Morgengrauen durch die Flure streifte und über Gene, Nerven und das Verhalten nachgrübelte, hörte er durch Lewis' geschlossene Tür den Klang einer Flöte.

Benzer wusste, was er wollte. Er wollte vom Gen zu jenen Instinkten vordringen, die Ethologen in der freien Natur untersuchten. Ethologen pflegten Verhaltenselemente als anatomische Teilchen zu verstehen, als Bestandteile jenes Erbmaterials, das sich über Tausende von Generationen entwickelt
hat, nicht anders als der Thorax oder der Hüftknochen oder
die Hirnschale. Wenn sie das Prägungsverhalten zwischen
Gänseküken und Gänsen studierten, den Paarungstanz von
Enten und Stichlingen oder die eindrucksvollen kollektiven
Sozialtechniken von Ameisen und Bienen, versuchten sie
deren instinktive Handlungen in einzelne Schritte aufzuglie-
dern, die sie dann »Verhaltensatome« nannten (»atoms of behavior«). Natürlich waren die meisten Ethologen Feldbiologen. Sie arbeiteten in der freien Natur, beobachteten Bienen,
Libellen, Graugänse und Stockenten, wie es Konrad Lorenz
in seiner Autobiografie *Er redete mit dem Vieh, den Vögeln und
den Fischen* beschrieb. Sie wanderten begeistert Flussufer
entlang, um ihre Studienobjekte in Aktion zu beobachten,
und einige von ihnen lernten in so vielen Enten- und Gänse-
zungen zu sprechen, dass Lorenz' Assistent in der Hitze
des Gefechts schon einmal durcheinander geraten konnte:
»*Rangangangang, rang*, ah, will sagen *Quähg, gegegeg – quähg,
gegeg*!«[30] Sie ignorierten die Genetik ebenso wie die Molekularbiologie. Sie vermuteten, dass Verhaltensabweichungen
von Generation zu Generation weitergegeben werden, und
dabei beließen sie es. »Verhaltensatome« waren nur eine
Metapher. Sie erforschten die Instinkte von außen.

Benzer glaubte nun als einer der ersten Molekularbiologen
der Welt etwas erreichen zu können, das noch niemandem vor
ihm gelungen war: sich diese Atome in der Realität anzuse-
hen. Doch nach zehnjähriger harter Arbeit mit der Kartierung des *rII*-Gens hatte er keine Lust, schon wieder Gene kartieren zu müssen. Er wollte gleich zum vergnüglichen Teil der
Sache kommen und das Verhalten eines Tieres studieren,
dessen Gene bereits kartiert waren.

Immer häufiger, wenn Benzer mitten in der Nacht aus
Sperrys Labor schlenderte, oft noch im Gehen in ein Buch
versunken, ertappte er sich dabei, daß er in Lewis' Fliegenla-

bor vorbeisah, um einen Blick auf dessen Korallenfische und Krakenbabys zu werfen. Jedes Mal fand er Lewis über das Mikroskop gebeugt, tief versunken in die Betrachtung von Fliegenmutanten. Und dann konnte er beobachten, wie Lewis immer neue Mutationen der Chromosomenkarte hinzufügte, mit der sein Lehrer Sturtevant in jener Nacht der Nächte 1911 begonnen hatte.

Benzer dachte, wenn er jemals herausfinden wollte, was durch Anlage oder Umwelt bestimmt wird, sei es das Naheliegendste, die Umwelt konstant zu halten und die Gene zu verändern. Er wusste, dass die Karten an Lewis' Laborwänden noch immer die weltweit ausführlichsten Genkarten eines Organismus waren. Wenn er mit ihnen arbeitete, könnte er sozusagen Altes mit Neuem verbinden, ähnlich wie er es bei seinen Abenteuern mit dem *rII* getan hatte. Obendrein könnte er Sturtevant und Lewis, die letzten beiden »Herren der Fliegen«, um Hilfe bitten.

Über diesen Plan konnte sein alter Mentor und Zenmeister Max Delbrück nur lachen, obwohl er selbst einmal den Spruch geprägt hatte: »Forsche nie nach etwas, das im Trend liegt.«[31]

Also ging Benzer eines Nachts auf einen Sprung in Lewis' Labor, borgte sich eine Milchflasche voller Fliegen und staubte ein paar Reagenzgläser bei ihm ab – in Sperrys Labor hatte er nirgendwo auch nur ein Teströhrchen finden können. Dann legte er eine Glühbirne auf seinen Arbeitstisch, hielt zwei Röhrchen Kopf an Kopf zusammen, löschte das Deckenlicht und beobachtete, wie eine Fliege dem Licht entgegenrannte.

KAPITEL VII

Erste Wahl

Das Gehirn ist so voller Lebenskraft und so aktiv,
dass es sich in jeden Raum und jede Zeit einschlei-
chen kann; es erklimmt alle Höhen, erforscht alle
Tiefen und linst in all die verschlossenen Schatz-
kästchen der Natur, in denen diese die auserlesen-
sten wie die abstrusesten Werke ihrer Kunst aufbe-
wahrt, um sie zu betrachten und zu bewundern.

Nathaniel Wanley
The Wonders of the Little World, 1788[1]

Ich dachte an ein Labyrinth aus Labyrinthen, an
ein gewunden wucherndes Labyrinth, das die Ver-
gangenheit umfaßte und die Zukunft, und das
auch die Sterne irgendwie mit einbezog.

Jorge Luis Borges
»Der Garten der Pfade, die sich verzweigten«[2]

Während eines Laborseminars im Jahr 1966 erzählte Benzer Roger Sperrys Studenten von seinen Versuchen, Fliegen in einem aus Teströhrchen gebildeten Tunnel, an dessen Ende ein schwacher Lichtschein schimmerte, einzusperren. Er schilderte, wie sich die meisten Fliegen bei fast jedem Testlauf zum Licht hin bewegten – instinktiv angezogen, wie Motten vom Kerzenlicht. Und er setzte ihnen auseinander, weshalb er glaubte, es könne ihm gelingen, mit einem solchen Röhrchentunnel Fliegen, die das Licht bevorzugen, von solchen zu trennen, die die Dunkelheit vorziehen, so wie Chemiker Wasser präferierende Moleküle von Öl präferierenden trennen.

Mit diesem Gegenstromapparat habe er zumindest einen Ansatzpunkt, erklärte er den Studenten, einen Prototypen, mit dem er mutierte Instinkte und mutiertes Verhalten auf ähnliche Weise finden könne wie Sturtevant und Ed Lewis mutierte Flügel und Mittelleiber. Darüber hinaus wolle auch er versuchen, Mutanten durch die Verfütterung eines Mutagens zu entdecken. Lewis hatte dafür ein Gift namens Ethylmethansulfonat (EMS) empfohlen, ein Mutagen, das durch ihn in den Fliegenlabors in aller Welt populär geworden war. Röntgenstrahlen tendieren dazu, riesige Brocken DNS auf einen Schlag zu vernichten – und zwar in einem Ausmaß, das zwischen tausend und einer Million Buchstaben liegen kann. EMS ist weit weniger zerstörerisch und viel sanfter (wie Lewis selbst), das heißt, es verändert im Allgemeinen nur je einen Buchstaben im genetischen Code. Mit dem Einsatz von EMS hatten sich die Chancen, interessante Mutanten und interessantes Verhalten zu entdecken, um ein Vielfaches erhöht.

Außerdem, führte Benzer weiter aus, könne er viel schneller vorgehen als die Morgan-Bande mit ihren Goldschmiedelupen und Mikroskopen. Mit einem Gegenstromapparat brauchte er nicht Fliege für Fliege zu untersuchen, sondern könne hundert Fliegen auf einmal testen. Die Experimente seien ebenso einfach und schnell durchzuführen wie bei seiner Phage-Forschung. In zwei Minuten könne er ebenso viel statistische Informationen erhalten wie ein Behaviorist nach monatelanger Arbeit mit Ratten, und schließlich würde er den geheimnisvollen Zusammenhängen zwischen Genen und Verhalten ein ganzes Stück näher kommen.

»Ich erklärte den Plan von vorne bis hinten«, erinnert sich Benzer.[3] »Danach befand sich das Labor ungefähr eine Woche lang in hellem Aufruhr, jeder stritt mit jedem. Sie waren praktisch halbe-halbe gespalten: Die einen fanden die Sache großartig, die anderen hielten sie für totalen Schwachsinn und glaubten, dass ich damit nie irgendeine wichtige Frage klären könnte. Sie haben sich tatsächlich gegenseitig angebrüllt.« Ihm kam das so vor, als wären Sperrys Studenten selber in einem Gegenstromexperiment gefangen. Albert Einstein sagte einmal, eine bereits existierende und in sich abgeschlos-

sene Wissenschaft sei die objektivste, unpersönlichste Sache
der Welt, doch eine erst im Entstehen begriffene und noch als
Ziel zu verstehende Wissenschaft sei ebenso subjektiv und von
der psychischen Struktur einzelner abhängig wie alle anderen
menschlichen Unterfangen. Benzer erinnert sich noch gut an
die Reaktionen, die Watson im Juni 1953 in Cold Spring Harbor erntete, als er zum ersten Mal über die Struktur der Gen-
substanz gesprochen hatte. Das Referat war im Programm
nicht einmal vorgesehen gewesen und nur schnell als Sonder-
vorlesung eingeschoben worden. Danach, erzählt Benzer,
seien die einen aufgeregt herumgehüpft, während die anderen nur die Achsel gezuckt hätten: »Keine große Sache.«
»Doppelhelix – na und?« (Der nächste Redner sollte übrigens
einen schweren Stand haben. Es war Max Delbrück mit der
Ankündigung, das Feld der Genetik in Verbindung zum Verhalten betreten zu wollen. Der Titel seines Vortrags lautete:
»Phototropismus bei Fungi.«)

Die Forscher in Sperrys Labor, die Benzers Idee ablehnten,
verabscheuten sie regelrecht. Sie erforschten Nerven und das
Gehirn. Warum um Gottes willen sollten sie sich um Gene
kümmern, wenn sie doch nur an Nerven und am Gehirn interessiert waren? »Diese Einstellung war ganz offensichtlich
falsch«, sagt Benzer, »denn es sind ja die Gene, die einen Nerv
insgesamt ausmachen. Mir war das klar.«[4]

»Na ja, natürlich kamen die Leute im Sperry-Labor aus
einer völlig anderen Tradition«, erklärt der *Drosophila*-Geneti-
ker Michael Ashburner, der damals in Church Hall forschte.
»Die Vorstellung, die Genetik als umfassendes Werkzeug und
nicht nur als Präpariernadel einzusetzen...!« Er lacht. In
einem Labor wie dem von Sperry habe Benzers Plan einfach
zu Streitigkeiten führen müssen. »Erstens waren das ja nur
Insekten, nicht wahr? Und zweitens hatten sie dort vermutlich
kaum eine Vorstellung davon, wie bedeutend die Genanalyse
sein kann, geschweige denn Interesse daran.«

Jedenfalls rümpften die Leute die Nase. Die meisten klassischen Biologen betrachteten Molekularbiologen mit ebenso
kühler Distanziertheit, wie umgekehrt die Molekularbiologen
auf sie herabsahen. In fast allen Universitäten herrschten

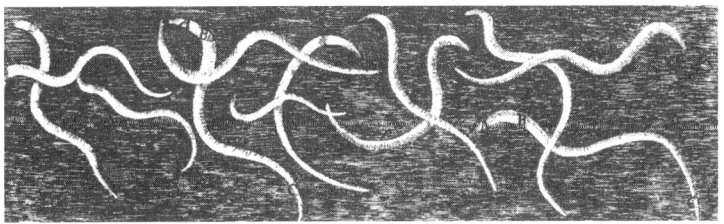

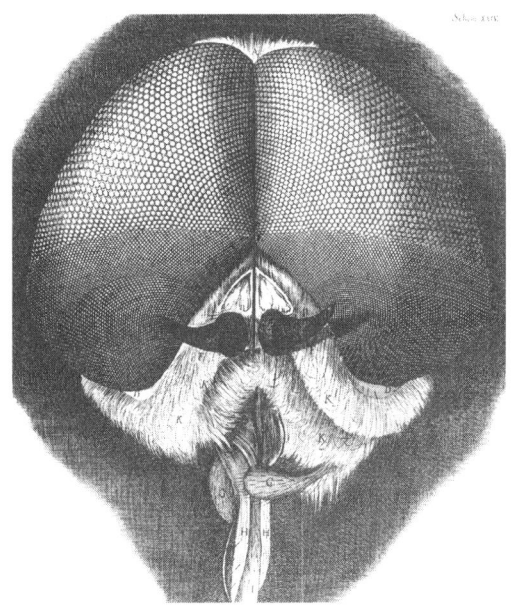

Die ersten Molekularbiologen, die sich dem Studium von Genen und Ver-halten zuwandten, erforschten erfolgreich Würmer und Fliegen, die beiden Lieblingsobjekte aller Forscher, die mit dem Mikroskop arbeiteten. Diese Zeichnungen von Fadenwürmern (Nematoden) und eines Fliegenkopfes stammen aus Robert Hookes 1665 veröffentlichter Micrographia.

nahezu rituelle Stammesfehden zwischen diesen beiden La-gern – und die laufen, wie E. O. Wilson vermutet, ganz in-stinktiv ab. Wie diese »Molekularkriege« in Harvard aussa-hen, beschreibt Wilson zum Beispiel so: »Bei Fakultätssitzun-gen saßen wir in angespannter Förmlichkeit zusammen, wie Beduinenfürsten, die um eine umstrittene Quelle kauern.«[5]

Doch sogar Molekularbiologen fanden Benzers neue Idee damals abartig.

Hinzu kam der Wanzen-Faktor. Viele Menschen ekeln sich derart vor Wanzen, dass man hinter dieser Reaktion ebenso einen Instinkt vermuten möchte wie hinter unserer Angst vor Schlangen. Darwin hatte sich gefragt, ob die Angst der Affen vor Schlangen auch deren »merkwürdige und doch nicht miß-zudeutende instinctive Furcht vor unschuldigen Eidechsen und Fröschen« erklären könne. »Auch ist beobachtet worden, daß ein Orang von dem ersten Anblick einer Schildkröte sehr beunruhigt wurde.«[6] Viele Menschen haben ebenso instinktiv Angst vor Spinnen. Vielleicht ist es ja nun so, dass bei einigen von uns diese Angst sogar dann durchschlägt, wenn es sich um so harmlose Tiere wie Taufliegen handelt. »Welche Insek-ten hast du dort am liebsten?« fragt die Gnitze Alice in *Alice im Spiegelland*. »Am liebsten keine«, antwortet Alice.[7] Aber es gibt natürlich Wissenschaftler, die sich an ihnen erfreuen. Darwins größte Leidenschaft als Feldbiologe waren Käfer. Mendel züchtete nicht nur Erbsen, sondern auch Bienen und ließ sogar die Decke der Kapelle mit Bienen und Bienen-stöcken ausmalen. Der Ethologe Karl von Frisch nannte seine Bienen »meinen Zauberquell«. Und wenn man E. O. Wilson fragt, was man tun sollte, wenn man Ameisen in seiner Küche entdeckt, antwortet er: »Aufpassen, wo du hintrittst!« Viele Biologen, die sich zu neuen Forschungsgebieten am Rande der Disziplin hingezogen fühlen, fühlen sich auch zu Organis-men hingezogen, um die jeder andere einen weiten Bogen macht. Wenn Monods Studenten am Pariser Institut Pasteur murrten, weil sie primitive Viren und Bakterien erforschen sollten, pflegte er ihnen zu sagen: »Denkt immer daran: Es gibt eine Menge Platz da unten am Grund.«[8]

Als sich Benzer wegen seiner Vorliebe für Fliegen das ver-ächtliche Geschnaube und Gekichere von Roger Sperrys Stu-denten anhören musste, dachte er an eine Geschichte, die er in seinen Tagen als Physiker gehört hatte: Der Leiter des ge-heimen Radarlabors von Purdue, Karl Lark-Horovitz, war einer der ersten Physiker gewesen, die erkannt hatten, dass man Radioaktivität nutzen kann, um einen Blick auf die inne-

»Go it Charlie!« Darwin reitet auf dem Rücken eines Käfers in das Reich der Biologie. Als Student in Cambridge war die Jagd nach Käfern das Einzige, was er wirklich ernst genommen hatte. Diese Karikaturen wurden von Albert Way, einem mit ihm befreundeten Käfersammler, gezeichnet.

ren Funktionsweisen von Lebewesen zu werfen. Vor dem Krieg hatte Lark-Horovitz in Wien einen Vortrag darüber gehalten. Im Anschluss daran war eine Frau zu ihm gekommen: »Dr. Horovitz, das ist einfach fantastisch! Schon einer Kakerlake einen Einlauf zu machen ist eine enorme Leistung. Aber radioaktives Phosphor zu nehmen, das ist wirklich höchste Kunst.«[9]

Als Benzers Mutter aus Brooklyn zu Besuch kam und hörte, was ihr einziger Sohn und der einzige College-Absolvent der Familie vorhatte, fragte sie: »Und davon kannst du leben?« Dann nahm sie ihre Schwiegertochter beiseite: »Sag mal, Dotty, wenn Seymour wirklich das Hirn einer Fliege untersuchen will: Glaubst du nicht, dass es an der Zeit wäre, *sein* Hirn untersuchen zu lassen?«

»Na ja«, lacht Francis Crick, »die meisten Laien erstaunt es, dass überhaupt jemand die *Drosophila* erforschen will. Also, wenn man mit Laien spricht, wird man immer wieder gefragt: ›Wie kann einen das nur interessieren?‹ Sehen Sie, genau dasselbe hörte man auch in den frühen Tagen der Ge-

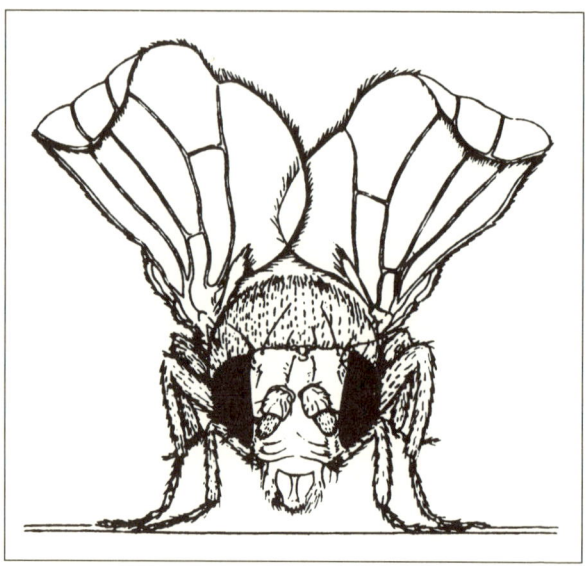

Das Porträt eines Fliegenmutanten mit gebogenen Flügeln, der im ersten Fliegenlabor der Columbia University um die Jahrhundertwende entdeckt wurde. »Wenn man es erst einmal besser kennt«, pflegt Benzer bei seinen Vorträgen zu erklären, »erkennt man, dass es mit Sicherheit ein sehr nachdenkliches und freundliches Tier ist. Hinter dieser Fassade verbirgt sich in Wirklichkeit ein sehr komplexes Gehirn.«

netik immer. Dabei waren Fliegen doch schon immer *höchst* interessant für die Genetik.«

Es gab noch einen Grund, weshalb Benzers Idee 1966 so überspannt klang: Er kehrte nicht nur zu den Fliegen zurück, er kehrte sogar zu Galton zurück oder zumindest zu einer Forschungsrichtung, die auf Galton zurückzuführen war. Doch in den Vereinigten Staaten war Galton in den sechziger Jahren persona non grata.

Galton hatte seine Vorstellungen über ererbte Verhaltensweisen nur deshalb dem ersten groß angelegten Forschungsprojekt auf dem heute Genetik genannten Gebiet zu Grunde gelegt, weil er »bessere Menschen« züchten wollte. Am Erbgut war er nur interessiert, weil er glaubte, dass es Stück für Stück übertragen werde und sich menschliche Rassen daher Stück für Stück neu zusammensetzen ließen. Er war überzeugt, dass der Aufbau des menschlichen Körpers und des menschlichen Geistes nicht anders vonstatten gehe als der Bau vieler Häuser in Italien, die häufig aus den Bestandteilen älterer, geplünderter oder abgerissener Häuser zusammengesetzt wurden.[10] Immer wieder hatte er an ihren Fassaden eine Säule oder einen Türsturz entdeckt, die wiederverwertet worden waren und manchmal sogar noch die Überreste einer alten Inschrift vom Vorgängerhaus oder von dessen Vorgängerhaus trugen. Auch beim menschlichen Erbmaterial, schrieb er, stamme alles aus der Vergangenheit, Türsturz stamme von Türsturz, Säule von Säule, Wandstück von Wandstück.

Diese Metapher trieb Galton dann so weit (»viel weiter trägt sie nun nicht mehr«, schrieb er), bis er sich das seltsame Spiel familiärer Ähnlichkeiten bei Aussehen und Verhalten erklären zu können glaubte. »Angenommen, wir bauten ein Haus aus gebrauchten Teilen und holten uns diese mit einem Karren vom Hof eines Händlers«, schrieb er,[11]

dann würden wir feststellen, dass viele
Stücke ein und desselben alten Hauses
beieinander liegen. Auch wenn
die Stücke von unterschiedlichen Bauten im Ge-
brauchtwarenlager ständig bewegt und hin- und
hergeschoben werden, bleiben Teile aus ein und
derselben Quelle häufig nebeneinander liegen
oder aneinander hängen. Sie liegen Seite an
Seite und warten darauf, zusammen weggekart
und zusammen wieder neu aufgebaut zu
werden. Auch beim Übertragungsprozess von
Erbmaterial tendieren vom selben
Vorfahren stammende Elemente dazu, in großen
Gruppen aufzutreten, geradewegs, als hätten sie
im voreembryonalen Stadium aneinander gehaftet,
was vermutlich tatsächlich der Fall war.

Das ist eine von Galtons vielen durchaus visionären Passagen. Er skizzierte hier dasselbe Prinzip, das es Sturtevant später ermöglichen sollte, die erste Karte der auf einem Chromosom vorhandenen Gene zu zeichnen: A, B, C, D, E. Dieses Prinzip ermöglichte es auch Benzer, die erste detaillierte Karte vom Inneren eines Gens anzufertigen und eines von Galtons »Bruchstücken« zu sezieren. In späteren Jahren sollte Benzer noch einmal auf dasselbe Prinzip zurückgreifen.

Für Galton war diese Art Naturwissenschaft noch ein utopischer Traum gewesen. Zuerst nannte er sie »Viriculture«, was so viel bedeutete wie die Kultivierung des Menschen. Dann stieß er auf das griechische Wort eugenēs: »von guter Zucht« oder »mit einem Erbgut von vortrefflicher Qualität ausgestattet«, wie er es deutete.[12] Die entscheidende Prämisse seiner Eugenik war nun, dass es eine Verbindung zwischen Genen und Verhalten geben müsse. »Wir müssen unsere Vorstellungen von vielen Vorurteilen befreien, bevor wir uns ein gerechtes Urteil über die Richtung erlauben können, in die verschiedene Rassen verbessert werden müssen«, schrieb er in der Einführung zu seinen *Inquiries into Human Faculty* 1883.[13] Das hinderte ihn jedoch nicht daran, es durchaus »gerechtfertigt« zu finden, »rundweg zu behaupten, dass die natürlichen Merkmale einer jeden menschlichen Rasse massive Verbesserungen in vielen, leicht zu spezifizierenden Richtungen zulassen«. So wisse zum Beispiel jedermann, dass Frauen »launische und kokette«[14] und leichtsinnige Wesen seien, Juden »betrügerische Geizkragen«[15] und immer so fort.

Galton, der Darwin um Jahrzehnte überlebte, war fasziniert von den Berichten der Morgan-Bande, welche die Gene endlich zum Leben erweckt hatte. Ihre und weitere Erkenntnisse, die in den ersten Jahrzehnten des zwanzigsten Jahrhunderts aus den Fliegenlabors nur so herausströmten, sollten der von Galton gegründeten Londoner Eugenics Society gewaltigen Zulauf verschaffen. Morgans Fliegen verhalfen Galton zu zahllosen einflussreichen, grauhaarigen Fürsprechern seiner Sache. Morgan selbst wollte mit Eugenik allerdings nichts zu tun haben. (»Hier scheint wenig Wohlwollen angemessen.«[16]) Nur Muller, das visionärste Mitglied der Morgan-

Bande, war vom ersten Tag seiner Mitarbeit im Fliegenlabor einer ihrer vehementesten Verfechter.[17] Später, nachdem er erkannt hatte, dass man mittels Röntgenstrahlen Fliegenmutanten züchten kann, prophezeite er, dass die Möglichkeit, Fliegen zu verändern, schließlich zur Veränderung der menschlichen Spezies führen werde.[18]

Angesichts all der Vorurteile, die zu Zeiten von Galton und insbesondere in dessen gesellschaftlichen Kreisen herrschten – etwa die Überzeugung, dass es über- und unterlegene menschliche Rassen gäbe, die so gegensätzlich seien wie Fuchs und Jagdhund oder Unkraut und Rosen –, lässt sich erklären, weshalb die Eugenik Galton als ein so wunderbarer Traum erschien. So ungemein stolz war er, als ein Botaniker eine Blumengattung nach ihm benannte (»eine ganze Blumengattung von einzigartiger Schönheit«[19]), dass er sogar ein Bild dieser *Galtonia candicans* auf der letzten Seite seiner *Memoires of My Life* abbilden ließ und es mit ein paar begeisterten Zeilen über die Eugenik ergänzte: Bald schon werde die Menschheit ebenso schöngezüchtet worden sein. Einmal beklagte sich jemand bei Galton (möglicherweise mit einer Ironie, die Galton entging), dass es in seiner perfekten Welt keinen Raum mehr für Mitleid gäbe. Ganz recht, erwiderte Galton: »Aber es wäre doch wahrlich unvernünftig, schwächliche Arten zu erhalten, nur um sich dann um sie kümmern zu müssen, so wie die Gattung des Fuchses einzig zum Zwecke des Sports erhalten wird.«[20]

In den Vereinigten Staaten löste Galtons Buch die reinste Eugenik-Manie aus. Sogar der Vorname »Eugene« wurde plötzlich ungeheuer populär. Sinclair Lewis karikierte die amerikanische Bewegung in seinem *Arrowsmith* mit der Schilderung einer jener typischen kirchlichen oder wohltätigen »Propagandawochen«, die im Mittleren Westen so beliebt waren. Die Attraktion auf dem beschriebenen »Gesundheitsjahrmarkt« war eine »eugenische Familie«: »Sie bestand aus Vater, Mutter und fünf Kindern, und alle waren so schön und kraftstrotzend, daß sie kürzlich bei der *Chautauqua-Tournee* Glanznummern zum besten gegeben hatten. Keiner von ihnen rauchte, trank Alkohol, spuckte auf die Straße, fluchte oder aß Fleisch.« Während der junge Martin Arrowsmith an einem anderen Stand »amüsante Experimente in Reagenzgläsern« vorführte, erkannte ein Polizist in der »eugenischen Familie« die Holton-Gang. (»Der Mann und die Frau sind nicht verheiratet, und nur eins von den Rangen gehört ihnen. Sie haben schon hinter Schloß und Riegel gesessen, weil sie den Indianern Schnaps verkauft haben.«[21])

Solche Eugenik-Messen und die Massensterilisationsprogramme in den Vereinigten Staaten inspirierten auch die Nationalsozialisten in Deutschland.[22] Im Juli 1933, sechs Monate nach ihrer Machtübernahme, verabschiedeten sie das »Gesetz zur Verhütung erbkranken Nachwuchses (GzVeN)«, das »die Anwendung von Zwang bei der Durchführung erbpflegerisch angezeigter Unfruchtbarmachung« gestattete. Für angezeigt hielten sie dies etwa bei körperlicher Behinderung, Epilepsie, manischer Depression, Huntington-Chorea, erblich bedingter Blindheit oder Taubheit und sogar bei Alkoholismus.

Julian Huxley, ein Bruder von Aldous und Enkel von Thomas Henry Huxley, Darwins »Bulldog«*, hielt 1936 die Tischrede bei einem Festessen der Galton-Gesellschaft im Waldorf-Hotel.[23] Darin nannte er die Eugenik »eine peinlich einzuhaltende Pflicht«[24], was zu dieser Zeit schon fast zur Plattitüde geworden war, und illustrierte sein Anliegen anhand des Fliegenmutanten *abnormal abdomen*. Im Anschluss an diese Rede erhob sich Colonel Sir Charles Close, der Präsident der International Union for the Scientific Investigation of Population Problems, und applaudierte Huxley für seine wertvollen Hinweise: »Wir können sie noch gar nicht alle verdauen; wollten wir es versuchen, könnten wir uns selber in der Lage jener unglückseligen, von ihm beschriebenen Fliege wiederfinden, welche unter einem angeschwollenen Abdomen litt.« Dann erzählte Sir Charles den Gästen von einem bevölkerungspolitischen Kongress, an dem er kürzlich in Berlin teilgenommen hatte: »Das heutige Deutschland muss als ein riesiges Labor betrachtet werden, in dem ein gigantisches eugenisches Experiment stattfindet ... Es wäre falsch und auch unwissenschaft-

---

* Anm. d. Ü.: »Bulldog« war ursprünglich die Bezeichnung für den Begleiter des Proctors an englischen Universitäten.

lich, alles schlecht zu machen, was derzeit in diesem Land vor
sich geht. In Wirklichkeit wird in Deutschland vieles unter-
nommen, das unseren Beifall verdient. Dort sind die Behör-
den wenigstens in der Lage, dem Rat ihrer wissenschaftlichen
Berater zu folgen.«[25]
Die verhaltensgenetische Forschung markiert das zwanzigste Jahrhundert in seinen Höhen wie in seinen Tiefen – sie
kletterte wie die Engel auf der Jakobsleiter in beide Richtungen, hinauf und hinunter. Die Gaskammern des Holocaust
waren auf Galtons Fundamenten errichtet. Und Auschwitz
konnte nur deshalb bis zum bitteren Ende funktionsfähig
bleiben, weil die Alliierten nicht eingriffen; viele Feinde
Deutschlands teilten dessen Vorurteile. Der Holocaust – das
war Galtons Blume.

»In einem Sinne, der sich nicht beschönigen und weder
durch Verniedlichung oder Übertreibung noch durch launige
Bemerkungen auslöschen lässt, haben Physiker erfahren, was
Sünde ist«, sagte Robert Oppenheimer nach dem Zweiten
Weltkrieg im Namen jener Männer und Frauen, deren Chef
er in Los Alamos beim »Manhattan Project« gewesen war.
»Und diese Erkenntnis wird ihnen ewig bleiben.«[26] Viele Physiker wechselten in den Nachkriegsjahren vom Atom zum
Gen, als ob sie sich von der Sünde freisprechen und der Tu-
gend zuwenden wollten, als drängte es sie vom Dunkel ans
Licht. »Dieser Wandel ist von höchster psychologischer Bedeutung«, schreibt Richard Rhodes in seiner historischen Abhandlung *The Making of the Atomic Bomb*.[27] Die Biologen hatten ihre Unschuld allerdings schon lange vor dem Krieg verloren. Das Studium von Genen und Verhalten war ein Kind der
Sünde und blieb auf ewig anfällig für den Sündenfall. Nach
dem Krieg gaben zum Beispiel die Herausgeber der *Eugenics
Review* Beiträge in Auftrag, die sich mit Hitlers Pervertierung
der Galtonschen Prinzipien befassen sollten. (»Ein sechzehn-
jähriges Mädchen wurde sterilisiert, weil sie die Frage ›Was
kommt nach dem Dritten Reich?‹ mit den Worten beantwortet hatte: ›Das Vierte‹.«[28]) Die Herausgeber waren entsetzt.
Doch die *Eugenics Review* erschien weiterhin mit Galtons
Blume als Symbol auf dem Titel.

Benzer war sich bewusst, dass zwischen Anlage und Umwelt ein Pendel hin- und herschwang, das mal von der Wissenschaft, mal von der Politik angestoßen wurde. Als Galton erstmals seine Vorstellung von Eugenik publik gemacht hatte, verstand im Grunde noch niemand, was er damit meinte. Allein schon der Begriff *Erbmaterial* war seinem Publikum neu und fremd. Als er 1889 dann jedoch sein Buch *Natural Inheritance* herausbrachte, gehörte seine Behauptung, Talente wie »künstlerische Begabung« seien erblich bedingt, längst zum Allgemeingut. »Man muss schon sehr verschroben oder sehr ignorant sein, wenn man heute noch die Erblichkeit dieser oder irgendeiner anderen Begabung in Frage stellt.«[29]

Im selben Jahrzehnt begann der Anthropologe Franz Boas – der Deutschland und die Physik nicht zuletzt deshalb verlassen hatte und in die Vereinigten Staaten emigriert war, weil er ein Zeichen gegen die Politik von Galton und seinen Anhängern setzen wollte – mit anderen Argumenten dagegenzuhalten. Er war überzeugt, dass Völker eher von Kultur als Biologie bestimmt werden, eine Sichtweise, die von Boas' Schülerinnen Margaret Mead und Ruth Benedict dann weiter propagiert wurde. Auch Freud und seine Anhänger trugen mit der Behauptung, dass die Probleme eines Menschen sehr viel mehr von seinen Erfahrungen als von seiner biologischen Struktur abhingen, zu dieser Ansicht bei. Und dieser Meinung waren auch die Behavioristen. Der Abscheu vor den eugenischen Experimenten der Nationalsozialisten sollte diese intellektuelle Strömung schließlich vollends zur neuen Orthodoxie machen. Als sich die ersten Molekularbiologen in den sechziger Jahren der Frage Anlage versus Umwelt annahmen, war das Pendel wieder dort angelangt, wo es vor Galton gestanden hatte. 1966, als Benzer erstmals davon sprach, sich der Erforschung von Genen und Verhalten widmen zu wollen, waren selbst die Nachdenklichsten der Meinung, dass absolut alles am Menschen von der Umwelt geprägt werden kann. Weder betrachtete man die Geschlechterunterschiede zwischen Männern und Frauen als angeboren – wer anderer Meinung war, fand es jedenfalls nicht politisch korrekt, darüber zu sprechen –, noch hielt man angeborene Triebe und

Instinktmechanismen für möglich – und wer es doch tat, vermied es im von liberalen Psychologen und Biologen beherrschten Klima im Amerika der sechziger Jahre tunlichst, darüber zu forschen. Das Menschenbild der Behavioristen – der Mensch als unbeschriebenes Blatt – war unter Liberalen ausgesprochen populär. Die Wissenschaftsgemeinde wurde gedrängt, die Hydra-Häupter der Eugenik-Bewegung abzuschlagen, wo immer sie sich erhoben. Die Doktrin, dass der Mensch keine Instinkte habe, hatte zwar mit Wissenschaft nicht das Geringste zu tun, schien jedoch politisch klug. Im Schatten des Holocaust schrieb der Anthropologe Ashley Montagu in einer einflussreichen Mahnschrift gegen den Rassismus, dass der Mensch nichts sei als »eine von seiner spezifischen Kultur modellierte, wandelbare Form«.[30] Die meisten amerikanischen Psychologen hingen der Theorie des Lernens an, erinnert sich Mark Konishi, einst ein Kollege von Benzer am Caltech, der sich mittlerweile mit dem Zusammenhang von Genen und Verhalten bei Eulen befasst: »Alles ist erlernt, nichts ist instinktiv. Von Zeit zu Zeit diskutieren Seymour und ich darüber, und immer bringt es uns zum Lachen.«

In den letzten Jahrzehnten des zwanzigsten Jahrhunderts sollte das Pendel erneut ausschwingen, aber diesmal kam der entscheidende Anstoß von der Molekularbiologie. Max Delbrück wurde sich als erster Molekularbiologe bewusst, dass die von ihnen betriebene Forschung ernsthafte politische Auswirkungen haben konnte. Delbrück hatte das Atom gegen das Gen eingetauscht, aber nie geglaubt, dass er damit automatisch dem Sündenfall entkommen sei. »Andere Menschen gehen in die Welt hinaus, um Macht zu erlangen«, sagte er manchmal, »der Wissenschaftler aber erwirbt Macht, indem er sich der Welt entzieht.«[31] Delbrück, der als Physiker in genau jenem Labor in die Lehre gegangen war, in dem die Möglichkeit der Kernspaltung entdeckt wurde, hatte schon früh erkannt, dass ein Wissenschaftler die Welt mehr verändern kann als ein Hitler oder Cäsar. »Und dabei kannst du die ganze Zeit still in deiner Ecke sitzen bleiben.«

Benzers Sicht war begrenzter – oder bescheidener. Die hauseigene Historikerin des Caltech fragte ihn einmal, ob die

Phage-Gruppe in den späten vierziger Jahren gewusst hätte, dass sie ein neues Zeitalter einläuten würde. Benzer antwortete: »Ach, ich weiß nicht. Wir genossen, was wir taten, aber ich erinnere mich nicht, je das Gefühl gehabt zu haben, dass wir Geschichte machten. Delbrück hatte ein Gespür für Geschichte, sein Vater war ja auch ein berühmter Historiker. Aber mein Vater hatte mit Geschichte nichts am Hut, ich auch nicht. Das war nicht Teil meines Denkens. Es war einfach nur aufregend, diese Experimente zu machen.«[32]

Doch als Benzer 1966 am Caltech seinen Gegenstromapparat zu bauen begann, hatte er bereits genug wissenschaftliche Überraschungen erlebt, um zu wissen, dass die Arbeit, die er und seine Freunde nun begannen, etwas verändern konnte. Niemand vermochte im Voraus zu sagen, wohin sie führen würde, aber Benzer ahnte, dass sie weit führen konnte. Wie jeder Mensch war auch er vor allem am menschlichen Verhalten interessiert. Indem er den Zusammenhang von Genen und Verhalten anhand von Fliegen untersuchte, schob er das, was er eigentlich tun wollte, nur auf – vorläufig. Es war ihm klar, dass er nur tief genug bohren musste, um beweisen zu können, dass nahezu jedes Lebewesen, das über Neuronen verfügt, zu grundlegend neuen Erkenntnissen führen kann und dass diese dann wiederum jedes Lebewesen auf diesem Planeten, eingeschlossen Benzer selbst, beleuchten können.

Die Idee, seine Suche bei Fliegen zu beginnen, war von einer Einfachheit und zugleich Schrulligkeit, die typisch für Benzer sind. (Der Physiker Feynman beschrieb seinen eigenen Forschungsstil einmal als »aggressive Benommenheit«.) Das Projekt passte zu Benzers bodenständiger Art und seiner unbegrenzten Neugier, die ihn beispielsweise auch zu einem extrem anstrengenden Reisebegleiter macht, da er grundsätzlich alles sehen und untersuchen möchte, ganz besonders dann, wenn eine verschlossene Tür den Weg versperrt. (»Eine verschlossene Tür ist immer eine Herausforderung.«) Was Sinclair Lewis über Martin Arrowsmith schrieb, trifft auch auf Benzer zu: Er besaß »keinerlei dekoratives Heldentum ... Er bot weder malerische Eleganz noch eine höhere Sendung ... Aber er besaß eine Himmelsgabe: eine Neugierde, die ihm nichts alltäglich erscheinen ließ.«[33]

Um zu den einst gepriesenen und mittlerweile verlachten
Fliegen zurückzukehren, bedurfte es eines Menschen mit
Benzers alles verschlingender Neugierde, mit seinem Wissen
über das Gen, seiner Aufmerksamkeit und Umsicht im Labor,
seiner entspannten Zuversicht, was diese Arbeit am Rande
der Disziplin anbelangte, und mit seinem unersättlichen Appetit auf Bizarres. Er selbst nahm seinen Ruhm zwar immer
auf die leichte Schulter, doch für dieses Projekt war er vermutlich unerlässlich, denn irgendein obskurer Biologe hätte mit
Sicherheit keine derart erstklassigen Studenten anlocken und
dauerhaft für ein solches Projekt begeistern können. »Wenn
er's nicht getan hätte«, sagt Crick manchmal, »hätte es keiner
getan.«

Mit dem stillschweigenden Segen von Sturtevant und der
täglichen – oder eher nächtlichen – Hilfe von Ed Lewis (»ich
gab ihm den besten Techniker, den ich hatte«) baute Benzer
in Church Hall also ein neues Fliegenlabor auf. Und da er
diese Forschung zwar höchst interessant fand, aber nicht wissen konnte, welchen Nutzen die Welt einst daraus ziehen
würde, folgte er – innerhalb bestimmter Grenzen – einfach
seiner Neugier. »Vielleicht ist ja alles nur Spinnerei«, pflegte
Benzer seinen ersten Studenten in den sechziger Jahren in
Church Hall zu sagen. Und dann beendete er ihre »Männer-
runde« jedes Mal mit denselben Worten, mit denen er auch
seine mitternächtlichen Selbstgespräche beendete: »Einfach
experimentieren.«

KAPITEL VIII

Erste Zeit

As if the idea of time had been disturbed.

Charles Darwin
aus dem »M Notebook«[1]

Eine *Drosophila* ist nicht viel größer als ein Fußnotensternchen. Sie ist so winzig, dass nach ihrer Flucht aus der Fliegenflasche (und Fliegen fliehen ständig und kreisen dann ohne Unterlass im Orbit eines Fliegenlabors) nicht einmal ein Summen zu hören ist – es sei denn, sie fliegt direkt ins Ohr des Drosophilogen. Ohne die Verstärkung eines Mikrofons scheint sie keinerlei Geräusche zu machen, und ohne mikroskopische Vergrößerung sieht sie aus wie ein Nichts. Doch Benzer hatte schon in den ersten Nächten, die er zwischen seinen Halblitermilchflaschen verbrachte, das Gefühl, dass sich diese Taufliegen als Zauberquell erweisen würden.

Wenn er ein Dutzend von ihnen in ein Uhrglas sammelte, dieses mit einer Glasscheibe bedeckte und sie dann unter zwanzig- bis dreißigfacher Vergrößerung betrachtete, konnte er beobachten, wie sie sich pflegten und putzten und den Kopf zwischen den Vorderbeinen von einer Seite zur anderen drehten, jeder Kopf »ganz Augen«. Dann saßen sie herum, als blickten sie mit einem nachdenklichen »Aha!« auf den übergestülpten Dom, und rieben die Vorderbeine aneinander. Begegneten sich zwei oder drei, sah Benzer, wie sie sich über ihre zuckenden Vorderbeine austauschten. Anschließend wanderten sie bis an den Rand des Uhrglases und begannen sich dort erneut zu putzen, ähnlich wie Schafe an Zäunen entlang zu grasen pflegen oder wie sich eine Maus jedes Mal, wenn sie ans Ende eines Labyrinths stößt, am Kopf kratzt. Manchmal tastete eine Fliege mit ihren Beinen unter der Wand des Uhrglases hindurch ins Freie und verharrte so, zu neun Zehntel eine Gefangene und zu einem Zehntel in Freiheit. Dann sortierte sie in einer blitzschnellen und für das menschliche Auge kaum wahrnehmbaren Bewegung ihre Körperteile und war verschwunden, weggeflogen zu einem anderen Quadratzentimeter innerhalb des Doms, um auch dort den Raum und die anderen Fliegen zu erforschen.

Allmählich sammelten sich immer mehr Fliegen am Rand des Uhrglases. Durch das Mikroskop betrachtet, sah ihr Hautskelett braun und glänzend wie eine Rüstung aus. Das Licht fing sich in den feinen roten Facetten ihrer Augenkuppeln. Hier und da sah Benzer einen Rüssel, der wie der eines kleinen Elefanten mit seinen Borsten an der Innenwand des Glases herumtastete, hin- und herschwenkte und sich dann wieder zurückzog. Und immer wieder hoben und senkten sich ihre glänzenden Flügel im Gleichklang mit den Bewegungen der Hinterbeine. Unter zwanzig- bis dreißigfacher Vergrößerung war jede einzelne Borste auf den Fliegenköpfen zu erkennen, so deutlich, dass man sie zählen konnte – Benzer wusste natürlich, dass sich bereits Tausende von Genetikern derart ausgiebig mit der *Drosophila* beschäftigt hatten, dass tatsächlich jede einzelne Borste auf einem Fliegenkopf gezählt und mit einem eigenen Namen bedacht worden war.

In Anbetracht all dieser Aktionen auf diesem Miniaturschauplatz durfte er hoffen, genau die Dinge zu erfahren, die er erfahren wollte. Die Fliegen waren flink und geschickt wie Vögel und auch kaum weniger ausdrucksstark. Wenn sie ihre Vorderbeine aneinander rieben, wirkte das auf den menschlichen Betrachter, als dächten sie intensiv nach oder als beteten sie; und wenn sie mit den Hinterbeinchen ihre Flügel rieben, wirkte das ausgesprochen agil und gelenkig. Ihr gewandtes und geschicktes Verhalten entsprach der Behändigkeit und Geschicklichkeit ihres Körpers, beides war durch natürliche Auslese ausgeprägt worden und auf komplizierte, unsichtbare Weise miteinander verknüpft.

Es kann einem schon schwindlig werden, wenn man ständig zwischen dem Fliegenuniversum und unserem eigenen hin- und herwechselt, so ungeheuer anders und zugleich beunruhigend ähnlich sind diese Tiere. Manchmal rutschte eine Fliege von der Kuppel des Glasdoms ab und fiel trudelnd zu Boden, wo sie dann wild strampelnd liegen blieb – ein schrecklicher Anblick: Panik in dreißigfacher Vergrößerung ist sogar über die trennende Kluft eines Mikroskops hinweg leicht ansteckend.

Mit einer Fliege ließ sich genauso leicht herumspielen wie mit dem Phage. »Man kann die Arbeit so gut wie überall erledigen«, pflegte Morgan zu sagen, »solange man einen Tisch und eine Glühbirne hat.«[2] Benzers Arbeit wurde noch zusätzlich durch die Tatsache erleichtert, dass Ed Lewis bereits eine blitzsaubere Fliegenküche in einem anderen Stockwerk desselben Gebäudes führte. Nacht für Nacht mischte ein Team von Assistenten einen frischen Schub Hefe und Melasse aus 25-Liter-Fässern, schmierte genau abgemessene Mengen dieses Fliegenfutters auf die Böden von frisch sterilisierten Milchflaschen und Teströhrchen und schob dann Morgen für Morgen die Ständer mit den warmen Gläsern ratternd in die Labors von Lewis und Benzer, damit alles für die Experimente des nächsten Tages vorbereitet war. Lewis' damalige Technikerin Evelyn Eichenberger erklärte Benzer, wie man Fliegen mit Äther betäubt, um sie unter dem Mikroskop untersuchen zu können, ohne dass allzu viele dabei entkommen. Sie bereitete auch die in allen Fliegenlabors üblichen »Leichenschauhäuser« vor: Man füllt etwas Öl in Bier- oder Weinflaschen und setzt einen Trichter darauf. Jede Fliege, die ihrer Flasche entfliehen konnte, findet irgendwann ihren Weg durch den Trichter und ertrinkt im Öl. Und jedes dieser Leichenschauhäuser füllt sich nach und nach mit einem Sediment aus Fliegenmutanten.

Im Halbdunkel sitzend, schickte Benzer mutagenisierte Fliegen zu Hunderten zappelnd durch seinen ersten Gegenstromapparat. Bereits nach den ersten Durchgängen bemerkte er hier und da einzelne Exemplare, die sich auf die eine oder andere Weise von den anderen unterschieden. Ei-

nige Fliegen machten sich beispielsweise nicht sofort auf den
Weg zum Licht, sondern trotteten derart langsam vor sich hin,
dass sie dabei ausgesprochen depressiv wirkten. Und während
es die meisten bis zum Ende des Tunnels ins sechste Röhrchen schafften, schleppten sich diese Fliegen apathisch bestenfalls vom ersten ins zweite. Benzer sammelte sie ein, indem er
eine nach der anderen mit einem Plastikstrohhalm (am
Mundteil durch ein feinmaschiges Gitter geschützt) ansaugte
und in eine separate Flasche sperrte. Nachdem er und sein
Techniker diese Fliegen dann gezüchtet hatten, stellten sie
fest, dass viele ihrer Kinder und Kindeskinder dasselbe Verhalten an den Tag legten.

Manchmal entdeckte Benzer in seinem Gegenstromapparat eine Fliege, die offensichtlich eine Art epileptischen Anfall
bekam, nachdem er den Apparat auf den Tisch geklopft hatte.
Auch diese Fliegen wurden gezüchtet, und auch ihre Nachkommen verhielten sich entsprechend.

Dann fand er ein paar Fliegen, die grundsätzlich schnur-
stracks durch den Gegenstromapparat marschierten, ganz unabhängig davon, ob das Licht vor oder hinter ihnen schien.
Wieder verhielten sich deren Nachkommen genauso. Benzer
fragte sich, ob diese Fliegen das Licht überhaupt sehen konnten. Er bat einen seiner ersten Postdocs – Yoshiki Hotta, der
gerade seinen medizinischen Abschluss an der Universität von
Tokio gemacht hatte –, ihre Augen zu untersuchen.

Nach ziemlich mühseliger Arbeit mit einer mikroskopischen Elektrode gelang es Hotta, Signale der winzigen Nerven
aufzuzeichnen, die zwischen Auge und Gehirn des Fliegenmutanten verlaufen. Es war, wie Benzer vermutet hatte: Die
Elektroretinogramme waren anomal. Einer der ersten Fliegenmutanten, den Hotta auf diese Weise testete, war *tan*, ein
Mutant mit gelbbraunem Körper und gelbbraunen Fühlern,
der erstmals in einer von Morgans Milchflaschen entdeckt
worden war. Die *tan*-Fliege war halb blind.

Benzer konstruierte außerdem einen Flug-Tester[3] aus
einem 500 Milliliter fassenden gläsernen Messzylinder, dessen
Innenwände mit Paraffinöl bestrichen wurden. Hotta und er
ließen die Fliegen von oben hineinfallen. Jedes Tier würde

vermutlich versuchen, den Fall in den Zylinder zu stoppen, indem es horizontal wegflog. Diejenigen, die das mit aller Kraft taten, blieben am Öl im obersten Teil des Zylinders kleben; diejenigen, die weniger kraftvoll davonflogen, blieben weiter unten kleben; und alle, die gar keinen Flugversuch unternahmen, plumpsten auf den Boden des Zylinders. Diese Idee war typisch Benzer: einfach und zweckdienlich. Mit den Fliegen, die sie dann vom Boden des Flugtesters aufklaubten, hatten sie Mutanten gefunden, die nicht fliegen konnten, so wie sie im Gegenstromapparat Mutanten gefunden hatten, die nicht sehen konnten. Gemeinsam sezierten sie die flugunfähigen Mutanten unter dem Mikroskop und entdeckten prompt angeborene Defekte im Flügelmuskel.

Für Benzer waren solche Dinge wie Blindheit und verstümmelte Flügel ein klarer Beweis für sein Konzept. Aber für die Skeptiker oben in Sperrys Labor bewiesen sie gar nichts. Was glaubte Benzer denn zu bekommen, wenn er eine Fliege manipulierte? Eine kranke Fliege! Und was konnte er von einer kranken Fliege lernen? Dieselben Reaktionen hatte einst Sigmund Freud erfahren: »Und dies von allen Psychologen übersehene ›gemeinsame Fundament‹ des Seelenlebens wollen Sie durch Beobachtungen *an Kranken* entdeckt haben?«[4]

Sogar Hotta fragte sich manchmal besorgt, ob die Art ihrer Forschung nicht vollkommen abwegig war. »Als ich beschloss, mich Seymours Labor anzuschließen, sagte niemand: ›Oh, was für eine gute Idee‹«, erzählt er. Seine Ratgeber an der Universität von Tokio hatten von Benzers Abenteuern mit dem *rII* gehört, aber nicht viele von ihnen konnten sich für ein Projekt erwärmen, bei dem es um die Verbindung von Genen und Verhalten bei Fliegen ging. Doch Hotta packte seine Koffer für Amerika und sagte seinen Professoren, seinen Freunden, seiner Familie und sich selbst, dass er bereit sei zu pokern: »›Das ist schon in Ordnung, vielleicht werde ich etwas entdecken, vielleicht auch nicht.‹ Das war mir egal. Natürlich«, fügt Hotta hinzu, »war es mir letztlich doch nicht ganz egal.«

Auch Delbrück hegte in seinem Kellerlabor von Church Hall Zweifel an seiner Forschung. Mittlerweile hatte er seit

fünfzehn Jahren immer wieder mit seinem *Phykomyzet*, dem
Algenpilz, versucht, etwas Grundlegendes an der Art und
Weise zu entdecken, wie dieser seine Stiele dem Licht entge-
genreckt. Außerdem hatte er dabei zu erfahren gehofft, wie
man von den Molekülen zu den Sinnen gelangen kann. Gemeinsam mit seinen Studenten mutagenisierte er Sporen und
ließ sie heranwachsen, während sie von unten beleuchtet wurden. Normale Pilze wuchsen nach unten über den Rand der
Agarplatte zum Licht hin. Doch ab und zu wuchs ein Mutant
geradewegs in die Höhe. Die Studenten im Keller von Church
Hall nannten solche sich dem Licht entziehenden Mutanten
mad – zu Ehren von Max.[5]

Als Labororganismus war der *Phykomyzet* leider ebenso
schlecht geeignet, wie sich umgekehrt der Phage und die Fliegen vorzüglich eigneten. Der Pilz war schwerer zu züchten
und zu kreuzen, und sein Verhaltensrepertoire war natürlich
ausgesprochen begrenzt. Delbrück versuchte ständig, andere
Pilzforscher für seine Arbeit zu interessieren, so wie er einst
andere Phage-Forscher für seine Studien hatte begeistern können. Manchmal beneidete er Ethologen wie Konrad Lorenz,
die sich an Teichen und Flussufern in der freien Natur tum-
meln konnten. Einmal schrieb er seinem Freund George
Beadle, der gerade die Genetik eines anderen Pilzes erforschte, er probiere »alles Mögliche aus, von völlig abwegigen
Sachen bis hin zur nüchternen Photochemie … Vielleicht
sollte ich besser eine Ente abrichten, mir überallhin zu folgen,
das klingt nach einer sehr anregenden Art, sein Leben zu verbringen.«[6]

Es gab noch keinen Namen für die Wissenschaft, die sie ins
Leben zu rufen versuchten. Es war keine Ethologie, war nicht
Psychologie und auch nicht Behaviorismus. Es war keine klassische Genetik, denn klassische Genetiker wie Morgan und
seine Bande oder wie Ed Lewis machten Kreuzungen und
kartierten Gene, ohne dabei Moleküle zu berücksichtigen. Es
war auch keine Verhaltensgenetik, denn auch Verhaltensgenetiker züchteten Tiere, ohne sie auf molekularer Ebene zu erforschen. Es war keine traditionelle Neurobiologie, denn die

widmet sich den Funktionsweisen von Nerven und Gehirn – Sperry und seine Studenten waren Neurobiologen und tatsächlich alles andere als beeindruckt von dieser neuen Forschung. Auch Benzer definierte seine Arbeit nicht als die eines Molekularbiologen, da sein Hauptinteresse ja dem animalischen Verhalten galt. Eine Theorie des atomaren Verhaltens war ganz einfach eine völlig neue Wissenschaft. Da sich ihre Forschungsinhalte vom Gen bis zum Nerv und vom Nerv bis zum Verhalten erstrecken, wird sie manchmal auch Neurogenetik genannt. Angesichts ihrer tiefen naturwissenschaftlichen Wurzeln könnte sie aber genauso gut Naturpsychologie genannt werden. »Mir ist egal, wie man sie nennt«, sagt Benzer. »Ich hab schon oft gesagt, Disziplinen sind mir egal, die ›Nichtdisziplinen‹ sind mir wichtig. Was kümmern mich Namen!«

1967 veröffentlichte Benzer sein erstes Papier über diese neue Forschung, »Behavioral Mutants of *Drosophila* Isolated by Countercurrent Distribution«. Heute wird es von Wissenschaftlern der unterschiedlichsten Disziplinen als Wendepunkt betrachtet.[7] Benzer war damals sechsundvierzig Jahre alt. Er verließ Purdue, wechselte zum biologischen Fachbereich vom Caltech und bezog die Laborräume in Church Hall, in denen er bis heute arbeitet.

Dieses erste Papier hatte Benzer als eine Art Kampfauftrag zur Unterstützung seines Forschungsprogramms geschrieben. Das Projekt, welches schließlich bewies, dass sein Plan tatsächlich aufgehen könnte, wurde von einem seiner Postdocs, Ronald J. Konopka aus Dayton, Ohio, durchgeführt, der sich Benzers Labor angeschlossen hatte, weil er dessen genetisches Skalpell benutzen wollte, um den Zeitsinn zu finden und zu sezieren. Irgendwo, so glaubte Konopka, müsse sich im Uhrwerk des Lebens eine Kontrolluhr verstecken. Und Benzers Methode hielt er für die einzig angemessene, um diese zu finden. Trichterwinden wissen, wann sie ihre Blüten am Morgen öffnen sollen. Bären wissen, wann sie in ihren Höhlen aufwachen sollen. Kalifornische Ährenfische wissen, wann sie laichen sollen. (In der Ankunft der Schwalben im Frühjahr komme zweifellos ein Verhalten zum Ausdruck, das von einer

inneren Uhr bestimmt werde, schrieb Descartes.[8]) Zur Zeit
der Aufklärung hatte der französische Astronom Jean-Jacques
d'Ortous de Mairan ein berühmt gewordenes Experiment mit
dem Heliotrop gemacht, einer Pflanze, deren lateinischer
Name »dreht sich zur Sonne« oder »Sonnenwende« bedeutet.
Die Blätter und Stängel dieser Sonnenwende entfalten sich
jeden Morgen bei Sonnenaufgang und falten sich wieder zusammen, wenn die Sonne untergeht. Im Sommer 1729 grub
der Astronom eine Heliotrop-Pflanze aus, brachte sie ins
Haus, stellte sie in einen völlig dunklen Raum und linste hin
und wieder hinein. Sogar in der Dunkelheit hob und senkte
die Pflanze ihre Stängel und behielt den zeitlichen Rhythmus
ihrer Artgenossen draußen im Garten bei. Im selben Jahr erschien eine kurze Meldung über dieses Experiment in der *Histoire de l'Académie Royale des Sciences*: »Die sensible Pflanze
folgt der Sonne, ohne ihr in irgendeiner Weise ausgesetzt zu
sein. Dies erinnert an jene feine Empfindsamkeit, die Kranken in ihren [abgedunkelten] Betten verhilft, Tag von Nacht
zu unterscheiden.«[9]
  Dieses Experiment des Astronomen inspirierte unzählige
Nachahmer. Ein französischer Botaniker trug »sensible Pflanzen« in einen Weinkeller und beobachtete sie bei Kerzen-
schein – kein schlechtes Forschungsprojekt. Ein Schweizer
Botaniker versuchte sensible Pflanzen in einem Raum zu
züchten, der nur von Öllämpchen erleuchtet war, und konnte
ihr Verhalten durch das Entzünden oder Ersticken der Flam-
men ändern. Der große schwedische Naturforscher Carolus
Linnaeus träumte von einer Blumenuhr, bestehend aus
Nachtkerze, Ringelblume, Nelke, Acker-Gauchheil, Herbst-
löwenzahn, Winde, Hasenkohl, Passionsblume, geflecktem
Ferkelkraut und Milchstern, »durch die man«, schrieb er,
»die Zeit sogar bei Bewölkung ebenso akkurat feststellen
könnte wie durch eine mechanische Uhr«, da sich die Passionsblume mittags öffnet, die Nachtkerze gegen sechs Uhr
abends und so fort.[10] Auch Darwin hielt eines Sommers die
Auf- und Abbewegungen eines Virginia-Tabakblatts zwischen
drei Uhr nachmittags und acht Uhr zehn am nächsten Morgen in Diagrammen fest.

Silberfische, Grillen, Spinnen, Skorpione und Totenkopf-
äffchen verfügen über einen Zeitsinn. Biologen haben das mit
simplen Experimenten nachgewiesen, beispielsweise indem
sie Laufräder bauten, wie man sie aus Hamsterkäfigen kennt,
und die Schlaf- und Wachzyklen der Tiere anhand ihrer
Lauftätigkeit in fensterlosen Räumen ohne wahrnehmbaren
Tag-Nacht-Wechsel beobachteten. Im zwanzigsten Jahrhundert bauten Biologen solche Laufräder auch für Seehasen, Eidechsen und Kakerlaken. Zudem konstruierten sie eine Art
Wippe, so dass ein Tier jedes Mal, wenn es sich bewegte, die
Wippe zum Kippen brachte. Je mehr die Forscher nach dem
Zeitsinn Ausschau hielten, desto häufiger entdeckten sie, dass
er überall vorhanden ist. Sogar Einzeller wie die *Euglena* verfügen über einen Zeitsinn. Die Euglena schwimmt wie ein
Tier, besitzt jedoch Blattgrün wie eine Pflanze.[11] Beobachtet
man das Treiben dieser Zellen in einem Teich, kann man feststellen, dass sie tagsüber mehr schwimmen als nachts und
nachts dazu neigen, sich träge durch die Wassersäule immer
weiter nach unten sinken zu lassen. Doch selbst im konstan-
ten Licht eines Labors behalten sie diesen Rhythmus bei –
Biologen nennen ihn zirkadian, was so viel heißt wie: ungefähr vierundzwanzig Stunden.

Die Literatur über den zirkadianen Rhythmus ist voller
merkwürdiger Fakten über den Zeitsinn von Lebewesen. Die
Zellen einer Banane teilen sich unmittelbar nach Tagesanbruch. Einige Tiere verfügen über innere Uhren, die in einem
längeren Rhythmus als vierundzwanzig Stunden laufen. Die
normale Uhr des Menschen geht zum Beispiel etwas nach,
wenn er sich in einer Höhle oder einem fensterlosen Raum
befindet. Wir adjustieren sie täglich automatisch, um im
Gleichklang mit der Sonne zu bleiben: Bei jedem Tagesanbruch werden unsere Uhren neu gestellt. Die innere Uhr von
Mäusen geht ein wenig vor und wird bei einsetzender Dämmerung neu gestellt. Verwirrt man den Zeitsinn einer Brief-
taube – beispielsweise wenn man ihre innere Uhr um sechs
Stunden verstellt, indem man sie durch Licht täuscht –, wird
sie sich um neunzig Grad auf ihrer Flugbahn verirren. Viele
Menschen können sich vornehmen, um sieben Uhr morgens

aufzuwachen und werden mit ein paar Minuten Toleranz auch genau um diese Zeit wach. All das zeige, schrieb Spinoza, »…daß die Ordnung der Handlungen und der Leiden unseres Körpers von Natur aus der Ordnung der Handlungen und der Leiden unseres Geistes genau entspricht.«[12]

Mitte des Jahrhunderts gingen die meisten Biologen bereits davon aus, dass dieser Zeitsinn genetisch bedingt ist, aber es gab noch genügend andere, die sich für die Umwelt als bestimmenden Faktor stark machten und die Meinung vertraten, dass jedes Lebewesen lernen könne, sein Zeitgefühl an den Rhythmus der Sonne anzugleichen, so wie Küken lernten, der Muttergans oder Konrad Lorenz zu folgen. Jeder Sämling, jedes Küken und jedes neugeborene Menschenkind, behaupteten sie, bekomme von der Sonne einen Stempel aufgedrückt und erlerne den Rhythmus von Tag und Nacht. Und den behielten sie dann zeit ihres Lebens im Einklang mit der Sonne bei. Einige Biologen spekulierten, dass der Grund, weshalb sogar sensible, in einem Weinkeller abgesonderte Pflanzen den Zeitsinn bewahrten, ihre Fähigkeit sei, fast unmerkliche Strömungen der atmosphärischen oder kosmischen Strahlung aufzugreifen, möglicherweise sogar geheime Signale, die mit den Mondphasen, den Zyklen der Sonnenflecken oder mit der Drehung des Planeten in Verbindung stünden.

Um zu beweisen, dass der Zeitsinn eine Frage der Umwelt und nicht der Anlage sei, erfand Frank A. Brown jr., ein Biologe von der Northwestern University, komplizierte Experimente mit Möhren, Seetang, Krabben, Ratten und viel Einsamkeit und Dunkelheit.[13] Oder er ließ Kartoffelpfropfen in verschlossenen Gläsern heranwachsen und beobachtete den Rhythmus ihres Stoffwechsels, indem er mit Gasdetektoren den Gehalt von Kohlendioxyd und Sauerstoff im Glas prüfte. Auch Austern aus New Haven in Connecticut ließ er sich in sein Labor nach Evanstone in Illinois schicken, um herauszufinden, nach welchem Muster sie in ihren mit Meerwasser gefüllten Wannen Tag für Tag rhythmisch die Schalen öffneten und schlossen. Bei einem anderen, geradezu herkulisch anmutenden Experiment verzeichnete er den zeitlichen Rhyth-

mus, nach dem 33 000 einzelne Nacktschnecken aus ihren
Löchern krochen. Und die amerikanische Raumfahrtbehörde
versuchte er zu überzeugen, eine seiner Kartoffeln mit in den
Orbit zu nehmen, um herauszufinden, was in der Schwere-
losigkeit eines Satelliten, in dem die Erdrotation nicht mehr
wahrnehmbar ist, mit ihrem Stoffwechsel geschehen würde.
Die NASA verzichtete auf Kartoffeln im All.

1960 überprüfte ein Botaniker Browns Hypothesen mit
einem etwas kostengünstigeren Experiment. Er flog diverse
Lebewesen, darunter Syrische Goldhamster, an den Südpol.[14]
Dort verwahrte er sie in Käfigen, die auf Scheiben gestellt
wurden, deren Drehungen der Erdrotation entgegenwirkten.
(Die Auswirkungen der Erdrotation können auf diese Weise
ausschließlich am Pol überwunden werden.) Die Hamster
wachten und schliefen genau im selben Rhythmus wie alle
anderen, deren Käfige nicht auf Drehscheiben standen. Offensichtlich brauchen Hamster keinen Wink von der Erdum-
drehung, um im Gleichschritt mit der Zeit zu bleiben. Der
Botaniker stellte übrigens auch Bohnenpflanzen, Pilze, Kakerlaken und Taufliegen auf seine Drehscheiben. Alle behielten ihren Zeitsinn unverändert bei.

Nach diesem Experiment schien es nahezu jedem Biologen
der Welt (mit Ausnahme von Brown) eindeutig, dass alle Lebewesen mit irgendeiner Art von innerer Uhr ausgestattet geboren werden. Doch niemand wusste, wo sich diese Uhr im
Körper versteckt und wie sie funktioniert. Die Genauigkeit
einer echten Uhr lässt sich überprüfen, indem man sie beispielsweise starken Temperaturschwankungen aussetzt. Denn
eine Uhr, die bei heißem Wetter schneller geht und bei kal-
tem langsamer, ist keine Uhr, sondern bestenfalls ein gutes
Thermometer. Also prüfte ein Drosophiloge die innere Uhr
von Taufliegen, indem er diese unter unterschiedlichen Temperaturbedingungen züchtete.[15] Doch weder Hitze noch Kälte
konnten ihrem gewohnten Rhythmus etwas anhaben. Was
dafür auch verantwortlich war, wo immer es sich verbarg und
wie es auch funktionieren mochte – es verdiente in jedem Fall
den Namen »Uhr«.

1969, bei einer Fachtagung zum Thema Zeitsinn, erklärte

Karl Hamner – jener Botaniker von der University of California, Los Angeles (UCLA), der an den Südpol geflogen war –, dass dieses Problem für uns heute ebenso geheimnisvoll sei, wie die Schwerkraft es für die Menschen vor Newton war: »Was wir jetzt brauchen, ist ein neuer Newton.«[16]

Inzwischen hatte Konopka in Benzers Labor mit seinen Experimenten begonnen. Das Verhalten, dem die Fliegen ihren Namen verdanken, bezieht sich auf ihre morgendliche Aktivität: *Drosophila* bedeutet »Tauliebhaber«. Tatsächlich zeigen die Fliegen ihre Vorliebe für Tau vom Moment der Geburt an. Jede junge Fliege entwickelt sich im Inneren einer Puppenkapsel. Ist sie fertig ausgebildet, pickt sie nicht etwa wie ein Vogel gegen die Schale, sondern bläht einen winzigen Ballon nach Art eines Lenkrad-Airbags auf ihrem Kopf auf und bricht geradezu aus der Puppe hervor. Benzer findet eine Fliege, die gerade aus der Puppe auftaucht, einen der niedlichsten Anblicke in der Natur. Sie krabbelt nass wie ein neugeborenes Baby heraus. Ihre Flügel sind noch nicht entfaltet, sondern kleben zusammen wie die eines frisch geschlüpften Schmetterlings, und wegen des Airbags ist ihr Kopf noch überproportional groß, wie der eines menschlichen Säuglings. In der freien Natur schlüpfen Fliegen gewöhnlich in der Morgendämmerung, wenn die Welt noch taufeucht ist. Doch selbst wenn ein Glas voller Fliegenpuppen dem Licht entzogen und mehrere Tage in völliger Dunkelheit aufbewahrt wird, schlüpfen alle Fliegen gleichzeitig im Moment ihrer virtuellen Morgendämmerung.

Als Konopka seine Zusammenarbeit mit Benzer begann, beobachteten Biologen anderenorts Taufliegen bereits rund um die Uhr[17] und hatten entdeckt, dass normale Fliegen genau wie das Heliotrop des Astronomen nach einem bestimmten Tageszyklus leben. Bei Sonnenuntergang werden sie sehr ruhig. Sie schließen zwar nicht ihre Augen, stellen aber jede Bewegung ein und sehen aus, als wären sie auf ihren Füßen eingeschlafen. Bei Sonnenaufgang beginnen sie sich wieder zu bewegen. An diesen Tageszyklus halten sie sich, auch wenn sie völliger Dunkelheit ausgesetzt sind, genauso wie das Heliotrop.

In Benzers Labor infizierte Konopka nun Fliegen mit EMS
(Ethylmethansulfonat), um aufs Geratewohl »Druckfehler« in
ihre DNS einzubauen. Diese manipulierten Tiere benutzte er
dann, um Hunderte unterschiedlicher Linien von Fliegenmutanten zu züchten, bis er schließlich Hunderte von Fliegenflaschen hatte und sich in jeder eine andere Mutantenlinie befand. Konopka verbrachte fast den ganzen Sommer 1968
damit, die Entpuppung der mutierten Fliegenkinder zu beobachten und abzuwarten, ob eines von ihnen die Morgendämmerung verpassen würde. Es war eine höchst einsame Art für
einen jungen Mann, den Sommer in Kalifornien zu verbringen. Die meisten Professoren und Studenten, die an seiner
Tür vorbeikamen, hielten sein Tun für reine Zeitverschwen-
dung. Und Konopka musste durchaus Lehrgeld zahlen, denn
auch er fragte sich allmählich, ob er sich nicht ein Verhaltens-
mosaik ausgesucht hatte, das viel zu zentral und kompliziert
war, als dass man sich ihm anhand von einzelnen Genen
annähern konnte. Eine mechanische Uhr besteht aus Hunderten von Zahnrädchen, Federn, Schräubchen und Rat-
schen. Auch von einer lebendigen Uhr war anzunehmen, dass
sie aus Hunderten unterschiedlicher Funktionsteilchen besteht und obendrein aus Hunderten von Genen, die für diese
Teilchen verantwortlich sind. Alle Teile dieser Uhr mussten
auf komplexe Weise ineinander verzahnt sein. Und wenn
EMS in irgendeinem dieser mehreren hundert oder tausend
Gene eine Mutation hervorrufen sollte, dann war das wahr-
scheinlichste Ergebnis logischerweise eine kaputte Uhr – was
nichts anderes hieß, als dass jede von den Hunderten oder
Tausenden Mutationen einen identischen Effekt auf die
Fliege haben konnte, nämlich die Zerstörung ihres Zeitsinns.
Selbst wenn Konopka einen *clock*-Mutanten finden würde,
bedeutete das also noch lange nicht, dass dieser ihm auch
einen Anhaltspunkt lieferte, welche Fehlfunktion sich einge-
schlichen hatte. Es war noch nicht einmal sicher, ob eine
Fliege ohne Uhr überhaupt lange genug leben würde, um zu
schlüpfen.

Die hämischen Bemerkungen, denen Konopka in jenem
Sommer ausgesetzt war, sollten weit über Benzers Labor hin-

aus legendär werden. Genetiker und Molekularbiologen pflegten sich diese Geschichte noch Jahre später nach dem Motto zu erzählen: Auch über Columbus hat jeder gelacht. »Sie meinten, dass das viel zu viel Arbeit sei«, erinnert sich Jeff Hall, einer von Benzers ersten Postdocs. »Sie sagten: ›Die Uhr findest du nie! Und wenn, wird die Fliege eh sterben!‹ Konopka sagte nur: ›Zischt ab!‹«

Konopka hielt seine Fliegen bei konstanter Temperatur in einem Zyklus von zwölf Stunden Beleuchtung durch weiße Leuchtstoffröhren und zwölf Stunden völliger Dunkelheit. Um die Dinge zu vereinfachen und selber bei Verstand zu bleiben, prüfte er die Flaschen nur zweimal täglich, einmal, nachdem die Lichter morgens angeknipst wurden, und ein zweites Mal, bevor sie abends ausgingen. Fliegen, die über einen normalen Zeitsinn verfügten, konnten kaum vor dem ersten Check am Morgen schlüpfen. Daher waren die Flaschen bei seiner Morgeninspektion auch immer noch voller Eier. Erst während der ersten Lichtstunden schlüpften die Fliegen, und bei seiner abendlichen Runde fand er sie dann kriechend und krabbelnd und in den Flaschen herumhuschend vor. Wenn er nun aber bereits bei seiner morgendlichen Runde Dutzende von neugeborenen Fliegen in den Flaschen vorfinden sollte, könnte er davon ausgehen, dass irgendwas mit ihrem Zeitsinn nicht stimmte.

Flasche für Flasche verhielten sich die Fliegen ganz normal. Doch in der zweihundertsten Flasche wimmelte es eines schönen Morgens nur so von Fliegen. Als Konopka sie dann eine nach der anderen inspizierte, entdeckte er, dass fast alle Männchen waren. Er züchtete sie, und als es für deren Kinder an der Zeit war zu schlüpfen, stellte er die Flaschen in völlige Dunkelheit und wartete ab, was passieren würde. Nicht viele schlüpften zur Zeit der Morgendämmerung. Die meisten entpuppten sich irgendwann tagsüber oder nachts, wie schon ihre Väter. Konopka hatte seinen ersten *clock*-Mutanten gefunden.

Auch in einer anderen Flasche stieß Konopka auf eine mutierte Linie, die ebenfalls zur falschen Zeit schlüpfte, nämlich, wie er nach genauer Beobachtung feststellte, zu früh. Ganz of-

fensichtlich dämmerte über ihr das Morgengrauen früher als
über dem Rest der Welt. In einer dritten Flasche entdeckte er
schließlich eine Mutation, die zu spät schlüpfte.

Konopka, Benzer, Hotta und einige andere zerbrachen sich
über diese drei Mutationen bei einem ausgiebigen Mittagessen den Kopf. Sie fragten sich, wie der Zeitsinn dieser Mutanten wohl nach dem Schlüpfen zum Ausdruck kommen werde.
Da hatte Benzer eine Idee, wie er Konopka helfen konnte,
dies schnell herauszufinden. Wenn Benzer heute darüber
spricht, klingt es, als wäre dieser Moment für ihn von ebenso
historischer Qualität gewesen wie sein erster Versuch mit dem
Gegenstromapparat: »Die Leute im Labor waren gespalten.
Einer sagte: ›Das funktioniert nie. Aber wenn es funktioniert,
spendiere ich dir ein indonesisches Abendessen.‹«

Benzer versuchte es. Er griff auf ein Standardgerät der Physik und Chemie zurück, auf ein Spektralphotometer. Der we-
sentliche Teil eines Spektralphotometers ist ein kleiner, viereckiger Glaszylinder namens Küvette. Wenn Physiker oder
Chemiker irgendeine geheimnisvolle Substanz identifizieren
müssen, geben sie ein paar Tropfen davon in die Küvette und
stellen das Spektralphotometer an. Das Gerät schickt nun eine
Reihe von Lichtstrahlen durch die Küvette – alle Spektralfar-
ben plus Ultraviolett und Infrarot. Ein Sensor analysiert jeden
Strahl auf seinem Weg durch die Küvette, während eine
Nadel jede Menge Krakel auf einer sich drehenden Papier-
trommel aufzeichnet. Manchmal gelingt es den Forschern
dann, die unbekannte Substanz anhand der Krakelmuster auf
dem Papier zu identifizieren.

Benzer klebte das Äußere der Küvette mit zwei schwarzen
Klebestreifen ab, so dass nur noch ein schmaler Spalt blieb,
um den Lichtstrahl durchzulassen. Dann ließ er eine von Konopkas Fliegen in die Küvette fallen und verschloss diese mit
einem Wattepfropfen. Er stellte das Spektralphotometer auf
Infrarot, das Fliegen nicht sehen können. Wenn die Fliege sich
vom einen Ende der Küvette zum anderen bewegte, musste
sie den Spalt zwischen den Klebestreifen passieren und den
Infrarotstrahl blockieren, was wiederum die Nadel auf der Pa-
piertrommel zum Ausschlag bringen würde. Dann stellte er

die Maschine an und ließ sie die ganze Nacht hindurch laufen.

Am nächsten Morgen kam Konopka in den zweiten Stock
von Church Hall und fand den Boden seines Labors mit einer
schier endlosen Papierschlange bedeckt. Er fingerte sich Windung für Windung durch die Rolle und untersuchte die Ausschläge des aufgezeichneten Gekritzels. Der Trick hatte funktioniert. Er konnte genau feststellen, wie aktiv die Fliege in
jeder Minute dieser Nacht gewesen war.

(»Das war übrigens ein wirklich gutes Abendessen«, erzählt Benzer. »In J.J.'s Little Bali in Inglewood, in der Nähe
des Flughafens.«)

Später baute Benzers Postdoc Yoshiki Hotta nach demselben Prinzip eine ganze Reihe von Geräten, damit Konopka
viele Fliegen zugleich beobachten und herausfinden konnte,
was seine Mutanten im Dunkeln trieben. Nach ein paar
Tagen stellte er fest, dass seine erste Mutantenlinie in ihrer
Wankelmütigkeit äußerst beständig war. Die Fliegen schlüpften nicht nur zu jeder beliebigen Tages- und Nachtzeit, mit
derselben Beliebigkeit schliefen oder wachten sie, wanderten
sie herum und pausierten sie für den Rest ihres Lebens. Sie
verhielten sich wie Menschen, die unter Schlafstörungen leiden. Kurz gesagt: Sie schienen zeitblind zu sein.

Auch die zu früh schlüpfende Mutantenlinie war konse-
quent. Am Tag nachdem die Fliegen geschlüpft waren, wachten sie ungefähr fünf Stunden zu früh auf, und das taten sie
für den Rest ihres Lebens. Offensichtlich verfügten diese Mutanten zwar über eine innere Uhr, aber über eine, die zu
schnell ging. Ihr Tag bestand aus neunzehn Stunden. Und
Konopkas dritte, die zu spät schlüpfende Mutantenlinie behielt ihren Rhythmus ebenfalls bei: Die Fliegen erwachten
jeden Tag zu spät. Ihre Uhr ging nach. Ihr Tag bestand aus
neunundzwanzig Stunden.

Konopka untersuchte die Mutanten durch das Mikroskop.
Alle, Weibchen wie Männchen, sahen in allen Stadien ihres
Lebenszyklus, vom Ei über die Larve und die Puppe bis hin
zur erwachsenen Fliege, absolut normal aus. Doch mit der
Paarung gaben sie ihren Zeitsinn an die jeweils nächste Gene-

ration weiter. Flasche für Flasche konnte Konopka feststellen,
dass all diese spezifischen Fliegenmutanten über einen verzerrten Zeitsinn verfügten.

Hätte Konopka mit Hühnern, Chamäleons, Affen, Meer-
schweinchen, Kartoffeln oder dem Heliotrop gearbeitet, wäre
er mit seiner Forschung vermutlich nicht viel weiter gekommen. Bei der *Drosophila* jedoch war der nächste Schritt bereits
vorgegeben: Er kreuzte die Mutanten mit kurzer Tagespe-
riode, die *short-period*-Mutation, mit einigen klassischen Mutanten aus dem Fliegenlabor, darunter mit *white, singed, yellow* und *miniature*. Methodisch begann er die *short-period*-
Mutation nach jeder Kreuzung zu kartieren, wobei er die
Methode anwandte, die Sturtevant in Morgans Fliegenlabor
erfunden hatte. Nun war zwar die Methode dieselbe, doch
Konopka versuchte ja ein Gen zu kartieren, das sich nicht in
der Augenfarbe einer Fliege oder in der Form ihrer Flügel
manifestierte, sondern in ihrem Verhalten − eine Mutation,
die die Art und Weise verändert hatte, in der sich die Fliege
durch Zeit und Raum bewegte.

Dabei fand Konopka heraus, dass die *short-period*-Mutation
auf dem äußersten linken Ende des X-Chromosoms angesiedelt war, weniger als eine Kartierungseinheit von *white* entfernt. Als er dann die arrhythmische Mutation kartierte,
stellte er fest, dass auch sie auf dem äußersten linken Ende des
X-Chromosoms und ebenso in nächster Nähe von *white* lag.
Und dasselbe traf auf die *long-period*-Fliege zu: wieder am
äußersten linken Ende des X-Chromosoms neben *white*.

Inzwischen hatten Genetiker die Einheit zwischen zwei
Markern auf der genetischen Karte CentiMorgan (cM) getauft, zu Ehren des Mannes, der ihre Wissenschaft ins Leben
gerufen hatte. Wenn es eine einprozentige Chance gibt, dass
zwei Gene beim Crossing over getrennt werden, sagt man seither, dass diese beiden Gene durch einen CentiMorgan sepa-
riert werden. Konopkas drei Mutanten waren weniger als
einen CentiMorgan von *white* und null CentiMorgans voneinander entfernt.

Jetzt war Konopka wirklich perplex. Dies waren die ersten
drei Zeit-Mutanten, die er gefunden hatte, und alle lagen

exakt am selben Ort auf der Genkarte. Folglich musste es sich um Allele handeln, um Varianten ein und desselben Gens, wie zum Beispiel »lang« und »kurz« bei Mendels Erbsen. Konopka hatte mehr als zweihundert Mutantenstämme untersucht, um diese drei Zeit-Mutanten zu finden, und alle drei wiesen auf denselben Ort auf demselben Chromosom hin. Er hatte seine Forschung noch gar nicht richtig begonnen, da schien er bereits mitten in die Uhr des Lebens hineingestolpert zu sein.

Konopka arrangierte weitere Paarungen für seine Mutanten und erschuf Fliegen, die jeweils über eine normale und eine mutierte Kopie des *clock*-Gens verfügten. Dann züchtete er solche mit je zwei normalen oder zwei anomalen Kopien. Es war dasselbe Prinzip, das Mendel bei seinen Erbsenpflanzen angewandt hatte – lang-kurz, lang-lang, kurz-kurz –, nur dass es diesmal um Verhalten ging. Konopka beobachtete die Kinder und Kindeskinder der Fliegen und wertete täglich Unmengen von Papierrollen aus. Dabei konnte er feststellen, dass zwei dieser Mutationen zumindest teilweise rezessiv waren, entsprechend dem kurzen Wachstum bei Erbsen, den weißen Augen bei Fliegen oder den blauen Augen beim Menschen. Die *short-period*-Mutation war teilweise rezessiv. Aber auch die Mutation, die den Zeitsinn der Fliege zerstörte, war rezessiv. Das heißt, wenn eine Fliege eine beschädigte und eine normale Kopie des Gens geerbt hatte, war ihr Zeitsinn beinahe normal – ihre Uhr ging gerade eben um eine halbe Stunde nach.

Test für Test bewahrheitete sich, dass alle drei Mutationen auf demselben Marker der Genkarte liegen. Es handelte sich also eindeutig um alternative Versionen ein und desselben Gens. In der Sprache der Genetik nennt man jeden Punkt auf einem Chromosom einen Locus. Konopka hatte drei Allele eines Locus, welcher den Zeitsinn der Fliege bestimmt, auf dem X-Chromosom entdeckt. Damit hatte er sich das Recht verdient, diesem Gen einen Namen zu geben. Und weil eine Veränderung in diesem Gen die Periode eines Fliegentages zu verändern in der Lage ist, nannte Konopka es den *period*-Locus.

Er hatte ein sehr eigenartiges Gen gefunden − und das, nachdem er erst zweihundert Fliegenflaschen getestet hatte. Später, als Benzer und seine Studenten auf diesem Erfolg aufbauend in die unterschiedlichsten neuen Richtungen aufbrachen, sollte Konopka sein erstes und bis jetzt einziges Gesetz formulieren, Konopkas Gesetz, das da lautet: »Wenn du es nicht in den ersten zweihundert findest, gib auf.«

Mit der Entdeckung des *clock*-Gens war der jahrhundertelang als so geheimnisvoll empfundene Zeitsinn nicht länger ein Geheimnis, das man nur von außen wahrnehmen konnte. Nun konnte er als ein Mechanismus im Innern erforscht werden. Und dessen Entdeckung machte es plötzlich vorstellbar, dass Verhalten ebenso kartiert und präzise verzeichnet werden kann wie jeder andere Aspekt des Erbmaterials. Merkmale, von denen die Menschen immer geglaubt hatten, dass sie irgendwie »über dem Körper schwebten«, also unabhängig vom Körperlichen seien und dem Reich des Geistes und nicht dem des Fleisches angehörten − als wären sie etwas Übernatürliches −, konnten nun exakt verzeichnet werden, nicht anders als so profane Merkmale wie die Pigmentierung der Augen.

Damals waren noch nicht viele Wissenschaftler am Caltech oder andernorts bereit, Konopkas Mutanten oder seinen Karten Glauben zu schenken. Sie konnten sich einfach nicht vorstellen, dass sein X das Tüpfelchen auf dem i sein sollte. »Den Leuten widerstrebte die Vorstellung zutiefst, dass das irgendwas mit diesem Phänomen zu tun haben sollte«, sagt Konopka heute. »Sie konnten es einfach nicht in ihren Schädel bekommen, was es bedeutete, dass sich diese Mutationen alle am *selben Locus* befanden.« Drei unterschiedliche Mutationen an einem Locus − das hieß, dass Konopka nicht nur ein Rädchen der Uhr, sondern einen ihrer zentralen Teile entdeckt hatte, vielleicht sogar *den* zentralen Teil, den Schrittmacher der Fliege und ihres Verhaltens, jene lebendige Maschinerie, die die Fliege vom Moment ihrer Geburt an − in zeitlicher Übereinstimmung mit ihrem Planeten − zum Wachen und Schlafen veranlasst und in Bewegung hält. Konopkas

»Ich glaube kein Wort!« Max Delbrück zweifelte an den Geschichten über verhaltensbestimmende Gene, als in der zweiten Hälfte der sechziger Jahre erste Gerüchte darüber aus Benzers Labor drangen. Auf diesem Bild ist festgehalten, wie Seymour im Anschluss an ein Seminar am Caltech Max diese Geschichte erklärt und Max vehement ihren Wahrheitsgehalt bezweifelt.

Karte ließ vermuten, dass ein einzelnes Gen unermesslich viele Verhaltensmuster ausprägen und jedes einzelne Gen mit außerordentlicher Macht ein ganzes Leben beeinflussen kann. Ja, Konopka durfte sogar hoffen (auch wenn es wirklich nur eine Hoffnung war), dass das von ihm entdeckte Fliegengen etwas über den Mechanismus offenbaren würde, der auch den Zeitsinn von uns Menschen antreibt.

Je mehr Kreuzungen Konopka vornahm und je überzeugender seine Karte wurde, desto aufgeregter wurden Benzer und Konopka – ganz im Gegensatz zu den Skeptikern am anderen Ende des Flurs. »Sie versuchten das Ganze einfach zu verleugnen«, erzählt Konopka. »Sie konnten es sich einfach nicht vorstellen, konnten die Macht der Genetik noch nicht wirklich erfassen. Sie weigerten sich schlicht zu glauben, dass irgendwer diesen Schrittmacher gefunden haben könnte.« Seit der Jahrhundertwende hatten Biologen versucht, diesem geheimnisvollen Zentrum des Lebens durch die Gene näher zu kommen. »Aber sie wollten einfach nicht glauben, dass es nun jemanden gab, der seine Hand darauf hatte.«

Nicht einmal Hotta traute Konopkas Ergebnissen. »Ich arbeitete sehr eng mit ihm zusammen«, erzählt Hotta, »und ich baute die Geräte, die er benutzte, um das Verhalten zu erforschen. Aber damals war ich ziemlich skeptisch, was das Gen betraf, deshalb wagte ich auch nicht, meinen Namen unter das Papier zu setzen.« Konopka und Benzer schrieben einen Bericht mit dem Titel »Clock Mutants of *Drosophila melanogaster*« und schickten ihn an die *Proceedings of the National Academy of Sciences*.[18] Auf einer Party in Pasadena erzählte Benzer dann Delbrück, dass sie Allele eines neuen Gens gefunden hatten, welches auf ein Verhalten einwirkte, und dann erklärte er ihm, weshalb er und Konopka glaubten, dass mit dem Zeitsinn dieser Mutanten etwas nicht in Ordnung war.

»Das glaube ich nicht«, entgegnete Delbrück.

Diese Szene sollte für immer in die Konopka-Legende eingehen. Konopka stand direkt neben Benzer und Delbrück.

»Aber Max«, erwiderte Benzer, »wir haben das Gen gefunden!«

»Ich glaube kein Wort!« entgegnete Max.[19]

KAPITEL IX

Erste Liebe

Was ist es, das Männer in Frauen begehren?
Daß sie dem Verlangen Erfüllung gewähren.
Was ist es, das Frauen in Männern begehren?
Daß sie dem Verlangen Erfüllung gewähren.

William Blake
»Die Antwort auf die Frage«[1]

Darwin teilte die Anpassungsleistungen von Lebewesen in zwei Arten auf: in solche, die wir zum Überleben brauchen, und solche, die der Fortpflanzung dienen. Die innere Uhr ist eine der ältesten Anpassungsleistungen, die dem Überleben dienen. Alle Lebewesen brauchten sie seit Anbeginn, um sich unterschiedlichen Umwelten anpassen zu können – sie brauchen eine innere Uhr, um alles andere zu organisieren. Nur sie ermöglichte es den ersten einfachen Lebensformen vor Milliarden von Jahren, die günstigsten zeitlichen Umstände für ihr Wachstum zu berücksichtigen – beispielsweise um rechtzeitig vor Sonnenaufgang die für die Photosynthese nötigen chemischen Verbindungen zu produzieren und vor Sonnenuntergang dann nochmals diejenigen, die gebraucht wurden, um diese Produktion wieder einzustellen. Das tun Pflanzen bis heute. Oder um zu den Zeiten nach anderen Lebewesen zu jagen, wenn diese am wenigsten geschützt und deshalb leichte Beute sind, so wie es Eulen und Wölfe noch heute im Gleichklang mit ihren inneren Uhren zu tun pflegen. Die Erfindung der inneren Uhr zählt vermutlich zu den ersten Akten des Lebens schlechthin, und deshalb ist diese

Uhr auch bis heute allgegenwärtig. Als sie *period* entdeckten, hatten Benzer und Konopka das erste bekannte Beispiel eines der ältesten Instinkte auf diesem Planeten vor sich.

Was geht in unseren Köpfen vor, wenn wir es für klug halten, die Frage nach dem Lauf der Zeit hintanzustellen – vorläufig? Seit Jahrtausenden hat sie Philosophen eine Niederlage nach der anderen beschert. Als Bischof Berkeley den Versuch unternahm, Zeit zu definieren, fand er sich »in unentwirrbaren Schwierigkeiten verfangen«.[2] Der heilige Augustinus sagte, wir alle wüssten, was Zeit sei, solange wir sie nicht in Worte zu fassen versuchten.[3] Und der römische Philosoph Plotinus war überzeugt, dass die Quellen der Zeit in uns selber lägen, dass Zeit ein Begriff sei, welcher der menschlichen Seele entspringt.

Ein *clock*-Gen ist nicht dasselbe wie Zeitempfinden, ebenso wenig wie ein molekularer Signalweg in der Netzhaut dasselbe ist wie Sehempfinden. Doch ohne Rhodopsin oder die langen Ketten anderer Moleküle sind wir farbenblind, ohne *clock*-Gene zeitblind. Das *period*-Gen bietet einen Zugang zu genau jenen Quellen, von denen Plotinus glaubte, sie entsprängen der Seele »in der Fülle all ihrer Eigenschaften«.[4]

Die Entdeckung des ersten *clock*-Gens war natürlich aufregend, aber es haftete ihr gewissermaßen auch etwas Endgültiges an, etwas, das auf den Boden der Tatsachen zurückführte, ja sogar etwas Absurdes, ähnlich wie all den anderen Entdeckungen, die noch folgen sollten. Von der Kontemplation über die Zeit zu konkreten Überlegungen über das *clock*-Gen zu wechseln hieß, äußerst unsanft auf dem Boden der Tatsachen zu landen. Wer sich vom Erhabenen verabschieden und einem derart konkreten anatomischen Mechanismus zuwenden muss, kann sich geradezu lächerlich fühlen. Darwin hielt in seinem berühmten »M Notebook« (M für Metaphysik, Materialismus und *mind*) beispielsweise den Gedankengang fest: »Platon sagt, unsere Vorstellungen ergäben sich aus der Vorexistenz der Seele und seien nicht aus Erfahrung abzuleiten« – und fügte dann den Satz hinzu: »Studiere Affen wg. Vorexistenz.«[5]

Aber sogar im *period*-Gen gibt es noch Zahnrädchen, die in

weitere Zahnrädchen greifen. Überall in der Welt begannen
sich Molekularbiologen in den Labors über Konopkas *clock*-
Gen zu beugen wie Gelehrte über einen hebräischen oder alt-
griechischen Text, aus dem sie so etwas wie das Geheimnis
des Lebens herauszulesen hoffen. »Parmenides«, schreibt
David Park in seinem Buch *The Image of Eternity: Roots of
Time in the Physical World*, »wurde im Grunde wegen eines
einzigen, in hochpoetischem Stil verfassten Gedichtes berühmt, in welchem er sich den Mysterien widmete, die sich allein in dem griechischen Wort *esti, ›ist‹*, verbergen.«[6]

Wer sich nun von den Quellen der Zeit den Quellen der Liebe
zuwendet, plumpst noch härter auf den Boden der Tatsachen
zurück. Liebe ist etwas, das kluge Menschen erst gar nicht zu
erklären versuchen. »Drei sind mir zu wundersam«, heißt es
im Alten Testament, »vier verstehe ich nicht«:

> *des Adlers Weg am Himmel,*
> *der Schlange Weg auf dem Felsen,*
> *des Schiffes Weg mitten im Meer*
> *und des Mannes Weg beim Weibe.*[7]

In *The Gold Bug Variations*, einem Roman über die Entschlüs-
selung des genetischen Codes, beschreibt Richard Powers eine
fiktive Begegnung zwischen Albert Einstein und T. H. Morgan am Caltech. Morgan erklärt, wie er in seinem Fliegenlabor eine Vereinigung zwischen Biologie, Chemie und Physik
herzustellen versuchte. »Nein, dieser Trick wird nicht funktionieren«, erwidert Einstein. »Wie in aller Welt willst du je mit
den Begriffen der Chemie und Physik ein so wichtiges biologisches Phänomen wie die erste Liebe erklären?«[8]
    Mit Darwins Worten gesprochen: Fortpflanzungsadaptio-
nen sind so alt wie die Anpassungsleistungen, die dem Überleben gelten. Reproduktion ist ein Leben schaffender Akt.
Ohne Fortpflanzung könnte der Darwinsche Prozess nicht
einmal beginnen, da es bei diesem ja um Evolution durch den
selektiven Erfolg oder Misserfolg der Reproduktionsweisen
von Populationen geht. Winzigste Unterschiede, festgeschrie-

ben nur durch eine einzige Vertauschung der Buchstabenfolge in der Doppelhelix, führten unter dem Druck der natürlichen Auslese in kürzester Zeit zu einer unglaublichen Formenvielfalt und damit auch zu einer Vielfalt an unterschiedlichsten Selbstdarstellungsweisen, Werbungs- und Kopulationsgepflogenheiten, die ebenso wundersam sind wie alle anderen natürlichen Phänomene.

Wenn das *clock*-Gen für das gesamte Uhrwerk des physischen Überlebensapparats steht, so stehen die psychischen Fortpflanzungsinstinkte für die gesamte wunderbare Komplexität unseres Verhaltens. Männliche wie weibliche Wesen bedürfen äußerer Zeichen, um sich zu finden, zu erkennen und sich zu beeindrucken, da buchstäblich jede physische Vereinigung auf dieser Erde angesichts der Konkurrenz eines riesigen Gen-Pools stattfindet. Und diese »geschlechtliche Zuchtwahl« – Darwin stellte sie der »natürlichen Zuchtwahl« gegenüber – übt einen gewaltigen evolutionären Druck aus.

Galton mutmaßte, dass andere Tiere ihre Werbungsgepflogenheiten nicht ebenso variieren könnten, wie wir Menschen es zum Beispiel durch Mode tun. Doch Buckelwale singen Lieder, die sich in Wellen über Tausende von Kilometern durch die Ozeane ausbreiten und von Saison zu Saison wechseln wie unsere Top Ten Charts, die die Wellen in der Luft über ihren Köpfen erfüllen. Zu jeder gegebenen Zeit an jedem gegebenen Ort singen männliche Wale in allen Meeren dasselbe Lied. Doch bereits einen Monat später werden alle ein neues Lied singen, und niemals greifen sie dabei – im Gegensatz zu uns Menschen – auf einen Golden Oldie aus vergangenen Jahrzehnten zurück. Sie wiederholen sich nie. Ihre Liebeslieder sind nicht weniger kunstvoll als die meisten, die aus unseren Radios ertönen. Sie reimen sich sogar, und so mancher Refrain kann, laut Roger Payne, der ihre Lieder seit den sechziger Jahren aufzeichnet, noch zehntausend Meilen entfernt aufgefangen werden. »Wenn man neben einem singenden Wal durch das kalte blaue Wasser schwimmt«, schreibt Payne, »ist das Lied enorm laut, und es donnert so in Brust und Kopf, dass man glaubt, man würde mit aller Macht gegen eine Wand gepresst und so lange durchgeschüttelt, bis einem die Zähne klappern.«[9]

Die männlichen Laubenvögel in Australien und Neuguinea[10] singen keine hitverdächtigen Lieder und plustern ihr Federkleid nicht gefällig auf; dafür bauen sie Lauben, hübsche kleine Zufluchtsorte, jede Art nach ihrem eigenen Entwurf. Einige errichten sie wie indianische Tipis, die Zweige gegen einen Schößling in der Mitte aufgerichtet, den Ornithologen »Maibaum« nennen. Andere bauen eine Art von Girlandenbogen und laden die Weibchen dann ein, unter ihm hindurchzugehen. Der Seiden-Laubenvogel bemalt die Wände mit einem Pinsel aus Zweigen und einer Farbe, die er aus zermalmten Früchten, Holzkohle und Speichel fabriziert. Andere Arten von Laubenvögeln schleppen Orchideen an. Täglich sortieren sie die verwelkten Blüten aus und dekorieren ihre Lauben mit frischen Blumen. Die Männchen zerstören die Lauben der anderen, klauen sich gegenseitig die Blüten und platzen manchmal sogar einfach in die Laube eines Konkurrenten herein, um ihn beim Koitus zu stören. Der Seiden-Laubenvogel mit seinen strahlend blauen Augen dekoriert seine ausgemalte Laube mit allem, was von blauer Farbe ist. Der Ornithologe Frank Gill berichtet: »Eine Laube war mit Papageienfedern ausgeschmückt, mit Blumen, Glasscherben, Tonscherben, Lumpen, Gummi, Papier, Busfahrscheinen, Bonbonpapier, Teilen einer blauen Klavierumzugskiste [sic!], einer blauen Kindertasse, einer Zahnbürste, Haarspangen, einem blau geränderten Taschentuch und mit den blauen Tüten von örtlichen Wäschereien.«[11]

Diese grandiosen Tiere wären höchst unpraktische Versuchsobjekte gewesen, um Verbindungen zwischen Genen und Verhalten zu isolieren. Die Molekularbiologen mussten sich wieder einmal nach etwas Einfacherem umsehen. Sydney Brenner erforschte zum Beispiel die Werbungs- und Kopulationsmutationen des Fadenwurms.[12] Dieser Wurm bewegt sich langsam und wellenartig. Ihn bei hoher Auflösung durch ein Mikroskop zu betrachten ist, als beobachte man die Wellenbewegungen eines Wals durch das Bullauge eines Schiffs. Er gleitet auf dem Agarbett einer Petrischale um sein Fressen herum, einen Klecks *E. coli* in der Mitte. Generationen von Brenner-Schülern wurde das typische Gleiten dieser Würmer

zum vertrauten Anblick, etwa wenn die Männchen die Weibchen umkreisen, sie umschlingen, behände nach der Vulva
suchen und sie dann schnell und mit jener unbefangenen Di-
rektheit und Lustbetontheit eines jungen Philip Roth finden.
Brenner und seine Studenten beobachteten die höchst regelmäßigen Gewohnheiten des Wurms (»geben wir ihm noch
fünfundvierzig Sekunden, und er wird wieder defäkieren«)
und lernten, ihn mit Zahnstochern oder einem Titandraht
aufzupicken, um die Mutanten für ihre genetischen Sezier-
experimente einzufrieren und wieder aufzutauen. Und wie
die Drosophilogen begannen auch sie sich immer mehr in ihre
Tiere zu verlieben, je mehr sie von deren reichhaltigem Verhaltensrepertoire entdeckten. Gleich am anderen Ende des
Flurs von Benzers Fliegenlabor am Caltech befindet sich ein
Wurmlabor. Es wird von einem jungen Molekularbiologen
namens Paul Sternberg geleitet, der dort drei- bis viertausend
Stämme von Mutanten, Doppelmutanten und Tripelmutan-
ten tiefgefroren in flüssigem Stickstoff für seine Zuchtexperimente aufbewahrt. Häufig erst dann, wenn er und sein Team
einen Mutanten erschaffen hatten und dabei etwas schief lief,
erkannte er ein normales Verhaltenselement, das er zuvor
nicht wahrgenommen hatte. »Wenn man so ausschließlich auf
etwas Bestimmtes konzentriert ist wie wir«, sagt Sternberg,
»fällt einem so etwas erst auf, wenn man darauf gestoßen
wird. Dann betrachtet man das Ganze von vorne und sieht es.
Das ist das Gesetz des Genetikers. Ein Verhaltenszoologe oder
ein Ethologe würde natürlich nur beobachten. Aber ich arbeite mit Leuten, die Gene spannend finden. Sie werden ganz
aufgeregt, wenn sie über Gene sprechen können.«

Auf den Hawaii-Inseln hat der Druck der geschlechtlichen
Zuchtwahl sogar unter Taufliegen zu fantastischen Ausbil-
dungen geführt.[13] Es gibt über vierhundert *Drosophila*-Arten
auf den Inseln, und alle stammen von nur einer Handvoll
Fliegen ab – vielleicht sogar nur von einer einzigen schwange-
ren Eva –, die vor Millionen Jahren von einem launischen
Wind herübergetragen wurden. Als Tauliebhaber leben diese
Fliegen vor allem in den Regenwäldern auf den kühlen grünen Hängen der dem Wind und Wetter ausgesetzten Seite

von Vulkanen. Die *picture-winged-Drosophila* ist eine der eindrucksvollsten überhaupt und außerdem sehr groß für eine Taufliege, das heißt sechs bis acht Millimeter lang. Ebenso eindrucksvoll ist ihr Werben. Befinden sich die Männchen auf Freiersfüßen, fliegen sie zuerst einmal zu einem gut sichtbaren Platz auf einem Baumstumpf, einem großen Blatt oder Farn knapp über dem Boden. Bis zu zehn Männchen aus manchmal drei oder vier unterschiedlichen Arten reservieren sich eigene Farnwedel, Rindenschuppen oder die Blütenblätter einer Orchidee. Diese Werbungsplätze nennt man »Balzstand«, was nichts anderes ist als die Taufliegenversion eines amerikanischen »7-Eleven«, in dem die Männer herumhängen. Und tatsächlich warten sie beinahe von sieben Uhr morgens bis elf Uhr abends – von Sonnenaufgang bis Sonnenuntergang, sogar bei leichtem Regen. Die Männchen der einen Gattung warten völlig regungslos, andere parfümieren ihre Plätze mit winzigen analen Tröpfchen männlicher Pheromone, um für sich die Werbetrommel zu schlagen. Die Weibchen der *picture wings* sind erst mit einem Monat paarungsbereit und leben oft noch einen ganzen weiteren Monat, ohne sich jemals wieder zu paaren. Folglich lässt sich jedes Weibchen genügend Zeit, fliegt Tag für Tag erneut von Balzstand zu Balzstand, manchmal wochenlang, bevor sie sich herablässt, zu verführen und sich verführen zu lassen.

Aus der Nähe betrachtet, erklärt der Drosophiloge Herman T. Spieth, könne man erkennen, dass die Männchen jeder Art ihre eigenen Werbegepflogenheiten haben. Ein *Drosophila-ornata*-Männchen stellt sich zum Beispiel direkt hinter das Weibchen, steckt seinen Kopf unter ihre Flügel, reckt seinen Rüssel und stampft dabei abwechselnd mit den Vorderbeinen auf das Farnblatt, spreizt seine Flügel, streckt seinen Hinterleib, hebt die Spitze und presst rhythmisch ein Analtröpfchen hervor. Danach verfällt er in Routinen und Subroutinen. Wenn das Weibchen beispielsweise mit ihren Hinterbeinen ausschlägt, so Spieth, zieht sich das Männchen üblicherweise ein paar Millimeter zurück, spreizt seine Flügel in einem Winkel von 45 Grad und entblößt bestimmte Segmente und Membranen. Manchmal beginnt das Männchen

sein Werben auch von vorne. Dann allerdings läuft eine völlig
andere Routine ab. Zum Beispiel scharrt es in diesem Fall auf
festgelegte Weise am Farn, hebt und senkt den Hinterleib und
tut schließlich etwas, das Spieth in klinischer Sprache als
»Kontakt der Labiallappen« beschreibt, nicht jedoch ohne in
Klammern zu erklären: »küssen«.[14]

Die *Drosophila hamifera* stellt sich wiederum auf ganz andere Weise zur Schau, etwa durch Flügelvibrationen und ein
Kreisen des Hinterleibs, das an den Hüftschwung von Elvis
Presley erinnert. »Wenn das Weibchen reagiert, indem es
labialen Kontakt herstellt (küsst), kreist das Männchen eiligst
zu ihrem Hinterteil.«[15] Dort nimmt es dann, so Spieth weiter,
die rituelle Position seiner Art ein: Es steckt den Kopf unter
ihre Flügel, saugt sich mit seinem hypertrophen Labellum
(geschwollenen Lippen) an ihr fest, schiebt seine Vorderbeine
unter ihren Hinterleib und bewegt sich abwechselnd nach
hinten und nach vorne…

Und immer so weiter, durch unzählige unterschiedliche
Routinen und Wenn-dann-Subroutinen hindurch, die sich
bei einer einzigen Fliegenart auf einer einzigen abgelegenen
Inselgruppe herausgebildet haben. Viele dieser Verhaltenselemente haben sich vermutlich auf dieselbe Weise entwickelt wie
die Fliegen in Benzers Fliegenlabor: Schritt für Schritt, wobei
sich jedes Mal nur ein einziger Buchstabe oder ein paar wenige Buchstaben im genetischen Code verändert haben. Diese
Routinen verhelfen den Männchen dazu, dasselbe zu erreichen wie Buckelwale mit ihren Liedern oder Laubenvögel mit
ihren Lauben: sich als gute Wahl darzustellen und sich dabei
möglichst positiv von allen anderen auf dem Balzstand abzuheben. Erst nach erstaunlich vielen solcher Routinen der hawaiischen Taufliege kommt der Moment, an dem das Weibchen – nachdem es bis dahin ausgewichen ist, um sich gesto-
chen hat, einen Satz zurück gemacht, mit den Beinen ge-
stampft, die Flügel ausgebreitet oder sich einfach gleichgültig
verhalten hat – Kopf voran auf das Männchen zumarschiert
und »mit geöffneten Labiallappen den geöffneten Labiallappen des Männchens entschlossen einen ›Kuss‹ aufdrückt«.[16]

Nachdem es mit dem Männchen kopuliert hat, fliegt das
Weibchen auf Nimmerwiedersehen davon.

»Überraschenderweise«, sagt Michael Ashburner von der Cambridge University, eine weltweite Autorität auf dem Gebiet der *Drosophila*, »betrachten die meisten Entomologen die *Drosophila melanogaster* nicht als Insekt.« Ashburner lacht. »Nun, sie ist eines, doch weil es derart viel Literatur über die *Drosophila* gibt und vieles davon zumindest gewisse Kenntnisse der formalen Genetik erfordert, über die die meisten Insektenbiologen nicht verfügen, scheuen sie in Wahrheit einfach nur vor ihr zurück.«

Aber die *Drosophila melanogaster* ist aus demselben Schrot und Korn wie andere Insekten. Man braucht nur ein jungfräuliches Weibchen und ein Männchen der Gattung *Drosophila melanogaster* unter ein großes Uhrglas zu setzen, und schon kann man beobachten, dass die Handlung, die sich nun darunter abzuspielen beginnt, immer wieder denselben Verlauf nimmt, fast wie ein Uhrwerk. Das Männchen entdeckt das Weibchen, und selbst wenn es noch niemals zuvor in seinem Leben eine weibliche Fliege gesehen hat − selbst wenn es überhaupt noch niemals zuvor ein anderes Lebewesen gesehen hat −, scheint es, wie Benzer sagt, »augenblicklich ein ›Aha!‹-Erlebnis zu haben«: Der Fliegen-Adam erkennt Eva. Innerhalb von Sekunden postiert er sich so, dass er seitlich Kopf an Kopf mit ihr steht. Dann streckt er ihr in einer Art von Salut einen Flügel entgegen und lässt diesen vibrieren: das Liebeslied der Fliege. Nun eilt er auf ihre andere Seite und wiederholt dasselbe mit dem anderen Flügel: zweite Strophe desselben Lieds. Benzer konnte dieses Lied in der Stille der Nacht in seinem Arbeitszimmer gerade noch erahnen, wenn er sein Ohr an eine offene Phiole legte: »Eine kleine Nachtmusik«. Für das menschliche Ohr klingt dieses Fliegenlied zwar wenig romantisch, aber die Fliege scheinen ja umgekehrt auch die Lieder des Menschen völlig kalt zu lassen, die ständig aus den Radios, Kassettendecks und CD-Playern im Fliegenlabor dröhnen. Wenn Benzer bei Vorträgen eine Aufnahme dieses Liebeslieds der Fliegen vorspielen wollte, pflegte er das immer wie ein Zirkusdirektor anzukündigen: »Meine Damen und Herren, Sie werden nun das Vergnügen haben, die Aufnahme eines Minneliedes der männlichen *Dro-*

sophila melanogaster zu hören, und ich hoffe doch, die Damen werden sich beherrschen können.« Dann erklärte er vergnügt, dass dieses Lied über die Antenne des Weibchens – das tonempfangende Organ – mit einer Lautstärke von etwa einhundert Dezibel ankommt, vergleichbar dem Höhepunkt der »Ouvertüre 1812«.

Das Fliegenmännchen schüttelt seine Flügel vor dem Weibchen jedoch nicht einfach nach Lust und Laune. Die *Drosophila melanogaster* soll sich in Afrika entwickelt haben, und in den dortigen Regenwäldern wird sie sich vermutlich auf dieselbe Weise positiv von den anderen abzuheben versucht haben wie ihre diversen Artgenossen auf Hawaii. Singt ein *Melanogaster* nicht exakt das erforderliche Liebeslied, gibt das Weibchen ein Brummen von sich, ein unter Taufliegen international verständliches Zeichen der Ablehnung, das die Männchen jeder Gattung zu begreifen scheinen. Manchmal schlägt das Weibchen ein Männchen noch während seines Auftritts in die Flucht oder hält ihm ihre Legeröhre vors Gesicht – ein Anblick von offenbar völlig entmutigendem Effekt. Singt das Männchen jedoch genau das Lied, welches das Weibchen hören möchte, und ist das Weibchen zudem eine Jungfrau, nimmt die Handlung in den genau vorgegebenen *Melanogaster*-Schritten ihren Lauf – und die sind, wie Benzer meint, auf »ausgesprochen peinliche Weise anthropomorph«: Das Männchen verfügt über einen erektilen Penis, das Weibchen über eine Vagina, und der Akt dauert üblicherweise zwanzig Minuten (»Wie viel anthropomorpher könnte das denn noch sein?«).

Werbung und Kopulation sind Verhaltensweisen höherer Ordnung als jene, die durch die *clock*-Gene gesteuert werden. Die Werbung erfordert eine ganze Reihe von komplizierten Schritten, eine lange Kette unterschiedlichster Verhaltenselemente, wobei jeder Schritt die Wahrscheinlichkeit des nächsten erhöht: Eines führt zum anderen, wie wir sagen. Und jeder einzelne Schritt dieses Fliegen-Tanzes ist ererbt. Wirbt ein Männchen um ein Weibchen, tippt er sie zuerst mit den Vorderbeinen an, als wollte er zunächst nur ihre Aufmerksamkeit erregen. Dann folgt er ihr auf Schritt und Tritt und beginnt zu singen. Anschließend streckt er seinen Rüssel aus, als fragte er sich: Will ich das wirklich? Ist das weiblich? Ist das die richtige Gattung? Er küsst sie, leckt sie und versucht schließlich zu kopulieren. Richard Feynman ersann eine Möglichkeit, die Interaktionen von subatomaren Teilchen mittels Pfeilen darzustellen, um aufzuzeigen, wie sie sich einander nähern und auf welchem Wege sie sich wieder trennen. In jenen frühen Tagen, als Benzer Fliegen noch für simple Verhaltensteilchen hielt, zeichnete auch er manchmal die einzelnen Schritte ihres Werbens im Stil eines Feynman-Diagramms auf, mit einer Helix in der Mitte. Das mutete ebenso aberwitzig an wie sein Gegenstromapparat: Lebewesen als Verhaltensteilchen zu beschreiben! Denn natürlich sind Werbung und Kopulation Verhaltensweisen einer wesentlich höheren Ordnung als das Verhalten von Teilchen. Und noch einmal: Diese Verhaltensweisen erbt die Fliege mitsamt ihrem Körper. Verhalten ist in diesem Paket sozusagen inklusive.

Benzer konnte sich keinen interessanteren Instinkt zu erforschen vorstellen als diesen. Und er hoffte, ihn nun mittels der genetischen Sektion in seine einzelnen Schritte zerlegen zu können. »Der Trick dabei ist, ein Ausleseverfahren zu entwickeln«, erklärt Ashburner von der Cambridge University. Benzers Gegenstromapparat sei ideal zum Screening der Phototaxis gewesen, meint er (»sehr, sehr einfach, aber sehr elegant«), Benzers Flugtester ideal zum Screening von Flugmutanten (»wieder elegant einfach«). Das Ausleseverfahren für zeitblinde Mutanten war schon etwas schwieriger, da man ja eine Möglichkeit finden musste, aus Tausenden von Fliegen eine einzige herauszufinden, die einen gestörten Zeitsinn hatte. »Aber Ron Konopka hat es getan«, sagt Ashburner. »Manche Ausleseverfahren können verdammt mühsam sein! Und es gibt noch immer Aspekte von komplexem Verhalten, die ungeheuer schwierig zu – zu – zu, na ja, ich meine, es ist logistisch einfach äußerst schwierig, Mutanten dazu zu bringen, sich auf bestimmte Weise sexuell zu verhalten, etwa wenn du die Männchen in einer bestimmten Lage zu den Weibchen brauchst, oder wenn sie deren Hinterteil lecken sollen, was auch immer, wissen Sie. Man kann sich zwar vorstellen, wie

man sie dazu bringen könnte, aber, ich meine, technisch gesehen ist das eine gewaltige logistische Anstrengung ...«

1971, als Benzer und Konopka ihre Entdeckung der *clock*-
Gene bekannt gaben, kam Jeff Hall als Postdoc in ihr Labor
und begann sofort darüber nachzudenken, wie man Werbe-
und Kopulationsmutanten aussieben könnte. Von allen Schülern Benzers wusste Hall am meisten über die *Drosophila*. Seit
seinen frühesten Studententagen hatte er mit Taufliegen, Fliegenflaschen und den als Leichenschauhäusern dienenden
Trichter-Bierflaschen experimentiert. Hall und Benzer entschieden, dass sie sich diesem Problem am ehesten annähern
würden, wenn sie nach einem Mutanten suchten, den Hall
kurz darauf in jenem ironisch-jämmerlichen Ton, den er von
Woody Allen abgeguckt hatte, *savoir-faire* nennen sollte: eine
Fliege, die einfach kein Glück in der Liebe hatte. Um sie zu
finden, borgte sich Hall einen Satz Mutanten aus einem anderen Fliegenlabor, und zwar eine Linie, bei der noch keinem
Männchen die Vaterschaft geglückt war.[17] Diese Männchen
brachte Hall nun mit normalen Weibchen zusammen und beobachtete, was geschah. Die Männchen konnten nicht nur das
Liebeslied der Taufliegen singen, sondern auch das ganze
nachfolgende Repertoire abspulen – »talk the talk and walk
the walk«. Aber sie waren steril. Sie mussten irgendeinen Defekt in ihrem Fortpflanzungssystem haben.

An sich waren diese Mutanten nicht besonders interessant,
und sie langweilten Hall ebenso wie Fliegen, die blind waren
oder eine fehlerhafte Flügelmuskulatur hatten. Andererseits
war er beeindruckt von der Macht des Instinkts, den diese
Fliegen geerbt hatten. Zum Beispiel war er davon ausgegangen, dass eine blinde Fliege automatisch auch ein *savoir-faire*-
Mutant sein würde. Aber nein, in einer Fliegenflasche kann
ein blindes jungfräuliches Männchen, das in totaler Isolation
aufgezogen wurde, selbst dann ein jungfräuliches Weibchen
finden, wenn dieses ebenfalls blind ist. Offenbar erschnüffelt
das Männchen ihre aphrodisierende Eigenreklame, ihre
Pheromone. Auch diese beiden Mutanten vereinigen sich und
geben ihre Gene weiter.

Hall hatte auch bezweifelt, dass ein flugunfähiges Männ-

chen in der Lage sein würde, seine Flügel auszustrecken und
das Vibrationslied der Fliege zu spielen. Doch selbst die flug-
untauglichen Mutanten, die Benzer am Boden des Flugtesters
fand, waren gewillt und fähig, dort unten ihr Liebeslied anzu-
stimmen. Wenn sie ein Weibchen erspähen, erzählt Benzer,
versetzen sie ihre Flügel in Schwingung. »Eigentlich ganz
normal. Doch wenn man sie vom Ende eines Stäbchens
abklopft, plumpsen sie einfach hinunter auf den Tisch.« Jahre
später sollte ein Student in Halls Labor männliche Doppelmutanten züchten, die weder sehen noch riechen konnten.
Bevor er sie mit weiblichen Doppelmutanten zusammen-
brachte, die ebenso wenig sehen oder riechen konnten, schnitt
er ihnen auch noch die Flügel ab. Einige fanden noch immer
zusammen und paarten sich.

Jedes Gras und Kraut besame sich, und ein jegliches trage
Frucht »nach seiner Art«, heißt es auf der ersten Seite der
Genesis. Jedes Lebewesen, das da lebt und webt, »die großen
Walfische wie das gefiederte Gevögel darüber«, und alles, was
da schwimmt, kriecht oder fliegt, gibt der nächsten Generation nicht nur die spezifische Gestalt seiner Art, sondern auch
deren Instinkte weiter, inklusive des Generationeninstinkts
selbst: »Und Gott segnete sie und sprach: Seid fruchtbar und
mehret euch und erfüllet das Wasser im Meer; und das Gefie-
der mehre sich auf Erden.« Dieser Auftrag der »ersten Seite«
beschreibt eines der größten Wunder seit dem Beginn allen
Lebens.

Benzer und seine Studenten suchten einen Zugang zu diesen Instinkten, indem sie herauszufinden versuchten, an welchem Punkt eine Abweichung stattgefunden und diese einen
neuen Weg eingeschlagen hatten. Einige Male fielen ihnen
Mutanten auf, die halb männlich und halb weiblich waren.
Schon Jahre zuvor hatte die Morgan-Bande solche Fliegen
entdeckt. Man nennt sie »Gynandromorphe«, abgeleitet aus
dem griechischen *gynē*, Frau, und *anēr*, Mann: die Gestalt,
die Morphe, von Mann und Frau. Bei einigen Gynandromorphen ist die rechte Körperhälfte männlich und die linke
weiblich. Jede Zelle der männlichen Hälfte verfügt über ein

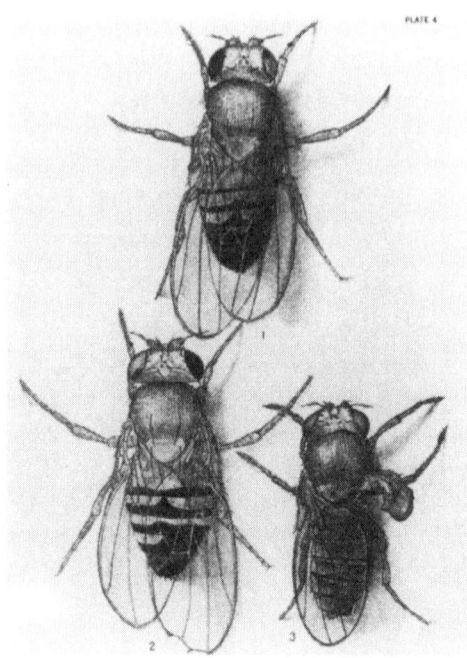

Geschlechtermosaike: Man beachte die unterschiedlichen Augenfarben und Flügelgrößen. Aus Sturtevant, »Origins of Gynandromorphs«.

X-Chromosom und jede Zelle der weiblichen Hälfte über zwei. Bei einigen Gynandromorphen – kurz Gynander genannt – verläuft die Spaltung genau in der Körpermitte, sogar mitten durch den Kopf hindurch: Das rechte Auge ist männlich, das linke weiblich. Bei anderen Gynandern zieht sie sich diagonal durch den Körper. Die weibliche *Melanogaster* ist größer als die männliche, also sind auch die weiblichen Teile des Gynandromorphen größer als die männlichen. Der Hinterleib einer weiblichen *Melanogaster* ist braun, der eines Männchens schwarz (*melanogaster* bedeutet »schwarzer Bauch«). Also ist der Hinterleib des Gynanders braun und schwarz gefleckt. »Gepriesen sei der Herr für scheckige Dinge«, schrieb der Dichter Gerard Manley Hopkins in einer Lobpreisung von »Himmel in den Farbmischungen einer ge-

scheckten Kuh«, von »parzellierten und zerstückelten Landschaften« und »allen verkehrten, originellen, entbehrlichen
und wunderlichen Dingen«.[18] Und von allen verkehrten, originellen, entbehrlichen und wunderlichen Dingen ist der
Gynander mit Sicherheit eines der wunderlichsten – vielleicht
sogar zu wunderlich für Hopkins.

Für Benzer waren Gynander etwas völlig Neues. Einmal fa-
brizierte er einen Gynander mit einem sehenden und einem
blinden Auge und manövrierte ihn in ein aufrecht stehendes
Teströhrchen, über dem eine Glühbirne baumelte. Eine normale Fliege mit zwei gesunden Augen würde augenblicklich
geradewegs nach oben dem Licht entgegenkrabbeln. Sie
würde auch dann nach oben klettern, wenn es im Raum dunkel wäre, denn die *Drosophila* verfügt nicht nur über einen
Sehsinn, sondern auch über einen Gravitationssinn. Als Benzer nun jedoch das Licht einschaltete, kletterte sein Gynander
das Glas korkenzieherförmig hinauf, drehte sich ständig in
einer Richtung um seine eigene Achse, da er mit dem schlechten Auge zum Licht schielte und versuchte, den Input beider
Hirnhälften auszubalancieren.[19] War das rechte Auge blind,
krabbelte der Gynandromorph eine rechtsgedrehte Helix;
war das linke blind, eine linksgedrehte. »Manchmal«, schrieb
Benzer, »kann ich kaum der Versuchung widerstehen, in
wehmütiger Erinnerung an die guten alten Zeiten der Molekularbiologie, zwei Fliegen hineinzugeben und sie eine Doppelhelix erzeugen zu lassen.«[20]

Jahrzehnte zuvor hatte Sturtevant erkannt, wie man anhand von Gynandern eine *fate map* erstellen kann, wie Em-
bryologen sagen, eine Karte über das Schicksal jedes einzelnen Punktes im embryonalen Frühstadium, aus der hervor-
geht, welcher Teil einer Fliege sich aus welchem Zellklumpen
entwickelt.[21] Im sehr frühen embryonalen Stadium, Blastoderm genannt, ist ein Fliegenei mit einem weichen Überzug
bedeckt, also nicht schalenartig umhüllt, sondern von mehreren zehntausend Zellen geschützt. Bei einem gynandromorphen Embryo ist die eine Hälfte dieser Zellen männlich und
die andere weiblich. Gynander-Eier sind wie Ostereier, die

jeweils in zwei verschiedene Farben getunkt wurden. Die Grenzlinie zwischen den Geschlechtern kann über Kreuz, schräg oder in irgendeiner anderen Form auf dem Gynander-Ei verlaufen, aber immer teilt sie die Oberfläche in zwei Teile – in einen männlichen und einen weiblichen.

Sturtevant hatte sich nun eine Möglichkeit überlegt, wie er die männlichen und weiblichen Teile eines Gynanders bis zu ihren Ursprüngen auf der Oberfläche des Blastoderms zurückverfolgen konnte. Um auszuprobieren, ob seine Idee funktionierte, hatte er 379 Gynandromorphe der *Drosophila simulans* untersucht, einer nahen Verwandten der *Melanogaster*. Von jedem hatte er eine Zeichnung angefertigt, auf der er festhielt, welcher Teil weiblich und welcher männlich war. Dann verstaute er diese Zeichnungen in einer Schublade und wandte sich anderen Projekten zu. 1969 liehen sich zwei Fliegenforscher – einer von ihnen ein Postdoc von Sturtevants Schüler Ed Lewis – diesen inzwischen vergilbten Stapel Zeichnungen aus, um das Projekt zu Ende zu führen. Sie zeichneten eine ovale Karte von der Oberfläche des Blastoderms und kennzeichneten den Ursprungspunkt des ersten linken Beins, des zweiten linken Beins und des dritten linken Beins, dann des Kopfes, der Augen und der Flügel und schließlich aller Sektionen des dorsalen und ventralen Hinterleibs.[22]

Während sie diese Schicksalskarte erstellten, lag Sturtevant im Sterben. Aber sie schafften es, sie noch kurz vor seinem Tod fertig zu stellen.

Als nächstes zeichneten Benzer und Hotta eine Schicksalskarte des *Melanogaster*-Eis.[23] Wie viele Freunde Sturtevants hatten auch sie immer bedauert, dass die genetische Karteneinheit nach Morgan und nicht nach dem Mann benannt worden war, den sie Sturt nannten. Zu Ehren von Sturtevant beschloss Benzer deshalb, die Entfernung zwischen zwei Punkten auf seiner Schicksalskarte *Sturts* zu nennen. Die Entfernung zwischen dem Ursprungspunkt des ersten linken Beins der Fliege und dem des zweiten linken Beins beträgt zum Beispiel zehn Sturts. Benzer musste jedes Mal kichern, wenn er den Namen der neuen Karteneinheit aussprach.

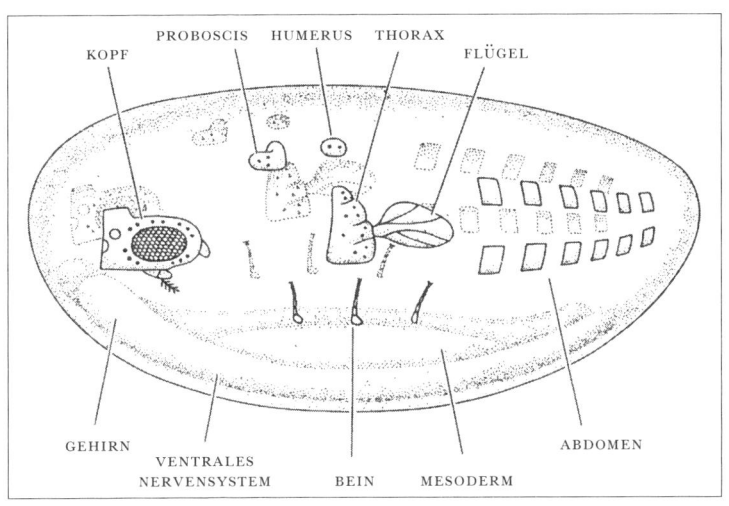

Die so genannte fate map *– eine Schicksalskarte. Dieses eiförmige Objekt ist ein Fliegenembryo im Frühstadium, dem so genannten Blastoderm. Benzers Diagramm zeigt, dass jeder Teil der erwachsenen Fliege einem spezifischen Ursprungspunkt auf der Oberfläche des Blastoderms entstammt. Nach Fertigstellung dieser Schicksalskarte verfolgte er mit seinen Studenten Verhaltenselemente bis zu dieser Oberfläche zurück, viele der Tanzschritte bei Werbung und Kopulation eingeschlossen. Aus Benzer, »Genetic Dissection of Behavior«.*

»Wissen Sie«, sagt er, »sie nach Sturtevant zu benennen war wirklich sentimental.«[24]

Benzers Postdoc Jeff Hall begann nun anhand von Gynandromorphen und diesen Schicksalskarten sexuelle Instinkte zu erforschen.[25] Gemeinsam mit Doug Kankel, einem weiteren Postdoc aus Benzers Labor, betäubte er einen Gynander mit Äther, fixierte ihn in einer Art weißen Schmiere (ein Markenname dafür ist beispielsweise *Tissue-tek*) und fror ihn ein. Dann schnitten sie ihn mit einem Mikrotom in dünne Scheibchen – so dünn, dass sie dreißig bis vierzig Scheibchen aus einer einzigen Taufliege bekamen. Sie färbten jeden Schnitt so, dass die männlichen Zellen farblos blieben und die weiblichen ein dunkles Braun annahmen. Wenn Hall und Kankel die gefärbten Schnitte des Fliegenhirns nun durch das Mikroskop betrachteten, konnten sie bis hinunter zu den einzelnen Neuronen feststellen, welche Teile des Nervensystems männlich und welche weiblich waren. Auf diese Weise konnte Hall später jene Hirnregion kartieren, die weiblich sein muss, damit eine Fliege ein Männchen dazu bringen kann, sich werbend zu verhalten, und anschließend die andere Region, die männlich sein muss (ein Punkt im Mittelleib), damit das Männchen einen Kopulationsversuch unternimmt. Selbst wenn die Kutikula (das Häutchen über der äußeren Zellschicht) am Kopf eines Gynanders weiblich ist und dieser über weibliche Augen, weibliche Ohren und eine weibliche Schale verfügt, ja sogar wenn er auch noch einen weiblichen Mittelleib, ein weibliches Thorakalganglion und weibliche Flügel hat, wird diese Fliege den Flügel recken und mit ihm nach Art des Liebeslieds eines Männchens vibrieren, sofern nur ein entscheidender Punkt in ihrem Hirn männlich ist. Andererseits wird ein Gynander mit einem beinahe vollständig männlichen Körper für das Lied und den Tanz eines Männchens empfänglich sein, wenn nur ein einziger entscheidender Punkt in seinem Gehirn weiblich ist.

Benzer konnte jedes dieser Verhaltensfragmente in derselben Weise auf der Schicksalskarte verzeichnen, mit der er und seine Studenten auch die anatomischen Fragmente kartierten. Woche für Woche wurden neue Orientierungspunkte für Anatomie und Verhalten auf der eiförmigen Schicksalskarte eingetragen, immer in jener spinnwebartigen Schrift in tiefschwarzer Tinte, die zu Benzers Markenzeichen geworden war, seit er *Arrowsmith* gelesen hatte.

Das Projekt war von Bedeutung, weil es einen Zugang zu jenem unbekannten Gebiet zwischen Genen und Verhalten weisen konnte, das Benzer immer stärker in seinen Bann zog. In gewissem Sinne kam allein schon in diesem Gebiet die Einzigartigkeit von Benzers Projekt zum Ausdruck. Denn Tierzüchter und Ethologen konnten zwar beobachten, dass Instinkte von Generation zu Generation weitergegeben werden, doch nur Molekularbiologen konnten ins Innere eindringen und feststellen, wie der Weg vom Gen zum Verhalten im Embryo seinen Anfang nimmt.

Damals waren Wachstum und Entwicklung eines Embryos (von Biologen schlicht als Evolution bezeichnet) noch ein großes Geheimnis. Die Gesetzmäßigkeiten und Ursprünge von Evolution waren ebenso unbekannt wie die Gesetzmäßigkeiten und Ursprünge von Verhalten. Niemand wusste, wo man nach Antworten suchen oder gar, wie diese Antworten überhaupt lauten sollten. Gene, die mit der frühen embryonalen Entwicklung in Zusammenhang gebracht wurden, waren bereits seit sechzig Jahren auf den Karten verzeichnet, und trotzdem verschloss sich diese Frage nach wie vor jeder Lösung. Niemand kam auf die Idee, dass die Gene, die Ed Lewis in Sturtevants alten Laborräumen kartierte, schließlich das Problem knacken sollten.

Lewis war 1937 ans Caltech gekommen, um bei Sturtevant seine Doktorarbeit zu schreiben. Seit dieser Zeit arbeitete er immer im gleichen Fliegenlabor mit einigen besonders merkwürdigen Mutantenlinien. Eine davon war *bithorax*, die über ein separates zweites Flügelpaar verfügt – eine vierflügelige Fliege, die schon 1915 in einer Milchflasche entdeckt worden war. Ein zweiter Mutant war *antennapedia*: Aus seinem Kopf wachsen statt Fühlern Beine.[26] Erst in den siebziger Jahren, nachdem Lewis Hunderttausende von deformierten Mutanten untersucht und gekreuzt hatte, begann er etwas besser zu verstehen, welche Rolle *bithorax* und *antennapedia* bei der Entwicklung der Fliege spielen. Beide Gene kontrollieren den Körperentwurf der hinteren Fliegenhälfte, also aller Körperteile außer dem Kopf. Lewis' Genkarte, über die er kaum etwas veröffentlichte, entwickelte sich allmählich zu einem großen Gemälde, das sich über die gesamte Wand seines Labors zog. Generationen von Verwaltern am Caltech ließen ihn gewähren. »In jeder anderen Institution…«, sollte Benzer Jahrzehnte später auf einer ausgelassenen Party zu Lewis' Ehren auf dem Campus vor laufenden, klickenden und surrenden Kameras erklären, nachdem der Welt die Bedeutung von Lewis' Arbeit endlich klar geworden war. »In jeder anderen Institution…« Inzwischen hatte sich Lewis längst vom Lehrbetrieb zurückgezogen, doch das Caltech hatte ihm gestattet, sein altes Labor zu behalten. Aber auch als cmcritier-

ter Thomas-Hunt-Morgan-Professor für Biologie arbeitete er
kaum weniger als zuvor. Nur eine der reinen Forschung und
dem Andenken von T. H. Morgan verpflichtete Institution
konnte jemandem wie Lewis gestatten, unverdrossen Jahrzehnt für Jahrzehnt nichts anderes zu tun, als seine *bithorax* zu
kartieren – ein Projekt, das ebenso irrelevant klang und sich
dann als ebenso bedeutend herausstellen sollte wie Benzers.

Bei einer normalen Fliege besteht der Mittelleib aus drei
Segmenten. Das erste Segment verfügt über ein Paar Beine,
das zweite Segment über ein Bein- und ein Flügelpaar. Zum
dritten gehören ein Beinpaar und ein Paar Schwingkölbchen,
»Haltere« genannt. Lewis entdeckte nun, dass das Problem
der *bithorax* nicht in einer einzelnen Mutation, sondern in
einem ganzen Mutationencluster auf dem dritten Chromosom besteht. Im Embryonalstadium verwechseln diese Mutationen ganz einfach ein Segment mit dem jeweils nächsten.
Während Lewis sie geduldig Jahrzehnt für Jahrzehnt kartierte, fand er heraus, dass die Gene im *bithorax*-Komplex in
derselben Reihenfolge auf dem Chromosom angeordnet sind
wie die Körperteile, die sie beeinflussen. Das heißt, wenn man
das Chromosom von oben nach unten betrachtet, findet man
Gene, die das Wachstum der Fliege von der Kopfspitze bis zur
Spitze des Hinterleibs bestimmen. Die Gene, die die Entwicklung des Kopfes und der Fühler kontrollieren, befinden sich
am einen Ende des Komplexes, diejenigen, welche die Entwicklung der Hinterleibspitze und des Anus kontrollieren, am
anderen. Eines nach dem anderen schalten sich diese Gene
während des Embryonenwachstums ein, und zwar in exakter
anatomischer Reihenfolge, angefangen beim Kopf bis hin
zum Anus. Wenn sie sich nun in anderer Reihenfolge einschalten oder wenn eines von ihnen eine Fehlzündung hat,
gerät der gesamte Körperplan der Fliege durcheinander. So
gesehen ist die Fliege ihre eigene Genkarte. Mit den Worten
eines Drosophilogen ist das, »als ob der gesamte Körper des
Insekts die Expression eines gigantischen, dem bloßen Auge
sichtbar gemachten Chromosoms wäre«.[27]

Dieser Genkomplex war es, der die Molekularbiologen
schließlich einer Lösung der Evolutionsfrage näher brachte, so

wie Benzers Mutanten einen Lösungsansatz für die Verhal-
tensfrage bieten sollten. Was Lewis in den Fliegen entdeckte,
erwies sich als grundlegend für unsere Erkenntnisse über den
gesamten Lebensbaum. Neue Werkzeuge der Molekularbiologie ergänzten die alten der Genetik und der Genkartierung
und führten zu einem Durchbruch nach dem anderen. Es
waren dieselben Werkzeuge, die auch bei der Arbeit mit Benzers Mutanten Wunder wirkten. Die *clock*-Mutanten und die
savoir-faire-Mutanten ermöglichten erstmals Einblicke in die
Funktionsweisen von Verhaltensgenen auf der anatomischen
Ebene von Atomen.

In den letzten Jahren des zwanzigsten Jahrhunderts, wenn
Lewis vor dem Irisbeet seines alten Lehrers Sturtevant stand
oder auf dem Institutsparkplatz mit den Reportern sprach,
die ihm dort auflauerten, sagte er oft verschmitzt: »Es war
reine Genetik. Es war reine Genetik.« Da sei nichts Molekulares im Spiel gewesen. Dabei dachte er daran, wie Delbrück
mit der Faust auf den Tisch zu schlagen und gegen Fliegen zu
wettern pflegte. Und dann murmelte er so leise vor sich hin,
dass ihn die Reporter bitten mussten, lauter zu sprechen: »Ich
bin froh, dass ich mich davon nicht abbringen ließ.«

Jeff Hall hatte inzwischen ein ganzes Regal voller Flaschen, in
denen er Mutanten mit interessanten Schwierigkeiten beim
Werbungsverhalten aufbewahrte. Ein mutiertes Männchen
zum Beispiel warb immer heftigst, kopulierte aber niemals.
Hall nannte ihn *celibate*. Ein anderes Männchen entzog sich
bereits nach zehn bis zwölf Minuten und zeugte kaum je Kinder. Er nannte ihn *coitus interruptus*. Dann gab es noch *stuck*,
der in einem anderen Fliegenlabor entdeckt worden war. Ein
stuck-Männchen hat Probleme, seinen Penis nach der Kopulation zurückzuziehen. »Das Paar bleibt einfach aneinander
kleben«, erzählt Benzer, »und versucht dann stunden- oder
tagelang verzweifelt, sich voneinander zu lösen. Manchmal
verhungert es dabei.«

In der freien Natur könnte eine Mutation wie *stuck* natürlich nicht lange überleben. Ein Männchen, das »stecken
bleibt«, kann sein genetisches Erbe nicht weitergeben. Diese

spezielle Mutation ist jedoch rezessiv, das heißt, Fliegen mit
einer mutierten und einer normalen Kopie des Gens können
normal werben und kopulieren. Im Church Labor begannen
Benzer und Hall solche Werbungsmutanten zu sammeln und
über Generationen weiter zu züchten, als wären es kernlose
Weintrauben.

Der erstaunlichste Werbungsmutant wurde in Yale entdeckt.[28] Im dortigen Fliegenlabor erforschte ein Doktorand
den Prozess der Eibildung. Auf der Suche nach sterilen weiblichen Mutanten unterzog er die Fliegen einer Röntgenbestrahlung. Dann fielen ihm in den Fliegenflaschen plötzlich
einige mutierte Männchen auf, die sich gegenseitig den Hof
machten. Normale Männchen in einer Flasche oder Petrischale rempeln sich gewöhnlich an, hetzen umeinander
herum oder weichen einander aus, ohne sich dabei lange zu
berühren. Wer sie beobachtet, fühlt sich an die Menschen-
masse erinnert, auf die man vom Obergeschoss der New Yorker Penn Station herunterblickt. Kollidieren zwei Männchen
in der Menge miteinander, weichen sie, peinlich berührt, ein
oder zwei Schritte zurück und beginnen sich zu säubern wie
Katzen. Wenn ein normales Männchen ein anderes mit aus-
gestrecktem Flügel auf sich zukommen sieht, beginnt es in
heftigster Ablehnung mit seinen Flügeln um sich zu schlagen.
Die Männchen in Yale sangen einander jedoch Liebeslieder
vor. Tests ergaben, dass ihr Sperma gesund war und dass sie
Weibchen zwar umwarben, aber niemals mit ihnen kopulierten: Sie absolvierten alle Stadien des Vorspiels, aber den letzten Schritt verweigerten sie.

Manchmal bildeten drei, fünf, zehn oder noch mehr
Männchen eine lange Kette und folgten einander in langen,
gewundenen Schlangen wie bei einer Polonaise. Das taten sie
dann stundenlang, meist nur rund um das Futter am Fla-
schenboden herum. Doch jedes Mal, wenn ihre Begeisterung
einem Höhepunkt zuzustreben schien, schlängelten sie sich
kerzengerade den Flaschenhals hinauf. Oft brach ihre Kette
dabei auf und musste wieder neu formiert werden. Dann
gönnten sie sich eine kleine Atempause, reihten sich aber bald
wieder in die Schlange ein.

Alle, die mit diesen Mutanten gearbeitet haben, stellten fest, dass Futter hier offenbar eine wichtige Rolle spielte – gab man ihnen gutes Futter und hielt man sie konstant bei angenehm warmer Temperatur, schien sie das zu ihrer Polonaise zu ermuntern. »Manchmal dauert es ein paar Tage«, erzählt eine Technikerin. »Es ist wie bei allen sozialen Angelegenheiten. Sie lernen sich erst einmal untereinander kennen.« Das Futter, das Klima und vermutlich auch das soziale Umfeld: Alles muss stimmen. »Erst wenn sie so richtig glücklich sind«, sagt sie mit einem beinahe entschuldigenden Lächeln, weil sie vom Glück der Fliegen spricht, »bilden sie diese Ketten.«

Der Doktorand in Yale veröffentlichte eine kurze Abhandlung über diesen Mutanten und nannte ihn *fruity*. Dann fuhr er in sein Heimatland Indien zurück, wo man nie wieder etwas von ihm hörte, und *fruity* wurde als Waise zurückgelassen. Doch als Hall die Abhandlung las, wusste er augenblicklich, dass hier von dem Gen die Rede sein musste, welches das Werbungsverhalten bestimmt. Er bat Yale um eine Flasche voller *fruity* und beschloss sofort, ihren Namen zu ändern. Er nannte sie *fruitless*.

In Dantes Visionen vom zehnten Kreis der Hölle müssen sich Sodomiten unablässig im Kreise drehen, ihre zu einem Rad verbundenen Körper durch ihre auf verbrannter Erde strampelnden Füße in Schwung gehalten. Die Szenerie in Benzers Fliegenlabor hatte große Ähnlichkeit mit Dantes Inferno. Ausschließlich männliche Mutanten wirbelten in Flaschen, Petrischalen und Teströhrchen herum, verbunden zu langen Polonaise-Ketten, und drehten sich stundenlang im Kreise. Diese Männchen in den Milchflaschen und Teströhrchen versuchten jedoch nie miteinander zu kopulieren, sie klinkten sich einfach nur in diese Ketten ein und tanzten. Manchmal streckten sie dabei einen Flügel aus, sangen das Liebeslied ihrer Art und tanzten weiter, den Flügel wie einen Tamburin schwingend.

In den siebziger Jahren waren die meisten Aspekte von sexuellem Verhalten auf der Ebene von Atomen, Molekülen und Genen noch ein Geheimnis. Biologen hatten Beobachtungen über die sexuellen Verhaltensweisen von mehreren zehntausend Spezies gesammelt. Die Bedeutung dieses Instinkts, der ja immerhin unverzichtbar ist, und die phänomenale Bandbreite an Verhaltensweisen von eng miteinander verwandten Arten, etwa der hawaiischen *Drosophila*, legten nahe, dass solche Instinkte in der Mehrheit aller Fälle Schritt für Schritt vererbt werden. *Fruitless* lieferte nun einen ersten Ansatzpunkt für die Theorie des atomaren Verhaltens.

Die *fruitless*-Männchen formierten sich auf dem Boden der Fliegenflaschen zu langen Ketten. Den lieben langen Tag verketteten sie sich zu großen Kreisen und zogen die Wände der Milchflaschen hoch. Bis zur Dämmerung hatten sich immer mehr von ihnen diesen Ketten angeschlossen. Und wenn Jeff Hall sie dann aus der Flasche schüttete, konnte er mit ansehen, wie sie sogar noch in langen Ketten durch den Trichter direkt in ihr Grab tanzten.

KAPITEL X

Erste Erinnerung

Es gibt eine Leidenschaft, sich zu erinnern, die nicht weniger gewaltig und überströmend ist als die Liebe.
Elie Wiesel
Alle Flüsse fließen ins Meer[1]

Benzers Freund Gunther Stent liebte es zu philosophieren, und Benzer war ihm immer gerne behilflich, schnell auf den Punkt zu kommen. Einmal holte Stent tief Luft und wollte ganz offensichtlich zu einem langen Vortrag ansetzen: »Jeder vernünftige Mensch...«, da unterbrach ihn Benzer: »Kein Mensch ist vernünftig!«

Benzer und seinem Kreis ging es um Wahrheit, auf Wort-artistik und Rhetorik reagierten sie daher mit rücksichtsloser Ungeduld. Diese Einstellung prägte auch ihren wissenschaftlichen Stil, und beides zusammen zog einen ganz bestimmten Studententyp an. »Gleich und Gleich gesellt sich gern«, heißt es auch in der organischen Chemie. Das ist das Prinzip der Gegenstrommethode, mit der ein Chemiker Öl präferierende Substanzen von Wasser präferierenden trennt. Ganz ähnlich stießen auch Benzer mit seinen Fliegen und Brenner mit seinen Würmern in den frühen Tagen ihres Gene-und-Verhalten-Projekts einige Studenten ab und zogen andere an. Wer sich zu ihnen hingezogen fühlte, war von besonderem Schrot und Korn, auf der Suche nach dem Abenteuer. Wie Benzer und Brenner war auch ihren Studenten der sichere, karrieristische Weg zuwider. »Es gab eine Menge junger Leute, die schon damals glaubten, dass die Molekularbiologie und die Genetik an ihre Grenzen gestoßen seien«, erzählt Brenner. »Mit anderen Worten, sie hatten nicht das Gefühl, dass es noch viele Möglichkeiten gab, schöpferisch zu sein oder initiativ zu werden. Deshalb zogen wir eine Menge Leute an, die das Risiko, dieses Gebiet dennoch zu betreten, auf sich nehmen wollten. Und das sind natürlich genau die Leute, die man will.« Die meisten ihrer Studenten stammten aus der klassischen Phage-Genetik. »Und für die meisten war das natürlich ein ziemlich großer Schritt ins Ungewisse.«

Wer Benzer in seinem Fliegenlabor besuchte, den empfing eine ähnliche Atmosphäre, wie sie einst in Morgans Fliegenlabor geherrscht hatte – und das war ein absolutes Irrenhaus gewesen. Morgan hatte alle acht Schreibtische seiner Bandenmitglieder in sein kleines Zimmer in der Schermerhorn Hall Nr. 613 gequetscht. Ständig krabbelten auf den Tischen und rund um den Abfalleimer, der nie völlig geleert wurde, entflohene Fliegen herum. Ganze Trauben von Fliegen umschwärmten die Bananenstaude, die immer in einer Ecke hing. Wenn die Jungs am Morgen mit ihren gestohlenen Milchflaschen unterm Arm das Zimmer betraten, griffen sie sich eine Banane und ließen die Schale achtlos in den Schreibtischschubladen verschwinden. »In den zwei Jahren, die ich in der geistig so inspirierenden Atmosphäre des Fliegenlabors arbeitete«, schrieb einer von Morgans Besten, Curt Stern[2], »öffnete ich meine Schreibtischschublade nie, ohne erst einmal eine Weile wegzusehen, um den Schaben eine Chance zu geben, sich in der Dunkelheit zu verkriechen. Einmal schrie ich auf: ›Dr. Morgan, wenn Sie noch einen Schritt weitergehen, töten Sie eine Maus!‹ Und genau das passierte.«

»Morgan war ein bisschen verrückt«, sagt Jeff Hall. »Er pflegte immer zu sagen: ›Um einen Organismus zu kennen, musst du ihn essen.‹ Nicht nur Fliegen – auch ihre Larven. Und nicht nur um Leute zu erschrecken, sondern auch, um zu *wissen*. C. W. Post hatte gerade die *Grape Nuts* erfunden, eine der ersten Sorten Cornflakes.« (Sie kamen 1897 auf den Markt.) »Darum verstand Morgan nicht, weshalb er keine Larven essen sollte – ›schmecken doch wie Grape Nuts‹, sagte er immer, wenn die Leute ihn anstarrten.«

Auch Benzer prägte sein Fliegenlabor mit seiner wachsenden Faszination am Bizarren, Extremen und an den äußersten Grenzen menschlichen Verhaltens. »Das ganze Labor hat
er mit seiner Vorliebe für das Außergewöhnliche angesteckt«,
sagt Bill Harris, in jenen frühen Tagen einer von Benzers Doktoranden und heute Vorsitzender des anatomischen Fachbereichs der Cambridge University. Benzer schleppte seine
Studenten und seine Frau Dotty beispielsweise zu der Ge-
richtsverhandlung gegen Charles Manson. Oder er besuchte
das Grab von Marilyn Monroe und platzte uneingeladen bei
Hollywood-Begräbnissen herein. Und natürlich brachte er
unentwegt neue Überraschungen in den Pausenraum seines
Labors, das jeder nur »Seymour's Sandwich Shop« nannte.
Harris erinnert sich mit Schaudern an das »chinesische Jahr-
hundertei« – ein Ei, das jahrelang im Boden vergraben gewesen war. Das Eiweiß war zu einem durchsichtigen Rot geworden, und das Eigelb hatte sich dunkelgrün verfärbt. »Er aß es
auf, aber jeder musste einmal kosten. Ja, mein alter Boss liebt
es, seinen Geschmackssinn auf die Probe zu stellen.«
    Für Benzer gehörte das alles zusammen, seine Neugierde
war grenzenlos. »Alles Teil derselben Aberration«, sagt er.
Und seine Studenten sahen das genauso, meint Harris. »Das
war mit das Anziehendste bei seiner Art der Forschung. In
den frühen Jahren seiner Genforschung kannte ich ihn nicht.
Aber das hier war definitiv Randzonenforschung.« Es gab so
viel Unbekanntes zwischen einer Mutation und einem Verhaltensteilchen zu entdecken. Benzer zitierte oft und gerne
Samuel Butler, ein Huhn sei nur die Art und Weise eines Eis,
ein anderes Ei zu machen. Verhalten, sagte Benzer, ist »nur
die Art und Weise, in der das Genom mit der Außenwelt
interagiert«, also die Art und Weise des Eis, das nächste zu
produzieren. Benzers Forschungsansatz – einen Mutanten zu
erschaffen und an ihm dann eine bestimmte Verhaltensweise
zu erforschen – unterstrich, wie wenig über diesen Kreislauf
vom Ei zum geflügelten Leben und zurück zum Ei bekannt
war. »Es lag so viel unerforschtes Gebiet dazwischen«, sagt
Harris, »dass die meisten Wissenschaftler glaubten, diese
Kluft sei unüberwindlich. Aber genau deshalb fühlten sich die

meisten von uns davon angezogen.« Sie wussten noch nicht, dass es ihnen die Werkzeuge der Molekularbiologie schon bald ermöglichen sollten, diese ersten Erkundungen mit unglaublicher Geschwindigkeit weiter zu verfolgen und die Verbindungsglieder zwischen Genen und Verhalten auf einer ganz neuen Ebene zu erforschen. »Aber wir wussten, dass es sich um einen Prozess handelt, dass wir dieses Problem Schritt für Schritt lösen würden«, erklärt Harris. Gerade weil die Kluft so unüberwindlich schien und so viele Wissenschaftler dieses Projekt für absurd hielten, war es für einen bestimmten Forschertyp so attraktiv. »Aber dann war es kein Schritt«, sagt Harris, »sondern eher ein riesiger Sprung.«

»Das Labor war damals sehr Laissez-faire«, erzählt Chip Quinn, der 1971 als Postdoc dazustieß und heute selber ein Fliegenlabor am Massachusetts Institute of Technology leitet. »Wir hatten immer diese unendlich ausgedehnten Mittagspausen. Manchmal redeten wie nur über Filme oder einfach Mist, manchmal aber auch über konkrete Wissenschaft. Ich glaube, keiner aus dem Labor wusste damals, was wir eigentlich tun sollten. Es gab ein Angebot wie im Warenhaus, und wir wussten nicht, was wir nehmen sollten.« Quinn erinnert sich an einen Studenten, der den Trapezkünstlern aus Benzers Fliegenzirkus mehr und mehr auf die Nerven ging. »Einmal sagte er: ›Da will ich Erfahrungen für die Neurobiologie in Harvard sammeln und gerate an diese *Hinterwäldler*. Und ihr wollt, dass ich mir diesen Schuh anziehe und *Pionier* spiele.‹« Dann verschwand er auf Nimmerwiedersehen und wandte sich einer Sache zu, die ihm sicherer schien.

Niemand ahnte, welche Bedeutung diese Experimente erlangen würden. »Keiner wusste das«, sagt Quinn. »Seymour dachte immer, na ja, hinter der nächsten Ecke wird bestimmt die Erleuchtung warten. Er hatte wirklich volles Zutrauen zu sich nach all den riesigen Erfolgen mit dem Phage. Immer wieder betonte er, ›wir können das, wir können dem Nervensystem auf die Schliche kommen‹.« Für Quinn war dieses Glücksspiel Ehrensache, wie Pascals Wette. »Wenn du schon selber glaubst, dass du es nicht schaffst, dann wirst du es auch garantiert nicht schaffen«, sagt er.

Von all den Projekten im Labor war Quinns Projekt das bei weitem ungewöhnlichste. Er wollte die unsichtbaren Ereignisse sezieren, die während und nach jeder Erfahrung im Gehirn ablaufen, jene Veränderungen, die wir Lernen und Gedächtnisbildung nennen. Er hoffte sogar, das Engramm zu finden, jenen heiligen Gral aller Naturwissenschaftler, die sich der Erforschung von Nerven und Gehirn verschrieben haben. Das Engramm ist der Sitz des Gedächtnisses, all jener physischen Veränderungen in einem Gehirn, das seine Erinnerungen selber verschlüsselt. »Sag, was ist ein Gedanke & aus welchem Stoff besteht er?« fragte William Blake und meinte damit eine Frage zu stellen, die niemals beantwortet werden könne.[3] Das Engramm ist der Stoff, aus dem die Erinnerungen sind. 1971 schimmerte es noch wie ein wolkenverhangener Gipfel in weiter Ferne. Doch Quinn glaubte, dieser Gipfel werde einfacher zu erreichen sein als so manch anderer am Horizont der Naturwissenschaften. »Welchen Trick oder welche Tricks wendet das Gehirn an, um eine auf Erfahrung basierende Veränderung zu kodieren?« fragte er Jahre später, nachdem ihn seine eigenen Experimente und die vieler anderer Forscher diesem Gipfel bereits ein ganzes Stück näher gebracht hatten. »Es könnte relativ einfach sein. Ich will damit sagen, dass es wirklich Hoffnung gibt – das Gehirn ist zu kompliziert, die Intelligenz ist zu kompliziert, und das Bewusstsein ist zu kompliziert, aber es besteht durchaus die Chance, dass wir wenigstens *diesen Trick* begreifen werden.«

Diesen Trick, der es uns ermöglicht, etwas von unseren Erfahrungen mit einer Art Nervennetz einzufangen und es für den Rest des Lebens dort aufzubewahren, wollte Quinn mit den Werkzeugen der genetischen Sektion erforschen. Irgendwie werden Erinnerungen mit Atomen geschrieben, und irgendwie behalten wir diese Erinnerungen, obwohl wir die Atome verlieren.

Natürlich ist die Fähigkeit zur Gedächtnisbildung von Mensch zu Mensch verschieden. Der Psychologe A. R. Luria beschrieb in einem berühmten Buch[4] seine Begegnungen mit einem Zeitungsreporter, der von seinem Herausgeber zu ihm geschickt worden war, weil er offenbar nie etwas vergaß. Luria

las ihm eine kurze Zahlentabelle vor und bat ihn, sie Zahl für
Zahl zu wiederholen.

$$1 \quad 6 \quad 8 \quad 4$$
$$7 \quad 9 \quad 3 \quad 5$$
$$4 \quad 2 \quad 3 \quad 7$$
$$3 \quad 8 \quad 9 \quad 1$$

Der Psychologe las ihm immer längere Tabellen vor, Reihe für
Reihe, ganze Ströme von Zahlen. Der Reporter wiederholte
sie problemlos. Er konnte sie rückwärts, vorwärts und sogar
diagonal wiedergeben.[5] Schließlich, schreibt Luria in *The
Mind of a Mnemonist*, »musste ich einfach zugeben, dass die
Kapazität seines Gedächtnisses *keine erkennbaren Grenzen*
hatte; dass ich nicht in der Lage war zu tun, was man doch für
die einfachste Aufgabe eines Psychologen halten möchte: die
Kapazität des Gedächtnisses eines Menschen zu messen«.[6]
    Dieses Thema war für die »Herren der Fliegen« in Benzers
Labor von ganz besonderem Interesse, denn viele von ihnen
verfügten selber über eine geradezu bodenlose Erinnerungsfähigkeit – und die brauchten sie bei ihrer Arbeit auch. Ron
Konopka zum Beispiel hatte von Geburt an ein fotografisches
Gedächtnis. Jeff Hall hatte mehrere tausend Verweise auf Aufsätze aus der Genetik in seinem Kopf gespeichert und konnte
sich oft nicht nur an die Namen der Autoren eines Papiers
und an die jeweilige Genealogie der Fliegen erinnern, sondern auch an das Erscheinungsjahr, den Band und die Seiten-
zahlen. Sturtevant pflegte abends zur Entspannung in der *Encyclopaedia Britannica* zu lesen, bis er kaum noch einen Artikel
finden konnte, den er nicht bereits im Gedächtnis gespeichert
hatte.[7]
    Dieses Phänomen wollte Quinn nun also mittels der gene-
tischen Sektion erforschen. Zugleich hoffte er damit erkunden
zu können, auf welche Weise sich der Tanz der Atome im
Laufe der Zeit verändert. Mit dem Älterwerden merken die
meisten von uns, dass die Löcher des Siebes immer größer
werden, dass das Netz ausfranst und immer mehr des Geschehens zwischen Aufwachen und Einschlafen hindurchfällt. Sol-

che Veränderungen unserer Alltagserfahrung sind vermutlich die Folge einer Veränderung, die in dem Sieb und dem Netz der Moleküle und Neuronen unseres Gedächtnisses stattfindet. Irgendwas verändert sich an der Art, wie wir Erinnerungen speichern, oder an der Art, wie wir sie abrufen und interpretieren. Quinn hoffte, mit der genetischen Präpariernadel auch Hinweise auf die Gründe für dieses Phänomen zu finden.

»Damit wir überhaupt irgendwas lernen können, müssen wir bereits eine Menge wissen«, sagt Yadin Dudai, ein anderer von Benzers ersten Postdocs, der heute ein Fliegenlabor am israelischen Weizmann Institut der Wissenschaften in Rehovot leitet.[8] Wir müssen wissen, wie wir leben, um zu wissen, wie wir lernen. In seinem Buch *The Neurobiology of Memory* schreibt Dudai: »Was das Froschauge dem Froschgehirn erzählt, basiert auf Erinnerung, die im Laufe von Millionen von Generationen erworben wurde, nicht anders als der Fluchtreflex der Fliege vor der Zunge des Frosches.« In diesem sehr allgemeinen Sinne sind die Gene selbst uralte Erinnerungen an das Leben auf Erden. Marcel Proust nannte Erinnerung einmal ein Seil, das vom Himmel herabgelassen wurde, um ihn aus dem Abgrund des Nichtseins herauszuziehen. Die gesamte DNS ist ein vom Himmel herabgelassenes Seil, um uns aus dem Abgrund des Nichtseins herauszuziehen. Ohne über drei bestimmte Arten von Informationen zu verfügen, rühren wir keinen Finger: erstens die Informationen, die wir in jedem Moment von unseren Sinnen erhalten; zweitens die Informationen, die wir in der Vergangenheit von unseren Sinnen erhalten haben; und drittens die Informationen, die unsere Vorfahren seit dem Beginn allen Lebens auf Erden angesammelt haben – und die in den Genen selbst präsent sind. Evolution heißt lernen. Jede Spezies speichert Erlerntes in Chromosomen, so wie Individuen es in Gehirnen und Gesellschaften es in Büchern speichern.

So gesehen ist unsere Lern- und Gedächtnisbildungsfähigkeit selbst eine Erinnerung – die Erinnerung an die Entdeckung einer Begabung, die nahezu vom Beginn allen Lebens an von Generation zu Generation weitergegeben wurde.

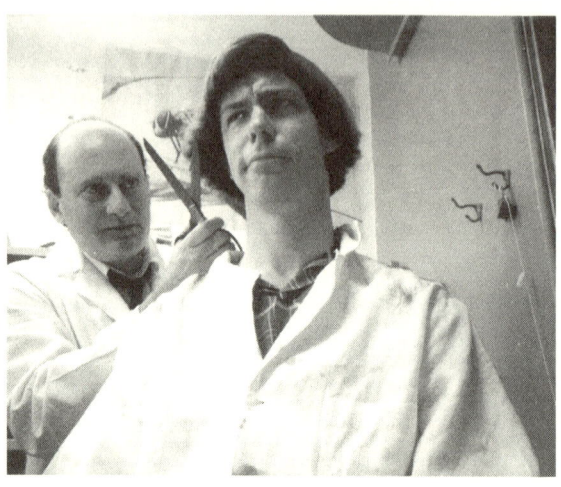

Benzers Reminiszenz an die Geschichte: In den vierziger Jahren hatten er und Max Delbrück sich gegenseitig die Haare geschnitten; jetzt, in den Sechzigern und Siebzigern, als er das Verhalten auf molekularbiologischer Ebene erforschte, tat er dasselbe mit seinen Postdocs. Hier, im Juni 1974, muss gerade Chip Quinn Benzers Sinn für Tradition erdulden.

Diese Begabung ist etwa so alt wie der Zeitsinn und vermutlich fast so alt wie der Fortpflanzungstrieb. Und von all den Begabungen, die Lebewesen während ihrer 3,5 Milliarden Jahre auf Erden erworben haben, sind die mnemonischen Fähigkeiten des Gedächtnisses die entscheidendsten. Die Möglichkeit, von seinen Erfahrungen zu profitieren und jede Erfahrung abrufbereit für die nächste Entscheidungssituation mit sich zu tragen, ist für jedes Individuum eine der nützlichsten Anpassungsleistungen, die sich je entwickelt haben.

Quinns Interesse an der Frage von Gedächtnisbildung war zwar von Benzer geweckt worden, doch er selbst fühlte sich auf beinahe schon mystische Weise auserkoren, sie zu erforschen: »Ich glaube, es war sowohl mein als auch sein Karma.« Für Quinn war das Engramm, dieses Geheimnis der Gedächtnisbildung, das bei weitem aufregendste Problem, das es in Benzers Labor zu studieren gab. »Alles andere schien im Vergleich dazu trivial.«

Zu dieser Zeit hielt man Fliegen für »fest verkabelt«, das heißt, jedes einzelne der mehreren hunderttausend Neuronen in ihrem Gehirn hielt man für verklebt, verschweißt oder verlötet mit seinen benachbarten Neuronen, und zwar nach einem Muster, das ein für alle Mal im Embryo festgelegt worden war. Die Anlage der Nerven hielt man für ebenso festgelegt und standardisiert wie die Anlage der sechs Beine und der beiden Flügel. Ein Fliegenhirn, so glaubte man, verändere sich niemals, ganz egal, was dieser Fliege zwischen dem Moment ihres Schlüpfens und der Begegnung mit ihrem Schöpfer (oder Mutierer) zustieß. Ohne Gedächtnis, schrieb John Locke einmal, wären wir alle nicht mehr als »ein Spiegel, der fortgesetzt eine Fülle verschiedener Bilder oder Ideen empfängt, aber keine festhält; sie schwinden und vergehen, ohne eine Spur zu hinterlassen; der Spiegel ist niemals besser wegen solcher Ideen ...«[9] Eine Fliege hielt man für ebenso unempfänglich für Eindrücke wie einen Spiegel. Das einzige, so glaubte man, was sie durchs Leben fliegen ließ, seien die in den Genen festgeschriebenen Erinnerungen ihrer Vorfahren. Man hielt sie für einen reinen Roboter, eine Ansammlung von Instrumenten, die nach Instrumenten fliegt. Die Studenten in Benzers Labor fragten sich manchmal, ob es wohl tatsächlich Welten gibt, wo keine andere Erinnerung zur Verfügung steht als dieses langsame, instinktive Gedächtnis, das von Tausenden und Millionen von Generationen aufgebaut wurde. Das war natürlich ein faszinierender Gedanke. Wie würde eine solche Welt aussehen? Billardkugeln, nichts als Billardkugeln! Ein Planet, der beinahe so öde wäre wie ein Planet ganz ohne Leben, wie unser eigener Planet in den Tagen vor der Entstehung der ersten Lebensformen, bevor ein Organismus irgendwo im Meer lernte, ansatzweise von Erfahrung zu profitieren – bevor er lernte zu lernen.

Vincent Dethier, der jahrelang an der University of Pennsylvania mit Fliegen forschte, hatte allerdings vermutet, dass sogar Fliegen lernen konnten. Während die meisten Menschen Fliegen als »kleine Maschinen im Tiefschlaf«[10] betrachteten, wie Dethier einmal schrieb, beobachtete er durch das Mikroskop ihre ausgeklügelten, gepanzerten Körper, »ihre

unverwandt blickenden Augen und stummen Darbietungen«,
und musste sich einfach fragen, ob da »jemand drinnen« sei.
Also versuchte er zu beweisen, dass Fliegen über Erinnerungsvermögen verfügen. Es sollte ihm nie gelingen. Nach achtzehn
Jahren gab er auf. Wenn Benzer heute Vorträge über gedächt-
nisbildende Gene hält, wirft er oft einen alten Zeitungsaus-
schnitt aus der *Washington Post* an die Wand, die Dethiers ge-
salzenes Urteil als Schlagzeile über einer ziemlich unschmei-
chelhaften Nahaufnahme des Fliegenkopfes gedruckt hatte:
»Can't learn anything.«[11]

In jenen Jahren hielt Benzer ein Verhaltens-Seminar für
Vordiplomanden am Caltech ab. Zum Ende des Abschluss-
examens pflegte er für die richtige Antwort auf eine bestimmte Frage immer einen Kasten Bier und fünfhundert
Punkte auszusetzen (was so viel bedeutete wie eine Eins
für eine zufriedenstellende Antwort): »Entwerfen Sie eine
Versuchssituation, durch die Sie beweisen können, dass die
Drosophila lernfähig ist.« Viele der angehenden Forscher entwickelten dabei eine Menge Fantasie. Jeff Ramm zum Beispiel baute in Benzers Labor einen winzigen Schweinwerfer,
um den Schatten der Fliege auf einem Sensor aufzufangen.
Dann versuchte er, die Fliege durch Bestrafungen in Form von
Hitze dazu zu bewegen, ihre Lage zu verändern. Aber auch er
verließ nach einer Weile entmutigt das Labor. Später sollte
Benzer immer wieder darüber klagen, dass Ramm nur eine
Sekunde, bevor die Fliege zu lernen begann, aufgegeben
habe. »Ich glaube, dass Jeff und Seymour einfach zu unterschiedliche Persönlichkeiten waren«, sagt Chip Quinn. »Jeff
Ramm hatte nicht genug Geduld, um ein Experiment zu be-
ginnen, bei dem man eigentlich überhaupt nicht weiß, was
man tut. Deshalb verkrümelte er sich auch lieber in Felix
Strumwassers Labor.« Strumwasser war Neurophysiologe, ein
Experte für Nervenfunktionen. Als Benzer sein Gene-und-
Verhalten-Projekt der Sperry-Gruppe präsentiert hatte, gehörte er zu seinen entschiedensten Gegnern.

Ein anderer von Benzers Studenten schrieb ein Papier, in
dem er vorschlug, ein Experiment zu übernehmen – »Horridge Leg Lifting« genannt –, das Adrian Horridge, der sich

auf das Verhalten von wirbellosen Tieren spezialisiert hatte, mit Schaben gemacht hatte. Er hatte eine Schabe auf einem winzigen Sprungbrett befestigt. Jedes Mal, wenn ihre Beine ins Wasser glitten, bekam sie einen Stromschlag. Schließlich lernte die Schabe, ihre Beine aus dem Wasser herauszuhalten. Benzers Student hielt es für möglich, dass dieses »Horridge Leg Lifting« auch bei Fliegen funktioniert. Doch dann verließ er das Labor und wechselte zur Computerwissenschaft. »Auch er«, meint Quinn, »hat aufgegeben, kurz bevor sie tatsächlich gelernt haben.«

Benzer selbst versuchte den Fliegen mit Hilfe seines Gegenstromapparats etwas beizubringen. Er setzte ein elektrisch geladenes Gitter in ein Teströhrchen ein und versetzte den Fliegen einen Stromschlag, um ihnen beizubringen, nicht mehr auf Licht zuzusteuern. Immer wieder setzte er sie unter Strom, und immer seltener versuchten sie, ans Licht zu gelangen. Sogar als er den Strom schließlich abstellte, wollten sie nicht mehr zum Licht. Einen kurzen glücklichen Augenblick lang glaubte Benzer, er habe den Fliegen beigebracht, Licht zu meiden. Doch als er sie in ein neues Teströhrchen bugsierte, rannten sie so emsig wie eh und je dem Licht entgegen. Offenbar hatten sie gar nichts gelernt. Sie sonderten nur irgendeinen Duftstoff ab – vielleicht den Geruch von Angst oder auch einfach nur den von versengten Fliegenborsten und -beinen. Aber Gestank in einem Teströhrchen zu umgehen ist nicht dasselbe wie Lernen. Denn mit einer solchen Aktion ist keine Gedächtnisbildung anhand eines vergangenen Geschehens verbunden.

Als Quinn in Benzers Labor kam, sah er sich die Gegenstrommaschine und elektrischen Gitter an. »Im Grunde hatte ich keine Ahnung, was ich tun sollte«, erzählt er.[12] Also begann er, stur Benzers Experimente und deren Ergebnisse zu wiederholen, »einfach nur, um mit eigenen Augen zu sehen, was da passierte, denn ich hatte ja keine Vorstellung, was ich eigentlich machen sollte«. Er stellte fest, dass die Fliegen tatsächlich die Luft in den Teströhrchen verpesteten, fand jedoch auch heraus, dass neue Fliegen – unwissende, noch nicht geschockte Legionen – diesen Geruch auf dem Weg durch den

Gegenstromapparat ignorierten und zum Licht strömten, als hinge nicht der leiseste Hauch in der Luft. Also kam er zu dem Schluss, dass Angstgeruch (oder was immer es war) die Fliegen nur dann abstieß, wenn sie ihn das erste Mal im Zusammenhang mit einem Stromstoß wahrgenommen hatten. Mit anderen Worten: Benzers Fliegen hatten vielleicht doch etwas gelernt – nämlich Geruch zu vermeiden. »Das«, so Quinn, »sah nun wieder einigermaßen ermutigend aus.«

Da die Fliegen Gerüchen einigen Wert beizumessen schienen, beschloss Quinn (unter Anleitung von Benzer) zu versuchen, einen von Benzers Gegenstromapparaten zu parfümieren. »Im Caltech gab es einen ganzen Raum voller alter Flaschen mit Chemikalien. Also ging ich 'rum und schnüffelte an allen.« Quinn hatte keine Ahnung, welchen Geruch er auswählen sollte, da er ja nicht wusste, ob diese Substanzen für Fliegen genauso rochen wie für ihn. Er hatte also keine andere Möglichkeit, als sich nach der eigenen Nase zu richten. Er suchte eine Verbindung, die volatil genug war, dass man sie gerade noch riechen konnte, aber nicht so volatil, dass sie sich sofort verflüchtigt. Also schlenderte er durch die Reihen und öffnete willkürlich eine Phiole nach der anderen. Dann wählte er eine Flasche mit dem Etikett »Oktylalkohol« aus, das wie Lakritze roch, und eine zweite, auf der »Methylcyclohexanol« stand, das – wie später jemand im Labor feststellen sollte – »ziemlich stark nach Tennisschuhen im Juli« stank.

Quinn legte die Teströhrchen im Gegenstromapparat mit Kupfergittern aus – sehr feinmaschig, wie winzige aufgerollte Fliegengitter. Ein Teströhrchen parfümierte er mit Oktylalkohol, das andere mit Methylcyclohexanol. Beide Gerüche würden etwa zwei Stunden an den Gittern haften bleiben. Als er bereit war für das Experiment, legte er das Gestell mit den Teströhrchen auf die Arbeitsplatte, wie er es von Benzer gelernt hatte, und schaltete dessen Fünfzehn-Watt-Birne ein. Dann setzte er ungefähr vierzig Fliegen in das erste Röhrchen und ließ ihnen sechzig Sekunden Zeit, es zu erforschen. Anschließend klopfte er den Apparat auf eine Gummimatte, um die Fliegen – wieder nach Benzers Manier – auf dem Boden des Röhrchens zu sammeln, geradeso, als hätte er alle im dunklen Raum Anwesenden zur Ordnung gerufen: »Die Sitzung beginnt.« Schließlich kippte er die Röhrchen, so dass die Fliegen, wenn sie denn wollten, ins nächste krabbeln konnten, das nach Oktylalkohol roch.

Wie bei Benzers ersten Experimenten krabbelten oder rannten auch diesmal fast alle Fliegen dem Licht entgegen, wo sie jedoch ein Schlag von siebzig Volt für die Dauer von fünfzehn Sekunden erwartete. Einen Menschen könnte ein solcher Stromstoß töten, den Fliegen sträubte er höchstens kurz die Borsten. Dann klopfte Quinn die Röhrchen erneut auf die Arbeitsplatte, um die Fliegen zurück in das Startröhrchen zu manövrieren, und gab ihnen sechzig Sekunden Zeit, sich von dem Schock zu erholen.

Nun entfernte er das nach Oktylalkohol riechende Röhrchen und ersetzte es durch eines, das nach Methylcyclohexanol roch. Wieder rannten die Fliegen zum Licht. Aber diesmal verpasste ihnen Quinn keinen Schlag. Nach fünfzehn Sekunden klopfte er sie ins Startröhrchen zurück.

Diesen Vorgang wiederholte er mehrmals: Oktyl mit Elektroschock, Methyl ohne Elektroschock. In gewisser Weise konnte er so mit den Fliegen kommunizieren: Oktylalkohol schlecht, Methylcyclohexanol gut! (Natürlich hatte keines von beiden irgendeine gute oder schlechte Eigenschaft; Quinn hatte einfach eine Münze geworfen, um diese festzulegen.)

Schließlich kam der entscheidende Test. Quinn setzte ein frisches Röhrchen ein, in dem die Fliegen bislang noch nicht gewesen waren. Es war mit Oktylalkohol parfümiert. Beim Licht der Fünfzehn-Watt-Birne beugte er sich darüber und wartete. Über die Hälfte der Fliegen kreiste im Startröhrchen herum und krabbelte nicht hinein.

Nachdem er alle Fliegen ins Startröhrchen zurückgeschüttelt und ihnen eine Minute Ruhe gegönnt hatte, wechselte er das Oktylröhrchen gegen ein frisches Röhrchen mit Methylcyclohexanolgeruch ein. Die meisten Fliegen krabbelten hinein.

Es war unheimlich. Die Fliegen handelten auf Grund von Erfahrung. Seit Morgans Fliegenlabor wussten Genetiker, dass Taufliegen wie wir über Gene und Chromosomen verfügen und dass auch ihre Körper und Verhaltensweisen ererbt sind. Doch hier taten die Fliegen etwas, das nicht einmal Quinn von ihnen erwartet hatte – sie lernten aus eigener Erfahrung. Sie mussten also irgendetwas in sich tragen, das es ihnen auf dieselbe Weise wie uns ermöglicht, Erlebtes zu erinnern. Sie konnten sich ebenso anhand von Erinnerung verhalten wie wir. Dieser Anblick konnte einen Menschen schon nachdenklich stimmen, ähnlich wie William Blakes visionärer Vers: »Bin ich denn nicht/Eine Fliege gleich dir?/Oder bist du/Ein Mensch nicht gleich mir?«

Quinn wiederholte das Experiment mit einer zweiten Fliegengruppe. Auch sie lernte ihre Lektion. Einer dritten Fliegengruppe versuchte er die umgekehrte Lehre zu erteilen: Methylcyclohexanol schlecht, Oktylalkohol gut. Auch diese Fliegen lernten ihre Lektion. Und jedes Mal war es Quinn von neuem unheimlich, den Wandel im Verhalten der Fliegen zu beobachten. Es war, als hätte sich etwas ganz Greifbares für sie verändert, als hätten sich die Gerüche in unsichtbare Türen verwandelt. Sie verhielten sich, als wäre die eine Tür weit geöffnet und die andere fest geschlossen, was für die meisten von ihnen offenbar ein abschreckender Anblick war.

Um ganz sicherzugehen, dass er sich nichts vormachte, bat Quinn einen Freund aus dem Labor, den Lehrapparat und die parfümierten Teströhrchen für ihn vorzubereiten, so dass Quinn nicht wissen würde, welches Teströhrchen nach welcher Chemikalie roch und welche davon zum Schock führte. Bei diesem Blindversuch konnte er das Verhalten der Fliegen also völlig unvoreingenommen notieren: wie viele wählten dieses Röhrchen und wie viele jenes. Dann nahm er sozusagen seine Augenbinde ab und überprüfte anhand der Notizen seines Freundes, ob die Fliegen tatsächlich ihre Lektion gelernt hatten. Sie hatten.

Die Fliegen lernten nicht nur, sie lernten auch außerordentlich schnell, wie Benzer vergnügt und betont chauvinistisch hervorhob. Es gibt einen Standardtest zur Überprüfung von Lernfähigkeit, bei dem der Experimentator zuerst eine Glocke läutet und dann einem Kaninchen Luft ins Auge bläst und es damit zum Blinzeln zwingt. Das Kaninchen lernt

schließlich, bereits vor dem erwarteten Luftzug das Auge zu
schließen. Doch dieser Lerneffekt bedarf etwa achtzig Wiederholungen. Quinns Fliegen hatten ihre Lektion bereits nach
dreien gelernt.

Einmal bemerkte Quinn, dass seine Fliegen es vermieden,
auf zufällig verschüttetem Trockenpuder – Chininsulfat – her-
umzukrabbeln. Also versuchte er sie mit Hilfe dieses Puders
zu testen: Anstatt sie mit den Gittern unter Strom zu setzen,
stäubte er Puder von einem feinen Malpinsel auf den Kupferdraht. Die Fliegen lernten den Puder genauso zu meiden wie
den Schock. Benzers Doktorand Bill Harris baute ein Y-förmi-
ges Labyrinth aus schwarzem Plexiglas mit kleinen Messing-
knöpfen. An der Gabelung des Y konnten sich die Fliegen
entscheiden, ob sie auf ein rotes oder ein blaues Licht zukrab-
beln wollten. Auch die Lektion: rotes Licht gut, blaues Licht
schlecht (oder umgekehrt) lernten die Fliegen.

Sie schienen auf sehr ähnliche Weise zu lernen wie Menschen: durch Wiederholung. Dass die Gedächtnisbildung
eines Lebewesens der Wiederholung bedarf, dient der Anpassung. Ein drei Monate altes Baby wird sich nicht an etwas
erinnern, das einmal passiert ist, doch wenn die Lektion in
regelmäßigen Abständen wiederholt wird, erinnert es sich.
»Erstmalige Erfahrung, die sich nicht wiederholt, ist biolo-
gisch bedeutungslos«, schrieb der Physiker Schrödinger.[13]
»Der biologische Wert liegt nur im Erlernen einer angemessenen Reaktion auf eine Situation, die sich immer wieder erneut
stellt, in vielen Fällen periodisch wiederkehrt und immer dieselbe Antwort erfordert, wenn der Organismus überleben
soll.«

Die nächsten Experimente Quinns galten der Frage, wie
lange seine Fliegen ihre Lektion im Gedächtnis behalten würden. Er brachte neuen Rekruten bei, Oktylalkohol zu vermeiden, und ließ sie dann eine Stunde in Ruhe. Dann brachte er
sie wieder auf Trab. Eine Stunde im Leben einer Taufliege
entspricht einigen Monaten im Leben eines Menschen. Die
meisten Fliegen erinnerten sich auch nach dieser Pause daran,
Oktylalkohol zu meiden, aber einige hatten es bereits vergessen. Einer anderen Fliegengruppe gab er vierundzwanzig

Stunden (sechs Jahre im Leben eines Menschen) Zeit, um herumzutrödeln und zu vergessen. Viele erinnerten sich nach wie vor, aber die meisten hatten es vergessen.

»Chip Quinn beschrieb den idealen Organismus einmal so: ›Er besteht aus drei großen Neuronen, teilt sich rasch und kann Klavierspielen lernen‹«, erzählt Benzer.[14] »Jeder wünscht sich ein einfaches System.« Delbrück, Benzer und Brenner hatten zu Beginn ihrer Forschungen mit Pilzen, Fliegen oder Fadenwürmern geglaubt, dass es sich bei diesen Lebewesen um eben solche einfachen Systeme handelte, um rein physikalische Apparaturen, reine Verhaltensatome. »Sydney dachte, nur weil der Fadenwurm aus wenigen Neuronen besteht, müsse es sich um ein einfaches System handeln«, sagt Benzer. »Ich glaube, er hat seine Meinung inzwischen ein bisschen geändert. Heute nennt er den Stammbaum und die Entwicklung des Nervensystems beim Nematoden ›barock‹.« Benzer und seinen Studenten dämmerte allmählich, dass auch eine Fliege etwas sehr Barockes ist. Entzückt stellten sie fest, dass sie lernfähig ist und anhand des Erlernten handeln kann.

Da Gedächtnisbildung also offensichtlich zum Repertoire der Fliege gehört, konnten Benzer und seine Schüler damit anfangen, auch dieses Verhalten zu sezieren, mit denselben Techniken und Gerätschaften, mit denen sie auch den Zeitsinn und den Liebestanz auseinander nahmen. Ein neu hinzugekommener Forscher in Benzers Labor, Duncan Byers, verabreichte den Fliegen das bevorzugte Mutagen des Labors, EMS, und produzierte fünfhundert verschiedene Mutantenlinien, deren Gedächtnisbildung er dann Stamm für Stamm und Mutant für Mutant zu testen begann, wobei er die ganze Quinnsche Duftpalette einsetzte, inklusive Oktylalkohol, Methylcyclohexanol und Chininsulfat. Von diesen fünfhundert Mutantenlinien versagten ungefähr zwanzig, wenn es ums Lernen ging. Aber die meisten dieser Mutanten waren auch durch alle anderen Tests gefallen. Bei einigen stellten sich Sehprobleme heraus, bei anderen Probleme mit dem Geruchssinn, und wieder andere waren unsichere Läufer. Nur eine von diesen lernunfähigen Linien verfügte über normale Instinkte, normal ausgeprägte Sinne und ein gesundes Maß an Energie – aber eben über kein Talent zum Lernen.[15] Diese Mutantenlinie wurde in Flasche 38 gefunden. Dass sie so schnell gefunden wurde, verhieß Gutes, denn es stand ganz im Einklang mit Konopkas Gesetz: »Wenn du es nicht unter den ersten zweihundert findest, gib auf.« Byers untersuchte diese Mutanten unter dem Mikroskop. Die Eier, Larven und Puppen sahen ganz normal aus, und die Mutanten lebten auch ein normal langes Fliegenleben. Sie rannten dem Licht entgegen, krabbelten die Wände hoch, flogen, liefen, warben und kopulierten wie ganz normale Fliegen. Doch jede Art von Geruch schien für sie eine offene Tür zu symbolisieren. Offenbar waren sie lernunfähig.

Benzer und sein Team beschlossen, diesen neuen Mutanten nach Johannes Duns Scotus zu benennen, einem schottischen Philosophen und Theologen aus dem dreizehnten Jahrhundert. Duns Scotus' Anhänger – im Englischen »Scotists«, »dunses« oder »dunces« genannt – verschmähten jede neue Erkenntnis und wurden daher ihrerseits von den Naturphilosophen, den ersten wahren Wissenschaftlern der Welt, geschmäht. Die »dunces« verloren diesen Krieg, und die Naturwissenschaftler verewigten ihren Namen als Symbol für Dummheit.[*]

Die Benzer-Bande versuchte nun mit immer neuen Mitteln, *dunce* etwas beizubringen. Sie setzten den neuen Mutanten allen möglichen Gerüchen in allen nur denkbaren Verdünnungen und Kombinationen aus und unterzogen ihn unterschiedlichen Stromstößen zwischen 20 und 140 Volt. Aber die Fliegen behielten ihre Narrenkappen auf. Benzer war begeistert. Mit solchen Mutanten konnten er und sein Team den Akt der Gedächtnisbildung nun Schritt für Schritt sezieren. Zuerst suchten sie nach Mutanten, die sich im Gegensatz zu *dunce* ein klein wenig erinnern konnten – einige ein paar Minuten lang, andere ein paar Stunden und manche sogar ein

---

[*] Anm. d. Ü.: Bis heute wird ein Schwachkopf »dunce« und die Narrenkappe »dunce cap« genannt.

paar Tage lang. Wenn es ihnen gelänge, solche Mutanten zu
finden, könnten sie herausfinden, worin sie sich im Einzelnen
unterschieden. Sie könnten *dunce* und die anderen Mutanten
benutzen, um jene unsichtbaren Schritte zu verfolgen, durch
die Erfahrungen ins Kurzzeitgedächtnis und später ins Langzeitgedächtnis eingehen. Benzers Team kartierte *dunce*. Das
Gen liegt am äußersten linken Ende des X-Chromosoms, nur
ein paar Marker von *white* und Konopkas Mutanten ohne
Zeitsinn entfernt.

Benzers Projekt, die genetische Sektion des Verhaltens, hatte
also einen vielversprechenden Auftakt. Es war ihm und seinen
Studenten gelungen, anhand von Genen drei verschlossene
Türen zu öffnen, die Dichter wie Philosophen seit den Anfängen abendländischen Denkens fasziniert hatten.

»Der Körper ist bloß eine Uhr«, hatte Julien Offray de La
Mettrie zu Beginn der Aufklärung verkündet und damit einer
Weltanschauung, die noch in unserer Zeit herrscht, zu ihrem
Slogan verholfen.[16] Das Uhrwerk wurde zur zentralen Metapher der modernen abendländischen Zivilisation. Ganz ohne
Zweifel betrachten wir seit den Anfängen der modernen Naturwissenschaft den Raum um uns herum als ein Uhrwerk
aus Sternen und den Raum in uns als ein Uhrwerk aus Orga-
nen und Atomen. Benzer und seine Studenten hatten beim
ersten Herumtasten im Dunkeln das *clock*-Gen entdeckt. Sie
wussten noch nicht, ob sie damit den Schlüssel zur inneren
Uhr gefunden hatten, aber sie hofften, zumindest ein Stück
davon vor sich zu sehen und einen Zugang zu einem Verhalten gefunden zu haben, das uns nicht nur als ein potentes
Symbol der Naturwissenschaften erscheint, sondern grundlegend ist für das Leben an sich.

Auch »das egoistische Gen« wurde zu einem Slogan für
eine bestimmte Weltanschauung und seit den siebziger Jahren zum Schlagwort für Biologen und vor allem für Verhaltensgenetiker.[17] Ein Körper ist die Art und Weise eines Gens,
mehr Gene hervorzubringen – oder eines Eis, mehr Eier hervorzubringen, in Anlehnung an Butler, den Benzer so gerne
zitiert. Mutanten wie *fruitless* boten einen Zugang zu einem

universellen Instinkt, der es möglich macht, dass sich Gene von Generation zu Generation weitergeben und über die denkbar längste geologische Zeit bewahrt haben – seit dem Beginn allen Lebens bis zur Gegenwart, über eine Spanne von vier Milliarden Jahren.

Der Mensch ist, was er weiß, schrieb Sir Francis Bacon und prägte damit den dritten Slogan, der eines jener Merkmale charakterisiert, die wir am Menschsein so schätzen.[18] Könnten wir uns nicht erinnern, wo wir herkommen, könnten wir auch nicht von unseren Erfahrungen profitieren und wüssten nicht, wer wir sind. Der Mutant *dunce* bot einen Zugang zu jenen Mechanismen, die es einem jeden von uns ermöglichen, Erfahrungen zu sammeln und Lehren umzusetzen, die wir durch unser Verhalten in bestimmten Entscheidungssituationen gezogen haben – Mechanismen, deren permanente Verfeinerung unserer Spezies geholfen haben, uns von allen anderen Arten zu unterscheiden.

Der Darwinsche Prozess hat mit Macht und unermüdlich diese drei Genklassen weiter geformt. Wenn Tiere und Pflanzen nicht über *clock*-Gene verfügten, könnten sie mit der Welt nicht Schritt halten. Sie würden ohne Zeitgefühl für Tag und Nacht dahindriften, wären dabei notgedrungen weniger effizient als ihre Konkurrenten und fielen dadurch laufend schicksalhaften Begegnungen zum Opfer. Hätten wir keine Instinkte, um das andere Geschlecht zu erkennen und seine Aufmerksamkeit zu gewinnen, könnten wir unsere Gene nicht vererben und würden ohne Nachkommen sterben. Und verfügten wir über keine Erinnerung, könnten wir all diese Gene nicht gesichert weitergeben, und die meisten von uns würden keinen einzigen Tag ohne massive Hilfe von Freunden überleben.

Zeit, Liebe und Erinnerung sind die drei Grundlagen von Erfahrung, die drei Ecksteine der Verhaltenspyramide. Benzer und sein Team hatten bereits während der ersten Jahre in ihrem Fliegenlabor einen Zugang zu allen dreien gefunden, ebenso überraschend schnell wie Konopka, der die zeitwunde Fliege bereits in seiner zweihundertsten Flasche entdeckte. Konopkas Gesetz ist sehr viel weitblickender, als es scheint.

Denn wie bei so vielen aus Fliegenflaschen gewonnenen Erkenntnissen ist auch hier die Botschaft universell. Die *Ilias*
und die *Odyssee* sind die größten Epen, die jemals geschrieben
wurden. Gutenbergs Bibel ist das schönste Buch, das jemals
gedruckt wurde. Einige der schönsten Fotografien aller Zeiten
entstanden bei den ersten Versuchen von Joseph Niepce und
Louis Daguerre mit den allerersten Fotochemikalien. Benzers
Schwager Harry Lapow (von ihm hatte Benzer zur Bar Mitzwah das Mikroskop geschenkt bekommen) verbrachte Jahre
auf Coney Island damit, Aufnahmen mit einer Ciroflex zu
machen, die er aus zweiter Hand erstanden hatte. Als er die
Kamera das allererste Mal zum Strand mitnahm, schoss er
ein Foto, das Edward Steichen in die Ausstellung »Family of
Man« im Museum of Modern Art aufnahm.

Benzers erste Jahre in Church Hall, seit seinem ersten Versuch mit seinem ersten Gegenstromapparat, waren eine einzige Bestätigung von Konopkas Gesetz. Kaum hatte Benzer
mit der Suche nach Verhaltensgenen begonnen, fanden er
und seine Bande jene Zeit-, Liebes- und Erinnerungsmutan-
ten, welche uns heute, da wir wissen, was durch ihre Entdeckung ausgelöst wurde, noch bemerkenswerter vorkommen
als damals. Hätte Benzer diese Mutanten einfach nur gehor-
tet, wie das die meisten Laborleiter tun, wären sie vermutlich
im Regal verkümmert. Doch Benzer ließ seine Studenten und
Postdocs mit ihnen auf und davon gehen, damit sie ihre Karriere darauf aufbauten – mit dem Resultat, dass ein jedes
dieser Gene erforscht wurde und zu außerordentlichen Erkenntnissen führte. Durch sie veränderte sich am Ende des
zwanzigsten Jahrhunderts nicht nur unsere Sichtweise vom
Verhalten als solchem, sondern auch unsere Einstellung zum
Verhalten der menschlichen Familie.

Teil III
Sieg und Niederlage

and thus beneath the web of mind I saw
under the west and east of web I saw
... the coiling down the coiling in the coiling
Conrad Aiken
»Time in the Rock«

KAPITEL XI

Das »Drosophila Arms«

Die Fliegen, die armen Dinger, waren eine Fund-
grube für die Forschung.

Primo Levi
»The Invisible World«[1]

Jeff Hall verließ Benzers Fliegenlabor im Dezember 1973 und
gründete ein eigenes Labor an der Brandeis University vor
den Toren von Boston. Dort hängte er ein Schild an die Tür:
»The Drosophila Arms«. An das Schild klebte er Mikrogra-
phien der Geschlechtskämme, die das Taufliegenmännchen
an den Vorderbeinen hat, um das Weibchen besser greifen zu
können. Im Zeichen dieser »Fangarme« plante Hall, die in
der Liebe so glücklosen *savoir-faire*-Mutanten zu studieren.

Ein erster Durchbruch zeichnete sich durch einen glücklichen Zufall ab. Hall und einer seiner ersten Postdocs, Charalambos Panyiotis Kyriacou, hatten beschlossen, die Liebeslieder von Fliegenmutanten zu untersuchen. Zu diesem Zweck
verfrachteten sie Fliegenpaare in ein winziges Tonstudio, nahmen ihre Liebeslieder auf und analysierten anschließend das,
was im Jargon der Fliegenverhaltensforscher IPI genannt
wird: das Interpulsintervall des Liedes.

In der damaligen Fachliteratur über das Verhalten der *Dro-*
sophila stand, dass die *D. melanogaster* mit einem IPI von vier-
unddreißig Pulsen pro Sekunde singt,[2] die *D. simulans*, eine
verwandte Art, hingegen mit einem IPI von etwa zwanzig. Für
das menschliche Ohr klingen beide Lieder gleich. Doch wenn
eine weibliche *Melanogaster* dreißig Pulse in der Sekunde hört,

sagt sie sich garantiert: »Aha! Das ist ein Männchen meiner Spezies.« Hört sie jedoch die langsamere Version, sagt sie: »Mann, du bist hier falsch, hau ab!«

Bevor Hall und Kyriacou die Lieder der Fliegenmutanten zu testen begannen, wollten sie jedoch erst noch einmal selber den normalen IPI messen. Kyriacou baute ein Tonstudio von zwei Zentimetern Länge, einem Zentimeter Breite und einem Drittel Zentimeter Höhe.[3] Zwei Millimeter unter dem Boden brachte er ein Mikrofon an. Dann nahm er mehrere Liebeslieder von normalen Taufliegen auf und überspielte die Bänder auf einen Apparat, der die Töne als Diagramme auf eine Papierrolle übertrug.

Kyriacou hätte nun jedes Lied ein paar Sekunden lang aufnehmen und daraus seine Werte entnehmen können. Doch um wirklich gründlich vorzugehen, nahmen er und Hall volle fünf Minuten von jedem Lied auf und produzierten damit niederschmetternde Mengen an sich nervös rollenden Papierschlangen. Diese Rollen schleppte Kyriacou dann abends zu sich nach Hause, breitete sie quer über dem Boden seines Wohnzimmers aus und wertete die IPIs aus, während über den Fernsehschirm Sportberichte flimmerten − Kyriacou, griechischer Herkunft und britischer Staatsbürger, hatte während seiner Zeit in Boston sein Herz für die örtlichen Teams entdeckt.

Schon bald fand er heraus, dass die IPIs auf seinen Papierrollen weder mit der Fachliteratur noch jeweils miteinander im Einklang standen. Zwischen Beginn und Ende einer jeden Rolle wechselten sie ständig, das heißt, der Takt variierte von Minute zu Minute. Zuerst schien das Lied allegro zu sein, dann largo, dann wieder allegro. Schließlich entschied sich Kyriacou, während er auf die erratischen Kurven eines Liebeslieds starrte, nicht mehr die Pulse zwischen den Intervallen zu messen, sondern lieber die Intervalle zwischen den veränderten Tempi. Und plötzlich stellte er erstaunt fest, dass dieses Intervall absolut regelmäßig war: Das Tempo des Fliegenliedes änderte sich genau einmal pro Minute. »Ich sah mir ein anderes an, und es war genau dasselbe«, erzählt Kyriacou, »und dann das nächste: wieder dasselbe.« Die Änderungen der Tempi waren nicht erratisch. Er hatte den geheimen Rhythmus des Liedes entdeckt, ein verstecktes Muster, das jede singende Fliege zu jeder Zeit einhält.

Beim Mittagessen am nächsten Tag berichtete Kyriacou Hall von seiner Entdeckung. Sie fragten sich, wie wohl die Lieder von Konopkas Zeit-Mutanten aussahen. Welche Tempiänderungen würde eine Fliege vornehmen, die unter einem verzerrten Zeitsinn litt? Hall schrieb an Konopka und bat ihn, ihm einige seiner Mutanten zu schicken. Konopka hatte sehr wenig über *period* veröffentlicht, seit er und Benzer 1971 ihre Entdeckung bekannt gegeben hatten, und Hall war kurzzeitig in Sorge gewesen, ob er es ihnen überhaupt erlauben würde, *period* zu studieren. »Diese Mutanten waren im Prinzip *reines Gold* wert«, sagt Hall. »Wenn er gewollt hätte, hätte er sie leicht zurückhalten und es jedem anderen unmöglich machen können, mit ihnen zu arbeiten.« Glücklicherweise jedoch tauschten die damaligen Fliegenforscher Mutanten noch freigebig aus, eine Tradition, mit der Morgan im ersten Fliegenlabor begonnen hatte (und die dann im Goldrausch, den Halls eigene Arbeit auslösen sollte, verloren ging).

Konopka schickte Hall also ein paar Teströhrchen voller *clock*-Mutanten. (Taufliegen können tagelang in einem Teströhrchen überleben, wenn es mit einem Wattestöpsel verschlossen, sicher verpackt und genügend Futter beigegeben wurde.) Einen Mutanten nach dem anderen setzte Kyriacou in sein Tonstudio, und Abend für Abend entrollte er eine Papierrolle mit den Aufzeichnungen ihrer Liebeslieder auf seinem Wohnzimmerboden. Gleich bei der ersten Rolle stellte er fest, dass der gestörte Zeitsinn dieser Mutanten auch ihre Lieder verzerrte. Konopkas *short*-Mutant mit neunzehnstündigem Tagesrhythmus veränderte die Tempi beispielsweise sehr viel schneller als üblich, der *long*-Mutant mit neunundzwanzigstündigem Tag sehr viel langsamer. Und Konopkas schlaflose Fliege, die gar keinen Sinn für Rhythmus hatte, veränderte die Tempi ebenso willkürlich wie ihren Schlaf- und Wachrhythmus.

Die Unterschiede waren eindeutig zu erkennen. Außerdem fanden Hall und Kyriacou bei einem Experiment heraus, dass

Simulans-Weibchen Männchen bevorzugen, die in einem
schnellen Rhythmus singen, wohingegen *Melanogaster*-Weib-
chen einen Sechzig-Sekunden-Rhythmus präferieren. Das
Fliegenweibchen hört sehr genau hin.

Auch bei unserer Sprechweise spielt Rhythmus eine wichtige Rolle, selbst wenn wir uns dessen gewöhnlich genauso
wenig bewusst sind wie alle anderen Spezies dieser Erde.
In dem Buch *Lincoln at Gettysburg*, das in Halls umfangreicher Bibliothek über den Bürgerkrieg steht, beschreibt der
Kritiker und Historiker Garry Wills, dass Abraham Lincolns
berühmte Rede von einem bestimmten, eindringlichen
Rhythmus durchzogen sei: »Dreizeiler, die wie Trommel-
schläge klingen.«[4] Wills druckte diese Dreizeiler in Form eines
sich zufällig ergebenden Gedichts, dessen Echo alle Amerikaner im Ohr haben:

> *we are engaged...*
> *we are met...*
> *we have come...*
>
> *we can not dedicate...*
> *we can not consecrate...*
> *we can not hallow...*
>
> *that from these honored dead...*
> *that we here highly resolve...*
> *that this nation, under God...*
>
> *government of the people,*
> *by the people,*
> *for the people...*

Gute Redner und Geschichtenerzähler verfügen über diese
Gabe. Irgendwie gelingt es ihnen, mit dem Rhythmus einer
Rede oder einer Geschichte den Menschen eine Botschaft so
eindringlich zu vermitteln, dass sie sich wie eine Aufforderung

anhört: Kommt, versammelt euch, hört her! Sie verfügen über
die Gabe, einen Rhythmus vorzugeben, und die meisten von
uns haben die Gabe, diesen zu vernehmen. Offenbar sind
auch Fliegen dazu in der Lage.

Da *Melanogaster* und *Simulans* in unterschiedlichen Rhythmen singen, fragte sich Kyriacou, was wohl geschehen würde,
wenn er diese beiden Fliegenarten kreuzte. Er tat es und
setzte ihre Nachkommen in sein Tonstudio. Dabei stellte er
fest, dass er zwei Arten von männlichen Hybriden produziert
hatte. War die Mutter eine *Melanogaster*, sang das Männchen
im Rhythmus der *Melanogaster*; war die Mutter eine *Simulans*,
sang es im Rhythmus der *Simulans*. Da jede männliche Fliege
von der Mutter das X-Chromosom erbt, musste der genetische Unterschied also irgendwo auf dem X angesiedelt sein.

Als Konopka das *period*-Gen kartierte, das erste komplexe
Verhaltensteilchen, das bis dahin verzeichnet worden war,
gehörte Hall Benzers Labor an. Daher war Hall auch klar, was
Kyriacous Kreuzung bedeuten konnte. Beide Männer wussten nun, dass das Gen, das für die Tempiänderungen im Liebeslied der Fliege verantwortlich ist, auf dem X sitzt; dass
auch das *period*-Gen dort steckt, war ihnen ja bereits bekannt.
Also lag die Frage nahe, ob beide Verhaltensteilchen möglicherweise durch ein und dasselbe Gen geprägt werden. Noch
heute wird Hall ganz aufgeregt, wenn er von dem Moment erzählt, als Kyriacous Kreuzchen auf das X wies.

»Und wo ist Konopkas *period*-Gen?« brüllt Hall. »Auf dem
X-Chromosom! *Tah-tahh*!«

Hall setzte sofort seinem besten Freund an der Brandeis Uni-
versity, einem jungen Molekularbiologen namens Michael
Rosbash, ihre Vermutung auseinander. Hall, Rosbash und
Kyriacou verbrachten damals viel Zeit miteinander. »Nicht
nur aus wissenschaftlichen Gründen«, erinnert sich Hall.
»Auch wegen unserer Begeisterung für die Bostoner Sport-
teams! Wir waren alle drei fanatische Fans unserer Bostoner
Teams, vor allem der Red Sox.«

Hall und Rosbash spielten außerdem jahrelang gemeinsam in der Sporthalle des Campus Basketball. Die regulären

Spieler waren über Jahre hinweg dieselben Fakultätsmitglieder und Elektriker einer Telefongesellschaft, nur die Studenten kamen und gingen. Tag für Tag sprach Hall in der Umkleidekabine vom Verhalten, von Konopkas *period*-Gen und über die Geheimnisse des Zeitsinns. Und Rosbash erzählte von der Molekularbiologie.

Mittlerweile hatte die molekulare Revolution, die ja noch heute in vollem Gange ist, explosionsartig eingesetzt. Eine neue Generation von Molekularbiologen forschte im besten Sinne des Wortes derivativ – abgeleitet also von bereits Erkanntem. Ein Stockwerk nach dem anderen setzten sie auf Occams Burg, nachdem sie herausgefunden hatten, wie sie Delbrücks Ausgangspunkt – eine Petrischale voller *E. coli* – in ein ausgeklügeltes Allzweckwerkzeug für die Arbeit im Labor verwandeln konnten, und zwar so effektiv, dass die Bandbreite der Möglichkeiten, die sich ihnen damit eröffneten, sogar bei einigen der jungen Molekularbiologen Unbehagen auslöste.

Wenn sich ein einzelnes Bakterium in einer Petrischale teilt, wird aus eins zwei, aus zwei vier und immer so fort. Innerhalb eines einzigen Tages haben sich mit der unerbittlichen Logik von Exponentialkurven aus einem einzigen Bakterium mehrere Milliarden entwickelt. Jede Zelle ist ein identischer Zwilling der vorangegangenen. Jede ist, was Biologen mit dem griechischen Wort für Zweig oder Sprosse benannt haben: ein Klon.

Wenn ein Phage-Teilchen eine Ansammlung solcher Klone angreift, injiziert es seinen eigenen DNS-Strang wie mit einer Spritze in sein Opfer. (Phage-Teilchen sehen sogar aus wie Spritzen. Als ein Phage-Beobachter sie zum ersten Mal auf einer Elektronenmikrographie sah, griff er sich an die Stirn: »Mein Gott! Sie haben Schwänze!«[5]) Manchmal ist ein Bakterium in der Lage, eine eindringende Viren-DNS mit speziellen Enzymen zu attackieren und deren Tentakel wie mit einem Säbelschlag zu durchtrennen. Versagen diese Enzyme jedoch, schaltet sich die Viren-DNS in den DNS-Ring des Bakteriums – einen winzigen Kreis von etwa einem Millimeter Durchmesser – ein; sie inseriert sich, wie die Genetiker sagen. Sobald die Zelle diese Viren-DNS empfängt, ist ihr Verhalten verändert. Sie wird zur Klon-Maschine in den Diensten des Virus.

Bakterielle Zellen tauschen DNS aber auch auf friedlichem Wege untereinander aus. Ein Bakterium nimmt einen kleineren, Plasmid genannten DNS-Ring von einem benachbarten Bakterium an, schneidet ein paar Gene aus ihm heraus und fügt sie seiner eigenen DNS ein. Die geheime Formel für die Resistenz gegen ein Medikament wie Penicillin könnte zum Beispiel auf einem einzigen Plasmiden liegen. Werden Zellen von Penicillin angegriffen, kann diejenige Zelle, die diesen spezifischen Plasmiden trägt, überleben und sich reproduzieren. Bald schon wird sich eine ganze Petrischale mit Kopien dieser Formel füllen: Einige sind Klone der überlebenden Zelle, andere haben die Formel auf einem Plasmiden erhalten und diese dann in ihr eigenes Chromosom eingebaut.

Anfang der siebziger Jahre begannen Molekularbiologen, dieses bakterielle Verhalten für ihre Zwecke zu nutzen. Sie fanden heraus, wie sie die Enzymscheren oder -säbel eines Bakteriums ernten und die Enzyme dazu benutzen konnten, jedes reine DNS-Extrakt in Bänder von spezifischer Länge zu schneiden. Solche bakteriellen Werkzeuge nennt man »Restriktions«-Enzyme. Wann immer sie einer DNS begegnen, begrenzen oder durchtrennen sie diese an bestimmten Punkten. Restriktionsenzyme sind spezialisiert oder, um eines der Schlagwörter der Molekularbiologie zu benutzen: spezifisch. Ein Streptomyzin-Bakterium trägt zum Beispiel ein *Sac*I genanntes Enzym. *Sac*I durchtrennt die DNS nur, wenn es die Sequenz GAGCTC findet. Und es führt diesen Schnitt grundsätzlich nur an einer einzigen Stelle aus, nämlich zwischen dem T und dem letzten C.

Nachdem sie ein ganzes Arsenal von solchen Enzymen angesammelt hatten, lernten die Molekularbiologen Anfang der siebziger Jahre, eine DNS beinahe ebenso geschickt in Fragmente zu schneiden, wie es Bakterien tun. Außerdem brachten sie in Erfahrung, wie man das Phage-Verhalten kopiert und DNS-Fragmente in die DNS eines Bakteriums injiziert. Wenn sich ihr Opfer vermehrte, reproduzierte es das zugefügte DNS-Fragment gemeinsam mit der eigenen DNS.

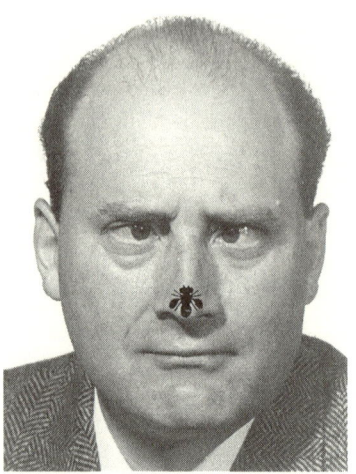

Benzer und sein Kreis genossen es, in einer »Karnevalatmosphäre« zu ar-
beiten, wie einer von ihnen sagte. Hier drei der Dias, die sie bei ihren Vor-
trägen zu zeigen pflegten: Benzer, der Fliegen beobachtet, bis er schielt;
Benzer vor einem Filmplakat mit seiner beliebten Jeff-Goldblum-Imita-
tion; Jeff Hall und Michael Rosbash in förmlicher Kleidung auf einer
Party der Brandeis University.

Anschließend reproduzierten die Kinder und Kindeskinder dieser Zelle das Gen. Im Laufe von nur wenigen Stunden war aus einem einzigen Bakterium eine Kolonie von Milliarden Bakterien geworden, die Milliarden von Kopien dieses Gens enthielten – es war geklont worden.

Die Möglichkeit, Gene zu klonen, verwandelte Molekularbiologen zu genetischen Manipulatoren, zu Gentechnikern, ein Begriff, der zu Zeiten von Morgans Fliegenlabor noch wie Pulp-Science-Fiction geklungen hätte. Mittlerweile konnten sie aus einer Spezies ein Gen herausschneiden, es einer anderen Spezies inserieren und brauchten dann nur noch abzuwarten, was geschehen würde. Das heißt, sie konnten einer Fliege ein menschliches Gen injizieren. Zuerst klonten sie das menschliche Gen. Dann schnitten sie es mit einem spezifischen Restriktionsenzym heraus, das ein DNS-Fragment mit so genannten »sticky ends«, einzelsträngigen Enden, hinterließ. In einer Phiole mischten sie eine Lösung dieser einzelsträngigen DNS-Fragmente (Milliarden Klone des einzelsträngigen Gens) mit einer zweiten Art von DNS-Fragmenten, genannt »P-Elemente«, welche die jeweils gewünschte DNS in die bakterielle DNS transportieren. P-Elemente sind Gene, die auf Chromosomen nicht an Ort und Stelle bleiben, sondern abspringen und sich anderswo reinserieren. Die Existenz dieser springenden Gene (»jumping genes«) wurde erstmals von der Genetikerin Barbara McClintock vermutet, als sie in Cold Spring Harbor mit roten, weißen und gefleckten Maiskörnern und Pferdemais arbeitete. Sie verbrachte mit dieser Forschung Jahrzehnte in völliger Isolation. Die meisten ihrer Kollegen fanden ihre Geschichten über springende Gene nicht nur schwer nachzuvollziehen, sondern auch schwer zu glauben. (Jim Watson pflegte auf der Jagd nach Softbällen ihr Kornfeld einfach zu zertrampeln.) Dann aber entdeckten Molekularbiologen springende Gene im *E. coli*, der *Drosophila* und im Menschen. Jeder von uns trägt zum Beispiel *mariner* in sich, ein springendes Gen, das erstmals in der Taufliege entdeckt wurde[6] und möglicherweise durch ein Virus dem Ei oder Spermatozoon eines unserer entfernten Verwandten vor der Evolution der Spezies Mensch injiziert worden war. Noch heute überträgt sich dieses Gen von einer Generation auf die nächste. Wir haben ganze Familien solcher springenden Gene mit den Fliegen gemeinsam, darunter außer *mariner* die Gene *gypsie* und *hobo*. McClintock erhielt 1983 den Nobelpreis. Sie war einundachtzig Jahre alt.

Drosophilogen klonen also ein menschliches Gen, verpassen ihm einzelsträngige Enden und ermöglichen es ihm, sich an ein P-Element anzuheften. Dann fügen sie dem Band noch einen Genklassiker aus Morgans Fliegenlabor bei: *white*. Dabei verwenden sie immer die normale Form von *white*, diejenige also, die rote Augen festlegt. Anschließend injizieren sie mit der Injektionsnadel – einer Mikrospritze – dieses submikroskopische DNS-Band in das hintere Ende eines frühen Embryos der weißäugigen Fliege. Das gesamte Band – inklusive dem menschlichen Gen, dem P-Element und *white* – beginnt unsichtbar durch das Embryo zu schweben. Wenn das Experiment gelingen soll, muss sich das P-Element in eines der embryonalen Chromosomen inserieren – und zwar nicht einfach in irgendeines, sondern in ein Chromosom in einer jener Zellen, aus denen schließlich Keimzellen werden, das heißt also einer Zelle, die ein Ei oder ein Spermium produziert. Gelingt es dem P-Element nicht, sich dort zu inserieren, werden die Kinder der Fliege weiße Augen bekommen. Erwischt das P-Element jedoch das richtige Chromosom, werden Fliegenkinder mit roten Augen aus ihren Eiern schlüpfen und das menschliche Gen in sich tragen. Delbrück feierte einige dieser Innovationen in seinem Gedicht »A Valentine for NIH«.

We now use chemistry to shuffle genes,
Use plasmids to move man's to beans,
Or rat's to microbes, flies' to fleas,
Or yeast's to coli, bee's to peas.

All this is based on Watson-Crick's
Phantastic Double Helix, plus some tricks
That others added to this play
And add still more from day to day.

Brenner und Benzer beobachteten diese neuen Entwicklungen zwar aufgeregt, aber auch mit einigem Bedauern. Die neuen Werkzeuge waren fantastisch, machten aber die Arbeit mit Genen ihrer Meinung nach fast zu einfach. »Wir gehörten beide einer Tradition an, die Wert darauf legte, bei dieser Arbeit wenigstens *zu versuchen*, das Hirn anzustrengen«, sagt Benzer. Als Pioniere waren sie gezwungen gewesen, aus einer gewissen Distanz in die Maschinerie des Lebens zu blicken. Sie hatten olympiareife Experimente ersonnen, daraus ihre Rückschlüsse gezogen und waren dabei wie theoretische Physiker immer höher geklettert, hatten eine Wolkenschicht nach der anderen durchstoßen. »Und das ist natürlich der eigentliche Spaß dabei«, sagt Benzer, »wenn du zwischen der Maschinerie und deinen Beobachtungen durch *Denken* eine Brücke bauen kannst.« Die jungen Biologen von heute seien verwöhnt. »Die heutige Generation – na ja, für sie ist es ganz normal geworden, ein Gen zu erwischen«, sagt Brenner. »Du erwischst einfach ein Gen.« Und dann klonst du es.

Hall hat das Klonen nie gelernt. Sein Hintergrund war die klassische Genetik. Das heißt: Er hatte die Mutanten und ein wissenschaftliches Problem. Sein Freund Michael Rosbash hatte die Werkzeuge und fand, dass es an der Zeit sei, Fliegen auf molekularer Ebene zu betrachten. Doch wenn er sich schon den Fliegen zuwandte, wollte er sich wenigstens auf ein Gen konzentrieren, das irgendwo in der Nähe von *white* liegt, denn diesen Bereich hatten Genetiker schon seit Morgans Zeiten kartiert und immer weiter kartiert. Nun liegt *period* natürlich direkt neben *white*. Wenn Hall mit seiner Theorie über das Gen Recht hatte, würde Rosbash mit den Werkzeugen der Molekularbiologie in der Lage sein, einen Instinkt zu sezieren und als erster die molekularen Verbindungen zwischen Genen und Verhalten zu erforschen.

Im Umkleideraum prophezeite Hall nach ihren Basketballspielen (mit möglichst lauter Stimme) immer wieder, dass sich *period* als das berückendste Gen erweisen würde, das jemals entdeckt worden sei. Es beeinflusse alles, was mit dem Zeitsinn einer Fliege zu tun habe, von der Stunde ihres Erwachens bis zur Stunde ihres Einschlafens, inklusive des vertrauten Rhythmus beim Vibrato des Liebeslieds. Es sei das entscheidende Verhaltensgen. Doch Rosbash, der nicht minder eindringlich und intensiv sein kann als Hall, war nicht überzeugt. Ungeachtet von Benzers, Konopkas, Halls und Kyriacous Enthusiasmus hielt er es noch immer für möglich, dass *period* nicht das Geringste mit der inneren Uhr oder mit dem Liebeslied zu tun hatte. »Die Zelle muss aufstehen und sich die Zähne putzen und ihren O-Saft trinken und so weiter«, pflegte Rosbash Hall in der Umkleidekabine zu entgegnen. Jede Zelle bedürfe einer riesigen molekularen Maschinerie, um überhaupt am Leben gehalten zu werden. Daher könne es ebenso möglich sein, dass das *period*-Gen nur irgendwelche langweiligen Hausarbeiten verrichte, ohne die die Zelle nicht reibungslos funktionieren kann. Wenn das der Fall wäre, würde das *period*-Gen zwar jeden Aspekt des Fliegenverhaltens beeinflussen, hätte aber dennoch keine zentrale Bedeutung für die innere Uhr. Ein Grippekranker stehe ja auch nicht zu den üblichen Zeiten auf und gehe zu anderen Zeiten ins Bett, singe auch nicht wie sonst lautstark unter der Dusche; das bedeute aber noch lange nicht, dass seine innere Uhr kaputt ist. Es bedeute nur, dass er die Grippe hat. Rosbash griff also zu denselben Gegenargumenten, die Benzer und seinen Schülern seit Anbeginn ihres Projekts nur allzu vertraut waren: Wenn sie Fliegen manipulierten und dann auf Abstammungslinien stießen, die sich seltsam verhielten – wie wollten sie dann wissen, dass sie nicht einfach nur kranke Fliegen gezüchtet hatten?

Um *period* zu klonen, würde Rosbash eine Menge Zeit investieren müssen. Obwohl es sich dabei im Prinzip um eine klar vorgegebene Aufgabe handelt, kann der Prozess der Klonung eines Gens und die Feststellung, welches Protein es herstellt und was dieses Protein bewirkt, Jahre dauern und Generationen von Doktoranden und Postdocs verschleißen. Rosbash wollte aber kein unbedeutendes Zahnrädchen in irgendeiner vergessenen Ecke des zellularen Stoffwechsels klonen. Der Einsatz bei diesem Spiel lohnte sich für ihn nur, wenn *period* von entscheidender Bedeutung für die innere Uhr war.

Und die Chancen dafür hielt Rosbash schlicht für fünfzig zu fünfzig – was Hall die Wände hochgehen ließ.

Bei Fachkonferenzen erzählt Rosbash heute gerne solche Geschichten aus der Umkleidekabine. »Wir drehten uns ständig im Kreis.« Wieder und wieder stritt er sich mit Hall um dieselben Punkte, nicht anders als die Spieler der Telefongesellschaft vor ihren Spinden im nächsten Gang. »Eines Montags erzählten sie sich wieder einmal in höchst eindeutiger Manier von ihren Liebesabenteuern. Ich bin wirklich nicht prüde oder zimperlich, aber selbst für meine Ohren waren ihre Geschichten extrem. Die armen Mädchen taten mir Leid.«

»Na ja, wir sprachen also über das Liebesleben der Taufliege und sie über das Liebesleben der Säugetiere. Da kam einer der Telefontypen nackt und schweißtriefend um die Ecke und fragte: ›Seid ihr die Molekularbiologen?‹«

»Yeah.«

»Na also, warum finden wir dann nicht endlich heraus, was das Gen macht?« drängte er ungeduldig. »Findet heraus, was das Gen macht, damit wir endlich zum Kern der Sache kommen können und uns nicht länger diese oberflächlichen Schilderungen anhören müssen.«

KAPITEL XII

Ein Instinkt wird geklont

Zweifellos war die Entzifferung schwierig, aber sie allein gab die Wahrheit zu lesen.
Marcel Proust
Die wiedergefundene Zeit[1]

Der direkteste Weg, ein Fliegengen zu klonen, ist, eine Nadel zu nehmen und es direkt aus einem der gigantischen Chromosomen[2] in den Speicheldrüsen der Fliege herauszuschneiden. Diese Chromosomen tragen von jedem Gen eine extra Kopie: Hunderte von Kopien, Seite an Seite, so viele, dass jedes Speichelchromosom durch das Mikroskop angeschwollen und gebändert wie eine satte Korallenotter erscheint. Als Drosophilogen diese gebänderten Chromosomen erstmals vor Augen hatten, kam es ihnen vor, als sähen sie ihre Genkarten in Fleisch und Blut vor sich. Verschwommen konnten sie die Orte von *white, yellow* und all den anderen Genen erkennen, die Sturtevant in jener Nacht der Nächte kartiert hatte. Die Bänderungen lagen fast genau an den Positionen, wo Sturtevant sie verzeichnet hatte.

Ein begabter Drosophiloge ist in der Lage, mit einer winzigen Nadel und einem Mikromanipulator, der die Nadel lenkt, unter dem Mikroskop die DNS aus der Region des riesigen Chromosoms herauszuschneiden, auf dem die Gene liegen. Ein Pionier dieser Klonierungsmethode war Vincent Pirrotta, damals am europäischen molekularbiologischen Labor in Heidelberg. Auf Halls Bitten schickte Pirrotta ihm 1983 drei überlappende DNS-Fragmente, herausgeschnitten aus Posi-

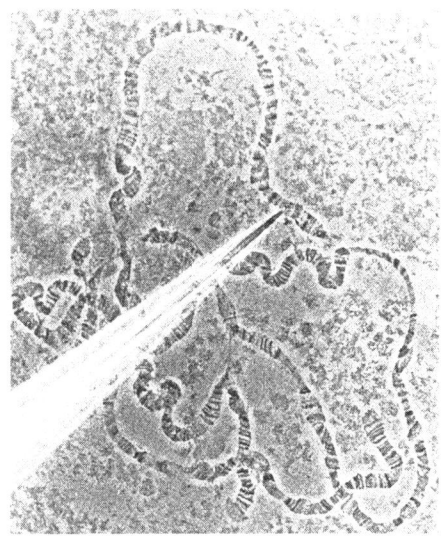

Der Moment des Klonens. Eine Fliege verfügt über 15000 Gene. Hier sieht man, wie mit einer mikroskopischen Nadel ein einzelnes Gen herausgeschnitten wird: das period*-Gen aus dem ersten Chromosom der Fliege.*

tionen, die nahe *white* auf dem X-Chromosom einer gewöhnlichen Fliege lagen.

Irgendwo auf diesen drei überlappenden Fragmenten befand sich das *period*-Gen. Konopkas alte Karten waren nicht exakt genug, als dass man hätte feststellen können, wo genau. Es konnte auf jedem der drei Bänder liegen, aber ebenso gut zwischen zweien von ihnen. Um es zu finden, entschieden sich Rosbash und Hall wieder einmal für die einfachste und direkteste Strategie. Sie beauftragten Studenten in ihren Labors, Kopien der drei DNS-Bänder anzufertigen und aus diesen dann aufs Geratewohl kleinere Fragmente herauszuschneiden, wozu ihnen eine ganze Batterie von Restriktionsenzymen als Scheren zur Verfügung stand. Auf diese Weise legten sie eine Bibliothek aus fragmentierten DNS-Bändern an, konnten dann jedes dieser DNS-Fragmente einem Fliegenei injizieren und anschließend eines nach dem anderen testen.

Nachdem sie diese DNS-Bibliothek zusammengestellt hatten, sammelten sie Eier eines mutierten Fliegenweibchens ohne Zeitsinn, das heißt, es trug Konopkas mutiertes Gen, jenes Allels, das eine Fliege zeitblind macht. Das Weibchen verfügte über zwei Kopien dieses Allels, eines auf jedem X-Chromosom. Da auch der Vater zeitblind war, würden ihre Kinder diese Schädigung logischerweise erben. Wenn es Hall und Rosbash nun aber gelänge, dieser zeitblinden Fliegenfamilie das *period*-Gen zu injizieren und ihr damit zu einem Rhythmus zu verhelfen, wären sie die ersten, die ein beschädigtes Verhaltensteilchen durch die Injektion eines Gens repariert hätten. Indem sie einem Embryo ein Gen zufügten, hätten sie dessen Nachfahren zu einem komplexen Verhaltensprogramm verholfen.

Rosbashs Team mixte einen so genannten DNS-Transformationscocktail, der auch eines dieser geheimnisvollen Fragmente des X-Chromosoms aus ihrer DNS-Bibliothek und dazu ein P-Element enthielt. Dieses sollte das Fragment »ruhelos« machen, damit es in die DNS des Embryos springen konnte. Wenn sich dieses DNS-Fragment an der richtigen Stelle inserierte und außerdem das *period*-Gen in sich trug, müssten die künftigen Kinder der jungen Fliege einen normalen Zeitsinn erben. Jedes von ihnen würde zur üblichen Zeit bei Anbruch der Morgendämmerung aus dem Ei schlüpfen. Jedes würde vom ersten Tag seines Lebens an zur vorgegebenen Stunde schlafen gehen, nämlich bei Sonnenuntergang. Und jedes Männchen würde im üblichen Tempo singen, sobald es seinem ersten Weibchen begegnete.

Die Injektion von DNS ist ein klar vorgegebenes Laborprozedere: Man wäscht den jungen Embryo mit einem gewöhnlichen Bleichmittel (die meisten Genetiker nehmen dafür Clorox), um dessen Chorion, die Dottermembran, zu entfernen. Dann setzt man die Mikrospritze am hinteren Ende des Embryos an. Natürlich ist der Embryo so winzig, dass das Ganze unter dem Mikroskop geschehen muss. Eines nach dem anderen injizierten die angehenden Gen-Techniker nun also ihre DNS-Fragmente in das hintere Ende von mutierten Fliegenembryos. Laut Konopkas Karte mussten zumindest einige dieser Fragmente das *period*-Gen enthalten.

Ein DNS-Fragment nach dem anderen verschwand in einem Embryo nach dem anderen, und die Forscher im »Drosophila Arms« beobachteten eine Flasche nach der anderen. Die Fliegen, die sie für dieses Experiment ausgewählt hatten, waren nicht nur zeitblind, sondern hatten auch keine Alkoholtoleranz, da sie die beschädigte Form des Gens trugen, das Fliegen dazu verhilft, ihren Liquor – ihre Körperflüssigkeit – zu halten. Hall und Rosbash hatten ihrem DNS-Transformationscocktail eine normale Form dieses Gens beigefügt, so dass sie schnell und einfach herausfinden konnten, welche der jungen Fliegen über eine innere Uhr verfügt, die es zu testen wert war. Jede Fliege, die normal in der Lage war, ihre Körperflüssigkeit zu halten, würde also vermutlich auch über einen normalen Zeitsinn verfügen. Sobald eine junge Fliege vier Tage alt war, steckte Will Zehring, einer von Halls Postdocs, sie zusammen mit einem in Alkohol getränkten Kleenex in ein Glasröhrchen. Hatte die Fliege keine Alkoholtoleranz, starb sie, nachdem sie am Kleenex genippt hatte. Hatte sie das genetische Band aus dem DNS-Transformationscocktail geerbt, blieb sie am Leben. »Da kommst du dann in der Nacht zurück und denkst: ›O mein Gott, wir haben Transformanten!‹« erzählt Hall. Sie fanden jeweils ungefähr eine Fliege unter fünfhundert, die ihren Liquor halten konnte.

Zehring verfrachtete jeden dieser standfesten Trinker in eine eigene Flasche und testete dann alle auf dieselbe Weise, in der auch Konopka seine Mutanten getestet hatte: Er setzte sie in ein kleines Glasröhrchen, so dass jede Fliege beim Herumkrabbeln den Strahl eines Infrarotlichts unterbrach und damit die Nadel auf einer Papierrolle zum Ausschlag brachte. Anschließend konnte er die Aufzeichnungen auswerten und feststellen, wann sie wach gewesen war und wann sie geschlafen hatte. Hall und Rosbash hielten diese transformierten Fliegen in einem lichtlosen Kellerraum, den Hall »das Loch« nannte.

Damals waren die beiden ideale Partner. Hall verstand etwas von Genetik und Fliegenkunde und besaß genügend Fliegen. Außerdem hatte er einen ausgeprägten Sinn für Fair Play aus der *Drosophila*-Tradition übernommen. Rosbash verfügte über den Elan und die Ungeduld des Molekularbiologen und außerdem über eine gewisse Skrupellosigkeit, die er aus der Tradition der Molekularbiologie übernommen hatte. »Michael Rosbash war immer schon ein wenig der böse Bube der Biologie«, sagt ein Molekularbiologe, der Rosbash jahrelang kannte, »arrogant, immer respektlos, außerordentlich ehrgeizig, und außerdem stand er bei einigen in dem Ruf, wenn nötig über Leichen zu gehen – aber auch, sehr clever zu sein.« Als er sich mit Hall zusammentat, arbeitete Rosbash gerade mit Hefemutanten und hatte bereits einige vielbeachtete Papiere veröffentlicht, erzählt sein Kollege. »Aber ich hatte immer das Gefühl, dass Michael erst mit dem *per*-Gen das biologische Abenteuer fand, nach dem er so lange gesucht hatte.« Für den Geschmack eines ehrgeizigen jungen Molekularbiologen tummelten sich viel zu viele bei den Hefemutanten. »Manche Gebiete sind so beliebt, dass man sich kaum noch aus der Masse abheben kann. *Per* hingegen war einzigartig. Es war das einzige bekannte *clock*-Gen überhaupt. Sich damit zu beschäftigen war Gold wert.«

Doch schon bevor Rosbash und Hall anfingen, das *period*-Gen zu klonen, hatte ein anderer junger Molekularbiologe das Gefühl gehabt, dass *period* etwas ganz Besonderes sei. Wie Rosbash fand auch Michael Young von der Rockefeller University in New York City, dass die Zeit gekommen sei, die *Drosophila* auf molekularer Ebene zu erforschen. Und auch er hielt das *period*-Gen für den perfekten Ansatzpunkt. Im Fliegenlabor der Rockefeller University begann Young also einen Wettlauf gegen Hall und Rosbash um das Klonen von *period*. Auch er legte eine Bibliothek aus DNS-Bändern an, die als mögliche Kandidaten galten, injizierte diese nacheinander Fliegeneiern und beobachtete anschließend die Fliegen. Auch er hatte eine große Apparatur mit einer Papierrolle und einer Tintennadel aufgebaut, die sofort ausschlug, wenn sich eine Fliege bewegte. Jeden Morgen, wenn er ins Labor kam, rollte er meterweise Papier auf und hielt anhand der periodischen Ausschläge der Nadel nach einem Rhythmus Ausschau. Das Verhalten von Fliegen zu erforschen war nicht mit einem Experiment in einer Petrischale vergleichbar, bei dem man das

Resultat nach ein bis zwei Stunden sehen kann. Vielmehr musste man sich nach der Injektion der DNS in ein Ei auf tagelanges Warten gefasst machen. Young wusste, dass er mit der Gruppe aus Boston konkurrierte, und es war ihm auch klar, dass Rosbash wie ein Wilder ackerte. Noch heute erinnert er sich genau, wie er jeden Tag ins Labor gerast kam und die Rollen durchforstete. Früher war es unter Fliegenforschern Usus gewesen, sich von einem Problem fern zu halten, wenn schon andere daran arbeiteten, doch seit Watsons Buch *Die Doppelhelix* lautete das Motto der Molekularbiologie »Wettkampf«. Young liebte das. »Es war wie Kintopp«, sagt er.

Ende 1984 durchforsteten Hall und seine Studenten ihre Rollen und wussten, dass sie es geschafft hatten – es war ihnen zum ersten Mal gelungen, Verhaltensteilchen in Gene zu injizieren. Die Fliegen verfügten nur deshalb über einen Rhythmus, weil ihnen dieser Instinkt eingeimpft worden war. Ohne Halls und Rosbashs erfolgreiche Klonierung des gewünschten Gens hätten diese Fliegen keinen Rhythmus gekannt. Hall fuhr ins New Yorker Hinterland, wo der Entdecker von *period*, Ronald J. Konopka höchstpersönlich, inzwischen in einer Art Exil lebte und an einem kleinen College namens Clarkson lehrte. Es war ihm nicht gelungen, eine Daueranstellung am Caltech zu bekommen. Hall gab Benzer und dessen mangelnden Führungsqualitäten die Schuld daran – es war eine der ersten von vielen ernsthaften Auseinandersetzungen, die zwischen ihnen noch folgen sollten. Benzer betont jedoch, dass das nur an der Enttäuschung seiner Kollegen gelegen habe, weil Konopka so wenig Bereitschaft zeigte, seine Erkenntnisse zu veröffentlichen. Doch Konopka war ein Perfektionist und hatte einfach nicht das Gefühl gehabt, dass das, was er über *period* zu sagen hatte, perfekt sei.

In Clarkson hatte Konopka eine Computer-Station aufgebaut, um die *period*-Mutanten in ihren Teströhrchen zu beobachten. Zu Zeiten der Papierrollen hatte er das Verhalten von einem halben Dutzend Fliegen pro Woche beobachten können, mit dieser neuen Anordnung gelang ihm die Beobachtung von mehreren hundert Fliegen pro Woche. Hall übergab

Konopka seine transformierten Fliegen, ohne ihm zu sagen, was er gefunden zu haben glaubte, und bat ihn um eine unabhängige Meinung über deren Zeitsinn.

»Wir fuhren also wieder nach Hause«, erzählt Hall, »und nach zwei oder drei Wochen rief Ron uns an. Er steckte gerade mitten in den Blindversuchen und hatte keine Ahnung, worum es ging. Dann sagte er: ›Sie sind rhythmisch.‹ Und das hat es besiegelt. Damit war für uns die Sache klar. Da wussten wir, wir hatten das Gen.« Sie waren viel zu sehr damit beschäftigt, diesen Wettlauf zu gewinnen, um sich viele Gedanken über die Auswirkungen ihrer Entdeckung zu machen. Hall schickte ein paar ihrer neuen Mutanten zu Kyriacou, der mittlerweile sein eigenes Fliegenlabor an der Universität von Leicester in England aufgebaut hatte. Kyriacou machte ebenfalls Blindversuche und bestätigte, dass die Liebeslieder der Fliegen einem Rhythmus unterlagen. Das *period*-Gen der Transformanten funktionierte also in jeder Hinsicht exakt – sie verfügten über einen soliden Zeitsinn, Tag für Tag, Minute für Minute.

Buchstäblich im selben Moment testeten auch Young und sein Team das Verhalten ihrer Fliegen. Auch Youngs transformierte Fliegen – oder Transformanten – verfügten über einen genauen Zeitsinn. Die beiden rivalisierenden Labors gaben in rasender Eile ihre Papiere in den Druck.[3] Das Papier von Hall und Rosbash wurde 1984 für die Dezember-Ausgabe von *Cell* angenommen. (Als Dank für ihre Hilfe wurden Konopka und Kyriacou als Co-Autoren aufgeführt.) Das Papier von Young und seiner Gruppe wurde zur selben Zeit für die Jahresendausgabe von *Nature* akzeptiert – für die Ausgabe Dezember 1984/Januar 1985. Später sollte Kyriacou Young immer aufziehen: »Na ja, Michael, deines war ja eigentlich von '85!«

In der Fachwelt lösten diese Papiere nicht weniger Aufregung aus als Jahre zuvor Konopkas Veröffentlichung seiner Erkenntnisse über das *clock*-Gen. Denn was man mit einer Fliege machen konnte, konnte im Prinzip auch mit einer Maus oder einem Menschen gemacht werden. Die Methode – P-Element, Nadel und Marker – wäre im Wesentlichen dieselbe. Hall und Rosbash haben inzwischen ein Experiment durchgeführt, mit dem sie eine der futuristischen Möglichkeiten ihres Fachgebiets testeten. Schon seit Jahren hatte diese Idee innerhalb wie außerhalb ihres Fachbereichs zu Diskussionen geführt und Interesse geweckt, aber auch Entsetzen ausgelöst: Werden Genetiker eines Tages in der Lage sein, Verhaltenselemente einer Spezies an eine andere zu übertragen? Können sie das Verhalten der einen Rinderrasse an eine andere weitergeben oder die Temperamentmerkmale eines Vollbluts an ein anderes Pferd? Oder können sie gar ein bestimmtes Verhaltenselement eines Menschen in das Ei eines anderen injizieren? Werden sie einen menschlichen Instinkt, ein menschliches Verhaltensteilchen auf eine Maus oder einen Schimpansen übertragen?

Hall und Rosbash klonten das *period*-Gen einer *Drosophila simulans*. Dann mixten sie einen ihrer DNS-Transformationscocktails und injizierten ihn in das Ei einer *Drosophila melanogaster*: Das Verhaltensteilchen sprang von einer Spezies auf die andere über – *mel* sang das Liebeslied von *sim*.[4]

Hall war nach diesem Experiment total aufgedreht: »Du veränderst die Uhr und erschaffst einen anderen Organismus! Wir haben Mini-Evolution gemacht! Wir haben eine Gattung in eine andere verwandelt!« Sie hatten eines der entscheidendsten Verhaltensteilchen eines Tieres transformiert. Das *clock*-Gen ermöglicht es ihm, in zeitlicher Übereinstimmung mit Sonnenaufgang und Sonnenuntergang zu leben – Schritt zu halten mit seiner Welt, und das ist für das Überleben des Tieres ein absolut notwendiges Verhaltenselement. Das *clock*-Gen lässt die männliche Fliege auch im richtigen Moment und richtigen Rhythmus werben und singen, was die Grundvoraussetzung ist, damit sie ihre Gene weitergeben kann. Mit dieser Injektion wurde dies nun alles verändert: Es war nicht mehr dieselbe Gattung!

Nach dem hippokratischen Schema der vier Temperamente würde sich Hall als Choleriker und Melancholiker bezeichnen. In seinem Allerheiligsten steht eine Daguerreotypie von General William Tecumseh »War is Hell« Sherman, der darauf wie ein Zwilling von Jeff Hall aussieht. An seinem Computer klebt ein Portrait von John Brown. Auf seinem Schreibtisch liegt zwischen dem Computer und einem Mikroskop eine blaue Unionsmütze. Ein antikes Gewehr aus seiner Sammlung hängt an der Wand. Quer über der Wand steht in riesigen Großbuchstaben: »BE AFRAID, BE VERY AFRAID.« In diesem Kontext betrachtet, wirkt es wie ein Zitat aus dem Bürgerkrieg. In Wahrheit stammt der Satz von einem Filmplakat für Jeff Goldblums Remake des Klassikers *Die Fliege*.

Unter Halls Schreibtisch liegen seine drei kleinen Terrier. (In Benzers Fliegenlabor hatte er Dackel.) Den ganzen Tag lang knurren sie herum oder kämpfen mit einem verknoteten Seil, während er arbeitet. Sobald ein neues Gesicht an der Flügeltür zu seinem Allerheiligsten auftaucht, wird jeder in Halls Fliegenlabor durch ihr aufgeregtes Kläffen gewarnt, augenblicklich gefolgt von Halls dröhnender Stimme: »Na, Zoot, Platz! Platz, Platz, Platz!«

Vor einiger Zeit stellte ein Journalist Hall eine schwierige Frage. Seit das *clock*-Gen als eine Art Flaggschiff der Forschung über den Zusammenhang von Genen und Verhalten berühmt geworden war, bekam er diese Frage häufig zu hören: Wieso hält er *clock*-Gene für etwas Genetisches *und* Verhaltensbestimmendes? »Manche meiner Freunde verstehen nicht, weshalb man den Zeitsinn als eine Verhaltensweise betrachtet«, sagte der Journalist.

Hall antwortete überlegt. »Ruhe versus Aktivität ist ein entscheidendes, genau definierbares Verhaltensmerkmal eines Organismus«, sagte er. »Ich halte es nur für recht und billig, wenn jemand meint, dass Schlafen und Wachen keine besonders interessanten Instinkte seien. Aber es ist sehr wohl ein Verhalten.« Eine Taufliege schläft während der Nacht, wacht auf, frühstückt und fliegt den ganzen Morgen herum, erklärte er. Dann hält sie über Mittag eine Siesta. Anschließend fliegt sie bis Sonnenuntergang wieder herum und schläft die Nacht hindurch. Eine Fliege hält diese Routine jeden Tag ihres Lebens ein, selbst wenn sie ganz allein in einem dunklen Teströhrchen geschlüpft ist und niemals einen Lichtstrahl oder gar ein anderes Lebewesen erblickt hat. Sogar wenn ihre Vorfahren seit Generationen in Dunkelheit geboren und ge-

storben sind, wie die Menschen in Platons Höhle, bewegt sich
die Fliege mit derselben Geschwindigkeit durch ihr Leben in
Finsternis wie die Sonne draußen, die sie niemals sieht. Und
wie alle Taufliegen außerhalb des Labors, ob in Casablanca,
Kairo oder auf den griechischen Inseln, hält auch sie zur Mittagszeit grundsätzlich eine Siesta. Da sie in einem stockdunk-
len Raum in einem Teströhrchen lebt, brauchte sie keine Mittagspause; eine Fliege auf einem Gemüsemarkt in Marokko
aber braucht ebenso eine Siesta wie die Käufer und Verkäufer,
um der Hitze auf dem Markt zu entfliehen.

Wachen und Schlafen organisieren also das gesamte Verhalten des Tieres, erklärte Hall, und Aufstehen wie sich zur
Ruhe begeben sind Verhaltensmuster bona fide. »Nicht weil
ich das sage. Es *ist* Verhalten. Ich würde mich eine dreiviertel
Stunde mit Ihren Freunden streiten, aber am Ende hätte ich
ihre Argumente zerpflückt.«

Manche Leute scheinen zu glauben, dass Verhalten nur
dann Verhalten ist, wenn seine Ursachen geheimnisvoll sind,
fuhr Hall fort. Doch wenn ein Verhaltensteilchen erst einmal
auf molekularer Ebene verstanden sei, laufe alles auf Stoffwechsel hinaus, ob man nun davon spreche, wie eine Weber-
ameise ein Blatt faltet, ein Webervogel sein hängendes Nest
baut, ein Mensch Suaheli zu sprechen lernt oder eine Fliege
bei Morgendämmerung aufsteht und sich bei Anbruch der
Nacht schlafen legt. »Benzer wurde mal *vor meinen Ohren* die
dämliche Frage gestellt«, erzählte Hall, »ob das ›der Verstand
oder das Gehirn‹ mache. Tatsache ist doch, dass jeder Aspekt
des Verstandes und des Gehirns am Ende auf Stoffwechsel
hinausläuft! Was denn sonst? Etwa auf irgendeine elektrische
Aura, die über unseren Köpfen schwebt?« Wir scheinen noch
immer nach irgendetwas außerhalb dieses Mechanismus zu
suchen, meinte Hall, nach einem Deus ex Machina, der uns
vor dem Uhrwerk über und in unseren Köpfen, das wir seit
Jahrhunderten zu erforschen versuchen, rettet. Es sei höchste
Zeit zu akzeptieren, dass jedes Verhalten ebenso Teil der materiellen Welt ist wie die Sterne über uns und die Atome in
uns. Jedes Verhalten ticke mit dem molekularen Uhrwerk,
aber das mache es nicht weniger faszinierend.

Jeder, der Gene und Verhalten auf der Ebene von Genen, Molekülen oder Nerven erforscht, sei der Frage ausgesetzt: »Und das soll *alles* sein?« Es sei die typische Frage, die auch Anatomieprofessoren gestellt werde, wenn medizinische Erstsemester zum ersten Mal einen Blick auf die Organe einer Leiche werfen. Verhaltensgenetiker hören sie inzwischen unentwegt, sagte Hall, wobei das *clock*-Gen besonders dazu herausfordere, da die Uhr ein Mechanismus sei, in dem wir alle den Mechanismus schlechthin erkennen. Sie sei *das* Symbol für einen Mechanismus, sei es nun am Firmament oder im Körper. Daher verberge sich hinter dieser Frage in Wirklichkeit immer die Anschauung: »Sobald man etwas darüber weiß, ist es nicht mehr Verhalten. Es ist nur so lange Verhalten, solange es sich auf der Ebene von Mysterium und Wunder bewegt.« Halls Meinung nach ist das der eigentliche Grund, weshalb Menschen bezweifelten, dass die Anpassung an Zeit wirklich Verhalten sei, obwohl das nicht weniger offensichtlich sei als bei dem Akt, das Licht einer Glühbirne zu sehen. Es sei »eines der faszinierendsten Verhaltensweisen in der gesamten biologischen Forschungsgeschichte!«

Der Reporter sah aus, als wäre er sehr froh, betont zu haben, dass nicht er, sondern Freunde diese Frage gestellt hatten. Denn plötzlich brüllte Hall: »Sehen!« und weckte die Hunde unter seinem Schreibtisch. »Es geht nicht nur darum, *dass man sehen kann*! Es geht auch darum, wie man auf die sichtbare Welt der Formen und Bewegungen *reagiert*! Ich will Ihre Freunde nicht als blöd hinstellen oder behaupten, sie seien *Idioten*! Ich will auch Ihnen nicht vorwerfen, dass Sie ein solcher Ignorant sind, weil Sie nur noch mit offenem Mund dasitzen und *sabbern* können!« Und dann flippte er vollends aus. (»Jeff Hall flippt schnell aus«, sagt Benzer – aber das behauptet Hall auch oft genug von sich selbst.)

Es gibt aber auch *clock*-Beobachter, die diese Frage gelassener beantworten. Jerry Feldman zum Beispiel, der ein *clock*-Gen im *Neurospora*-Pilz entdeckte, erklärt ruhig: »Nennen Sie es, wie Sie wollen. Sie könnten sagen, dass jedes Gen, das ein Verhalten modifiziert, ein Verhaltensgen ist. Wichtig dabei ist nur das Gen. Was macht es? Und wie verbindet es sich letzten Endes mit Verhalten? *Das* interessiert mich.«

Kyriacou hingegen antwortet fröhlich: »Es ist doch aber ein wirkliches Verhaltensgen. Was tut es denn? Wo es vorhanden ist, fügt es Verhalten hinzu. Es hat Rhythmen. Es ist wunderschön.«

Heute gestehen viele von Benzers Studenten Hall den Erfolg der »Theorie des atomaren Verhaltens« zu, nachdem Benzer ihr den Weg bereitet hatte. »Hall hat sie durchgesetzt, und deshalb konnte sich dieses Gebiet modernisieren«, sagt Tim Tully, der Schüler eines von Benzers Schülern.

Doch während der späten siebziger und fast der gesamten achtziger Jahre fühlte sich Hall umstritten und allein gelassen, als trüge er das Banner einer besiegten Armee vor sich her. Der berühmte Benzer hätte sich nicht nur zum Fürsprecher Konopkas machen können, sondern zum Wortführer des ganzen Gebietes, das ja immerhin er selber begründet hatte. Er hätte für die Sache eintreten können wie einst Morgan. Doch im Gegensatz zu Morgan nahm sich Benzer nie viel Zeit für Komitees oder Reden oder um Bücher zu schreiben oder gar Wissenschaftspolitik zu betreiben. Im Übrigen forschte er gar nicht mehr über das Verhalten.

In jenen Jahren begann sich Benzer mehr und mehr in das Nervensystem der Fliege zu vertiefen. Er wollte erst einmal erkunden, wie Gene einen Körper aufbauen, bevor er sich weiter dem Verhalten widmete. Gemeinsam mit seinen Studenten studierte er anhand von Genen und Mutanten die Funktionsweise der Nerven. Er hatte sich der neurogenetischen Grundlagenforschung zugewandt. Nachzuvollziehen, wie Gene die Nerven im Embryo aufbauen, schien ihm das logisch Naheliegendste zu sein.

Hall war empört, aber Benzer fand überhaupt nichts dabei, von Fachbereich zu Fachbereich zu springen. Das hatte er schon immer getan. Am Caltech hatten die Freunde von Max Delbrück anlässlich seines Nobelpreises einen Kabarettabend veranstaltet. Über Benzer wurde ein Lied zur Melodie von »Jimmy Crack Corn« vorgetragen.[5] In der ersten Strophe spielt er als Physiker mit elektrisch geladenen Teilchen herum. Aber dann:

Physics was fun, but I don't care,
I'm on to something else next year.
I must stick with the new frontier
Until I'm old and gray.

In der nächsten Strophe kehrt er der Genkartierung den Rücken:

Genetics was fun, but I don't care,
I'm on to something else next year,
I must stick with the new frontier
Until I'm old and gray.

In der letzten Strophe verlässt er schließlich auch die Verhaltensgenetik:

Behavior was fun, but I don't care,
I'm on to something else next year,
I must stick with the new frontier
Until I'm old and gray.

Aber nicht nur Benzer war von Unruhe getrieben. Ende der siebziger Jahre hatten sich viele Gründerväter der »Theorie des atomaren Verhaltens« verabschiedet. Sydney Brenner zum Beispiel beendete seine Forschungen über die Verhaltensweisen von Würmern und begann stattdessen die Verkabelungsdiagramme ihrer Nerven zu studieren. Tatsächlich hatte er sich noch vor Benzer für diese Richtung entschieden, und er war es auch gewesen, der Benzer mit seinen Argumenten überzeugen konnte, dass das Embryo die »new frontier« sei. Hall hingegen pflegte er auf Konferenzen niederzumachen: »Ihr Neurogenetiker glaubt alle, dass ihr durch eure Nervenmutanten irgendwelche interessanten Neuigkeiten entdecken könntet, aber am Ende werden die sich bei solchen Sachen wie der Aldolase [ein Wald-und-Wiesen-Enzym, ohne das die Fliege keine Glykose verdauen kann und sich langsam zu Tode hungert] als völlig irrelevant erweisen.«[6] Wieder dasselbe Argument, das Benzer schon im Sperry-Labor und Hall bereits von Michael Rosbash im Umkleideraum der Brandeis University gehört hatten: *period, fruitless, dunce* und all die anderen seien einfach nur kranke Fliegen, mit deren Genhaushalten etwas nicht in Ordnung war.

Ein anderer Phage-Veteran, der sich in diesen Jahren von der »Theorie des atomaren Verhaltens« abwandte, war Gunther Stent, der mit Blutegeln geforscht hatte. Inzwischen schrieb er pessimistische Aufsätze über dieses Gebiet, so wie er bereits zehn Jahre zuvor während der kurzen Flaute der sechziger Jahre elegische Essays über die Molekularbiologie verfasst hatte.[7] Auch Butlers Spruch, dass eine Henne nur die Art und Weise eines Eis sei, ein anderes Ei zu produzieren, hatte er neu überdacht:[8] Wenn das Leben ein Kreislauf ist, warum sollte man sich dann nur auf Gene konzentrieren? Stent begann das Leben nun eher im philosophischen Geiste von Emerson zu betrachten: »Die Methoden der Natur: Wer könnte sie je analysieren? Nie wird man aufhören, diesen reißenden Strom zu beobachten. Nie werden wir die Natur übertölpeln können, nie das Ende eines Fadens finden, nie wissen, wo wir den ersten Stein legen sollen. Der Vogel beeilt sich, sein Ei zu legen: Das Ei beeilt sich, ein Vogel zu werden.«[9] Stent bezweifelte, dass die genetische Sektion von Verhalten oder gar von Evolution mehr Informationen liefern könnten als eine Sektion mit dem Skalpell.

Delbrück fühlte sich inzwischen vollends geschlagen. Fünfundzwanzig Jahre nachdem er überschwänglich an Benzer geschrieben hatte, dass er ein »neues Leben beginnen« wolle, konnte er noch immer nicht verstehen, wie es ein Pilz fertig bringt, dem Licht entgegenzuwachsen. Seinem Tagebuch vertraute er an, dass er »der Ungeklärtheit dieser Frage von Herzen überdrüssig« sei.[10] Es war ihm nicht gelungen, die Genetik und Mechanik auch nur eines einzigen der doch so einfach wirkenden Verhaltensteilchen zu verstehen. »Ich glaube, Max war tatsächlich desillusioniert«, sagt Crick. »Das Phänomen, mit dem er sich befasste, war sehr komplex, und ich glaube nicht, dass er ihm jemals auf den Grund kam. Meiner Meinung nach war das ohnehin von Anfang an keine kluge Wahl, und dann kam eben noch ziemliches Pech hinzu.«

1978 entdeckten Delbrücks Ärzte bei einer Routineuntersuchung, dass der Krebs an seinen Rippen fraß. Benzer und Dutzende andere Phage-Veteranen ließen es sich nicht nehmen, ihn jeden Nachmittag zu besuchen. Er saß in seinem Wohnzimmer im Schaukelstuhl und zitierte Samuel Beckett (»The light gleams an instant...«). Obwohl Beckett und Delbrück ihre Nobelpreise im selben Jahr erhalten hatten, war er seinem Helden in Stockholm nicht begegnet. (»Nein, er kam nicht, der Hund.«)

Zur selben Zeit lag Benzers Frau Dotty mit Brustkrebs im Krankenhaus. Seit seinem sechzehnten und ihrem einundzwanzigsten Lebensjahr hatten sie sich ungewöhnlich nahe gestanden. Sie war eine Lerche und er eine Eule, aber jeden Nachmittag kamen sie Hand in Hand ins Labor geschlendert. Das war ein höchst ungewöhnliches Verhalten am Caltech, aber durchaus eine Tradition der Fliegenlabors. Auch Thomas und Lilian Morgan hatten Seite an Seite zwischen den Milchflaschen gearbeitet, kaum dass die Kinder aus dem Haus waren. Die Morgan-Bande hatte einen ihrer weiblichen Mutanten *bobbed* (Bubikopf) getauft, weil er ebenso kurze Borsten hatte wie Morgans Technikerin Phoebe Reed, die sich kurz zuvor einen modischen Bubikopf hatte schneiden lassen. Sturtevant heiratete Phoebe Reed.

Kaum wussten er und Dotty von ihrer Krankheit, begann Benzer sich zu einem Experten der Krebsbiologie und -therapie zu entwickeln. Er vernachlässigte das Labor immer mehr, um an nationalen und internationalen Konferenzen über Brustkrebs teilzunehmen. Selbst wenn er im Labor war, führte er stundenlange Ferngespräche mit Spezialisten in der Schweiz. Und sogar wenn er überzeugt war, den bestmöglichen Arzt für Dotty gefunden zu haben, kam er noch mit Stapeln von Fachpapieren in dessen Ordination, um ihm die Dinge zu erklären und sie mit ihm durchzusprechen. Martin Arrowsmith verlor Leora durch eine tragische Krankheit; Benzer war wild entschlossen, seine Dotty nicht zu verlieren.

In diesem Juni hielt Delbrück die Rede bei der akademischen Abschlussfeier am Caltech.[11] Er sprach im »Court of Man«, einem Hof, der auf der einen Seite vom Gebäude der Verhaltensbiologie und auf der anderen vom Gebäude der

Geisteswissenschaften flankiert wird. In gewisser Weise ist die »Theorie des atomaren Verhaltens« ein Versuch, diese beiden Disziplinen, die Verhaltensbiologie und die Geisteswissenschaften, zu vereinen. Doch auf lange Sicht gesehen zielt sie darauf, alle Wissenschaften zu vereinen, inklusive aller philosophischen Fakultäten. Doch Delbrück, der aus dem Rollstuhl zu den Studienabgängern sprach, prophezeite, dass eine solche Vereinigung nie stattfinden werde. »Tatsächlich«, sagte er, »können wir davon ausgehen, dass es den Naturwissenschaften im Innersten nicht gegeben ist, mit den immer wiederkehrenden Fragen von Tod, Liebe, moralischer Entscheidung, Gier, Ärger oder Aggression zurechtzukommen.« Und dann erzählte er eine quälende Fabel. Die Naturwissenschaften, sagte er, ähnelten dem Tithonos aus der griechischen Mythologie. Eos, die griechische Göttin der Morgenröte (Aurora), verliebte sich in den jungen Tithonos. Sie bat Zeus, ihn unsterblich zu machen. Zeus tat ihr den Gefallen – doch ohne ihm ewige Jugend zu gewähren. »Tithonos alterte und welkte dahin und brabbelte unaufhörlich«, erzählte Delbrück. Am Ende verwandelte er sich in einen zirpenden Grashüpfer, den Aurora seither in einer kleinen Schatulle verwahrt.

»Auch die Naturwissenschaften schnattern und zirpen unaufhörlich«, endete Delbrück. »Süße Töne für alle, die auf sie eingestimmt sind, aber befriedigen sie auch die Sehnsüchte von Aurora, der Göttin der Morgenröte?« Beantworten sie all die Fragen, auf die wir uns alle eine Antwort wünschen?

Manchmal unterhalten sich Benzers derzeitige Postdocs während ihrer Zigarettenpausen am späten Vormittag vor Benzers Eintreffen über die Geschichte des Labors. Sie sitzen auf den Steinbänken unter den Palmen und Jakarandabäumen vor Church Hall und geben die Legenden weiter, die ihnen selbst einmal erzählt wurden. Für sie sind das Geschichten aus längst vergangenen Zeiten. Benzers Freunde, sagen sie, hätten es kaum für möglich gehalten, dass er sich von Max' und Dottys Tod je wieder erholen würde. Und er habe so lange nichts mehr publiziert, dass es fast den Anschein hatte, als glaubte er, dass das, was er unter dem Mikroskop erblickt, die immer wiederkehrenden Fragen niemals beantworten könne.

KAPITEL XIII

Ein Instinkt wird gelesen

Ich bin ein Buch, das ich weder geschrieben noch gelesen habe.

Delmore Schwartz[1]

Fast alle aus der Gründergeneration im Gen-Geschäft verließen früher oder später ihre Labors, um Firmen, Stiftungen oder Universitäten zu leiten. Crick zum Beispiel wurde kurzzeitig Präsident des Salk Institute in La Jolla, Watson wurde Direktor von Cold Spring Harbor. »Das passiert den Leuten leicht«, sagt Crick im heiter-gelassenen Ton eines Odysseus, der vom Meeresstrudel der Charybdis erzählt. »Aber dass das Benzer passieren könnte – dem letzten, der irgendwas mit Administration zu tun haben will –, kann ich mir einfach nicht vorstellen.«

Als Benzers Freunde einer nach dem anderen dieser Versuchung unterlagen, schenkte er jedem von ihnen ein kleines Handbuch mit dem Titel *Microcosmographia Academica: Being a Guide for the Young Academic Politician.*[2] Diese Broschüre (»die knappste Darstellung jener kleinen Welt, die nun vor Ihnen liegt«, heißt es da im Vorwort) führt auf, welche Kenntnisse von Benzers einstigen wissenschaftlichen Kollegen nun erwartet wurden – nicht zuletzt Propagandakünste, »jener Zweig der Kunst des Lügens, welcher daraus besteht, Ihre Freunde fast und Ihre Feinde nicht vollständig hinters Licht zu führen«.[3]

Benzer zog es natürlich weiterhin vor, in Abgeschiedenheit zu forschen, was ihm durch die Gesellschaft anderer Nachteulen im Labor und die seiner Frau und Töchter zu Hause erleichtert wurde. In den alten Phage-Zeiten und frühen Tagen seines Kartierungsprojekts war er damit durchaus glücklich gewesen, trotzdem gab es immer wieder Momente, in denen selbst ihm seine Arbeitsweise zu einsam vorkam. Im Herbst 1952, nach seiner Rückkehr aus dem Pariser Institut Pasteur an sein Labor in Purdue, schrieb er in einem Brief voller Einsamkeitsgefühle an Max Delbrück: »Nach Paris ist die Isolation mit dem Phagen hier fast unerträglich.«[4]

Mitte der achtziger Jahre wurde aus der von Sturtevant, Benzer und einigen anderen in vielen langen Nächten begonnenen Kartierungsarbeit urplötzlich Big Science – das größte Projekt in der Geschichte der Biowissenschaften. Entscheidend dafür wurde ein Treffen an einem Wochenende im Mai 1985. Der Molekularbiologe Robert Sinsheimer, mittlerweile Kanzler der University of California in Santa Cruz, UCSC, trommelte ein paar andere Molekularbiologen zusammen, um über eine Idee zu diskutieren.[5] Die UCSC hatte gehofft, den Auftrag für den Bau eines gigantischen Teleskops zu bekommen, dieses Projekt dann jedoch an Caltech verloren. Also hatte Sinsheimer sich umgesehen und war von Groß auf Klein umgeschwenkt – wie einst Galileo Galilei, als er sich von seinem berühmten ersten Teleskop ab- und dem Mikroskop zuwandte, um eine Fliege in der Flasche zu betrachten. Sinsheimer schwebte nun ein Projekt vor, das ihm noch wesentlich aufregender schien als ein großes Teleskop, nämlich eine wissenschaftliche Kooperation mit dem Ziel, jedes einzelne menschliche Gen zu kartieren.

Doch auch dieses Projekt wurde der UCSC entzogen. Das Human-Genom-Projekt (HGP) sollte bald schon zu einem Multimilliarden-Dollar-Unternehmen werden, mit einem riesigen bürokratischen Apparat hinter sich und unter Beteiligung des U. S. Department of Energy (DOE), des U. S. National Human Genome Research Institute (NHGR), der für die Koordination der internationalen Zusammenarbeit zuständigen Human Genome Organization (HUGO) und vieler anderer Institutionen mit den unterschiedlichsten Akronymen. Labors in den Vereinigten Staaten, in Frankreich, Italien, Groß-

britannien und Japan begannen halb konkurrierend, halb ko-
operierend jeden einzelnen der 3 Milliarden Buchstaben des
menschlichen Genoms über 3600 Karteneinheiten hinweg zu
kartieren und zu sequenzieren. Was Benzer noch von Hand in
einzelnen Petrischalen getan hatte, wurde bald schon von un-
ermüdlichen Robotern gemacht: Sie sprühten menschliche
DNS in Reihen von Phiolen, kopierten jedes DNS-Fragment,
zerteilten es, sequenzierten die Buchstaben und speicherten
sie dann in Computern ab. Obwohl das Institute for Genomic
Research in Rockville, Maryland, in den letzten Jahren des
zwanzigsten Jahrhunderts bereits Millionen von Buchstaben-
Codes pro Jahr sequenzierte, wollte es sein Verfahren noch
weiter beschleunigen. Auch das Genome Sequencing Center
der Washington University in St. Louis sequenzierte 100 000
Buchstaben am Tag und war noch immer nicht zufrieden mit
diesem Tempo. Das auf dieser Karte verzeichnete Wissen wird
einmal jenen 134 Buchbänden entsprechen, die Sturtevant
abends auswendig zu lernen pflegte: der *Encyclopaedia Britannica*. Allerorten begaben sich Biologen in einen Wettkampf
um die Anzahl der Buchstaben, welche die »high-through-
put«-Roboter in ihren Labors – die sie mittlerweile »Fabri-
ken« nannten – in geringstmöglicher Zeit aus dem menschlichen Genom isolieren konnten. Überall wurde nur noch von
Patenten, Qualitätskontrolle, Venture Capital und »data isolation« gesprochen (was nichts anderes heißt als: Geheimhal-
tung).

James Watson wurde zum ersten Direktor des Human-
Genom-Projekts ernannt. Sofort hängte er sich in Cold Spring
Harbor ans Telefon und warf seine ganze Autorität in die
Waagschale, um dieses Multimilliarden-Dollar-Programm
der Regierung zu manipulieren und den Pharma- und Bio-
tech-Konzernen so lange klar zu machen, dass es in ihrem ei-
genen Interesse lag, bis er sie an der Angel hatte. Und auch an
der Wall Street verließ man sich darauf, dass zweckdienliche
Designerdrogen massiv vom Wissen über Gene und deren
Funktionen profitieren würden. Die Concorde und Erste-
Klasse-Kabinen der Jumbo-Jets füllten sich mit cleveren Wissenschaftlern, die über Nacht riesige Spekulationsgewinne

mit Computer-Hardware und -Software oder mit Genetik-Hardware und -Software gemacht hatten. Überall sah man wild mit den Armen fuchtelnde Biotech-Unternehmer durch die letzten Jahre des Jahrhunderts rauschen und begeistert rufen[6]: »Ich hab' gerade hunderttausend Gene an SmithKline Beecham verkauft!«[7], über Nacht reich gewordene Männer, die durch ein Nadelöhr in den Himmel aufgestiegen – oder, aus der Perspektive eines Arrowsmith, in Ungnade gefallen waren. Kürzlich erklärte der Starmolekularbiologe des Unternehmens Genset in Paris einem Journalisten von *Science*, weshalb er abends so gern Klavier spielt: »In der Genetik gibt es keine Geheimnisse mehr, aber in der Musik ist noch alles geheimnisvoll.«[8]

Wenn die Drosophilogen aus dem Fliegenlabor von Cold Spring Harbor heute auf einen Sprung im Büro ihres Chefs vorbeisehen, kommt es ihnen vor, als könnten sie die Türen von teuren Limousinen mit dem typisch satten Geräusch ins Schloss fallen hören, wenn Watson wieder einmal am Telefon hängt und neben all dem alltäglichen »hiring and firing« in Cold Spring Harbor mit den Akronymen des Genomprojekts jongliert und über hochrangig besetzte Dinner-Parties parliert: »Vielleicht geh' ich hin … Hängt davon ab, ob ich Bill Gates sehen kann.« Beim Lunch spricht Watson über Stocks und Bonds und Optionen. In der ersten Hälfte des zwanzigsten Jahrhunderts war Cold Spring Harbor das wissenschaftliche Zentrum der Eugenik gewesen. Als Direktor des Labors hatte sich Watson dafür eingesetzt, dass die eugenischen Archive als ständige Mahnung erhalten blieben. Doch nun zieht er es vor, seine Lunch-Gäste, die Präsidenten von Nationen und Großunternehmen, mit Kriegsgeschichten aus dem büro- oder »bio«-kratischen Leben zu unterhalten. Dabei schlägt er gern einen zynischen Ton an. Erzählt er beispielsweise lächelnd, weshalb das Human-Genom-Projekt Gelder für Ethikstudien bereitstellte, klingt das so: »Um die Kritiker zu kaufen.« Ethiker hatten bei der Geburt dieses Programms für heftige Wehen gesorgt. Also bewilligte ihnen Watson Gelder. »Ethiker sind ein konfuser Haufen«, sagt er. »Um ihre eigenen Probleme machen sie sich meist keine Sorgen, nur um

die Probleme anderer.« Dabei strahlt er ein Selbstvertrauen
aus, das gar keinen Raum für die Möglichkeit lässt, sein Gegenüber könnte anderer Meinung sein.

Watson betrachtete das Human-Genom-Projekt als logi-
schen Höhepunkt einer Karriere, die mit der Doppelhelix begann. Und wie schon bei der Doppelhelix tat er auch diesmal
alles in seiner Macht Stehende, um sich durchzusetzen. »Da
gab's ein paar Spezialisten, die dagegen waren. Also haben
wir sie bestochen«, sagt er grinsend, wenn er einem auseinander setzt, weshalb das Human-Genom-Projekt schon früh-
zeitig entschied, auch das Genom der Taufliege, des Fadenwurms, der Maus, des *E.-coli*-Bakteriums und des Senfkrauts
Arabidopsis zu sequenzieren. In Wirklichkeit war das natürlich
alles andere als Bestechung, denn die Molekularbiologen
brauchen diese und andere Modellorganismen, wenn der
Code des Menschen am Ende mehr bedeuten soll als nur eine
Reihe von Cs, As, Ts und Gs. Das heißt, indem die Biologen
auch die DNS anderer Spezies und nicht nur die des eigenen
Körpers sequenzierten, erhielten sie die Chance, einen neuen
Stein von Rosette zu produzieren.* In Wirklichkeit ging es also
darum, so viele unterschiedliche Versionen von so vielen unterschiedlichen Genen wie nur möglich zu kennen, damit sie
sich die nötigen Vergleichsmöglichkeiten verschafften, um so
viele Hieroglyphen wie möglich entziffern zu können. Doch
die Entzifferung von Genen – oder auch nur herauszufinden,
wie sich deren Bedeutung entziffern lässt, was angesichts einer
derart alten und eigentümlichen Schrift kein leichtes Problem
ist – war längst nicht mehr nur eine Frage der Wissenschaft.
Es war auch zur Frage der Hochfinanz geworden. Neue Unternehmen schossen wie Pilze aus dem Boden, um Licht ins
Dunkel der Gene von niederen Organismen – wie man noch
immer und trotz aller Proteste Benzers sagt – zu bringen.

So kam es also, dass die Arbeit, die Benzer und seine Schüler
einst aus einer exzentrischen Laune heraus in ihrer nächtli-

---

* Anm. d. Ü.: 1799 bei Rosette in Ägypten gefundener Stein, der
  von großer Bedeutung für die Entzifferung von Hieroglyphen
  war.

chen Selbstvergessenheit mit ihren Fliegen begonnen hatten, in den achtziger Jahren zu einem Bombengeschäft wurde. Allen Beobachtern, die sich im Fachgebiet der Biologie und seiner Umgebung tummelten, begann allmählich zu dämmern, welchen materiellen Wert Fliegen und die Neurogenetik haben. Jeff Hall sah vor seinem geistigen Auge bereits eine ganze *Drosophila*-Industrie entstehen. Bei Konferenzen über die Neurobiologie der *Drosophila*, die mittlerweile ständig und allerorten stattfanden, konkurrierten mindestens zehn Forscher um jede Redeminute, aber die Verhaltensgenetik war dabei als reines Randgruppenstudium ins Abseits geraten. Denn die meisten großen Namen der Neurogenetik arbeiteten nicht mehr über Verhalten, sondern waren lieber in Benzers Fußstapfen getreten und erforschten nun das Nervenwachstum im Fliegenembryo und die Kommunikationsweisen der Nerven im Gehirn. In jener Zeit galt Verhaltensforschung bei den Treffen der Fliegenforscher als Bremswagen des rasenden Zuges. Verhaltensfragen wurden grundsätzlich erst in der letzten Sitzung am letzten Sitzungstag anberaumt, und die Vorsitzenden hatten dann ihre liebe Not, überhaupt noch Teilnehmer zu finden, denn kaum noch jemand befasste sich mit diesem Gebiet. Halls Auditorium bestand oft nur noch aus einem Hausmeister, der zwischen den leeren Stuhlreihen ausfegte. Sogar Neurogenetiker, erzählt Hall, seien der Meinung gewesen, dass seine Arbeit nur aus der »törichten und peinlichen Beobachtung des Verhaltens von erregten Mutanten« bestehe.

»Das klingt fast weinerlich, ist aber nicht so gemeint.« Hall hatte ganz einfach eine Vorliebe für Fragen, die sonst niemanden interessierten. Hätte er mit den Wölfen geheult und sich der Erforschung des Nervenwachstums angeschlossen, hätte er das Gefühl gehabt, seine Seele zu verkaufen. »Das Ganze ist so körperlich«, erklärte er immer. »Nichts als Blut und Eingeweide. Verhalten hingegen ist ein einziges endloses Chaos. Auf anderen Gebieten kannst du dir deinen Weg einfach mit reinem Fleiß bahnen, bis du deine molekularen oder anatomischen Probleme endlich knacken kannst. Aber beim Verhalten tasten wir die meiste Zeit nur blind herum und haben keine Ahnung, wie zum Teufel wir da durchkommen sollen. Das sollte also alles andere als eine Beschwerde sein. Es ist nicht so, dass ich mich als Außenseiter fühle, weil ich über das Verhalten forsche« – eben weil Hall sich als Außenseiter fühlte, forschte er über das Verhalten.

Auch Benzer machte einen großen Bogen um den neuen Forschertyp. Seine Laborforschung über das Wachstum von Fliegenembryos, Fliegennerven und vor allem Fliegenaugen hatte »das Auge der Fliege« zu einem der beliebtesten Forschungsobjekte der Neurobiologie gemacht. »Es gab ein unglaubliches Konkurrenzdenken zwischen Seymours Labor und Gerry Rubins Labor in Berkeley«, erinnert sich Michael Ashburner. »Inzwischen ist das vermutlich vorbei, weil beide weitergegangen sind. Aber zu einer bestimmten Zeit machten sie ziemlich ähnliche Experimente und haben mit Sicherheit eine sehr ähnliche Strategie verfolgt. Und man kann wohl sagen, dass Gerrys Labor da fraglos erfolgreicher war als Seymours und dass die Spannungen, die aus diesem Wettstreit resultierten, wenig hilfreich waren. Hier nur eine von vielen Anekdoten: '84 oder '85, ich weiß nicht mehr, war ich in Berkeley. Aber ich weiß noch, dass ich zum Caltech 'rüber bin. Fünfzehn oder sechzehn Leute saßen in Seymours Pausenraum 'rum und aßen Sandwiches. Wir schwatzten geschlagene anderthalb Stunden, bis Seymour schließlich sagte: ›An die Arbeit, Jungs.‹ Da habe ich geantwortet: ›Also ich hab meinen Teil schon für Gerry Rubin geleistet.‹ Er guckte erstaunt: ›Was meinst du damit?‹ Und ich antwortete: ›Na ja, ich hab doch dein ganzes Labor anderthalb Stunden lang am Arbeiten gehindert, oder etwa nicht?‹« Ashburner kichert: »Er wurde weiß wie die Wand. Das fand er überhaupt nicht komisch. Und es war natürlich auch was dran.«

Konopkas *period*-Gen war längst nicht mehr nur das Objekt der Begierde von Exzentrikern oder neugierigen, an philosophischen Diskursen interessierten Leuten. Denn inzwischen war klar, dass ein solches Gen auf irgendeine noch unbekannte, aber gewiss sehr komplizierte Weise mit der lebenden Maschinerie der Fliege in Zusammenhang stehen musste. *Period* wurde nicht nur zum Modell für die Art und Weise, wie genetische Zahnräder bei der Produktion von Verhalten ineinander greifen, sondern auch für die Funktionsweise von Genen an sich. Und es war dieses Modell, anhand dessen man nun endlich herausfinden wollte, wie Gene funktionieren. Doch nicht nur die ernst zu nehmende Forschung, vor allem auch die Großfinanz sprang auf diesen Zug auf. Die beiden wichtigsten Molekularbiologen unter den *clock*-Beobachtern, Rosbash und Young, erhielten für ihre Labors Bewilligungen des Howard Hughes Medical Institute über je eine Million Dollar jährlich. Hall hingegen bekam keine Subventionen von Hughes. »Ich bin ein Pseudomolekularbiologe«, sagt er, »ein Pseudokryptomolekularbiologe. Eigentlich bin ich mehr ein Genetiker.« Er hatte schon immer der Tradition Morgans näher gestanden, aber nun begann er sich mehr denn je als Außenseiter zu fühlen. Konopka war sogar in noch schlechterer Verfassung: Selbst in Clarkson hatte man ihm eine ordentliche Professur verweigert.

Mit den neuen Werkzeugen der Molekularbiologie wurde das Klonen und Sequenzieren von Genen zum Standard. Molekularbiologen klonen ein Gen, machen Milliarden von Kopien davon, zerstückeln sie und finden heraus, wie sich das Gen buchstabiert – beispielsweise GCTAAAT.... –, und zwar mit derselben Routine wie die Roboter des Human-Genom-Projekts. Um zu erfahren, was eine bestimmte Gensequenz bedeutet, können sie Buchstaben für Buchstaben vertauschen, etwa ein G zu einem A oder ein A zu einem C umstellen. Jede dieser Genvarianten können sie wiederum klonen und jede dieser Varianten dann einem Fliegenei inserieren. Anschließend brauchen sie nur noch abzuwarten, wie jede vertauschte Buchstabenfolge das Verhalten des Gens verändert. Indem sie ein menschliches Gen klonen und in eine Fliege, einen Wurm oder eine Maus inserieren oder die Buchstabierung eines Fliegengens verändern und es einer Fliege reinserieren, erhalten die Molekularbiologen dann Hinweise auf die Natur des Gens.

Auf diese Weise wird Woche für Woche eine andere uralte und bislang nicht zu beantwortende Frage beantwortet. Vor kurzem hat ein Team jenes Gen geklont und sequenziert, das bei Mendels Erbsen dafür sorgt, dass sie schrumpelig oder glatt werden.[9] Der Unterschied liegt in einem winzigen Fragment der DNS in der Mitte des Gens, in einem kurzen Buchstabenblock, der in das Gen gesprungen war – eines jener »jumping genes«, die McClintock im Mais erforscht hatte. Diese springenden Gene sind so genannte »Transposons«. Und dieses spezifische Transposon hat sich ganz einfach in der Erbse verkeilt wie der sprichwörtliche Schraubenschlüssel im Motor. Wenn eine Erbsenpflanze eine Version des Gens erbt, in dem sich dieses Transposon verkeilt hat, kann sie ein bestimmtes Enzym – das Stärkebranching-Enzym I – nicht herstellen; ohne dieses Enzym kann die Pflanze wiederum ein bestimmtes Protein – das verzweigtkettige Protein Amylopektin – nicht produzieren; ohne das verzweigtkettige Amylopektin neigen die Zellen der Erbsenpflanze dazu, sich mit anomalen Mengen von Zucker anzureichern. Die Erbsen schwellen an und schrumpeln dann im Verlauf des Austrocknungsprozesses.

Auch ein Gen, das bestimmt, ob Mendels Erbsenpflanzen hoch- oder kleinwüchsig werden, haben Molekularbiologen inzwischen geklont und sequenziert.[10] Es kodiert ein Enzym, das Bausteine des Pflanzenhormons GAI herstellt. GAI ist ein Gibberellin, ein Wachstumshormon. Eine Version dieses Gens produziert ein Enzym, das während der Produktion dieser Bausteine eine einzige falsch buchstabierte Aminosäure herstellt. Und wegen dieser einzelnen Fehlbuchstabierung produziert die Erbsenpflanze nur ein Zwanzigstel der üblichen Menge des Wachstumshormons und wächst daher kurzstänglig.

In den späten achtziger Jahren konnte im Prinzip jeder, der wollte, herausfinden, weshalb das Gen *white* zu weißen Augen führt. Jeder, der die Funktionsweisen der seltsamen Gene verstehen wollte, welche die Benzer-Bande entdeckt hatte, konnte diese nun auch verstehen. Die ersten Mutanten waren noch absolute Neuheiten gewesen, und es wäre in den meisten Fällen extrem schwierig, wenn nicht gar unmöglich gewesen, ihre Funktionen mittels jener klassischen Genanalyse herauszufinden, die Benzer und seine Studenten in ihrem

Fliegenlabor betrieben. Mit Hilfe der klassischen Genetik Gene auf ihren Chromosomen zu kartieren war ein Prozedere, das einfach keine Hinweise auf deren Funktionsweisen erbringen konnte. Um diese zu erkennen, musste man erst einmal herausfinden, welches Protein jedes Gen herstellt. Dann musste dieses Protein durch den gesamten Körper hindurch verfolgt und herausgefunden werden, was es bewirkt. Noch heute kann dieses Suchverfahren ausgesprochen schwierig sein, doch in den frühen Tagen von Benzers Fliegenlabor war es schlicht unmöglich.

1986 — es herrschte wieder einmal Stille vor dem Sturm — gelang es den beiden rivalisierenden *clock*-Labors in Boston und New York, die komplette Buchstabensequenz im *period*-Gen zu bestimmen.[11] Jener Teil der DNS, der das *period*-Protein kodiert, ist ungefähr 3600 Buchstaben des genetischen Codes lang. Niemand hatte je zuvor ein Gen sequenziert, das ein Verhalten bestimmt. Doch nun, da die Neurogenetiker diese Sequenz vor sich sahen, konnten sie genau erkennen, was an *period zero* anders war, was diesen ersten von Konopka kartierten Mutanten ohne Zeitsinn unterschied. Die Mutation, die sein exzentrisches Verhalten hervorruft, befindet sich auf der ersten Hälfte des *period*-Gens, mittlerweile allgemein *per* genannt. Zählt man vom Beginn der Kodierungssequenz an, hat sich auf dem Nukleotiden 1390 der Buchstabe C in den Buchstaben T verwandelt. Diese Punktmutation verändert die drei Buchstaben des Wortes CAG (»Glutamin«) zu TAG (was »stopp« bedeutet). Wenn eine Fliegenzelle dieses TAG erreicht, stellt die Zelle augenblicklich die Produktion des *period*-Proteins ein, und zwar an einem Punkt, an dem sie den Vorgang schon fast abgeschlossen und bereits ihre *period*-DNS in die *period*-RNS transkribiert hat. Ribonukleinsäure (RNS) ist jene Verbindung, die genetische Botschaften aus der DNS im Zellkern an die Protein produzierende Maschinerie außerhalb des Kerns weiterleitet. Die Zelle erreicht diesen Stopp-Punkt im Translationsprozess der *period*-RNS, wenn sie ungefähr ein Drittel ihrer Proteinproduktion hinter sich hat, weshalb die Fliege diesen Arbeitsgang auch nie beenden kann. Immer wieder produziert sie dasselbe nutzlose Fragment, wie ein Arbeiter am Fließband, der eine unvollständige Arbeitsanweisung bekommen hat und den Arbeitsgang ständig mittendrin abbrechen muss.

Die *clock*-Beobachter konnten nun auch den Fehler im Code von Konopkas *per short* und *per long* sehen – den beiden Mutanten, deren innere Uhr fünf Stunden schneller oder fünf Stunden langsamer schlug als üblich. Bei *per short* hatte sich der Buchstabe G auf dem Nukleotiden 1766 in den Buchstaben A verwandelt. Bei *per long* war der Buchstabe T auf dem Nukleotiden 734 in den Buchstaben A verwandelt worden. Diese Verwechslungen zerstören die Uhr jedoch nicht, sie beschleunigen oder verlangsamen nur die Zeiger. Auch hierfür ist eine Punktmutation – die kleinstmögliche Mutation – verantwortlich. Sie zwingt die Fliege zu kurzen oder langen Tagen, genauso wie die Veränderung eines einzigen Buchstabencodes die Erbsenpflanze zwingt, hoch oder niedrig zu wachsen.

Hall, Rosbash, Young und ihre Teams waren in der bislang einmaligen Lage, die mechanischen Verbindungen zwischen einer Gensequenz und einer Verhaltensweise zu verfolgen. Es war ihnen gelungen, das Gehäuse der Uhr zu öffnen, und nun konnten sie versuchen, einen Weg durch den Mechanismus vom Gen über den Stoffwechsel bis hin zum Verhalten zu finden – Benzers ursprüngliches Ziel, dessentwegen er seine Arbeit überhaupt aufgenommen und diesen Forschungsbereich begründet hatte. Für dieses Unterfangen war ein »clockwork«-Gen der perfekte Start. Denn man konnte nahezu sicher davon ausgehen, dass seine inneren Funktionsweisen einer außerordentlichen Regelmäßigkeit unterlagen, und damit war auch jede Abweichung eines wie nach einem Uhrwerk ablaufenden Verhaltens deutlich zu erkennen. »Manche Verhaltensweisen von Fliegen sind schlicht chaotisch«, sagt Hall, »hoffnungslos unreproduzierbar, ein totaler Verhau. Aber bei Rhythmen ist das anders.« Das *clock*-Gen war das ideale Modell und ein perfekter Anknüpfungspunkt, um die Zusammenhänge zwischen Genen und Verhalten aufzuklären.

Das Gen hatten sie nun bereits geklont und sequenziert und dabei jenen Punkt entdeckt, der für einen Stopp der Produktion verantwortlich ist. Nun wollten sie auch den Rest des Codes translatieren, Triplett für Triplett, um jeden einzelnen Baustein der Aminosäure im *period*-Protein zu finden. Das, so hofften sie, wird sie direkt ins Innere des Uhrwerks führen. Doch Hall, Rosbash und Young sollten bald schon feststellen, dass ihnen trotz aller bisherigen Erkenntnisse noch immer die Hände gebunden waren. Denn sie hatten noch immer keine Ahnung, was das *period*-Protein tatsächlich in der Fliege bewirkt. Es gab einfach nichts auch nur annähernd Vergleichbares, an dem sie sich orientieren konnten.

»Wenn man am Beginn von etwas steht, kann man einfach nicht wissen, was dabei herauskommen wird«, pflegte Rosbash stoisch zu erklären. »Es ist wie im Garten zur Frühlingszeit. Sehr *früh* im Frühling, also eigentlich noch im *Winter*.« Und es wurde ein langer und harter Winter, in dem sie ständig suchend herumirrten. Jahrelang mühten sie sich verzweifelt, ohne wirklich voranzukommen. Alle aus dieser ersten Forschergeneration unterlagen Fehlurteilen, die ihnen noch heute die Schamröte ins Gesicht treiben (»das lag aber auch an diesem hysterischen Wettlauf, diesem Konkurrenzkampf um die richtige Antwort«, sagt Rosbash). Eine Weile lang glaubten sie zum Beispiel, das *period*-Gen könnte am Kommunikationsprozess der Gehirnzellen beteiligt sein. Dann vermuteten sie, dass das *period*-Protein auf die Verbindungsfasern zwischen den Nerven einwirke, um rhythmische Schwingungen durch das Gehirn strömen zu lassen. Und eine Zeit lang glaubten sie auch, dass es sich beim *period*-Protein um ein Proteoglykan handle, eine Art dorniges und ineinander verflochtenes Protein, an das ebenso schwer heranzukommen ist wie an einen Dornbusch in einem Sumpf.

»Diese Phase der Geschichte zwischen '85 und '87 war die Flautezeit für die Forschung an diesem oder *irgendeinem anderen* Gen«, sagt Jeff Hall. Wie Rosbash, Young und Kyriacou hatte auch er oft das Gefühl, in der Mitte einer Sanduhr stecken geblieben zu sein. »Von Außenseitern hörten wir ständig«, erinnert sich Hall: »Ihr macht lauter verrückte Ent-

deckungen und stellt Behauptungen auf, aber einen Sinn
scheint nichts davon zu ergeben. Was ist nun wahr? Was ist da
los? Ergibt denn überhaupt *irgendwas* davon einen Sinn? Sind
denn überhaupt *irgendwelche* dieser schieren Daten von *irgendeinem* Wert?«

Das Projekt war der Prototyp der neuen Biowissenschaften.
In den ersten Jahrzehnten des Jahrhunderts waren einfach
nur Gene kartiert und bestimmten Merkmalen zugeordnet
worden, nun aber versuchte man, in dieses Uhrwerk einzudringen und den ganzen Weg vom Gen bis zu den Bewegungen der Uhrzeiger zurückzuverfolgen. Alle rivalisierenden
clock-Labors mussten feststellen, wie schwierig diese Arbeit ist,
aber damit standen sie nicht allein: Auch die Erforschung
Hunderter anderer Gene anderenorts kam nur mühselig
voran. Die Wissenschaftler hatten geglaubt, man brauchte nur
den approximativen Genort auf der Chromosomenkarte zu
finden, und schon wäre man in der Lage, das Gen zu klonen
und zu sequenzieren, und könne anschließend herausfinden,
was es bewirkt. Und damit hätte man dann auch schon erste
Hinweise auf Krankheiten und deren Behandlungsmöglich-
keiten. Genau aus diesem Grund waren so viel Macht und
Geld in die Molekularbiologie geflossen und hatten sich ihr so
viele Leute zugewandt. Für die Investoren sah das For-
schungsmodell so aus, als genügte es bereits, ein Gen entdeckt
zu haben, und in diesem Glauben wurden sie von so fähigen
Propagandisten wie Watson noch bestätigt. 1989 sagte er zum
Time-Magazin: »Wir dachten einmal, unser Schicksal läge in
den Sternen. Heute wissen wir, dass es zum großen Teil in unseren Genen liegt.«[12] Wie einst Francis Galton glaubte auch
die Avantgarde auf diesem Forschungsgebiet, dass mit dem
nächsten Sonnenaufgang alles seine Gültigkeit verlieren
könnte, was unsere Vorväter über die Ecken und Kanten und
Tiefen der menschlichen Natur herausgefunden hatten. Die
Träume, die sie hegten und andere zu träumen ermutigten,
zeigten wenig Respekt vor den Komplexitäten des realen
Menschseins und vor den physiologischen Tiefen, die sich
zwischen Gen und Verhalten auftun. Erst ganz allmählich begriffen die Molekularbiologen an der vordersten Front, dass

mit einem entdeckten, kartierten, geklonten und sequenzierten Gen ihre Suche überhaupt erst begann. Solange sie nicht wussten, was dieses Gen bewirkt, konnten sie nicht das Geringste mit ihm anfangen. Jedes Gen ist ein Faden, der in die unermessliche Wirrnis der molekularen Anatomie führt. Und ein Molekularbiologe nach dem anderen sollte feststellen, wie schnell man bereits am Beginn dieses Fadens in die Irre laufen kann und wie unendlich viel es gibt, wovon sie keine Ahnung haben.

Konopka kartierte das *period*-Gen 1971. Hall und dessen Freunde wie Rivalen sequenzierten es 1986 und 1987. Doch selbst in den neunziger Jahren hatte noch niemand die geringste Ahnung, wie die innere Uhr funktioniert. Wenn die Sprache auf das *period*-Problem kommt, wiegen Drosophilogen und Drosophilosophen in allen Fliegenlabors dieser Welt den Kopf und meinen: »Ach ja, *per*, das Gen, das so viel versprach und nicht hielt.«

KAPITEL XIV

Versengte Flügel

Die Philosophie ist eigentlich Heimweh, Trieb,
überall zu Hause zu sein.

Novalis[1]

E. O. Wilson veröffentlichte 1975 sein berühmtes Buch *Sociobiology: The New Synthesis*[2], in dem er die sozialen Instinkte untersuchte, die für den Zusammenhalt von Ameisenkolonien und Bienenvölkern, von Wildtierherden und Antilopen, von Schimpansengruppen und Fliegenpaaren verantwortlich sind. Im letzten Kapitel wandte er sich dem Menschen zu und erklärte, auch wir seien instinktgetriebene soziale Tiere.

Noch im Herbst desselben Jahres zogen der Molekularbiologe Jonathan Beckwith, der Populationsgenetiker Richard Lewontin und andere Kollegen Wilsons unter großer öffentlicher Anteilnahme massiv gegen die Soziobiologie zu Felde. Wilsons Schlussfolgerung, argumentierten sie, sei unzulässig, denn im Gegensatz zum triebhaften restlichen Tierreich habe sich das Tier Mensch aus der Sklaverei der Triebe befreit und funktioniere im Wesentlichen nach anderen Gesetzmäßigkeiten, den Gesetzen der Kultur. Die Kontroverse griff im Grunde die Auseinandersetzungen um Anlage versus Umwelt aus der ersten Hälfte des zwanzigsten Jahrhunderts auf und spitzte sie zu. Wilson sah sich am Harvard Square mit lauthals protestierenden Demonstranten konfrontiert, seine Seminare wurden mit Flugblättern überschwemmt und schließlich von Streikposten blockiert, und zeitweilig musste er sogar um seine Sicherheit fürchten. Doch am Ende war das Schlimmste, das ihm je passieren sollte, ein Kübel Eiswasser, den ihm eine Frau während einer naturwissenschaftlichen Fachtagung in Washington über den Kopf kippte, wozu eine johlende Gruppe namens »International Committee Against Racism« dann skandierte: »*Wilson, you're all wet.*«[3]

»Ich hatte völlig unerwartet – jedenfalls unerwartet für mich – in ein Hornissennest aus Vorurteilen und Ängsten gestoßen, gewissermaßen die Nachhut des Sechziger-Jahre-Aktivismus«, sagt Wilson heute. »Als ich zum Mittelpunkt dieser Kontroverse wurde, war mir von Anfang an klar, dass ich nicht nur dazu herausgefordert war, sondern auch die Pflicht hatte, weiter über dieses Thema zu forschen.« Was er in den folgenden zwei Jahren denn auch ausgiebig tat. Das Ergebnis dieser Forschung, sein Buch *On Human Nature*, gewann 1979 den Pulitzer-Preis. Darin befasste er sich mit einigen frühen Studien über den Sprachinstinkt sowie mit Homosexualität und anderen Fragen der menschlichen Verhaltensgenetik und versuchte, die Naturwissenschaften mit philosophischen und ethischen Überlegungen zu verknüpfen. Heute wirken viele seiner damaligen Fallstudien überholt und spekulativ, doch die Grundthese seines Buches ist nach wie vor gültig. Wenn wir uns vor dem Hintergrund anderer Tiere betrachten, wird deutlich, dass wir genau wie sie über bestimmte unterscheidbare Merkmale verfügen. Und diese Merkmale ähneln am ehesten denjenigen unserer nächsten lebenden Verwandten, der Schimpansen. Solche Fakten stützen die Hypothese, dass wir von unseren Genen geprägt werden, und widerlegen die Hypothese, dass es uns gelungen sei, unseren Genen ein Schnippchen zu schlagen. Heute ist nur noch schwer nachzuvollziehen, welch hitzige Debatten Wilsons These damals auslöste. »Seit Ende der siebziger Jahre ist es wesentlich ruhiger geworden«, sagt Wilson. »Aber in den Siebzigern, da konnte es dich Kopf und Kragen kosten, wenn du allzu offen über diese Dinge sprachst.«

Auch Benzer und sein Kreis forschten in den siebziger Jahren über Gene und Verhalten, und zwar aus einem Blickwinkel, der aus Wissen Macht werden lässt. Doch sie arbeiteten so weit ab vom grellen Licht der Öffentlichkeit, in dem Wilson

sich die Flügel versengte, dass Benzers Name in den historischen Abhandlungen über diese Kontroverse noch nicht einmal im Index auftaucht. Dass er nie die Aufmerksamkeit von
Wilsons Gegnern auf sich zog, lag nicht zuletzt daran, dass er
nie ein Buch geschrieben hat. Außerdem war er mindestens so
unpolitisch wie sein Mentor Delbrück. 1969, an dem Tag, als
Delbrück den Nobelpreis erhielt, schrieb dieser in sein Tagebuch: »Der eigentliche Grund für meine Depression ist mein
Schuldgefühl. Ständig wird man zu Themen befragt, über die
man nicht das Geringste weiß, obwohl man es wissen sollte.
All diese Fragen beziehen sich auf die Welt jenseits des Elfen-
beinturms, die ich so erfolgreich ignoriert habe.«[4]

Bei Benzer war es umgekehrt: Er wurde von der Außenwelt
erfolgreich ignoriert. Doch wenn es je irgendein biologisches
Forschungsprojekt verdient hätte, genauer beobachtet zu werden, dann gewiss das seine. Benzer und seine Schüler sezierten Gene, die von zentraler Bedeutung für das animalische
Verhalten sind und Erklärungsansätze für Verhaltensweisen
im Zusammenhang mit Zeit, Liebe und Erinnerung bieten.
»Aber es dauerte eine Weile, bis wir das *beweisen* konnten«, erklärt einer von Benzers ehemaligen Studenten, Ralph Greenspan, der heute ein Fliegenlabor im Neurowissenschaftlichen
Institut von San Diego leitet. »Und zwischen dem Zeitpunkt
einer Veröffentlichung und dem Zeitpunkt, an dem du es beweisen kannst…« Es ist noch gar nicht so lange her, da gab es
genügend Gründe, diese Forschung mit Skepsis zu beäugen.
Doch letztlich schützte auch ihr Untersuchungsobjekt, die
Fliege, Benzer und seine Schüler vor allzu viel Aufmerksamkeit. Noch heute stöhnt Benzer angesichts der immer neuen
Schlagzeilen über sein Fachgebiet oft: »Das haben wir doch
schon vor dreißig Jahren gemacht! Aber die Fliege hält man
noch immer für eine Art Abstraktion.«

Es waren dann die Molekularbiologen, die ganz im Stillen
weiterforschten und schließlich dazu beitragen sollten, Wilsons Ruf wiederherzustellen und einige Prämissen der Soziobiologie zu bestätigen. Doch bis es so weit kam, war das
Thema bereits so heftig umstritten und mit Dreck beworfen
worden, dass sich buchstäblich jeder aus der Fachwelt von

Wilson abgewandt hatte. »Wilson hatte immer so einen Zorn auf die Molekularbiologen«, erzählt einer seiner Kollegen im Museum für Vergleichende Zoologie in Harvard, »dabei waren es gerade sie, die seinen Kampf gewannen.«

Schließlich aber erwischte das Kampfgetümmel Benzer doch noch, und zwar just in dem Moment, als er sich vom Verhalten wieder abwenden wollte. 1979 wurde er gebeten, bei der Plenarsitzung der Sixteenth International Ethological Conference in Vancouver einen Vortrag über Gene, Lernen und Gedächtnisbildung zu halten. Ein paar Wochen später, im September, erhielt er ein sechsseitiges, eng beschriebenes Einschreiben, in dem er und seine Forschung heftig attackiert wurden.[5] Kopien dieses Briefes tauchten in den Postfächern aller Fakultätsmitglieder des Caltech und in den Briefkästen aller Teilnehmer der Konferenz von Vancouver auf.

Der Verfasser war Jerry Hirsch, ein Verhaltensgenetiker von der University of Illinois in Urbana. Hirsch polemisierte heftigst gegen Eugenik und Rassismus. Bei einem Mitglied der Morgan-Bande, Theodosius Dobzhansky, hatte er gelernt, die Genetik als mächtiges Argument gegen alle nur denkbaren Vorurteile zu betrachten. Bereits 1963, als Benzer noch einen Weg vom *rII* zum Verhalten suchte, hatte Hirsch ein Manifest unter dem Titel »Behavior Genetics and Individuality Understood« in *Science* veröffentlicht und darin ausgerechnet Benzers Erkenntnisse aus der *rII*-Forschung seinen Berechnungen zu Grunde gelegt, weshalb die Wahrscheinlichkeit, dass ein Elternpaar ein zweites Kind bekommen kann, welches mit seinem erstgeborenen genetisch identisch wäre, weniger als eins zu siebzig Billionen betrage.[6] »Individuelle Unterschiede sind kein Zufall«, schrieb Hirsch, und da sich jedes Individuum so grundlegend vom anderen unterscheide, müsse der Rassismus schlicht und ergreifend Bankrott anmelden. »Die Vorstellung, dass es so etwas wie einen normalen Menschen gibt, hat keinen Bestand.« Hirsch hatte Jahre damit verbracht, Taufliegen zu züchten und darauf zu warten, dass sich ihr Instinkt veränderte, in einem vertikal angeordneten Labyrinth eher nach oben als nach unten zu krabbeln – die so genannte Geotaxis (Bewegung in Beziehung zur

Schwerkraftrichtung). Fliege für Fliege ließ er dieses Experiment im Labyrinth durchlaufen, immer in der Hoffnung, dem Rassismus einen weiteren Schlag versetzen zu können, wenn es ihm gelänge zu beweisen, dass sich hinter jeder ihrer Verhaltensweisen eine unendliche genetische Vielfalt verbirgt.

Die Idee für Benzers Gegenstromapparat ging unter anderem auf Hirschs vertikales Labyrinth zurück. Doch Benzer suchte ja nach Mutanten, die ihm einen Erklärungsansatz für die molekulare Grundlage eines Instinkts liefern konnten, und arbeitete so gesehen auf ein Ziel hin, das für Hirsch außer Reichweite lag. Traditionelle Verhaltensgenetiker wie Hirsch benutzten die Werkzeuge eines anderen Zweiges jener Naturwissenschaft, die von Mendel und Morgan begründet worden war – die Werkzeuge der Populationsgenetik, die stark mathematisch orientiert ist. Nach der statistischen Analyse seiner Züchtungsstudie hätte Hirsch niemals Gene kartieren können, die an einem Instinkt wie der Geotaxis beteiligt sind. Bestenfalls konnte er den Rückschluss ziehen, dass in einem solchen Fall nicht mehr als zwei oder drei Gene beteiligt sein können. Die Gene selbst konnte er jedoch nicht finden. Er musste gleichzeitig »Sieg und Rückzug« erklären, wie der Schüler eines Schülers von Benzer einmal sagte. Benzer hingegen war in der Lage, einzelne Gene zu finden und zu kartieren, immer in der Hoffnung, durch sie die Verhaltensmuster in einzelne Elemente aufteilen und diese dann sezieren zu können, um am Ende zu wissen, wie sie funktionieren.

In seinem Brief aus Vancouver kritisierte Hirsch nun, dass Benzer ganze Fliegengeschwader durch seinen Apparat jage und dabei so teile, als wären alle, mit Ausnahme einiger merkwürdiger Mutanten, genetisch homogen. Damit stelle er »das Uniformitätspostulat« auf, wie Hirsch es häufig nannte, und das sei die Ursünde nicht nur vieler fehlgeleiteter Verhaltensforscher, sondern auch aller Rassisten.

Hirsch hielt seinen Streit mit Benzer für gravierend, Benzer hingegen hatte Schwierigkeiten zu begreifen, worum es dabei überhaupt ging. Auch Hirsch war zu einem Redebeitrag bei der Konferenz in Vancouver eingeladen worden. Tim Tully, einer seiner ehemaligen Studenten, der später ins Benzer-

Lager überwechselte, erklärt: »Hirsch hielt gerne wichtigtueri-sche Reden. Das war *sein Treffen*, verstehen Sie?« Doch die Organisatoren der Konferenz hatten Benzer und nicht Hirsch gebeten, die Plenarrede zu halten. Tully erinnert sich an eine Episode aus dem Jahr 1973, ein paar Jahre vor dieser Konferenz, während seines Studiums an der Universität von Illinois. Hirsch hatte ihn in sein Büro gezogen und ihm zugeraunt: »Ich hab's, ich hab's!« Dann zeigte er ihm einen Artikel, den Benzer im *Scientific American* unter dem Titel »Genetic Dissection of Behavior« veröffentlicht hatte. Genüsslich las er Benzers schrullige Schilderung der einäugigen Fliege vor, die sich in Form einer Helix an den Glaswänden des Teströhrchens zum Licht hochschraubt, und erklärte dann in einem Ton, an dessen enervierende Intensität sich Tully noch heute erinnert, dass auch Benzer »im Uhrzeigersinn« geschrieben habe, anstatt »gegen den Uhrzeigersinn«, wie es richtig gewesen wäre. Nachdenklich verließ Tully Hirschs Büro und ließ sich dessen Argumente noch einmal durch den Kopf gehen. Plötzlich erkannte er, dass Benzer Recht hatte. Er erinnert sich noch genau, wie er seinem Professor diese Nachricht überbrachte: »Er brütete gerade über einem neuen Brief, stand auf und schlug mir die Tür vor der Nase zu.«

»Ich habe das wirklich nicht verstanden«, sagt Benzer. »Ich hielt das für absolut abwegig und fürchtete, er wollte einfach nur meinen Ruf im Kollegenkreis ruinieren. Wenn einen jemand derart öffentlich bloßstellt, denkt doch jeder, ganz unabhängig von der Faktenlage, sofort ›na ja, wer weiß…‹ Da bleibt immer irgendein Zweifel zurück: ›Vielleicht hat der Typ ja doch irgendetwas in der Hand.‹« Und er spürte diesen Zweifel jedes Mal, wenn er mit einem Kollegen über diesen Brief zu sprechen versuchte. Schließlich beschloss er, die Luft zu reinigen und einen Vortrag vor der Fakultät zu halten. Der Raum hatte nicht einmal Sitzgelegenheiten, und auch die Rede war alles andere als ein Erfolg. »Ich glaube, ich war wirklich nicht gut«, meint Benzer. »Ich hab halt versucht, die Sache von beiden Seiten zu beleuchten, und das lief nicht besonders gut.«

Konrad Lorenz beschrieb gerne die Streitigkeiten der

»Dohlenmänner« um ihre Nistplätze. Wie es scheint, unterscheiden sich Dohlen in ihrem Imponiergehabe nicht sonderlich von Wissenschaftlern, sobald sie glauben, ihr Territorium verteidigen zu müssen. »Handelt es sich um eine Auseinandersetzung ausschließlich sozial-rangordnungsmäßiger Natur, so drohen die Rivalen in hochaufgereckter Stellung«, schreibt Lorenz, und jeder trachte, den anderen auf den Rücken zu werfen. »Sie werden dabei nie wirklich handgemein, sondern führen sitzend wütende und scharfe Schnabelstöße in der Richtung auf den Feind... Der Ausgang einer solchen Auseinandersetzung wird nur mit der Frage entschieden, wer es länger aushält.«[7] Mit seinem offenen Brief an Benzer hatte Hirsch genau solches Imponiergehabe an den Tag gelegt, und der Streit hätte sich noch über Jahre hinziehen können, wenn Benzer nach seinem missglückten Aufklärungsversuch zum Gegenangriff übergegangen wäre. Stattdessen aber ließ er nicht nur von seiner Forschung über Lernen und Gedächtnisbildung ab, sondern schließlich auch von jeder anderen Verhaltensforschung mit Mutanten. Auch wenn er es nicht zugibt: Das Jahr nach Dottys Tod war eine sehr schwierige Zeit für ihn. Seine beiden erwachsenen Töchter waren aus dem Haus, und zum ersten Mal in seinem Leben kam er aus dem Labor im Morgengrauen in ein leeres Heim zurück.

»Die Leute sagten mir, der Mann [Hirsch] versucht doch nur Aufmerksamkeit zu erregen«, erzählt Benzer. »Roger Sperry beschwor mich: ›Wenn du darauf eingehst, wird es nie ein Ende haben.‹ Also begann ich das Ganze mit der Zeit einfach zu vergessen. Doch die Erinnerung an eine solche Sache verblasst nur langsam. Heute bin ich einfach nur froh, dass mein Ruf irgendwie überlebt hat.«

Hirsch sollte sich noch jahrelang darauf versteifen, dass Benzer und sein Team hoffnungslos fehlgeleitete Forschung betrieben. Er behauptete das sogar noch zu einer Zeit, als deren Erkenntnisse beinahe monatlich auf den Titelblättern von *Science*, *Nature*, *Cell* und *Neuron* angekündigt wurden. Wenn Hirsch zu der von Benzer begründeten Forschung um seine Meinung gefragt wurde, pflegte er zu antworten: »Mit Sicherheit bewegt sie sich. Aber nicht unbedingt vorwärts.«

Benzer seinerseits sollte sich noch jahrelang von der »Theorie des atomaren Verhaltens« fern halten. Er hatte beschlossen, noch einmal ganz von vorn anzufangen, wie schon so viele Male zuvor. Als er sich von der Elektronik abgewandt hatte, war auch sein Interesse daran mit einem Schlag versiegt. Und genau dasselbe geschah, als er sich von der Genkartierung verabschiedete. Und nach Dottys Tod konnte er es nicht mehr ertragen, über Krebs auch nur nachzudenken.

In seinem Allerheiligsten in Church Hall verkroch er sich in dem Mikrokosmos, in dem er sich immer mehr zu Hause fühlte. Durch das Mikroskop studierte er das Auge der Fliege. Jedes verfügt über achthundert Facetten, »Ommatidia« genannt. Jedes Ommatidium ist ein Hexagon. Bei hoher Auflösung konnte Benzer in jedem Hexagon ein trapezförmiges Bündel aus acht Zellen mit jeweils sechs Zellen an der Außenseite – R1 bis R6 – und zwei an der Innenseite – R7 und R8 – erkennen.

Wieder und wieder verfolgte er, wie die lebenden Zellen eines Fliegenembryos diese Struktur zusammenfügen. Wieder und wieder beobachtete er das Wachstum des Auges, als sei es das Gitterwerk eines lebenden Kristalls – ein Neurokristall.[8] Er konnte sogar verfolgen, wie die Nervenzellkerne auf der Suche nach ihren Bestimmungsorten auf- und absprangen und einer nach dem anderen innerhalb dieses wachsenden Doms sein Schicksal besiegelte.

Benzer hatte sich zwar bereits ausgemalt, dass die Gene und Zellen beim Bau eines derart komplizierten Neurokristalls zahnradartig ineinander greifen wie ein Uhrwerk oder wie Atome, die mit absoluter Regelmäßigkeit ihren Platz in einem anorganischen Kristall einnehmen. Doch es überraschte ihn, zu sehen, dass sogar Nervenzellen in einem Fliegenauge in der Lage sind, von Moment zu Moment auf das Geschehen um sie herum zu reagieren und entsprechende Entscheidungen zu treffen oder zu revidieren. Es war fast so, als beobachtete er wieder Fliegen in seinem Gegenstromapparat. Auch diesmal gab es Mutanten. William Harris und Donald Ready (der eine Dissertation über das Fliegenauge schrieb), zwei von Benzers Doktoranden, fanden zum Beispiel

einen Fliegenmutanten, den sie *sevenless* nannten.[9] Bei *sevenless*
entscheidet sich eine Nervenzelle, die nach allen Regeln der
Kunst zu R7 werden müsste, für ein anderes Schicksal: An-
statt zu einer Photorezeptorenzelle zu werden, beschließt sie,
bei der Herstellung der Linse des Ommatidium zu helfen.
Mit anderen Worten, R7 verhält sich sehr ähnlich wie eine
Fliege, die sich vom Licht ab- und der Dunkelheit zuwendet.
Eine einzige Mutation macht den Unterschied.

In der Zeit, als Benzer das Fliegenauge erforschte, begegnete
er Carol Miller, einer Neuropathologin, die am anderen Ende
der Stadt an der medizinischen Fakultät der University of
Southern California arbeitete. Sie war fast zwanzig Jahre jünger und erinnerte Benzer an die Frau auf einem Gemälde, das
er sehr liebte: an Vermeers *Das Mädchen mit dem Perlenohrgehänge.* Bald schon stellten sie fest, dass sie gleichermaßen
von der Maschinerie des Gehirns besessen waren. Beide hatten eine Vorliebe für das Außergewöhnliche und für absurde
Spielereien – ein Plastikgehirn mit eingebautem Kompass,
einen Augapfel aus Plastik als Schlüsselanhänger oder eine
Puddingform, die wie ein Gehirn aussieht. Beide liebten dieselbe Art von Literatur: *Human Oddities, Smith's Recognizable
Patterns of Human Malformation* oder *Sideshow,* ein Buch mit Fotografien von Zwergen, Liliputanern, Riesen, bärtigen Frauen
und einer Frau, der eine Brust am Schenkel gewachsen war.
Er sezierte Fliegenaugen und -gehirne, sie sezierte menschliche Augen und Gehirne. Jeden Freitagabend unterhielten sie
sich stundenlang bei einem ausgedehnten Dinner aus Sushi,
Kalamari oder *cervelles de veau en matelote* über ihre Arbeit. Seymour erzählte Carol von einem bizarren Mutanten, den er in
dieser Woche entdeckt hatte, und Carol antwortete: »Klingt
ganz wie der Patient, den ich gestern hatte.«
    Seymour und Carol heirateten. Anfang der achtziger Jahre
begannen sie ein gemeinsames Forschungsprojekt. Shinobu
Fujita, einer von Benzers Postdocs, hatte einer Maus Partikel
aus Fliegenhirnen injiziert, gerade so, als wollte er die Maus
gegen Masern oder Windpocken impfen. Prompt bildete sie
Antikörper gegen die fremdartigen Fliegenproteine. Fujita

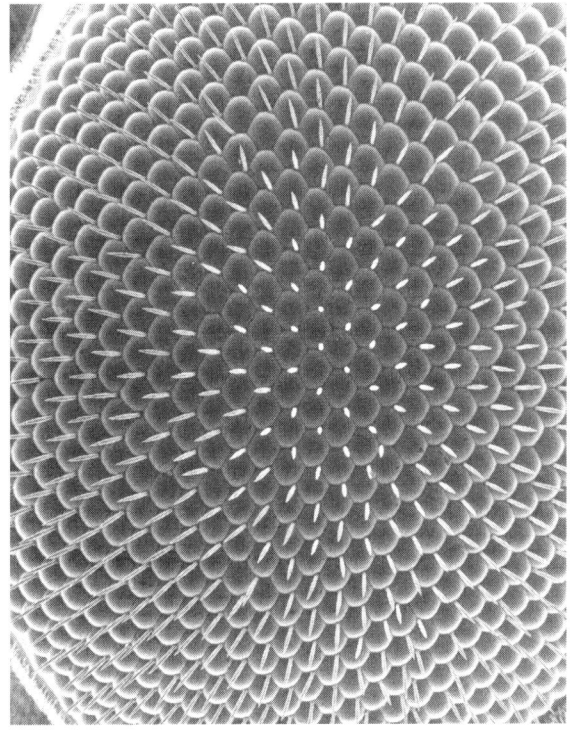

Benzer beobachtete das Wachstum des Fliegenauges, als wäre es das Git-
terwerk eines lebenden Kristalls. Ein einziges Fliegenauge besteht aus
achthundert hexagonalen Facetten.

klonte nun diese Antikörper einen nach dem andern, legte sich eine große Menge davon an und nutzte diese, um Fliegenhirne einzufärben. Mit diesen monoklonalen Antikörpern, wie sie genannt werden, konnten Benzer und sein Team das Auge und Gehirn einer Fliege mit außerordentlicher Genauigkeit einfärben, denn jeder Antikörper hängte sich ausschließlich an ein ganz bestimmtes Fliegenprotein beziehungsweise an einen spezifischen Klumpen oder Winkel eines einzigen Proteins.[10]

Für ihr gemeinsames Projekt beschlossen Carol und Seymour, diese Antikörper an Proben aus dem zentralen Nerven-

system des Menschen zu testen. Benzer hielt es für unwahrscheinlich, dass sie irgendeine menschliche Substanz einfärben könnten, da Antikörper so spezifisch agieren. Andererseits war dies ein Abenteuer, das außergewöhnlich genug war,
um den Beginn ihrer Ehe einzuläuten – einer »Verbindung
zweier Geister«, wie Carol zu ihren Freunden sagte.[11] Sie entnahm den Leichen von vier jungen Patienten Proben, schnitt
kleine Blöcke von ungefähr einem Kubikzentimeter aus dem
Rückenmark, dem Sehnerv, dem Hippocampus und dem Ce-
rebellum sowie aus den Lymphknoten und der Leber. Diese
Blöcke fror sie ein und präparierte sie auf ähnliche Weise wie
Seymour seine Fliegen: Jeden einzelnen Block schnitt sie in
hauchdünne Scheibchen, um Material für mehrere Objektträger zu bekommen, dann trug sie auf jedes die Antikörper auf.
Falls ihre einstigen Patienten über Proteine oder Proteinteil-
chen verfügt hatten, die sich mit den Proteinen der Fliegen
deckten, würden diese in hellem Grün aufleuchten.

Verblüfft entdeckte Carol unter dem Mikroskop auf einem
Objektträger nach dem anderen helles Grün. Beinahe die
Hälfte der Antikörper hatte die menschlichen Proben eingefärbt. Carol landete einen Treffer nach dem anderen. Gemeinsam mit Seymour betrachtete sie im Labor die Ergebnisse. Sie
schüttelten fassungslos den Kopf. Tatsächlich, die Antikörper
hatten das Fliegenhirn und das menschliche Gehirn gescannt
und Dutzende von identischen molekularen Bausteinen gefunden, was zugleich Dutzende von identischen Gensequenzen bedeutete. Als Benzer mit seiner Fliegenforschung begonnen hatte, hatte er gehofft, dass ihm die Fliege wenigstens eine
Analogie zu menschlichen Genen und zum menschlichen Verhalten bieten würde. Aber dass das Fliegenhirn und das
menschliche Gehirn so viele Gemeinsamkeiten in ihrer molekularen Maschinerie haben würden, hätte er nie und nimmer
für möglich gehalten.

Carol war nicht weniger überrascht. Die Familienähnlichkeiten waren ausgesprochen merkwürdig. Einer von Seymours Antikörpern färbte zum Beispiel einen bestimmten
kleinen Teil der Retina des menschlichen Auges und exakt
den entsprechenden Teil der Retina des Fliegenauges. Ein an-

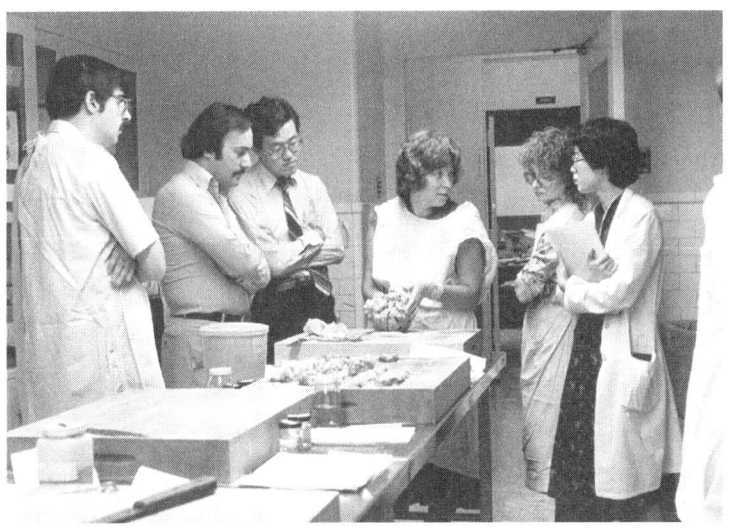

Eine Verbindung zweier Geister. Als Seymour Benzer der Neuropathologin Carol Miller begegnete, entdeckten sie geradezu unheimliche Ähnlichkeiten zwischen den Genen von Fliegen und denen des Menschen. Das Bild zeigt Carol in ihrem Labor an der medizinischen Fakultät der University of Southern California, in der Hand ein menschliches Gehirn.

derer färbte nur die Purkinje-Zellen in der mittleren Schicht des Cerebellums. Purkinje-Zellen sind Ganglienzellen im menschlichen Gehirn mit unglaublich verästelten Dendriten. Jede einzelne hat so viele Verästelungen, dass sie imstande ist, 150 000 Kontakte zu umliegenden Nerven herzustellen. Mit anderen Worten: Eine einzige dieser Zellen stellt in etwa genauso viele Kontakte im menschlichen Gehirn her, wie die Fliege Gehirnzellen hat. Viele Neurobiologen glauben, dass genau diese unzähligen Verästelungen für die einzigartigen Fähigkeiten des menschlichen Hirns verantwortlich sind. Nur Biologen, die für die Soziobiologie nicht das Geringste übrig haben, behaupten nach wie vor, dass wir durch das Studium der Instinkte anderer Tiere kaum etwas über die Natur des Menschen erfahren könnten. Denn ihrer Meinung nach erheben uns die gewaltigen Kräfte, die uns diese ineinander verflochtenen Neuronen verleihen, so weit über andere Tiere, dass die Erforschung von deren Instinkten uns nichts über unsere eigenen erzählt. Auf Carols Schnitten legten sich aber Seymours Antikörper in gepunkteten Linien wie ein durchbrochener Heiligenschein um jede einzelne Purkinje-Zelle. Und das bedeutete: Unser Gehirn mag vielleicht luxuriöser ausgestattet sein, aber gemacht ist es aus demselben Stoff.

Für Carol waren diese Färbungen eine Goldgrube. Sie erkannte sofort, dass das menschliche Nervensystem in seiner normalen wie in jeder pathologischen Form nun detaillierter als jemals zuvor untersucht werden konnte.

Für Seymour, der von Gläsern mit grau-braunen, halb sezierten menschlichen Gehirnen und weißlich-grauen menschlichen Augäpfeln umgeben in Carols Pathologielabor saß, bedeuteten diese grünen Einfärbungen allerdings etwas anderes: Damit war für ihn klar, dass es auf der genetischen Ebene sogar zwischen Spezies, die auf weit voneinander entfernt liegenden Ästen des Lebensbaums angesiedelt sind, große Familienähnlichkeiten gibt. Seine alten Mutanten konnten sich als noch interessanter erweisen, als er geglaubt hatte.

Diese universelle genetische Familienähnlichkeit sollte bald schon von allen Seiten bestätigt werden, nachdem die ersten Sequenzierungsdaten eingetroffen und in Computer-Datenbänken veröffentlicht worden waren. Biologen, die nun beispielsweise eine Suchanfrage für den Strang eines genetischen Codes eingaben, den sie soeben in einer Fliege sequenziert hatten, fanden Treffer beim Ochsen, der Ziege, dem Seeskorpion und dem Pilz. Es war ein nie dagewesener Moment simultaner kollektiver Erkenntnis, ein einmaliges Ereignis in der Geschichte der Naturwissenschaften. Und es stellte sich heraus, dass Zehntausende von Genen oder Gensequenzen im Menschen nahe Verwandte in der Fliege, dem Wurm, der Hefe, dem Senfkraut und sogar im *E.-coli*-Bakterium haben. Darwin wäre fasziniert gewesen. Dichter scheinen das allerdings seit jeher gewusst zu haben. George Herbert zum Beispiel schrieb in »Man«: »Herbes gladly cure our flesh; because that they/ Find their acquaintance there.«[12]

An der Wall Street führte diese Nachricht zu nicht weniger Aufregung als an den Universitäten. Im englischen Cambridge, wo Mitte des Jahrhunderts die Doppelhelix entdeckt worden war, gründeten Molekularbiologen eine Firma namens Hexagen, die es sich zur Aufgabe machte, die Gene der Maus nach Hinweisen auf menschliche Krankheiten zu durchforsten. Im amerikanischen Cambridge gründeten Molekularbiologen zwei Unternehmen: NemaPharm, das sich mit den Genen des Wurms befassen sollte, und Exelexis, das sich mit der Genetik der Fliege beschäftigte. Erst kürzlich erklärte der Chefdrosophiloge von Exelexis einer Reihe von Investoren, wie erstaunlich es sei, dass man von der Fliege auf genetischer Ebene derart viel lernen könne. Bis zum Beginn der diversen Kartierungsprojekte sei den Drosophilogen einfach nicht klar gewesen, »dass wir uns hier kleine Menschen mit Flügeln ansehen«.[13]

Es war eine der großartigen Entwicklungsphasen der Biowissenschaften des späten zwanzigsten Jahrhunderts. Jeder Biologe, der irgendein Genom studiert, kann sich nun mehr oder weniger auch in allen anderen Genomen zurechtfinden. Und Benzer hegt ein sentimentales Gefühl für die Art und Weise, wie er und Carol ihre private Vorschau auf die Familienähnlichkeiten im Stammbaum des Lebens erhielten.

Bis heute arbeiten Carol und die Pathologen ihres Labors mit Seymours Antikörpern, um neurodegenerative Krankheiten des menschlichen Gehirns zu erforschen, beispielsweise Alzheimer, Huntington-Chorea, Parkinson oder Amyothrophische Lateralsklerose (Lou Gehrigsche Krankheit), unter der auch Carols Mutter litt. Carol und Seymour pflegten sie bis zu ihrem Tod in ihrem Haus in San Marino. Carol entnahm noch Gewebe- und Blutproben für ihr Forschungsprogramm. Ihr stärkstes Interesse galt jedoch Alzheimer. Eines Tages fand sie Anomalien in den für diese Krankheit anfälligen Neuronen, die noch niemand zuvor beschrieben hatte. Und bis heute helfen ihr Seymours Fliegenfärbungen, die Alzheimersche Krankheit zu entwirren, da sie mit dieser Methode genau zurückverfolgen kann, was bei all jenen Populationen und Subpopulationen von Zellen, die bei einer Alzheimer-Erkrankung allmählich zerstört werden, schief läuft.

In Benzers Labor sucht der koreanische Postdoc Kyumg-

Tai Min inzwischen bei Fliegenmutanten nach Hirndegenerationsmustern, die genauso aussehen wie Degenerationsmuster im menschlichen Gehirn. Das heißt, Tai versucht Fliegenhirne und menschliche Gehirne zu finden, die – dem visuellen Eindruck nach – ähnliche Probleme hatten. Zuerst hält er nach Mutanten mit verkürzter Lebensspanne Ausschau. Dann seziert er deren Gehirne und untersucht sie unter dem Elektronenmikroskop. Dabei findet er immer wieder deutlich unterscheidbare Läsionen in Fliegenhirnen, die den Läsionen im menschlichen Gehirn bemerkenswert ähnlich sind, die in den Lehrbüchern aus Carols Pathologielabor beschrieben werden – all den Abbildungen von menschlichen Gehirnen, die durch Alzheimer, Parkinson, Lou Gehrigsche Krankheit oder Huntington-Chorea zerstört wurden. Wenn Tai einen besonders interessanten Fall findet, bei dem sowohl die Symptomatik als auch die Einfärbungen der Hirnschnitte übereinstimmen, berichtet Seymour seiner Frau beim Abendessen davon, bevor er ins Labor zurückkehrt.

Auch sein alter Held Arrowsmith hatte wieder geheiratet, allerdings nicht so glücklich wie Seymour. In die Eingangstür von Carols und Seymours Haus in San Marino ist ein Buntglasfenster eingelassen, das sie gemeinsam entworfen haben: Fliegenhirne und Fliegenaugen, dekorativ in Form von Blumen angeordnet. Im Vorraum hängt eine gerahmte Reproduktion von Vermeers *Das Mädchen mit dem Perlenohrgehänge*.

Manchmal treffen sich Carol und Seymour zum Mittagessen in »Seymours Sandwich Shop« und lassen sich von Tai Fotografien von Fliegenhirnen zeigen. Dann benennen sie die jeweils neuesten Fliegenmutanten nach einer Speise oder Süßigkeit, an die sie diese Hirnläsionen erinnern: *egg roll, popcorn, spongecake, bubblegum, meringue, chocolate chip*.

KAPITEL XV

Gottes Meisterstück

Auch die Götter pflegten hier zu speisen.

Heraklit[1]

Im *period*-Gen gibt es eine charakteristische Buchstabenfolge zur Mitte hin, die sich ständig wiederholt: ACA GGT; ACA GGT; ACA GGT... Diese Code-Strecke produziert den entsprechenden Repeat – die entsprechende Wiederholung – zweier Aminosäuren im *period*-Protein: Threonin-Glycin, Threonin-Glycin, Threonin-Glycin...

Nachdem Charalambos Kyriacou dem »Drosophila Arms« den Rücken gekehrt und sein eigenes Fliegenlabor an der Universität von Leicester in England gegründet hatte, begannen er und seine Studenten in allen Winkeln Europas *Melanogaster* zu sammeln und diese Repeat-Strecke zu untersuchen. Sie sammelten Fliegen im englischen Bristol, im niederländischen Leiden, im französischen Bordeaux und in Saint-Tropez, im marokkanischen Casablanca, griechischen Andros und in Rethimnon auf Kreta. Anschließend sequenzierten sie ein *period*-Gen nach dem anderen im Labor. Dabei stellten sie fest, dass nicht alle Stämme dieselbe Anzahl von Repeats hatten – einige verfügten über siebzehn Paare, andere über zwanzig oder dreiundzwanzig. Je weiter entfernt vom Äquator und je kälter daher die Fliege und ihre Umwelt waren, desto länger war diese Strecke.

Kyriacou wusste, dass Wiederholungen im Fliegen-Genom genauso normal sind wie im menschlichen Genom, wo man Repeats von bis zu tausend Nukleotiden finden kann.[2] Auf einem hypervariablen Genort im menschlichen Genom besteht die sich wiederholende Sequenz aus nur vierzehn Buchstaben, deren Repeat-Strecke bei einigen Menschen jedoch 600 Buchstaben umfasst, bei anderen 1200 oder sogar 2200. Die Menschen dieser Erde tragen derart viele unterschiedlich lange Repeats in sich, dass man die DNS von vielen Hunderttausenden untersuchen müsste, um zwei Menschen zu finden, die über Repeats der exakt gleichen Länge verfügen. Dem Molekulargenetiker Alec Jeffreys, der an der Universität von Leicester im selben Gebäude arbeitet wie Kyriacou, gelang anhand solcher Repeats die Entwicklung des genetischen Fingerabdrucks, der mittlerweile in den Gerichtssälen aller Welt zum üblichen Beweisaufnahmeverfahren gehört.

Kyriacou interessierte sich für die Repeat-Strecken von ACA GGT in der Mitte des *period*-Gens, da er wusste, dass man denselben Repeat in einem *clock*-Gen des *Neurospora*-Pilzes entdeckt hatte. Dieses »Stottern« oder »Stammeln« der DNS ist die einzige Sequenz, welche die beiden *clock*-Gene gemeinsam haben. Den letzten gemeinsamen Ahnen hatten Fliege und Fungus zu Beginn des Kambriums, dem Beginn aller höheren Tierarten von den wirbellosen bis hin zu den Wirbeltieren. Pilz und Fliege haben sich also seit 600 Millionen Jahren in verschiedene Richtungen entwickelt, das heißt, dass ihre Äste am Lebensbaum durch insgesamt eine Milliarde Verzweigungen und 200 Millionen Jahre unterschiedlicher Evolutionen voneinander getrennt sind. Da sie jedoch noch immer dieselbe Strecke sich wiederholender Buchstaben in der Mitte ihrer *clock*-Gene gemeinsam haben, während sich alles andere in unterschiedliche Richtungen auseinander entwickelt hat, ging Kyriacou davon aus, dass diese Repeats eine grundlegende Funktion haben und unersetzlich für die innere Uhr sein müssen. Wie sich herausstellte, war das keine schlechte Annahme: Tatsächlich fanden Forscher inzwischen Threonin-Glycin-Repeats in den «clockwork«-Genen von Hefe, Mäusen, weißen Laborratten und nackten Blindmäusen.

Um nun herauszufinden, welche Funktion diese Repeats haben, versuchte Tony Tamburro, einer von Kyriacous Kollegen an der Universität von Potenza in Italien, den repetitiven

Teil des *period*-Proteins in seinem Labor zu synthetisieren.
Synthesizer gehörten mittlerweile zur Standardausrüstung
eines jeden Molekularbiologen. Beinahe jedem stand ein
DNS-Synthesizer zur Verfügung, der fast so einfach zu bedie-
nen ist wie eine Schreibmaschine mit nur vier Buchstaben: A,
C, T und G. Der Biologe tippt die Buchstaben ein, und der
DNS-Synthesizer schustert das Gen zusammen. Viele Biolo-
gen arbeiteten auch bereits mit einem Peptid-Synthesizer: Der
Forscher tippt, und die Maschine stellt ein Protein her.

Kyriacous Kollege Tamburro tippte also die Repeats eines
period-Proteins ein und sah, dass sie sich prompt zu einer
Helix hochschlängelten. Tamburro versuchte es noch mal und
noch mal: Jedes Mal entstand eine Helix. Bei einer Reihe von
weiteren Experimenten fand er heraus, dass Repeats immer,
egal in welcher Anzahl sie vorkommen, eine Helix bilden und
dass drei Repeats das Minimum für eine vollständige Drehung sind. Dies, so erkannte er, mochte der Grund sein, weshalb sich die *Melanogaster*-Varianten aus den verschiedenen
Ländern fast immer in Dreierschritten voneinander unterschieden: Die Fliegen aus Casablanca hatten siebzehn, die
aus Bordeaux zwanzig und die Fliegen aus Bristol dreiundzwanzig Repeats.

Kyriacou war fasziniert. Er wusste jedoch, dass er mit nur
einem Stück aus einem einzigen Gen nicht einmal ansatzweise erfahren würde, wie die gesamte Uhr funktioniert. Der
Drosophiloge Peter Lawrence vom MRC Laboratory in Cambridge, England, schreibt in seinem Buch *The Making of a Fly*:
»Der Versuch, einen Prozess nur anhand von einigen daran
beteiligten Genen zu studieren, ist ebenso riskant wie der Versuch, den Motor eines Wagens nur anhand von einigen wenigen Bestandteilen zu verstehen – etwa durch den Kolben, die
Dichtungsmanschette oder die Bolzen, die ihn mit dem Chas-
sis verbinden.«[3] Dennoch hielt Kyriacou es für immer wahrscheinlicher, dass diese Repeats eine Art Uhrfeder kodierten
und dass die inneren Uhren der weit vom Äquator entfernt lebenden Fliegen mit der Entwicklung von ein oder zwei extra
Spiralen in ihren Federn gewissermaßen nur etwas zu weit
aufgezogen wurden. Aber warum?

Im Laufe von weiteren Experimenten fand Kyriacou schließlich heraus, dass eine Uhr mit kurzer Feder bei wärmeren Temperaturen einen nahezu vierundzwanzigstündigen Zyklus einhält. Das heißt, sie schlägt in einem Rhythmus, der fast genau der Umlaufzeit der Erde entspricht, und muss daher nicht ständig nachgestellt werden. Eine Uhr mit einer mehrspiraligen Feder läuft schneller und muss daher täglich neu gestellt werden. Es war also möglich, dass sich in wärmeren Gegenden – etwa in einer ägyptischen Oase oder auf einem Obstmarkt in Marokko – die kurze Feder als bevorzugtes Modell entwickelt hatte, weil diese Uhr mehr oder weniger den Vierundzwanzigstundenrhythmus einhält und die Fliege daher keine körperlichen Anstrengungen unternehmen muss, um sie neu zu stellen. Weitere Labortests von Kyriacou legten denn auch nahe, dass eine Uhr mit mehrspiraliger Feder robuster ist und unter kalten Temperaturbedingungen die Zeit genauer einhalten kann. Das heißt, in Nordeuropa, beispielsweise in Bristol, konnte es durchaus der Mühe wert sein, die Uhr zu Gunsten von Robustheit und Präzision täglich neu zu stellen.

Eine kurze Feder und damit zugleich der Zwang, eine Siesta einzulegen, könnte die Urform der inneren Uhr gewesen sein, da sich Taufliegen ja in Afrika entwickelt haben, wo die größte Lebensbedrohung für Fliegen in der Austrocknung besteht. Sie erwachen tagtäglich, wenn es bereits hell genug ist, um etwas zu sehen, aber noch früh genug, damit die *Drosophila*, die Tauliebende, ihren Morgentrunk bekommt. Zur heißesten Stunde des Tages halten sie dann ein Nickerchen, zum Schutz vor der Mittagssonne. Die Fliegen im Norden entwickelten ihre überzogene Feder erst, nachdem sie ihr Heimatland verlassen hatten.

Natürlich experimentiert der Darwinsche Prozess, den der Evolutionsforscher Richard Dawkins einen »blinden Uhrmacher« nannte,[4] noch heute mit dieser inneren Uhr. Tatsächlich scheint dieser »Uhrmacher« – um bei diesem Bild zu bleiben – von ihr fasziniert zu sein. Kyriacou und seine Kollegen haben mehrere zehntausend Abkömmlinge von mehreren hundert Fliegenfamilien untersucht. Bei einer einzigen Studie analysierten sie beinahe 40 000 *period*-Gene auf 40 000 X-Chromosomen. Dabei stellten sie fest, dass die Mutationsrate der DNS, die für die Kodierung der Uhrfeder zuständig ist, um mehr als das Zehnfache höher liegt als die durchschnittliche Mutationsrate einer Fliegen-DNS. Offenbar ist die Natur »täglich und stündlich« – um Darwins berühmte Formulierung aus *Über die Entstehung der Arten* zu zitieren – intensiv damit befasst, die besten Uhren dieser Welt auszusieben. Auf diese Weise stellt der blinde Uhrmacher sicher, dass selbst geringfügigste Unterschiede zwischen den *clock*-Genen englischer und afrikanischer Fliegen gewahrt bleiben. Das heißt, er stellt die Uhren aller Fliegen überall auf der Welt täglich neu.

Die Spezies Mensch hatte nicht viel Zeit, sich den neuen Zeitrhythmen des künstlichen Lichts anzupassen, denen wir alle uns unterwerfen. Die *clock*-Beobachter in ihren Fliegenlabors fragen sich manchmal, ob daraus wohl eine Lehre für die Dauerhaftigkeit unserer Existenz gezogen werden kann. Werden uns unsere Uhren umbringen oder krank machen, wenn wir sie nicht richtig behandeln? Hier geht es nicht nur um die Frage, wie man mit einem Jet-Lag oder mit dem Wechsel zwischen Tag- und Nachtschichten zurechtkommt. Hier geht es darum, ob und wie wir dem Diktat unseres eigenen, individuellen Rhythmus gehorchen. »Wenn ein Mensch nicht Schritt hält mit seinen Gefährten«, lautet ein bei allen Träumern und Langschläfern dieser Welt beliebtes Zitat von Thoreau, »dann vielleicht nur, weil er einen anderen Trommler vernimmt. Lasst ihn seine Schritte zu der Musik machen, die er selber hört, wie gemessen oder fremdartig sie auch klingen mag.«

Benzer weiß, wie gefährlich es sein kann, in den eigenen Rhythmus einzugreifen, mag er auch noch so exzentrisch sein. 1948, als er zwar noch am Oak Ridge National Laboratory beheimatet war, aber bereits ruhelos herumzigeunerte, zwangen ihn die staatlichen Vorschriften, wie jedermann frühmorgens seinen Dienst anzutreten. In diesem Jahr baute er zwei Autounfälle auf dem Weg ins Labor. Ein Kollege, der ihn einmal zu dieser frühen Stunde am Steuer erlebte und den Ausdruck in seinen Augen sah, beschloss, künftig eine andere Strecke zu fahren.

Viele Menschen mit normalen inneren Uhren bemerken jeden Nachmittag mehr oder weniger um die gleiche Zeit – meistens zwischen drei und vier Uhr –, dass sie an einem Tiefpunkt angelangt sind. Sie müssen schon etwas sehr Interessantes tun, damit es ihnen gelingt, dem Drang zum Dösen zu widerstehen. Und viele *clock*-Beobachter fragen sich, wenn sie zu dieser Tageszeit über einer schwierigen Abhandlung aus einem ihnen eher unvertrauten Gebiet brüten und ihnen die Augen zufallen, ob diese frühe Nachmittagsstunde womöglich *dazu gedacht* ist, dass wir schlafen, vielleicht weil sich auch unsere Spezies in einem heißen Klima entwickelt hat ... in Afrika, zusammen mit der kleinen Fliege.[5]

Nach jahrelanger Plackerei erlebten Rosbash und Young 1988 in ihren Labors endlich einen Durchbruch: Sie erhaschten einen ersten Blick auf die Aktionsweise des *period*-Gens im Inneren der Uhr. Kathy Siwicki, Postdoc in Halls Labor, war die erste, der das gelang. Siwicki sammelte stündlich Fliegen ein und prüfte, wie viel *period*-Protein sie zur jeweiligen Stunde enthielten.[6] Dabei entdeckte sie, dass die Konzentration dieses Proteins im Kopf der Fliege mit dem Tagesrhythmus steigt und fällt. 1990 entdeckte Paul Hardin, ein Student aus dem Rosbash-Labor, dass auch die *period*-RNS Zyklen unterliegt.[7]

Zwei von Michael Youngs Postdocs im rivalisierenden Fliegenlabor der Rockefeller University, Amita Sehgal und Jeff Price, entdeckten nach der Durchforstung von siebentausend Fliegenlinien einen neuen Mutanten, mit dessen Zeitsinn etwas nicht zu stimmen schien: *timeless*.[8] Das *timeless*-Gen liegt auf dem zweiten Chromosom der Fliege. 1995 gelang es einem anderen von Youngs Postdocs, Mike Myers, nachdem er täglich mehr als zwölf Stunden daran gearbeitet hatte, das Gen zu klonen. Nun konnte das Young-Labor das Gen sequenzieren und bis zum letzten Buchstaben lesen.[9] Im Code des *timeless*-Mutanten fehlen vierundsechzig Buchstaben. Nach der Klonung konnte Myers die Genexpression im Kopf der Fliege prüfen, indem er, genau wie Siwicki, im Stundentakt Fliegenköpfe einfror und dann feststellte, ob sich *timeless* ein- oder ausgeschaltet hatte. »Es ist definitiv das richtige Gen«, berichtete er Young, »und es oszilliert.«

Period produziert also ein Protein, das oszilliert; auch *timeless* stellt ein oszillierendes Protein her; und wenn die *clock*-Beobachter diese beiden Proteine in einer Petrischale mischten, bildeten sie eine feste Verbindung – sie griffen ineinander wie die Zahnräder einer Uhr.

Das *clock*-Gen erlangte in der Molekularbiologie schnell den Ruf, das Paradebeispiel für die kommende Forschung zu sein. Jeder, der an Genen interessiert war, interessierte sich zumindest am Rande auch für die Entdeckung von zwei Funktionsteilen der inneren Uhr, die tatsächlich ineinander griffen. Im gleichen Jahr, in dem Sehgal und Price *timeless* fanden, entdeckte Joseph S. Takahashi – ein Molekularbiologe der Northwestern University – eine Maus, mit deren Zeitsinn ebenfalls etwas nicht in Ordnung zu sein schien.[10] Er fand sie mit Benzers Methode, also indem er den Labortieren ein Mutagen injizierte und deren Abkömmlinge so lange beobachtete, bis er eine Maus entdeckte, die offenbar dem Rhythmus eines anderen Trommlers folgte. Alle seine Mäuse wachten Tag für Tag pünktlich zur selben Zeit auf und begannen dann in ihren Laufrädern zu rennen, nur die innere Uhr seines Mutanten ging um mehr als eine Stunde nach. Takahashi hatte eigentlich geglaubt, dass er und seine Gruppe erst Tausende von Mäusen beobachten müssten, um etwas zu finden, das mit Konopkas Entdeckung vergleichbar wäre, doch bereits bei der fünfundzwanzigsten Maus knackte er den Jackpot – Konopkas Gesetz hatte sich wieder einmal bewahrheitet. Takahashi und sein Team nannten ihren Mutanten *clock* (*c*ircadian *l*ocomotor *o*utput *c*ycles *k*aput). 1997 klonte Takahashi *clock*.[11] Bei drei Mäusegenen – *mper1*, *mper2* und *mper3* (mouse *period* 1, 2 und 3) – fanden sie lange Code-Strecken, die denen der Fliege sehr ähnlich waren. Bald darauf wurde auch in der Fliege ein entsprechendes Gen gefunden, das heute *dClock* genannt wird.[12] Es wurde in der sechsundsechzigsten Region auf dem dritten Fliegenchromosom kartiert.

Alle *clock*-Beobachter dieser Welt, ob sie nun die innere Uhr von Fliegen oder Mäusen, von Farnen oder Motten erforschten, erkannten in *clock* ein weiteres Rädchen der Maschinerie, einen weiteren Hinweis auf die Funktionsweise der inneren Uhr, deren Mechanismus (zumindest in seiner Grundstruktur) offenbar seit Urzeiten unverändert geblieben war. Auf schwarzen und weißen Tafeln verzeichneten Forscher in drei oder vier Labors das molekulare Äquivalent zum Innenleben einer universalen Großvateruhr. »Wir haben den Fall gelöst«, begann Hall den Journalisten zu erzählen, die immer häufiger an die alte Flügeltür klopften oder die kleine Hotelglocke neben dem »Drosophila Arms«-Schild betätigten und damit seine Terrier aufschreckten. »Jeder Artikel über die biologische Uhr beginnt fast unausweichlich mit der Feststellung, dass biologische Uhren ein großes Geheimnis seien«, setzte Hall dem jeweiligen Gesprächspartner auseinander, der in seinem kleinen Büro Knie an Knie mit ihm sitzen musste, umgeben von entflohenen Zeitmutanten, den Erinnerungsstücken aus dem Bürgerkrieg, dem Geruch von Äther und Melasse und den aufgeregten Hunden. »Das sagen die *noch immer*! Es *stimmt aber nicht mehr*, klar?! Es ist einfach *nicht mehr wahr*! Wir haben jetzt die Möglichkeit zu erforschen, wie diese Uhr wirklich tickt. Ich bin sogar bereit, zu sagen: *So* tickt sie!«

Nach heutigem Kenntnisstand sind beide Gene, *period* und *timeless*, in den Nervenzellkernen des Gehirns eingeschaltet. Der Finger des Engels liegt sozusagen ständig auf dem An-Schalter. Also fabriziert die Zelle das *period*-Protein und das *timeless*-Protein. Sobald die Konzentration dieser Proteine eine kritische Schwelle erreicht hat, dringen sie in den Kern ein und knipsen den Schalter aus – das heißt, sie schalten genau die Gene aus, von denen sie selbst erschaffen wurden. Dieser Zyklus dauert etwa vierundzwanzig Stunden.

Sobald der Schalter in Aus-Stellung ist, bauen sich die *period*- und *timeless*-Proteine in der Zelle allmählich ab. Ist ihre Konzentration auf einen bestimmten Pegel abgesunken, flackert das Gen wieder auf. Die Proteine, die das Gen wieder anstellen, werden von *clock* und einem anderen neuentdeckten Gen namens *cycle* kodiert.

Jede biologische Uhr braucht drei grundlegende Funktionsteile. Zum einen muss es einen Weg für den Input geben, damit Morgen- und Abenddämmerung die Uhr adjustieren können. Gibt es diesen Input nicht – etwa in Höhlen oder fensterlosen Räumen –, entfernt sich die innere Uhr des Menschen vom Phasenzyklus unseres Planeten. Genau das passiert beispielsweise vielen Blinden. Die innere Uhr sitzt beim Menschen im suprachiasmatischen Kern des Hypothalamus, gleich oberhalb des Chiasma opticum, das bei Sperrys Studien über Split-Brain-Patienten eine Rolle spielte. Während bei den Split-Brain-Patienten ein Teil des Denkprozesses unabhängig von der jeweils anderen Hirnhälfte abläuft, verliert bei vielen Blinden die innere Uhr die Verbindung zum Takt der Welt.

Inzwischen suchen die konkurrierenden »clockwork«-Labors nach neuen Zahnrädchen und versuchen herauszufinden, wie diese ineinander greifen. Sie erforschen, auf welchem Weg der Input stattfindet, wie der Mechanismus der Uhr selbst funktioniert und welchen Weg der Output nimmt, wie also die Uhr das natürliche rhythmische Verhalten kontrolliert, vom Aufstehen bis zum Schlafengehen. Aus Sicht der Molekularbiologen und Drosophilogen hat *per* letztlich sein Versprechen doch noch eingelöst. Mittlerweile dient es als Modell für die Art und Weise, wie Gene sowohl miteinander als auch mit der Außenwelt kooperieren, um einen Körper am Leben zu erhalten. Die Frage, ob unser Zeitsinn angeboren ist oder ob wir ihn nur erfunden haben, war ursprünglich eine philosophische. Heute wissen wir, dass wir in jeder einzelnen Zelle eine Uhr mit uns tragen. Die Philosophen haben sich auch gefragt, woher wir wissen, dass die Sonne auch morgen aufgehen wird. In gewisser Weise wurde uns auch diese Antwort eingebaut. Die innere Uhr ist eine Art Planetarium in jedem unserer Zellkerne, das sich ständig dreht, damit wir uns im zeitlichen Einklang mit der Welt um uns herum befinden, ein Modellkosmos in unserem Kopf, der ständig rotiert, ob wir nun in Reichweite der Sonne sind oder nicht. Der Kreislauf der Sterne und Jahreszeiten ist den Windungen unserer DNS eingeschrieben.

Mit der inneren Uhr hat die Biologie des ausgehenden zwanzigsten Jahrhunderts zudem einen der besten Nachweise für die tatsächliche Existenz von Familienähnlichkeiten gefunden, Ähnlichkeiten, die sogar zwischen genetischen Mechanismen bestehen, deren Platz auf dem Lebensbaum so weit voneinander entfernt liegt wie der von Fliegen und Pilzen auf der einen Seite und der von Mäusen und Menschen auf der anderen. Menschen tragen eine ganze Reihe von homologen Genen, das heißt von engen Verwandten des *per*-Gens; und zumindest eines dieser menschlichen Gene verfügt über exakt dieselben Threonin-Glycin-Repeats, deren Evolution Kyriacou nun erforscht. Auch ein *timeless*-Gen tragen wir in uns, und unser *timeless*-Protein verzahnt sich mit unserem *period*-Protein wie zwei Rädchen eines Uhrwerks. Seit dem Kambrium haben sich die *clock*-Gene auf der ganzen Welt nicht nur miteinander, sondern auch mit dem Zyklus der Sonne verzahnt. Wir neigen dazu zu glauben, unser Genom bestehe aus Buchstaben, die uns von den vorangegangenen Generationen in einem verschlossenen Kuvert übergeben worden sind und die wir ungeöffnet an die nächste weitergeben. Aber das stimmt nicht. Die genetischen Botschaften müssen immer wieder aufs Neue gelesen, das Kuvert muss laufend geöffnet und wieder verschlossen werden, wie ein offener Brief oder die Thorarolle, deren Zeilen man mit einem silbernen Zeigestock verfolgt und laut und deutlich verliest. Die Essenz des Lebens ist ein unentwegtes Geben und Nehmen.

1998, als sich die ersten Teilchen der inneren Uhr endlich für uns verständlich zusammenfügten, pries ein Molekularbiologe aus der Schweiz (ein Land, das einen Sinn für gute Uhrmacher hat) in *Nature* den heuristischen Wert der Entdeckungsgeschichte dieses Uhrwerks, die sofort als Klassiker in die Annalen der Molekularbiologie eingehen werde.[13] Doch das mittlerweile so gefeierte *period*-Gen steht noch für etwas anderes: Es ist ein Korrektiv für die übertriebene Aufregung um das Gen im Allgemeinen und das Human-Genom-Projekt im Besonderen, denn es beweist, dass einzelne Gene normalerweise nicht die Antwort sind und dass sogar ganze Laborkonsortien lange zu kämpfen haben, bis sie herausfinden, wie ein Genkomplex funktioniert.

Auch künftig werden solche Detektivgeschichten nicht wesentlich anders ablaufen. Im Moment kann man das zum Beispiel bei der Erforschung des Gen-Komplexes für Fettleibigkeit verfolgen: Der Entdeckung eines einzigen Gens (in einem Labor gleich um die Ecke von Michael Youngs Fliegenlabor an der Rockefeller University) folgte auf dem Fuß die Entdeckung vieler weiterer Gene, die mit ihm verzahnt sind.[14]

Die Suche nach dem Gen, das Huntington-Chorea verursacht, verlief ebenfalls ähnlich wie die *period*-Geschichte. Erst nach einem ebenso langen und oft auch ebenso lähmenden Kampf wie um *period* konnte das Gen geklont und sequenziert werden. Auch dieses Gen verfügt über einen auffälligen eingebauten Repeat. Die meisten Repeats im menschlichen Genom scheinen so harmlos zu sein wie das Muster eines Fingerabdrucks. Doch bestimmte instabile Repeats aus drei Nukleotiden können das Fragile-X-Syndrom oder myotonische Dystrophie hervorrufen; beide führen zu geistiger Retardierung. Bestimmte längere Repeat-Einheiten können Krebs oder Diabetes verursachen. Und seit Mitte der neunziger Jahre – zwölf Jahre, nachdem das Gen kartiert worden war – vermuten Molekularbiologen, dass das Repeat die für Huntington-Chorea verantwortliche Mutation verursacht.

Dieser Repeat besteht aus einem einzigen Codon: CAG, CAG, CAG. Menschen tragen viele unterschiedliche Längen dieses Repeats in sich, von weniger als zwanzig bis zu über vierzig. CAG ist der genetische Code für Glutaminsäure. Ein Gen mit zusätzlichen Repeats produziert ein Protein mit einer langen Kette von zusätzlichen Glutaminmolekülen. Ein normales *huntington*-Gen produziert ein Protein mit einer Strecke von neunzehn bis 22 dieser Repeats,[15] ein mutiertes Protein hat zwischen vierzig und hundert.

Wie das Protein des *period*-Gens arbeitet auch das des *huntington*-Gens mit einem Partner zusammen, einem zweiten Protein namens Glycerinaldehyd-3-Phosphat-Dehydrogenase. Das Enzym verrichtet die unterschiedlichsten Hausarbeiten in der Zelle. Trägt das Protein des *huntington*-Gens viele zusätzliche Repeats, verbindet es sich enger als üblich und schließlich mit fatalen Auswirkungen mit seinem Partner, ähnlich einem Getriebe, in dem sich zwei Gänge ineinander verkeilen. In anderen menschlichen Genen können dieselben

CAG-Repeats zu ganz anderen Problemen führen – zu einem ganzen Handbuch an Nervenkrankheiten, etwa zu unterschiedlichsten Ataxien und Muskelatrophien.

Indem sie den Spuren dieser Moleküle folgen, stoßen Biologen auf erste Zusammenhänge zwischen menschlichen Molekülen und menschlichem Verhalten. Wie Benzer in seinem Fliegenlabor konzentrieren sie sich dabei zuerst einmal auf abweichende Verhaltensweisen. Doch selbst am Ende des zwanzigsten Jahrhunderts wussten Molekulargenetiker noch immer so wenig über beispielsweise den *huntington*-Komplex, dass Nancy Wexler – eine Biologin, die die Suche nach diesem Gen mit in Gang gesetzt hatte und deren Mutter an dieser Krankheit gestorben war – sich weigerte, die Anzahl ihrer Repeats prüfen zu lassen. Es hätte ihr ohnehin niemand helfen können, falls sich diese als zu hoch herausgestellt hätte, also wollte sie es gar nicht erst wissen.

Die Forschung träumt davon, Heilungsmöglichkeiten für Krankheiten wie Huntington-Chorea zu finden. Vermutlich wird es so etwas tatsächlich einmal geben, doch die Erfahrungen mit dem *period*-Gen lassen Geduld angeraten sein. Und das hat durchaus etwas Beruhigendes, denn solange dieser Traum nicht erfüllbar ist, besteht auch keine Gefahr, dass er sich zum Albtraum entwickelt – zu einem gentechnischen Projekt, das ganze Generationen zumindest teilweise ihres Gefühls berauben würde, über einen freien Willen zu verfügen. Jeder, der auf diesem Fachgebiet forscht, kennt solche Fragen wie: »Habt ihr schon das Gen für den freien Willen gefunden?« Hinter solchen süffisanten Bemerkungen verbirgt sich die Angst des späten zwanzigsten Jahrhunderts vor der Forschung, die Benzer ins Leben rief. Der Albtraum wird von der Vorstellung genährt, dass man dieses Gen eines Tages genauso leicht manipulieren und verändern könnte, wie ein Gentechniker bereits heute das »clockwork«-Gen verändern und den Zeitsinn einer Fliege transformieren kann.

Allerdings erweist sich allein schon das Uhrwerk der Fliege als so komplex – und dabei sind noch nicht einmal alle Teile der Uhr entdeckt –, dass es nicht gerade zu Manipulationen einlädt. Vielmehr gemahnt diese Komplexität einen jeden im 21. Jahrhundert zur Vorsicht – und erteilt ihm auch eine Lektion –, der glaubt, vier Milliarden Jahre alte Blaupausen der Natur verbessern zu müssen. Inzwischen haben Molekularbiologen Tausende von Fliegengenerationen mutiert und untersucht, und noch immer ist es keinem gelungen, ein besseres Uhrwerk oder eine perfektere Fliege zu erschaffen.

1962, als Benzer über die Erforschung von verhaltensbestimmenden Genen nachzudenken begann, veröffentlichte der Schriftsteller Anthony Burgess sein Buch *Clockwork Orange*.[16] Später erklärte er, dass er mit dem Titel auf die mechanistische Moralität anspielen wollte, die mittlerweile an »einen vor Säften und Süße triefenden lebenden Organismus« angelegt werde. Schon damals, als die meisten Wissenschaftler noch davon ausgingen, dass Evolution eher von der Umwelt als der Anlage bestimmt werde, fürchtete Burgess, dass die Verhaltenswissenschaften und jene mechanistische Moral uns des freien Willens berauben könnten. *Clockwork Orange* ist die Geschichte eines aufsässigen Jungen, der zu Testzwecken einer Resozialisierung mit behavioristischen Methoden unterzogen wird: Beim geringsten Gedanken an Gewalt oder Sexualität soll er Schmerzen empfinden. Der Roman setzt den Albtraum einer totalen Verhaltenskontrolle von außen in Szene, so wie moderne Science-Fiction den Albtraum der totalen Kontrolle von innen beschreibt. Nur Burgess' Gefängniskaplan bezweifelt, dass eine solche Umprogrammierung des Antihelden zu einer echten Besserung führen kann: »Die Frage ist, ob eine solche Methode einen Menschen wirklich gut machen kann. Das Gute kommt von innen, Sechssechsdoppelfünfdreizwoeins. Das Gute ist etwas, das man wählen muß. Wenn ein Mensch nicht wählen kann, ist er doch kein Mensch mehr.«[17]

Und dann erneut: »Was will Gott? Will Gott den guten Menschen, oder will er den Menschen, der das Gute wählt? Ist ein Mensch, der das Böse wählt, womöglich gar besser als einer, dem das Gute aufgezwungen wird? Das sind sehr ernste und schwierige Fragen, mein kleiner Sechssechsdoppelfünfdreizwoeins.«[18]

Etwas Wunderbares an dieser inneren Uhr war für Molekularbiologen schon immer ihre Neutralität. Eine Uhr ist kein
vorbelastetes Thema – es sei denn als Symbol für die gesamte
Maschinerie des Lebens, das die Forscher mittlerweile ebenso
dazu animiert, sich dem Studium allen Lebens zuzuwenden,
wie das Auseinandernehmen von Uhren und Fliegen in Generationen von kleinen Jungen den Wunsch geweckt hatte,
Naturwissenschaftler zu werden.

Andere Mutanten aus Benzers Fliegenlabor sind sehr viel
weniger neutral und eher geeignet, an unseren Emotionen zu
rühren. In den neunziger Jahren des zwanzigsten Jahrhunderts, als die gesamte naturwissenschaftliche Forschung Fort-
schritte machte und monatlich von neuen Erkenntnissen aus
der Molekularbiologie profitierte, drangen schließlich auch
die Studien der Benzer-Schule ans Licht der Öffentlichkeit
und lösten weltweit hitzige Debatten aus.

Jeff Hall und seine Techniker nennen ihr Fliegenlabor »Paradies«, weil sie die Temperatur dort konstant so warm wie
auf den Bahamas halten. Im Paradies drehen *fruitless*-Fliegen,
in zahllosen Phiolen aufgereiht, ihre Runden und bilden von
Sonnenauf- bis Sonnenuntergang ihre Ketten. Mittlerweile
arbeitet Hall mit diversen anderen Fliegenlabors bei der genetischen Sektion von *fruitless* zusammen, und dabei scheint sich
herauszukristallisieren, dass diese Mutation in einen Genkomplex eingebaut ist, der mindestens so kompliziert ist wie
das Planetarium von *period*, aber wesentlich mehr politischen
Zündstoff birgt.

Bereits als Hall in Benzers Fliegenlabor seine Gynandromorphen züchtete, hatte er eine Vorstellung von der Komplexität der hier beteiligten Instinkte bekommen. Wenn ein Gynandromorph einen weiblichen Körper und einen männlichen
Kopf hat, dann sagt der Kopf »werbe!« und der Körper »las
dich umwerben!«. Also streckt der Gynandromorph mit dem
weiblichen Körper einen Flügel aus und besingt in einem seltsamen Kauderwelsch Weibchen, es sei denn, er verfügt über
männliche Stellen am Mittelleib.

Inzwischen haben Hall und sein Team lange Linien von
fruitless-Mutanten hervorgebracht und eine riesige Bibliothek

aus künstlichen *fruitless*-Allelen angelegt. Sie haben unzählige Spielarten der *fruitless*-EMS verfüttert und *fruitless* mit Gammastrahlen bombardiert, nur um noch mehr Mutanten zu erschaffen. Jede Gruppe dieser *fruitless*-Mutanten lebt ein paar Tage in einer Phiole zusammen, bevor sie anfangen, sich aneinander zu ketten. Ein Techniker aus Halls Labor beobachtet, wie lange sie brauchen, um diese Ketten zu bilden, und wie viele sich ihnen jeweils anschließen. Denn ihr Verhalten variiert je nach der Schädigung der Gene. In einigen Phiolen bilden nur wenige Fliegen Ketten, brechen sie wieder auf, kommen erneut zusammen und gönnen sich zwischendurch immer wieder eine kleine Atempause. Da sie ihre Flügel nie zu voller Länge ausstrecken und dabei scherenartige Bewegungen machen, wirkt es fast so, als könnten sie die Flügel nicht weit oder hoch genug ausklappen. In anderen Phiolen geht es demgegenüber geradezu wild zu: Die Mutanten halten den lieben langen Tag einen Flügel ausgestreckt, schütteln ihn und tanzen dabei im Kreis. Für das menschliche Auge sieht es aus wie Raserei, wenn sie die Flügel wie einen Tamburin schwingen.

Fruitless wurde 1989 von einem Postdoc in Halls Labor kartiert.[19] Die Mutation liegt auf dem dritten Fliegenchromosom. Entstanden war sie einst durch Röntgenbestrahlung. Nun konnte Hall genau beschreiben, wie diese Röntgenstrahlen auf das Chromosom eingewirkt hatten: Sie hatten es auf zwei nahe beieinander liegenden Genorten beschädigt. Ein Stückchen DNS war herausgebrochen und dann verkehrt herum wieder in sein Chromosom eingefügt worden. Die Röntgenstrahlen hatten also eine Inversion verursacht, und diese Inversion wurde seither von jeder *fruitless*-Fliege an die nächste Generation weitergegeben. Tatsächlich besteht *fruitless* aus zwei eng beieinander liegenden Mutationen, eine an jedem Ende der Inversion. Der Marker für bestimmte Verhaltenselemente von *fruitless* – das fehlende Kopulationsvermögen des Männchens und dessen Angewohnheit, sich mit anderen Männchen zu verketten – liegt genau an der Bruchstelle am einen Ende der Inversion. Ein anderes Verhaltenselement liegt auf einem Marker am gegenüberliegenden Ende: die

Fähigkeit des Männchens, andere Männchen dazu zu stimulieren, es zu umwerben.

In den achtziger und neunziger Jahren regten diese Forschungsergebnisse über *fruitless* Hall und andere an, im Detail nach den Ursprüngen von Geschlechterdifferenzen zu suchen. Wie schon bei der *period*-Forschung gewannen sie auch diesmal Erkenntnisse von großer Allgemeingültigkeit.[20] Warum entwickelt sich das eine befruchtete Ei zu einem männlichen Nervensystem und das andere zu einem weiblichen? Wie sehen die molekularen Ereignisse aus, die das Geschlecht bestimmen? Alfred Sturtevant aus der Morgan-Bande hatte den ersten Mutanten im Hinblick auf die Geschlechtsbestimmung entdeckt, ein Gen, das er *transformer* nannte. Erbt eine weibliche Fliege zwei Kopien von *transformer*, bleiben ihre Chromosomen weiblich, und sie wächst zu typisch weiblicher Größe heran, sieht aber ansonsten aus wie ein Männchen und verhält sich auch so – das heißt, es hat den schwarzen Bauch des Männchens und dessen Begabung zum Singen. Mutationen wie *transformer* wurden inzwischen in jedem nur denkbaren Organismus entdeckt, auch im menschlichen.

Was *period* für den Zeitsinn ist, ist das *fruitless*-Gen für die Geschlechtsentwicklung – und im Übrigen erbrachte es wieder einmal den Beweis für die Gültigkeit von Konopkas Gesetz. Es eröffnete den Molekularbiologen den Zugang zu jener Interaktion von Genen in der Natur, die heute zu den am besten erforschten zählt. Molekularforscher haben inzwischen ganze genetische Signalwege zurückverfolgt, die das Geschlecht einer Fliege entscheiden. Der Ausgangspunkt ist ein Gen namens *sex-lethal* (entdeckt von Hermann Muller, einem weiteren Mitglied der Morgan-Bande). Wenn eine Fliege zwei X-Chromosomen erbt, dann ist *sex-lethal* eingeschaltet. *Sex-lethal* schaltet daraufhin *transformer* ein, *transformer* und *transformer-2* schalten *doublesex* ein, und *doublesex* schaltet einen genetischen Signalweg ein, der für eine Vagina, weibliche Duftnoten und die ganze übrige sexuelle Ausstattung einer überlebensfähigen weiblichen Taufliege sorgt.

Erbt eine Fliege jedoch nur ein X-Chromosom, verläuft der Signalweg zu *doublesex* anders, weshalb *doublesex* dann auch

einen anderen genetischen Signalweg einschaltet, der der
Fliege schließlich zu einem Penis, männlichen Duftnoten und
jenen Geschlechtskämmen verhilft, die den Eingang zu Halls
Labor zieren – den »Drosophila Arms«.

Fruitless sollte sich als einer der wichtigsten genetischen
Schalter im Verlauf dieses langen Signalwegs herausstellen.
Das Gen gehört sozusagen in die Kategorie jener kleinen
Dinge, die Großes bewirken. Im Brief des Jakobus steht bei-
spielhaft, wie man mit geringsten Mitteln einen ganzen Körper beeinflussen kann: »Siehe, die Pferde halten wir in Zäu-
men, daß sie uns gehorchen, und wir lenken ihren ganzen
Leib.«[21] Das *fruitless*-Gen ist ein solch kleines Ding, das Großes
bewirkt. Manche seiner Produkte finden ihre Expression nur
im zentralen Nervensystem und nur in etwa 500 jener 100 000
Neuronen, über die das zentrale Nervensystem verfügt. Von
diesen 500 bilden fast alle ein Cluster aus jeweils zehn bis
dreißig Zellen, die auf der Genkarte in jenen Sektionen des
Nervensystems zu finden sind, die für die richtigen Tanzschritte bei der Werbung erforderlich sind.

Auch bei unserer Spezies wird das Geschlecht durch genetische Signalwege bestimmt. Ein Gen auf dem kurzen Arm
des Y-Chromosoms beginnt mit dem Aufbau der Hoden und
produziert somit ein männliches menschliches Embryo. Dieses Gen wurde 1990 geklont und erhielt den Namen *sry* (für
»sex-determining region, Y chromosome«). Mutationen im
sry können dazu führen, dass sich Babys mit zwei X-Chromosomen zu Jungen und solche mit einem X und einem Y zu
Mädchen entwickeln. Je intensiver Molekulargenetiker diese
Mutationen erforschen, desto besser werden sie auch verstehen, welcher Prozess ablaufen muss, damit ein Mann eine
Frau ansieht – oder eine Frau einen Mann – und im anderen
die Züge entgegenkommenden Begehrens erkennt. Selbst
diese Züge nehmen ihren Anfang in den Zeilen des genetischen Codes und werden während des embryonalen Wachstums auf vielfältige und komplizierte Art und Weise ausgear-
beitet und an die jeweiligen inneren und äußeren Umweltbe-
dingungen des Embryos – die beiden »Unendlichkeiten« Pascals – angepasst.

In seinem Buch *Was ist Leben?* schrieb Schrödinger, es
werde sich eines Tages herausstellen, dass die physische
Struktur des Gens Gottes Meisterstück sei. Doch das Gen
selbst ist nur der Anfang. Das wahre Meisterstück liegt in der
Abfolge und dem Zusammenspiel all jener verzahnten kleinen Rädchen, die in größere Rädchen greifen, die wiederum
mit noch größeren Rädchen verbunden sind, denn daraus
entsteht Leben – und die Abfolge beginnt nur mit den Code-
zeilen im Gen. Je genauer Biologen diese Rädchen in den
Rädchen erforschen, desto mehr Komplexität finden sie. Vor
Jahren warnte der Evolutionsbiologe Julian Huxley vor der
Gefahr der »Anthropomorphisierung« von Tieren, die er für
ebenso groß hielt wie die umgekehrte Gefahr der »Mechano-
morphisierung«.[22] In beiden Fällen, schrieb er, verlieren wir
das Tier aus dem Auge, ob wir uns nun vorstellen, es wäre wie
wir, oder fänden, dass es nur eine Maschine wäre. Heute wissen wir durch Erkenntnisse über den Mechanismus der inneren Uhr und anhand der Gene *period* und *fruitless*, wie viel
Wahrheit in dieser Beobachtung steckt. Bei jeder kleinsten
Drehung und Windung interagiert ein Gen im heranwach-
senden Embryo mit den Genen in seinem Umfeld. Auch beim
ausgewachsenen Tier interagiert jeder Genkomplex nach wie
vor mit unendlich vielen anderen Komplexen ebenso wie mit
der Umwelt, und das auf so komplizierte Weise, dass wir bestenfalls behaupten können, gerade erst mit unserer Forschung begonnen zu haben. Sogar wenn es nur um Fliegen
geht.

KAPITEL XVI

Pawlows Hut

Wenn Erkenntnis nicht Selbsterkenntnis ist, bringt
sie nicht viel, Freund.

Tom Stoppard
Arcadia[1]

Als Chip Quinn Benzers Fliegenlabor verließ, nahm er das »Gedächtnisbildungsprojekt« mit. In einem eigenen Labor an der Princeton University fuhr er fort, Fliegen zu manipulieren und deren Kinder durch seine Lehrmaschine zu jagen. Dabei entdeckte er immer mehr Schüler, die offenbar schwer von Begriff waren und sich damit *dunce* zugesellen konnten, zum Beispiel *amnesiac*, *smellblind*, *turnip* und *rutabaga*.[2] Doch Quinn tappte nach wie vor völlig im Dunkeln. Gedächtnisbildung war noch immer ein Geheimnis, und er wusste nicht, wie er es lösen konnte. Einer von Benzers Schülern sagte später, *dunce*, *turnip* und *cabbage* zeigten alle »im Wesentlichen denselben Phänotyp: Dummheit«.[3] Aber Quinn fand einfach nicht heraus, was das Problem, das *dunce* hatte, von den Problemen unterschied, mit denen *rutabaga* kämpfte.

Eines Tages klebte Ronald Booker, einer von Quinns Doktoranden, eine Fliege mit einem Tupfer Wachs an das Ende eines Holzstäbchens. Er knüpfte eine Schlinge aus feinem Draht mit einem Schleifknoten und legte sie um ein Bein der Fliege. Dann zog er die Schlinge mit einer Pinzette fest und schnitt den Draht durch, so dass das Ende lose in die Luft ragte. Anschließend hängte er die kleine Fliege über eine Salzwasserlache, so dass der Draht gerade eben die Wasseroberfläche berührte. Die Fliege flatterte und stieß mit dem Bein, so dass der Draht immer wieder ins Wasser tauchte. Bei jeder Berührung mit dem Wasser bekam sie einen Stromschlag. Normalerweise waren Quinns Wildfliegen keine besonders guten Schüler, wie auch Benzers Nemesis Jerry Hirsch betonte, doch wenn sie über der Salzlache hingen, lernten mindestens neun von zehn, das Bein hoch zu ziehen.

Nun versuchte Booker den Fliegen den Kopf mit einer heißen Pinzette oder einer Rasierklinge abzuzwicken, noch während sie über dem Wasser hingen: Die Fliege überlebte nicht nur ihre Köpfung, sie lernte sogar noch besser als eine Fliege mit Kopf, den Draht aus dem Wasser herauszuhalten. Fliegen verfügen ebenso wie Menschen über Nerven außerhalb des Gehirns, und ganz offensichtlich waren es diese Nerven, die sich die Lektion merkten. Quinn und Booker konnten nur zu der Schlussfolgerung kommen, dass Fliegen ohne Kopf besser lernten, weil sie weniger abgelenkt waren.

Doch *dunce*, *turnip* und *rutabaga* versagten mit oder ohne Kopf bei diesem Bein-Test. Bisher hatten sie auch noch keinen einzigen von Quinns anderen Lerntests bestanden. Irgendetwas war anders in ihren Genen und Nervensystemen. Aber um herauszufinden, was genau das war, so Quinn 1981 in einem Artikel, »werden wir wesentlich bessere Werkzeuge brauchen als heiße Pinzetten und Rasierklingen«.[4]

Im selben Jahr nahm Quinn einen neuen Postdoc auf, Tim Tully, der sich mindestens so leidenschaftlich für das Studium der Gedächtnisbildung begeisterte wie Quinn. Als Junge hatte Tully erlebt, wie ein ganzer Tag seiner Kindheit aus dem Gedächtnis[5] verschwunden war: Nachdem er mit einem Schlitten am Weihnachtstag gegen einen Baum geknallt war, hatte sich in seinem Kopf eine Art Amnesie-Luftblase gebildet: Er hatte jede Erinnerung an die Stunden unmittelbar vor dem Unfall verloren. (Kurzes Eintauchen in Eiswasser ruft dasselbe bei einer Taufliege hervor.) Im College, als er bei Jerry Hirsch studierte, beschloss Tully dann, all seine Energie darauf zu verwenden, hinter das Geheimnis der Erinnerung zu kommen. Nachdem er die gesamte verfügbare Literatur zu diesem Thema verschlungen hatte, entschied er, dass Benzers genetische Sektionsmethode ein wesentlich vielversprechenderes Werkzeug dafür war als Hirschs Methode der Züchtung und Kreuzung von Fliegen. Hirsch präsentierte er seinen Beschluss mit den Worten, dass Benzer Moleküle entdeckt habe, er aber nicht. Tully erzählt oft, dass Hirsch ihn wegen seines Überlaufens zu Benzer für einen zweiten Judas gehalten habe. »Und gewissermaßen war ich das auch«, sagt Tully, »obwohl ich ihn nie auf die Wange geküsst habe.«

Tully schloss sich Quinn in Princeton an und unterzog dessen Verfahrensweisen einer Inventur. Mit ihm ging er nicht weniger unverkrampft um als mit Hirsch. Quinns Problem, fand er, sei die Ineffizienz seiner Screeningmethode, denn Quinns kopflose Fliegen hatten ja bereits bewiesen, dass Fliegen zu sehr viel mehr imstande sind, als sie in Quinns Lehrapparat unter Beweis stellen konnten.

Tully hat ein ausgesprochenes Faible für technische Spielereien. Also entwarf er einen neuen Lehrapparat. Sanft blies er Gerüche in den Apparat, damit alle Fliegen dieselbe Dosis der von ihm ausgewählten Düfte erhielten. Die Schockröhrchen brachte er so an, dass jede Fliege jeden Stromstoß fühlen konnte. Dann konstruierte er den gesamten Apparat so, dass alles leise und effizient funktionierte, damit die Fliegen nicht vom Unterricht abgelenkt wurden und jede Fliege zur selben Zeit dieselbe Lektion erhielt. Mit einem kleinen Plastikaufzug karrte er sie schließlich vorsichtig von einem Stadium des Experiments ins nächste. Entwurf und Konstruktion dieser Apparatur kosteten Tully vier Jahre.

Das menschliche Auge ist in der Lage, schwaches Rotlicht wahrzunehmen, nicht aber das Fliegenauge. Als Tully bereit war, seinen neuen Lehrapparat auszuprobieren, löschte er alle Lichter und beobachtete die Fliegen beim Schimmer eines Rotlichts aus dem Fotolabor. In der Stille und Dunkelheit, die nun in der neuen Maschine und um sie herum herrschten, verhielten sich die Taufliegen prompt viel ruhiger als in Quinns Apparatur. Tully stellte begeistert fest, dass fast neunzig Prozent ihre Lektionen lernten. Er hatte alle atmosphärischen Störungen beseitigt und damit dasselbe erreicht wie Quinn und Booker mit ihrem sehr viel brutaleren Hantieren mit den heißen Pinzetten und Rasierklingen.

Da die Fliegen in diesem neuen Lehrapparat nicht vom Unterricht abgelenkt wurden, konnten Tullys Experimente auch nicht durch die gelangweilte Unruhe lustloser – weil guter – Schüler verfälscht werden. Damit war Tully erstmals in der Lage, Dummheit von Dummheit zu unterscheiden – das heißt, er konnte das breite Spektrum an Problemen erkennen, unter denen Quinns Mutanten litten.[6] Beispielsweise entdeckte er, dass *rutabaga* sehr wohl lernfähig ist und nur sehr schnell wieder vergisst. Mit anderen Worten, *rutabaga* ist ein Gedächtnis-Mutant, aber kein Lern-Mutant. Andere Mutanten haben Lernprobleme, sind aber durchaus in der Lage, das Erlernte im Gedächtnis zu behalten. In diesen Fällen handelt es sich um Lern- und nicht um Gedächtnis-Mutanten.

Während dieser frühen Forschungs- und Entwicklungsjahre begegnete Tully genau denselben PR-Problemen wie die Benzer-Schule. Den meisten Biologen fiel es schwer, eine Fliege in einem Lehrapparat ernst zu nehmen, weshalb Tully ebenso große Probleme hatte wie Benzer, eine Finanzierung für sein Projekt zu bekommen. Als James Watson sich für Tullys Arbeit zu interessieren begann, drängten ihn seine Berater, die Finger davon zu lassen. Watson überließ ihm trotzdem das Labor neben seinem Büro in Cold Spring Harbor und ermöglichte es ihm damit, den Akt des Erinnerns bei Fliegen Stück für Stück zu sezieren.

Schon seit Jahren hatte Tully die Veröffentlichungen des Neurobiologen Eric Kandel verfolgt, der heute an der Columbia University lehrt. Kandel erforschte ebenfalls das Lern- und Erinnerungsvermögen, allerdings anhand der kalifornischen Meeresschnecke *Aplysia*. Berührte er den Sipho (das Atemrohr) der Schnecke, zuckte sie zusammen und zog ihre Kiemen zurück. Wiederholte er dies zehn- bis fünfzehnmal, zuckte die Schnecke immer seltener zusammen. Sie lernte, ihn zu ignorieren. Erst wenn er dem armen Tier auf den Kopf schlug, wurde es plötzlich wieder aufmerksam.

Kandel und seinen Kollegen gelang es, die Schaltkreise der Neuronen, die diesen simplen Rückzugsreflex steuern, zurückzuverfolgen. Das Team steckte eine Mikroelektrode in ein einzelnes Neuron und zeichnete das charakteristische

Muster der Blitze auf – ähnlich der Strich-Punkt-Strich-Serie
des Morsecodes –, die die Kiemen veranlassten, sich reflexar-
tig zurückzuziehen.[7] Bei einem Experiment schickte Kandel
exakt diese Signalserie in ein Bewegungsneuron. Die Kiemen
zuckten zurück. Kandel lernte die Nervensprache der
Schnecke wie einst König Salomon die Sprache der wilden
Tiere, des Federviehs und der Fische.

Nun begann Kandel sich mit den Molekülen zu beschäftigen, die diese Botschaften verfassen – das war Forschung, wie
Tully sie liebte.[8] Ein Nerv schickt einem anderen eine Botschaft durch die dazwischenliegende Synapse. Die Botschaft
nimmt die Form eines molekularen Signals beziehungsweise
eines molekularen Wellenpakets an. Klopft man der Schnecke
zum Beispiel auf den Kopf, schießt eine Botschaft vom Kopf
durch einen Nerv und aktiviert ein Adenylat-Cyclase genanntes Enzym im Kiemennerv. Das Enzym hilft diesem Nerv bei
der Produktion einer weiteren Verbindung, die man cycli-
sches Adenosinmonophosphat oder cAMP nennt; cAMP stei-
gert die Sensibilität der Nervenzelle, so dass sie, wenn der
Sipho das nächste Mal berührt wird, mehr Wellenpakete
durch die Synapse schickt. Auf diese Weise hat die Erinnerung an den Schlag auf den Kopf eine Spur in der Schnecke
hinterlassen. Bei der nächsten Berührung des Siphos wird die
Schnecke heftiger zusammenzucken, da sie gerade eben schon
einmal einen Schlag erhalten hatte. Es ist ein simpler Fall von
Lernen und Erinnern, reduziert auf ein paar Moleküle.

Benzer und sein Student Duncan Byers verfolgten Kandels
Arbeit vom Caltech aus. Da cAMP bei der Schnecke eine so
große Rolle für den Lern- und Gedächtnisbildungsprozess
spielt, beschlossen sie, sich ihres Mutanten *dunce* noch einmal
genauer anzunehmen. Begeistert entdeckten sie, dass *dunce* in
der Tat eine verstümmelte Form des Enzyms cAMP-Phospho-
diesterase produziert. Ohne dieses Enzym hätte *dunce* Probleme, cAMP umzuwandeln. Also schienen Fliege und
Schnecke – zumindest auf dieser Ebene – dieselbe Sprache zu
sprechen. Benzer und seine Schüler fragten sich nun, ob das
Enzym cAMP Bestandteil eines universellen Lern- und Erin-
nerungsmechanismus aller Lebewesen sein könnte.

Inzwischen hatte Tully – um die Entstehung des Langzeit-gedächtnisses mit seinem neuen, verbesserten Lehrapparat zu untersuchen – versucht, einer Gruppe Wildfliegen zehn verschiedene Lektionen einzutrichtern, und zwar eine nach der anderen, ohne Pausen dazwischen einzulegen, wie bei einer Abschlussprüfung. Einer anderen Gruppe hatte er zehn Lektionen mit kurzen Pausen dazwischen erteilt, so als paukten sie in einem Vorbereitungskurs für die Prüfung. Die Prüflinge der ersten Gruppe vergaßen sehr schnell: Sie bildeten nur Kurzzeiterinnerungen. Die Examinanden aus dem Kurs mit den kurzen Pausen erinnerten sich hingegen noch eine Woche später an das Erlernte.

In der ersten Hälfte der neunziger Jahre bestimmten Tully und ein wachsendes Team aus Kollegen, Postdocs und Doktoranden Schritt für Schritt den Prozess der Ausbildung von Langzeitgedächtnis auf molekularer Ebene, indem sie bereits bekannte Gedächtnis-Mutanten in geschickten neuen Kombinationen mit einigen brandneuen Mutanten, die in Tullys Labor im Laufe dieses Forschungsprogramms entdeckt worden waren, durch die Lehrmaschine schickten. Darunter befanden sich *latheo* – nach Lethe, dem Fluss im Hades, benannt, der alle Seelen in der Unterwelt die Vergangenheit vergessen lässt – und *linotte*, benannt nach dem französischen Begriff *tête de linotte*, was so viel heißt wie Spatzenhirn.

Kandel und sein Labor hatten herausgefunden, dass cAMP bestimmte Schlüsselgene einschaltet, die am Speicherungsprozess von dauerhaften Erinnerungen beteiligt sind – aber welche Gene das genau waren, wussten sie nicht. Ihre Forschungen legten nahe, dass ein bestimmtes Protein an diesem Signalweg beteiligt ist, ein so genanntes *CREB*-Protein (cAMP-responsive-element-binding-protein), das vom *CREB*-Gen produziert wird. 1994 klonte Jerry Yin, einer von Tullys wichtigsten Partnern bei dieser Arbeit, eines der *CREB*-Gene der Fliege. Das *CREB*-Gen kann ein Protein in einer von zwei möglichen Formen produzieren, die jeweils ganz gegensätzliche Funktionen im Hirn haben. Die eine Form aktiviert bestimmte Gene, die andere deaktiviert sie. Mit anderen Worten: Die eine Form ist der An-, die andere der Aus-Schalter.

Nachdem sie diesen Schalter gefunden hatten, begannen Yin, Tully, Quinn und ein paar andere mit einem der bemerkenswertesten gentechnischen Projekte bei der Erforschung von Genen und Verhalten.[9] Sie mixten einen DNS-Transformationscocktail, der ein *CREB*-Gen enthielt – den An-Schalter. Diesen Cocktail injizierten sie den Eiern von Wildfliegen. Nachdem sie diese transgenen Fliegen großgezogen hatten, verfrachteten sie eine Gruppe von ihnen in den Lehrapparat.

Jede Fliege in diesem Klassenzimmer trug also einen zusätzlichen An-Schalter in sich. Nun hatten Tully und sein Team diesen DNS-Transformationscocktail aber so gemixt, dass sich dieser zusätzliche An-Schalter nur dann einschalten konnte, wenn die Fliege warm war. Das ist einer von vielen Routine-Tricks der Gentechnik, die mittlerweile im Fliegenlabor machbar sind. Das involvierte Gen nennt man einen Hitzeschock-Promotor, da Hitze dem Gen einen Schock versetzt, der es dazu bewegt, die Aktion der anderen Gene im DNS-Transformationscocktail zu unterstützen.

In einem kühlen Raum lernten diese Fliegen erwartungsgemäß wie üblich. Nun kam der Test. Tully nahm die Flasche mit den Fliegen und tauchte sie in warmes Wasser. Im Fliegenhirn wurde der zusätzliche An-Schalter aktiv. Drei Stunden später erteilte Tully den Fliegen eine Lektion. Sie erinnerten sich noch eine Woche später daran. Ein Drosophiloge schrieb in einem Kommentar zu Tullys Arbeit: »Bei Wildfliegen reicht eine Woche, um in die Midlife-Crisis zu kommen.«[10] Als würde man einem zwölfjährigen Jungen ein einziges Mal eine Telefonnummer nennen, an die er sich dann im Alter von vierzig Jahren noch erinnert. Mit dem zusätzlichen An-Schalter verfügten die Fliegen über das Äquivalent zu einem fotografischen Gedächtnis.

Tully und sein Labor hatten bewiesen, dass sie zumindest ein Teilchen der gedächtnisbildenden Maschinerie gefunden hatten. Mit einem Schlag hatten sie die Erinnerungsfähigkeit erweitert, und das war etwas, von dem jede des Denkens fähige Generation bisher geträumt hatte.

Einem Arrowsmith hätte diese auf einem Jahrhundert der kumulativen Forschung aufbauende Entdeckung schlaflose Nächte bereitet und fast heilige Ehrfurcht eingeflößt. Für Watson, der sich tagtäglich mit all seiner Energie für das Cold Spring Harbor Laboratory einsetzte, war dieser Augenblick von etwas irdischerer Bedeutung: Im Labor erinnert man sich noch heute, wie er nach Tullys erstem Bericht über diesen Erfolg laut gejubelt hatte: »Wir werden reich!«

Watson hatte sich allmählich Benzers Meinung angeschlossen, dass das Gen zu einem besseren Verständnis der Funktionsweisen von Verstand und Gehirn führen würde. Doch im Gegensatz zu Benzer dachte Watson dabei nicht nur an die Chance, Krankheiten zu kontrollieren oder die Fähigkeiten des Verstandes zu erweitern, sondern auch an die kommerziellen und politischen Möglichkeiten, die sich mit dieser Forschung auftaten. Genau deshalb hatte er von Anfang an auf Tully gesetzt. Schon bald nach dessen Entdeckung erklärte Watson Investoren aus der Wall Street die Bedeutung dieser neuen Erkenntnis mit seinem typisch verschmitzten Lächeln: »Insektenhirne!«

»Nun ja, sehen Sie, in gewissem Sinne beschränkt die Genetik unsere Freiheit«, sagte er, während er sich in der riesigen Büro-Suite breit machte, die ihm als Direktor des Cold Spring Harbor Laboratory zusteht. »Ich meine, es sind uns eine Menge Dinge angeboren, was ja zugleich bedeutet, dass wir nicht *alles* tun können. Es gibt eben Menschen, die haben mehr Freiheiten als andere. Es ist kein...« Er hielt inne. »Es ist, hm-hm, etwas unangenehm«, fügte er in vertraulichem Ton hinzu, »es ist *wirklich* unangenehm, wenn man sie nicht hat, aber *wenn* man sie hat, fragt man sich, ob man sie auch *verdient*...«

Watson ist sich seiner selbst und dessen, was er repräsentiert, sehr sicher. Seine Nobelpreisurkunde hängt an der Wand hinter seinem Schreibtisch. Der Treppenaufgang zu dem Glockenturm, der vor einem Fenster seines Büros die Stunde schlägt, hat die Form einer Doppelhelix. In Watsons persönlicher Erlebniswelt scheint es eine unumstößliche Tatsache zu sein, dass einige von uns mehr Freiheiten haben als andere. »Na, zum Beispiel die Freiheit, nicht krank zu sein«, sagt er, »oder Freiheit, weil dein Gehirn richtig funktioniert. Im Gegensatz zu den meisten Menschen«, fügt er hinzu, »deren Gehirne *nicht* richtig funktionieren.«

Wegen der bereits bekannten Familienähnlichkeiten von Genen auf dem Lebensbaum war niemand in Cold Spring Harbor von der Entdeckung überrascht, dass Säugetiere über ein *CREB*-Gen verfügen, das dem der Fliegen sehr ähnlich ist. In einem anderen Labor in Cold Spring Harbor wiederholte der Molekularbiologe Alcino Silva Tullys Fliegenexperimente mit Mäusen. Inzwischen hatten Mäuse sozusagen die Stufe erklommen, auf der sich die Fliegen in den sechziger Jahren befunden hatten, das heißt, sie waren zu wichtigen Instrumenten der Genetik geworden. Mitte der neunziger Jahre konnte jeder, der einen Computer besaß, auf Karten zugreifen, auf denen bereits 7377 Marker auf zwanzig Chromosomenpaaren von Mäusen eingezeichnet waren. Wenn Silva ein interessantes Gedächtnisphänomen bei einer Maus entdeckte, konnte er sofort zurückverfolgen, zu welchem Gen auf welchem Chromosom es führt. Dann klonte er dieses Gen, baute es in ein Mäuseei ein und wartete ab, ob es das Verhalten der Maus verändern würde, so wie Tully und sein Team es mit Fliegen machten. Das Genom der Maus ist ungefähr so groß wie das menschliche Genom, und für buchstäblich jedes menschliche Gen gibt es ein entsprechendes Mäusegen.[11] Stimmt, diese Gene bewirken nicht immer dasselbe, aber das ändert nichts an der Tatsache, dass wir Gen für Gen eindeutig ziemlich eng miteinander verwandt sind. Sogar unsere Chromosomen entsprechen sich: Wenn man Mäusechromosomen in etwa zweihundert Scheibchen schneidet und neu zusammensetzt, kann man menschliche Chromosomen fabrizieren.

Mäuseforscher können nicht nur ein menschliches Gen an eine Maus weitergeben und dann feststellen, was passiert; sie können sogar ein großes Fragment eines menschlichen Chromosoms – das Hunderte oder sogar Tausende von Genen trägt – in ein Mäuseei inserieren und beobachten, was es bewirkt. Schon bevor 1998 erstmals Mäuse geklont wurden, hatte man in Labors mehrere hundert Mäusestämme gezüchtet, die so identisch waren, dass den Genetikern bereits damals ganze Armeen von identischen Zwillingen zur Verfügung standen.

Das *CREB*-Gen der Maus ist mit dem An- und Aus-Schalter der Fliege absolut identisch. Also testete Silva einen Mäusestamm mit einem mutierten *CREB*-Gen.[12] Bei einem Experiment setzte er zum Beispiel einen Mäusemutanten in einen runden Pool mit senkrecht aufragenden Wänden, genannt »Morris Water Maze«. Kaum war die Maus im Wasser, versuchte sie, sich in Sicherheit zu bringen. Die einzige Rettung war eine kleine Insel, die irgendwo im Pool versenkt war und bis knapp unter die Wasseroberfläche reichte. Das Wasser war dunkel eingefärbt, damit die Maus die Insel nicht sehen konnte. Eine normale Maus fand die Insel nach wenigen Schwimmzügen und konnte sich ihre Lage einprägen. Die Maus mit dem mutierten *CREB*-Schalter fing jedoch bei jeder Suche wieder bei null an. Falls sie das rettende Land erreichte, geschah das nur durch reinen Zufall. Ohne *CREB* war es ihr nicht möglich, sich zu erinnern, wo sie die Insel beim letzten Mal gefunden hatte. Vermutlich hatte sie sogar vergessen, dass es überhaupt eine Insel zu finden gab.

Auch Kandel und sein Team an der Columbia University testeten *CREB*-Mäuse.[13] Sie benutzten dazu eine weiße, von Mäuselöchern eingerahmte Scheibe. Eines dieser Löcher führte durch einen Fluchttunnel zurück in den Mäusekäfig. Mit grellen Heißlichtlampen und schrillenden Weckern unter Stress gesetzt, flitzte jede mutierte Maus auf der Scheibe herum und suchte jedes Mal wieder nach dem Loch, durch das sie sich schon einmal geflüchtet hatte. Die Mäuse mit einem beschädigten *CREB*-Gen rannten von Loch zu Loch, hinterließen überall Zeichen ihrer Angst, schnüffelten zwischen den Löchern herum, rannten zurück zur Mitte der Scheibe und kratzten sich am Kopf. Wenn die Testzeit abgelaufen war, irrten die *CREB*-Mutanten noch immer hilflos herum.

CREB scheint also eine Art universeller Kippschalter zu sein. Ein Tier legt ihn dann um, wenn es etwas für längere

Zeit in Erinnerung behalten möchte. Offenbar haben sich diese Schalter seit Hunderten von Jahrmillionen erhalten. Niemand weiß, wie viele andere Schalter es noch gibt, die es einem Menschen ermöglichen, Ereignisse in genauesten Einzelheiten für ungeheuer lange Zeit im Gedächtnis zu speichern. Jeff Hall besitzt diese Gabe. Aber darüber ist er nicht immer glücklich. Mit jedem Jahr scheint er schwerer an seinen Erinnerungen, an unwiederbringlich Verlorenem und Nichtwiedergutzumachendem zu tragen. Schon seinem Vater war es so ergangen – einem Star-Reporter von Associated Press, der sich niemals etwas zu notieren brauchte. Hall ist ein wandelndes Geschichtslexikon der Schlacht von Gettysburg. Jede freie Minute spukt sie ihm in seinem Kopf herum, auf dem dann die steife, blaue Unionskappe thront. Und wenn ihm jemand eine Frage zu diesem Thema stellt, antwortet er redselig und weitschweifend und mit so dankbar-gerührter Stimme, dass er manchmal wahre Massen damit fesseln kann.

Einmal schrieb Hall einen verärgerten Brief an Benzer, in dem er sich über dessen mangelnde Führungsbereitschaft, über seine Flucht aus der Verhaltensforschung und noch so einiges mehr beschwerte. »Ich bin nach wie vor gekränkt«, schrieb Hall, »denn bedauerlicherweise vergesse ich niemals etwas.«

Die Erschaffung einer Fliege mit einem fotografischen Gedächtnis löste einen so großen Presserummel aus, dass sich Watson und Tully eines schönen Tages im April 1995 sogar fragen mussten, ob sie mit dieser Arbeit ihr Leben gefährdeten. Regionale, nationale und internationale Fernsehcrews und Zeitungsreporter überrannten das Labor, um die Fliegen in Tullys Lehrmaschine mit eigenen Augen zu sehen. Doch angelockt von den Medien, meldete sich auch der Unabomber zu Wort, der gerade erst seine sechzehnte Bombe verschickt hatte. In seinem typischen Pluralis Majestatis – oder Pluralis Revolutiae – schrieb er einen Brief an die *New York Times*, die diesen dann groß auf der Titelseite abdruckte. Darin erklärte der Unabomber, weshalb er so besonderen Hass gegen Genmanipulatoren und andere Forscher hegte:

Wir haben nichts gegen Universitäten oder Wissenschaftler an sich. Alle Universitätsangehörigen, die wir angegriffen haben, waren Spezialisten auf *technischen Gebieten*. (Wir erachten bestimmte Gebiete der angewandten Psychologie, etwa die Verhaltensmodifikation, als technische Gebiete.) Wir möchten nicht, dass irgendwer glaubt, wir hätten den Wunsch, Professoren zu verletzen, die sich der Archäologie, Geschichte, Literatur oder anderen harmlosen Dingen widmen.[14]

Watson warf Tully eine Ausgabe der *Times* mit diesem Aufmacher auf den Schreibtisch. »Dieser verrückte Bombenleger hat also eine besondere Aversion gegen Genetiker«, sagte er und sah dabei ziemlich blass und müde aus. Sie starrten sich ungläubig an. In ihren nebeneinander liegenden Büros fühlten sie sich wie in einer Falle. »Wir sollten darum bitten, dass jedes Päckchen an uns durchleuchtet wird«, meinte Watson.

»O Mann«, erwiderte Tully. »Ich bin Geschichte. Es wird nur noch eine Frage der Zeit sein, bis ich meine Finger verliere.«

Trotzdem jubelte auch Tully in diesem Frühjahr über den Erfolg seines Experiments. »Ich wusste schon immer ganz genau, was ich wollte«, erzählte er. »Aber weder wusste ich, wie lange es dauern würde, noch, wie viel Widerstand Leute leisten können, wenn sie dich für einen hoffnungslosen Fall halten.« Watson besitzt ganze Ordner mit Briefen, deren Absender ihm klar machen wollten, dass es völlig unmöglich sei, durch die Manipulation eines Fliegenhirns etwas von Belang über den menschlichen Verstand zu erfahren. »Das war frustrierend. Aber Watson hat das Wunder vollbracht. Er kam einfach wie ein Engel angeschwebt und verkündete: Du kommst nach Cold Spring Harbor.«

Auch Watson jubilierte in diesem Frühjahr. »Wäre ich heute Doktorand, würde es mich wahrscheinlich an so einen Ort wie Tullys Labor ziehen«, sagte er. Die meisten jungen Molekularbiologen arbeiteten mit Genen, die das Wachstum des Embryos kontrollieren. »Das halte ich nicht gerade für…«, kicherte Watson sarkastisch. »Na ja, ich hätte halt keine Lust, an der dreiundzwanzigsten Homöobox zu arbeiten.« Sollte doch jemand anderes die Einzelheiten der genetischen Signalwege herausfinden, die aus einem Ei eine Fliege, einen Zebrafisch, eine Maus oder einen menschlichen Fötus machen. »Wie genau dieses Wachstum funktioniert – da sind wir noch weit von einer vollständigen Beschreibung entfernt«, erklärte Watson. Doch der Prozess an sich sei kein so großes Geheimnis mehr. »Man könnte sagen, dass die sequenzielle genetische Aktion die Basis von allem ist. Die ganzen Signalwege, die dann am Ende ein Auge produzieren...« Und dann rattert er ein paar jener fantastischen Signalwege von Gen zu Gen herunter, welche Augen oder Glieder formen und dafür sorgen, dass sich der Kopf vom Schwanz unterscheidet. Es waren Brenner und Benzer, die diese Forschung mit in Gang setzten, nachdem sie sich vom Verhalten abgewandt hatten. Und zu entscheidenden neuen Erkenntnissen auf diesem Gebiet trägt nun *fruitless* bei.

»Ich meine, Jesus! Die Embryologie ist doch gelöst!« rief Watson mit verächtlicher Übertreibung. »Aber ich habe nicht die geringste Ahnung, wie das Gedächtnis funktioniert. Es gibt doch niemanden, der *irgendein* Modell vom menschlichen Gehirn hat. Und darum scheint mir das eben...«, wieder kicherte er, »eine kleine Herausforderung zu sein.«

Eine Entdeckung wie die von Tully erkläre, weshalb sich so viele aus den Reihen der ersten Molekularbiologen überhaupt vom Gen dem Gehirn zugewandt hätten, fügte Watson hinzu. Die Molekularbiologie sei zur Routine geworden. »Beim Gehirn liegen die Dinge etwas anders. Es macht einfach... viel mehr Spaß.«

Mit dem Klonen und der Neubuchstabierung des *CREB*-Gens der Fliege war klar, dass Tully der Lösung seiner Frage auf der Spur war. Er erforschte aus dem Inneren heraus jene Verhaltensweisen, die zum Beispiel Pawlow von außen studiert hatte, als er Hunde dazu abrichtete, beim Klang einer Glocke zu sabbern oder zurückzuschrecken. Und ebenso wie Pawlows Forschung zu einem Eckpfeiler des Behaviorismus geworden war – der Erforschung des Verhaltens von außen[15] –, wird Tullys Arbeit zu einem Eckpfeiler der neuen Verhaltensforschung aus dem Inneren heraus werden. Auf beiden Gebieten hat die Forschung mittlerweile ziemlich eindeutig bewiesen, dass alle Tiere, selbst Fliegen und Schnecken, lernen können, zwei aufeinander folgende Ereignisse miteinander zu assoziieren: eine Glocke mit einem Leckerbissen oder einen Geruch mit einem Elektroschock. Ob es sich nun um Fliegen, Hunde oder Menschen handelt – sobald der Experimentator solche zusammenhängenden Ereignisse allmählich wieder voneinander löst, beginnt auch der Lerneffekt zu verblassen. Bei jeder Spezies scheint es eine maximale Zeitspanne zu geben, nach deren Verstreichen es zu keinerlei assoziativen Veränderungen mehr kommt. Tully glaubt, dass in diesem Zeitlimit eine zellulare Eigenschaft von Neuronen zum Ausdruck kommt, die nun auf molekularer Ebene erforscht werden kann und schließlich zu der Erkenntnis führen wird, dass sie bei allen Lebewesen mehr oder weniger auf dieselbe Weise funktioniert. Was Pawlow anhand von Hunden erforschte und Tully und seine Kollegen heute anhand von Fliegen und Mäusen untersuchen, die Gabe, zu lernen und sich zu erinnern, ist etwas sehr Altes. Und da nicht nur wir, sondern auch Fliegen und Würmer diesen Kippschalter besitzen, muss er ebenso uralt sein wie der Geschlechtstrieb und die innere Uhr. Auch er ist eine molekulare Erfindung, die schon vor dem Erfindungsboom des Kambriums entstand. Kann man sich eine interessantere molekulare Erfindung als Forschungsobjekt vorstellen?

Tully unternahm einmal eine Pilgerreise zu Pawlows einstigem Institut in St. Petersburg und bat dort um eine Namenliste von Pawlows Hunden. Der einzige Hundename, den er je in der Literatur gefunden hatte, war Birka. Doch niemand in diesem Institut kannte die Namen der anderen Hunde. Also ging Tully zu Pawlows Wohnung, in der alles so bewahrt worden war, wie man es an seinem Todestag vorgefunden hatte. Ein Kurator führte ihn herum. Schließlich bot er ihm einen abgestandenen Kaffee und Kekse an und zog ein altes Fotoalbum hervor, in dem Pawlows Hunde mit Namen wie in einem Verbrecheralbum festgehalten waren.

»Es war wirklich eine Pilgerreise.« Tim Tully in Pawlows einstiger Wohnung in St. Petersburg mit Pawlows Hut auf dem Kopf. Benzer an Darwins Schreibtisch in Darwins ehemaligem Haus südlich von London.

Diese Namen möchte Tully nun verewigen. Verhalten, sagt er, steht an der Spitze der biologischen Pyramide, die Basis bilden die Gene in der Zelle. Es gibt Zellen, die interagieren, um ein lebendes System herzustellen – beispielsweise einen laufenden, sprechenden, lernenden, argumentierenden Organismus. Lernen und Gedächtnisbildung gehören für ihn zu den kompliziertesten Bravourstücken, die ein laufender, sprechender Organismus vollbringen kann: Sie bilden die absolute Spitze dieser Organisationspyramide. Also müssten Hunderte von Genen am Prozess des Lernens und der Gedächtnisbildung beteiligt sein – und die will Tully nun alle finden, jedes einzelne, und sie nach Pawlows Hunden benennen.

Als er und sein Team die Fliege mit dem fotografischen Gedächtnis erschufen, war das für Tully eine enorme Aufregung und die Rechtfertigung seiner ganzen Arbeit. Nun hatten sie einen Ansatzpunkt. Tully wusste natürlich, dass sich die Leistungsfähigkeit seines Teams trotz dieser hochinteressanten Arbeit größtenteils der Position verdankte, die es in Zeit und Raum hoch oben auf Occams Burg einnahm. Er dankte seinem Glücksstern, dass er ihn just in dem Moment die Szene hatte betreten lassen, als es möglich geworden war, ein paar erste solide Verbindungen zwischen Genen und Verhalten herzustellen und damit jene Mission zu erfüllen, die er seit seinen Tagen als Collegestudent verfolgt hatte. »Jetzt ist der Zeitpunkt gekommen, um über diese Dinge zu reden«, sagt Tully. »Dies ist der entscheidende Moment. Endlich beginnen die Dinge einen Sinn zu ergeben.« In einer Ecke seines Büros in Cold Spring Harbor steht eine Fotografie von ihm, aufgenommen in Pawlows einstiger Wohnung und mit Pawlows Hut auf dem Kopf. Ein paar Wochen nach seinem wissenschaftlichen Triumph wanderte er durch sein Büro und betrachtete die Fotografie. »Es war wirklich eine Pilgerreise«, sagt er, »das sieht man an meinem Gesichtsausdruck.«

Aus ähnlichen Motiven besuchte auch Benzer einmal Darwins Haus in dem Dorf Down unweit von London. Er erforschte es mit derselben impertinenten Neugier, die er überall an den Tag legt. Seine Tochter Barbie begleitete ihn. Längst hat sie sich an die Ticks ihres Vaters gewöhnt. Einmal folgte sie ihm, als er am Chicagoer O'Hare International Airport unbekümmert am Schild »Kein Durchgang für Unbefugte« vorbeiging, weil er sich den Tower ansehen wollte. (»Wo jeder andere 'rausgeworfen wird, bekommt er eine Führung.«) Am Institut Pasteur empörte er die französischen Verwalter mit der Frage, ob er und seine Familie Pasteurs altes Apartment haben könnten (»Auf keinen Fall!«).

Darwins Arbeitszimmer war mit Seilen abgesperrt. Benzer bewunderte den Rollstuhl, auf dem Darwin zwischen seinen Akten herumrollen konnte, ohne aufzustehen oder die Decke abzulegen, mit der er sich warm hielt. »Barbie hat so großen Eindruck auf den Wachmann gemacht, dass ich mich draufsetzen durfte«, erzählt Benzer.

»Noch *nie* hat irgendwer in diesem Stuhl sitzen dürfen«, sagt Barbie.

Der Wachmann hob das Seil, und Benzer kletterte darunter hindurch und dann auf den Stuhl. Er war so hoch, dass seine Füße kaum den Boden berührten. »Das war wahnsinnig aufregend für mich. Leider waren Darwins Slipper nicht in der Nähe, sonst hätte ich die auch noch angezogen.«

KAPITEL XVII

»Up the rough side
of the mountain«

*Glückseligkeit ist ein ständiges Fortschreiten des
Verlangens von einem Gegenstand zu einem anderen, wobei jedoch das Erlangen des einen Gegen-
standes nur der Weg ist, der zum nächsten Gegenstand führt.*

Thomas Hobbes
Leviathan[1]

Benzer lehnt an der Wand des Konferenzraums seines Labors
und schlürft seine erste Tasse Tee. An der Wand hängt noch
immer wie ein Souvenir aus einem längst geschlossenen Deli-
katessenladen die Menükarte, auf der zu lesen steht: Seymour's Sandwich Shop. Er trägt einen zerknitterten weißen
Labormantel über einem button-down-Hemd, eine Wolljacke
und eine gelockerte Krawatte – die Arbeitsuniform der alten
Schule seit Arrowsmith. Von einer weißen Kordel um seinen
Nacken baumelt eine Hornbrille.

Nachdem er wie üblich bis zum Morgengrauen in seinem
Heiligtum gesessen hat, bereitet er sich wie jeden Tag um die
Mittagszeit gerade seelisch-geistig wieder auf die Arbeit vor.
Während die jungen Biologen ihr Mittagessen beenden,
klammert er sich an seinen Tee. Erfolgreiche Labors sind wie
Renaissance-Ateliers: Generationen von Studenten durchlaufen sie, um vom Meister zu lernen. Obwohl sich Benzer an
seinem siebzigsten Geburtstag vom offiziellen Lehrbetrieb
zurückgezogen hat, bewerben sich noch immer frisch ge-
backene Doctores aus aller Welt bei ihm. Sein derzeitiges

Team stammt aus China, Frankreich, Deutschland, Indien, Japan, Korea und Pakistan. Im Moment ist Benzer der einzige Amerikaner in dieser Gruppe.

Er war bereits eine Legende auf dem Gebiet der Biologie, als die Studenten dieser Gruppe noch gar nicht geboren waren – seit dem *rII*-Projekt. Heute studieren die Postdocs sein Gesicht wie Arrowsmith das von Max Gottlieb. Sie geben ihm ihre Papiere zu lesen und bringen sie ihm dann ständig wieder zurück, weil sie die Randbemerkungen in seiner krakeligen schwarzen Schrift nicht entziffern können (»nahezu unlesbar, sogar für mich«). Sie haben gelernt, sein Lob richtig einzuschätzen und diesen Blick zu deuten, mit dem er alles bedenkt, das ihm nicht fundiert genug erscheint, mit dem er signalisiert, dass jemand einer Sache nicht genügend auf den Grund gegangen ist, die Wurzel des Problems nicht erfasst hat – diesen kaum wahrnehmbar skeptischen Ausdruck, dieses leichte Verdrehen der Augen und dieses winzige Lächeln.

Im Schnitt einmal pro Woche lädt er einen seiner berühmten oder berüchtigten Freunde ein, einen Vortrag zu halten, damit sein Labor bei der explosionsartigen Entwicklung der Molekularbiologie auf dem Laufenden bleibt. Und jeden Freitagnachmittag scheucht er die Postdocs quer über den Campus zum Red Door Café, um dort beim Kaffee mit ihnen zu diskutieren. Nicht selten werfen sie sich vielsagende Blicke zu, bevor sie sich dorthin auf den Weg machen. Sie gehören zu einer neuen, getriebenen Generation von Molekularbiologen. Benzers Gewohnheiten empfinden sie als Relikte aus der Alten Welt von Paris oder Cambridge, wo eine lässigere, behäbigere Kultur geherrscht hatte. Eines Freitags vor nicht langer Zeit fragte Benzer, ob sie jemals *Arrowsmith* gelesen hätten. Er erntete verständnislose Blicke. Ein paar kannten Arrowsmith, die Rockgruppe. Nur einer hatte das Buch gelesen und grub nun aus seinem Gedächtnis den Namen Leonora aus. Nach sechzig mit Arrowsmith verbrachten Jahren konnte Benzer nur zutiefst gepeinigt aufstöhnen: »*Leora*!«

Neuerdings erinnert er sich manchmal an die Worte, die Salvador Luria an jenem Abend zu ihm sagte, als er erstmals Delbrücks Foto sah und beschloss, der Physik den Rücken zu

Außerhalb des Wissenschaftsbetriebs ist Benzer kaum bekannt. Er ist sozusagen ein »Wissenschaftler für die Wissenschaftler«. Hier sieht man ihn im Cold Spring Harbor Laboratory im Gespräch mit drei der gefeiertsten Wissenschaftler seines Jahrhunderts: oben links mit dem Urvater der Ethologie, dem Österreicher Konrad Lorenz, oben rechts mit dem Quantenphysiker Richard Feynman vom Caltech und unten mit James Watson.

kehren. Schon damals erschienen sie ihm außerordentlich bedeutend, auch wenn er noch nicht begriff, worum es ging: »Er
sagte: ›Alle gehen immer weiter runter, runter, runter und
versuchen noch reduktionistischer zu sein, noch kleinere Details zu sehen, die Basis von Struktur und Funktion zu finden.‹ Und dann sagte er: ›Ich glaube, es ist an der Zeit, wieder
nach oben zu gehen − in die entgegengesetzte Richtung.‹«

»Das interessierte mich«, erzählt Benzer. »Aber natürlich
dauerte es lange, bevor ich … man muss lange auf dem Weg
nach unten gewesen sein, um wieder nach oben gehen zu wollen. Runter ist der viel einfachere Weg.«

Heute verwendet er die neuesten und schillerndsten Werkzeuge der Molekularbiologie, um sich vom Gen bis zum jeweiligen Merkmal hinauf- und vom Merkmal wieder zum
Gen hinunter zu arbeiten. Dazu benützt er noch immer die
Fliegenmutanten, die er in den ersten Jahren entdeckt hatte,
und noch immer hält ihn die Faszination an dieser Arbeit
Nacht für Nacht im Labor fest. Einige dieser Mutanten versucht er nun bereits seit dreißig Jahren zu verstehen − und
nun endlich gelingt es ihm, endlich beginnt er einen nach
dem anderen zu begreifen. Er marschiert hinter seinem
koreanischen Postdoc Changsoo Kim aus dem Sandwich
Shop zurück in die Dunkelkammer des Labors, den Plastikbecher Tee in der Hand. »O mein Gott!« ruft er laut, während er sich Changs Mikrofotografien ansieht. »Was stimmt
mit diesen Kerlen nicht? Was sind denn das für Flecken?«

Durch das mikroskopische Auge hatte Chang eine Reihe
Mikroporträts von *drop-dead* gemacht, angefangen im Stadium
des Mutanten als Ei, dann als Larve und schließlich durch all
jene Stadien der Metamorphose hindurch, die von der Entomologie mit dem poetischen Namen »Instars« (Erscheinungsform eines Insekts zwischen den Häutungen) bedacht wurden. Während seiner ersten Lebenstage sieht der arme Mutant *drop-dead* völlig normal aus und verhält sich auch so, doch
dann fängt er plötzlich an zu schwanken und zu torkeln, bis er
einfach umkippt (»drops dead«). Chang hat nun herauszufinden versucht, weshalb das geschieht. Auf mühselige Weise
muss vorgehen, wer die Funktionsweisen eines Gens anhand

einer Fliege nachvollziehen will. Aus diesem Grund delegiert Benzer auch sehr gern einen Teil dieser Laborarbeit an seine Postdocs. Jedes Gen produziert ein charakteristisches Protein. Chang ist es gelungen, das Protein von *drop-dead* zu färben. Zuerst musste er es purifizieren und einem Kaninchen injizieren. Das Kaninchen produzierte einen Antikörper, der das *drop-dead*-Protein attackierte. Dann purifizierte Chang auch den Antikörper des Kaninchens. Nun hatte er einen reinen *drop-dead*-Farbstoff und konnte diesen nach derselben Methode einsetzen wie Carol Miller ihre Farbstoffe zur Untersuchung von Alzheimer. Da Chang jedoch mit Fliegen arbeitet, kann er Mutanten jedes Alters und in jedem Stadium ihres Lebens einfärben.

Zur Zeit verbringt Chang den größten Teil des Tages damit, Mutanten für die mikroskopische Untersuchung vorzubereiten. Zuerst friert er eine *drop-dead*-Fliege ein und schneidet sie auf einem Kryostat in mikroskopisch dünne Scheibchen – etwa zehn Mikronen* dünn. (Tiefgefroren lassen sich Fliegen natürlich besser schneiden.) Um eine Fliege zu zerteilen, friert er zuerst einen Tropfen Tissue-tek ein. Der Tropfen verwandelt sich in einen klebrigen weißen Hügel. Dann setzt er die Fliege genau auf die Mitte dieses Hügels. Anschließend richtet er eine feine Düse darauf und zerstäubt eiskaltes Kohlendioxid darüber, um sie im tiefgefrorenen Zustand zu halten. Mit einer frischen Rasierklinge schneidet Chang alle überschüssigen Teile des gefrorenen Hügels ab, bis das Ganze aussieht wie eine Fliege auf der Spitze einer winzigen weißen Maya-Pyramide. Nun stülpt er ein Gefäß über diese Pyramide und führt weiteres Kohlendioxid zu. Das Gefäß füllt sich mit weißen Spänchen, die aussehen wie Schnee. Dann schüttelt er die Überschüsse von der Pyramide und legt sie in den Schneider. Sobald er an einer Skala dreht, beginnt der Schneider Trockeneisstreifen mit Fliegenscheibchen auszuspucken. Um einen gläsernen Objektträger anzuheben und damit den Streifen Trockeneis mit dem gefrorenen Fliegenteilchen aufzufangen, benützt er eine Art Spielzeug-

---

* Anm. d. Ü.: Ein Mikron entspricht 0,001 mm.

pfeil mit einem Gummiansaugstutzen – das macht er so ge-
konnt, dass der Streifen genau in der Mitte des Objektträgers
landet. Jeder Träger wird nun etwa eine Stunde lang getrock-
net. Dann folgen die Färbeprozedur, anschließend das Aus-
waschen und weitere Färbungen.

Scheibchen für Scheibchen präpariert Chang seine *drop-
dead*-Mutanten und arbeitet sich so Stück für Stück durch jede
Fliege. Er färbt die Fühler, die Augen und die Sehzentren direkt neben den Augen. Sogar der Sehlappen hat Struktur. Einige Zellen sind vertikal, andere transversal – das Ganze sieht
nach einem ausgesprochen durchdachten System aus. Dann
färbt er das Gehirn und die Speiseröhre, die bei einer Fliege
direkt durch das Gehirn verläuft (»nichts als Fressen im
Sinn«). Nacheinander betrachtet Chang die Schnitte durch
das Mikroskop. Wo immer und wann immer sich das *drop-
dead*-Gen einschaltet, ganz egal in welchem Alter oder Le-
bensstadium des Mutanten, produziert es das *drop-dead*-Pro-
tein. Changs Antikörper heftet sich an das Protein an und
leuchtet in den Mikrofotografien, die Chang Seymour zeigt,
grün.

»Helle Knöpfe«, sagt Seymour und schlürft nachdenklich
seinen Tee. Heute hatte Chang den dritten Instar der Fliege
fotografiert. Es sind acht Punkte auf zwei verschiedenen
Fokusebenen zu erkennen: sechs auf einem Haufen, wie die
sechs Punkte auf einem Würfel, und zwei weiter oben. Sie befinden sich irgendwo auf dem ventralen Ganglion des dritten
Instars zwischen einem Gewirr aus Nerven und Trachealtu-
ben. Allerdings ist das noch eine sehr vorläufige Erkenntnis.
Die Arbeit ist sozusagen an dem Punkt angelangt, meint Benzer, an dem sich die klassische Frage eines Kriminalromans
stellt: Wer ist der Mörder? »Na ja, du musst eben diesen acht
Knöpfen folgen«, sagt er glücklich und greift sich die Fotografie, um damit im Sandwich Shop zu prahlen.

Nach so vielen Jahren mit *drop-dead* und so vielen Jahren
auf der Erde kann Benzer gar nicht anders, als sich mit einem
Mutanten zu identifizieren, der vergnügt herumläuft, bis er
plötzlich umkippt. Wenn er beobachtet, wie die Fliege zu
schwanken beginnt und dann zusammenbricht, muss er oft

an die Opfer der Huntingtonschen Krankheit denken. Doch die Todesursache ist eine völlig andere. Benzer hat keine Ahnung, ob die Lösung dieses *drop-dead*-Krimis einmal bestimmte Aspekte von Gesundheit oder Krankheit beim Menschen erhellen wird. Natürlich hofft er es, aber nach all den Jahren ist er einfach nur noch neugierig. Er will es endlich wissen.

Der verstorbene US-Senator William Proxmire stiftete einen jährlichen »Golden Fleece Award« für Forschung, die er für absolut irrelevant hielt und von der er glaubte, dass sie bei jedem den Eindruck erweckte, der amerikanische Steuerzahler werde von der National Science Foundation und den Universitäten des Landes schlicht übers Ohr gehauen. Benzer dürfte der einzige amerikanische Wissenschaftler sein, der in ein und demselben Jahr für den Golden Fleece Award *und* den Nobelpreis nominiert wurde.

Es ist Mittagszeit im Museum of Comparative Zoology (MCZ) der Harvard University, wo die alten Erzfeinde Richard Lewontin und E. O. Wilson noch immer ihre Labors unterhalten und über Ansichten streiten, derentwegen sie sich vor über zwanzig Jahren einander den Krieg erklärten. Was hier nur ein paar Schritte voneinander entfernt diskutiert wird, liegt beinahe so weit voneinander entfernt wie die Ansichten des alten Senators Proxmire und die der Königlich Schwedischen Akademie der Wissenschaften. Wenn das Gespräch auf Benzer kommt, klaffen zwischen dem einen und dem anderen Stockwerk des MCZ die Meinungen so weit auseinander wie Nord- und Südpol. »Wenn es um Verhaltensgenetik geht«, sagte einmal ein Molekularbiologe, nachdem er zuvor die *clock*-Gene bejubelt und die göttliche Schönheit von *period* und *timeless* gepriesen hatte, »wandert man auf dem Weg durch einen einzigen Korridor von Harvard durch alle Zeitzonen dieser Welt.«

Lewontin ist ein ausgezeichneter Drosophiloge und ein gefürchteter Feind, der gegen fast alles polemisiert, was für die westlichen Naturwissenschaften von zentraler Bedeutung ist. »Darwins Evolutionstheorie der natürlichen Auslese«, schrieb er einmal, »war ganz offensichtlich vom Kapitalismus des neunzehnten Jahrhunderts geprägt, weshalb seine Auseinandersetzung mit der Sozialstruktur des aufstrebenden Bürgertums auch gewaltige Auswirkungen auf den Gehalt seiner Theorie hatte.«[2]

Wozu dem ehrfurchtgebietenden Molekularbiologen Max Perutz nur einfiel: »Der Marxismus mag ja in Osteuropa diskreditiert sein, aber in Harvard scheint er noch immer in voller Blüte zu stehen.«[3]

Lewontins Ansichten über das Human-Genom-Projekt im Besonderen und die genetische Forschung im Allgemeinen markieren das eine Ende des Meinungsspektrums.[4] So behauptete er zum Beispiel, dass ein Gen per se nur wertlose Informationen anzubieten habe, da allein durch seine Entdeckung noch niemand wissen könne, was über der Ebene des Gens vorgehe. Worauf Benzer und seine Schüler nur antworten konnten: Aber es ist ein erster Schritt, die Tür ins Innere.

Lewontin schrieb, die Metaphern der Naturwissenschaften seien »erfüllt von der Gewalt, dem Voyeurismus und der Schwülstigkeit typisch männlicher Adoleszenz-Fantasien. Wissenschaftler ›kämpfen‹ mit der ewig weiblichen Natur, um ›ihr die Wahrheit abzuringen‹ oder ›ihre verborgenen Geheimnisse zu enthüllen‹. Sie führen ›Krieg‹ gegen Krankheiten und ›erobern‹ sie. Gute Wissenschaft ist ›harte‹ Wissenschaft; schlechte Wissenschaft (wie die Fluchtburg so vieler Frauen, die Psychologie) ist ›weiche‹ Wissenschaft, und die Molekularbiologie ist, wie die Physik, von ›harter Inferenz‹ gekennzeichnet. Die wissenschaftliche Methodik ist im Wesentlichen reduktionistisch und zerstückelt die komplexe Welt auf der Basis von Descartes' Uhrwerk-Metapher in kleine Teilchen, um sie verstehen zu können, ganz ähnlich dem typischen kleinen Jungen, der eine Uhr zerlegt, um festzustellen, was sie zum Ticken bringt.«[5]

Viele von Benzers Studenten reagierten darauf mit einem Mea culpa nach dem Motto: Aber sieh doch nur, was wir über diese Uhr bereits herausgefunden haben!

Das Clubhaus der Naturwissenschaftler, die Wilson und der Soziobiologie den Krieg erklärt hatten, war Richard Lewontins Fliegenlabor in Harvards MCZ. Lewontin ist zwar bei den Studenten ebenso verhasst und gefürchtet wie bei den grauen Eminenzen der Verhaltensgenetik (»Er lügt! Er lügt! Aber sag ihm nicht, dass ich das gesagt habe!«), doch sein Fliegenlabor sieht aus wie alle Fliegenlabors dieser Welt. Auch hier schreit einem die Botschaft jenes Posters entgegen, das auch unter dem Gewehr in Jeff Halls Büro hängt: BE AFRAID, BE VERY AFRAID – aus dem Hollywood-Remake des Films *Die Fliege*. Lewontins Wanduhr zieren zwei riesige Fliegenflügel aus Papier. Auf einem Schild darunter steht: MOLECULAR CLOCK.

Dennoch ist Lewontin überzeugt, dass die Benzer-Schule absolut nichts bei der Fliege finden könne, was für Otto Normalverbraucher von Bedeutung wäre. »Die gehen einfach davon aus, dass man nur etwas vom Verhalten der Fliegen verstehen müsse, um automatisch auch etwas vom Verhalten von du-weißt-schon-wem zu verstehen«, mokiert er sich gegenüber einem seiner Lieblings-Postdocs bei der gemeinsamen Mittagspause im Labor. »Da fängt der ganze Mist schon an. Mal angenommen, sie fänden irgendwas über das Werbeverhalten von Fliegen heraus. Das kann ja passieren, sie sind ja gute Wissenschaftler. Aber dann? Ich weiß nicht, was das mit dem Flirten von Menschen zu tun haben soll. Was soll das überhaupt, etwas über Taufliegen herausfinden zu wollen, wenn es letztlich gar nicht sie sind, für die man sich wirklich interessiert?«

»Es ist immer dieselbe Geschichte«, fährt Lewontin genervt fort. »Du nimmst dir einen einfachen Organismus vor, weil er eben einfacher zu untersuchen ist, klammerst dann aber alles aus, was an diesem Prozess interessant ist. Interessant an dieser Arbeit ist doch nur die *Drosophila* selbst oder die Evolution *ihres* Werbeverhaltens. So aber ist es dasselbe, als würde einer behaupten, er hätte kapiert, weshalb ich esse, was ich hier auf dem Teller habe, weil er kapiert habe, was hinter dem Geruchssinn der Taufliege steckt.« Er lächelt gequält. Der Grund, warum er gerade dieses und kein anderes Mittagessen zu sich nehme, liege doch nicht in seinen Genen, sagt er und hält den Teller hoch. »Ich esse das wegen meiner sozialen Stellung in dieser Kultur und weil es eben gerade da war und weil es etwas mit dem typischen Mittagessen meiner Kindheit zu tun hat.« Was er hier auf dem Teller habe, sei einfach nur typisch für die Zeit, den Ort und die Kultur, in der er lebt, aber doch nicht für seine Spezies. »Wer auf der Welt isst denn sonst noch Pizza mit Keksen?«

Der Postdoc fragt Lewontin, was er von Tullys spektakulärer Arbeit über Lernen und Gedächtnisbildung hält. »Ich werd mich nicht dafür stark machen«, antwortet dieser, »dass Lernen und Gedächtnisbildung bei Taufliegen irgendetwas mit Lernen und Gedächtnisbildung bei uns zu tun haben.«

Schön, aber was habe Lewontin dann in den Seminaren über Gene und Verhalten gelehrt, die er ja noch vor ein paar Jahren selber in Harvard abhielt?

»Grundlegende Verhaltensgenetik von einfachen Organismen«, erwidert Lewontin. »Aber ganz gewiss hab ich nicht gesagt, dass *Drosophila*-Mutanten der Grund sind, weshalb ich Limabohnen hasse.«

Man bedenke, dass das einer von Lewontins Lieblingsstudenten ist! Hätte ihm irgendjemand anders solche Fragen gestellt, hätte er ihm vermutlich den Kopf abgerissen. Doch der junge Mann setzt ihn so lange unter Druck, bis Lewontin schließlich zugesteht, es könne ja möglich sein, dass wir genauso wie Fliegen Mutationen in uns trügen, die unser Verhalten an bestimmten Wahlpunkten beeinflussen. »Das würde ich nicht *abstreiten*«, sagt Lewontin in jenem gönnerhaften Ton, in dem einer wie er auch konzedieren würde, dass man durchaus in vielen Jahrtausenden in irgendeiner fernen Galaxis auf anderen Planeten Leben entdecken könnte. »Aber was die Leute wirklich wissen wollen ist doch, warum sich die Menschen eigentlich ständig gegenseitig die Köpfe einschlagen. Nein wirklich – da herrscht doch riesige Skepsis.« Wen kümmere schon ein *clock*-Gen in einer Fliege? »Die Tatsache, dass man es finden kann, ist ja ganz nett. Aber es ist doch kein weltbewegendes Ereignis.« Und dass es ein homologes Gen im Menschen gebe, sei von rein evolutionärem Interesse.

»Und *verhaltenstheoretisch?*« Jetzt setzt der Postdoc Lewontin wirklich unter Druck. Wenn wir ebenso wie Fliegen über *clock*-Gene verfügten und wenn auch bei uns abweichende Formen davon zu Abweichungen unserer inneren Uhren führten, dann sei die Fliegenforschung doch ein perfekter Ansatz zum nächsten Schritt, zur Erforschung der menschlichen *clock*-Gene und des menschlichen Verhaltens; und von diesem Punkt aus könne man doch geradewegs Zusammenhänge wie etwa die zwischen Geschlechtszugehörigkeit und Gedächtnisbildung erforschen, könne man immer weiter von Genen ausgehend nach außen vordringen, so wie es die Benzer-Schule mit Fliegen gemacht habe. »Dann hat man doch ein Forschungsprogramm, dem die Taufliege als Modell dient«, sagt der Postdoc.

»Also nun mal halblang«, antwortet Lewontin. Nicht einmal ein menschliches *clock*-Gen könne je die Fragen klären, für die wir uns wirklich interessierten. Nach dem Motto: »›Letzte Nacht konnte ich nicht einschlafen, weil ich eine Panikattacke hatte.‹ Oder Streit mit meiner Frau. Man muss verdammt vorsichtig mit Übertragungen sein. Wir haben eine sehr, sehr komplizierte Neurochemie. Und wir haben keine Ahnung, wie wir an die von Taufliegen herankommen sollen. Wir wissen nicht, was Taufliegen denken. Wir haben nicht die geringste Vorstellung, wie wir da 'rankommen können. Vielleicht … wenn wir rankämen…«

»Haben Sie jemals eine Fliege beim Schlafen beobachtet?« insistiert der Postdoc weiter. »In einem Röhrchen gefangen?«

Da reicht es Lewontin. Solange man die Grenzen absolut sauber, klar und direkt ziehe, sagt er, gebe es kein Problem, keine Konflikte. Fliegen seien Fliegen und Menschen Menschen. Wenn es *tatsächlich* ein Gen gäbe, über das Fliegen wie Menschen verfügten, sagt er, »dann wäre das höchstens für Leute interessant, die Evolutionsforschung betreiben wie wir – aber sonst für gar niemanden«.

Das Gespräch ist beendet. Es herrscht Unruhe am Tisch. Freunde und Kollegen rücken Stühle, setzen sich mit ihren »kulturell bestimmten« Fastfood-Kartons hin und stehen wieder auf. Auch Jonathan Beckwith und Ruth Hubbard gesellen sich dazu, Lewontins Kollegen, die ebenso wie er noch immer versuchen, das Feuer der »Genomanie« auszutreten, wo immer es aufflackert. Der Vortragende an diesem Nachmittag ist ein Forscher aus Seattle. Er erklärt, die abendländische Philosophie habe auf falschen Grundlagen aufgebaut und müsse endlich auf angemessenen Fundamenten neu errichtet werden: auf denen von Karl Marx.

In seinem Ameisenlabor im selben Museum verteidigt E. O. Wilson Benzer und dessen Schule. »Also, es ist doch so«, sagt er in einem Ton, der mindestens so theatralisch nüchtern ist wie der Lewontins. »Naturwissenschaft besteht doch im Wesentlichen daraus, Erklärungsansätze zu finden. Und selbst den kleinsten Fortschritt nach einem Durchbruch muss man als gelungene Forschung betrachten. Es ist doch aber unvernünftig, von den Leuten, die diese allererste Forschung betreiben, zu verlangen, von ihnen zu verlangen, dass sie bereits mit einer kompletten Erklärung für alles herausrücken. Das ist doch verrückt.« Weder Benzer noch seine Schüler oder die Schüler seiner Schüler hätten je behauptet, alles erklären zu können, betont Wilson, ebenso wenig wie irgendjemand sonst auf dem Gebiet der molekularen Verhaltensforschung. »Trotzdem muss man sie als diejenigen betrachten, die damit begonnen haben, Verhalten zu erklären.«

»Je mehr Daten hereinkommen, je besser die Modellversuche werden und je ehrlicher und angstfreier wir uns ihren Implikationen stellen, umso wichtiger wird meiner Meinung nach die Rolle der Evolutionsbiologie werden«, fährt er fort. »Wenn alles andere in der Biologie das Ergebnis von Evolution ist, dann müssen wir ganz gewiss auch den menschlichen Geist und das Sozialverhalten des Menschen als Produkte von Evolution untersuchen und neu untersuchen.«

Lewontin und seine Gruppe hätten sich immer auf den Standpunkt gestellt, ein solcher Zusammenhang sei grundsätzlich abzulehnen, solange niemand einen über jeden Zweifel erhabenen Zusammenhang zwischen Tier und Mensch nachgewiesen habe. Sie seien einfach nicht bereit, sich dem wissenschaftlichen Prinzip zu beugen, das da heiße: Warten wir den endgültigen Beweis ab. Stattdessen spielten sie der weit verbreiteten Anschauung in die Hände, dass es keine Zusammenhänge zwischen animalischen Trieben und unseren Instinkten geben könne. Für Lewontin und seinen Kreis komme allein schon in dem Versuch, solche Zusammenhänge herzustellen, einer der verabscheuungswürdigsten und niedrigsten Aspekte von Wissenschaft zum Ausdruck, seit es überhaupt Wissenschaft gibt – der Versuch der Eliten, die Massen zu unterdrücken.

Wilson befasst sich mit Wissenschaftsgeschichte, seit sich Lewontin in den siebziger und achtziger Jahren zum Anführer der Attacken gegen ihn gemacht hatte. Den Versuch, die biologischen Ursprünge der menschlichen Natur zu analysieren und dieses Wissen dann mit den Geisteswissenschaften zu vernetzen, betrachtet er als das nobelste Unterfangen der Wissenschaft – eines, das die Naturwissenschaften seit ihren Anfängen beseelt habe und nunmehr seiner Erfüllung zustrebe. Francis Bacon klagte einmal, der Wissensstand seiner Zeit ähnelte »einem prächtigen Gebäude ohne Fundament«. Deshalb bleibe kein anderer Weg, so Bacon, »als die Arbeit mit besseren Hilfsmitteln erneut zu beginnen und die Wissenschaften, die Kunst sowie das gesamte menschliche Wissen auf einer sicheren, soliden Grundlage neu zu errichten«.[6] Benzer gehört für Wilson untrennbar zu diesem Unterfangen, und er weiß, vor welche Herausforderungen dieses Bemühen stellt und wie viele Empfindlichkeiten es berührt – und das sind im Wesentlichen dieselben Herausforderungen, die seit Darwin im neunzehnten Jahrhundert bestehen, nur dass sie sich so kurz vor dem Ziel noch mehr zugespitzt haben. Was die »Theorie des atomaren Verhaltens« zu einer radikalen Theorie macht, ist die Tatsache, dass es sich dabei um eine Theorie der Beziehungen handelt – oder eher: um eine Theorie der Wurzeln, denn »radikal« leitet sich vom lateinischen radicalis, »eingewurzelt«, ab. Sie zeigt auf, wie eng wir mit unseren Vorfahren und Nachfahren verwandt sind, mit jedem Mitglied unserer Spezies, mit jeder Spezies, von der wir abstammen, und mit jeder Urform, die das Experiment Leben auf unserem Planeten begann – alle Lebewesen sind auf ein und demselben Lebensbaum angesiedelt, von der Krone bis zu den Wurzeln.

Die Naturwissenschaften haben sich mittlerweile von den subatomaren Teilchen zu den Makromolekülen hinaufbewegt, sagt Wilson, und uns damit in die Lage versetzt, eine Zelle neu zusammenzusetzen. Nun aber stünden wir vor zwei großen Fragen: »Frage Nummer eins: Gibt es irgendeinen Grund, zu bezweifeln, dass man das auch mit ganzen Organismen und mit Verhalten machen kann, sogar mit komplexem Verhalten? Meiner Meinung nach nein, es gibt keinen Anlass, das zu bezweifeln. Die Naturwissenschaften haben doch jüngst schon eine Menge Erfolg damit gehabt. Weshalb sollten wir bezweifeln, dass wir damit weitermachen können? Es wird um ein Vielfaches schwieriger werden, aber kann es getan werden? Ja!

Die zweite Frage: Kann es von oben nach unten getan werden? Gibt es eine Möglichkeit, dass uns entscheidende Erkenntnisse aus der Mathematik oder aus den Sozialwissenschaften erlauben werden, das gesamte Thema von oben nach unten anzugehen und die reduktionistische und experimentelle Forschung sicher in den Hafen zu geleiten? Ich werde Ihnen jetzt eine andere Meinung als üblich sagen: Nein! Ich gehöre nämlich der Schule an, die glaubt, dass von unten nach oben vorgegangen werden muss und dass wir uns dabei einfach immer nur stur voranarbeiten müssen. Das sind die wirklich aufregenden Forschungsfragen heutzutage. Es muss immer Seymour Benzers geben, die sich mutig bis in die menschliche Verhaltensgenetik hinaufarbeiten. Und ich glaube, dass dabei Grundsätze zu Tage treten werden, die das menschliche Verhalten und den menschlichen Geist auf eine bisher unvorstellbare Weise verständlicher machen werden. Aber das Ganze wird Schwerstarbeit sein, so wie es in einem alten Spiritual heißt: ›Up the rough side of the mountain.‹ Aber offen gestanden ist das die Art von – na ja, wissen Sie, ich bin ein Biologe, der sich gern die Hände schmutzig macht: Das ist die Art von Arbeit, die ich liebe.«

Benzer selbst vermeidet großartige Vorhersagen. Schon Generationen von Studenten schmunzelten mit ihm über eine verblichene Buchreklame, die einmal jemand an die Wand von Seymour's Sandwich Shop gepinnt hatte: »Berger betrachtet aus rein phänomenologischer Sicht mehrere eng verknüpfte Konzepte: das Zweite Gesetz der Thermodynamik, die organische Evolution, die Ontogenese, Lernen, den Verstärkungseffekt, die Homöostase, Wahrnehmung, Wille, Bewusstsein, Traum und das kollektive Unbewusste.«

Würde Benzer jemals ein Buch schreiben, ginge er gewiss nicht wie jener arme übereifrige Berger vor. Er war zwar immer schon ein wagemutiger Experimentator, aber als Theoretiker ausgesprochen konservativ. Vor Jahren hatte er Delbrück einmal eine revidierte Fassung scines *rII*-Papiers geschickt − »ein etwas gestrafftes Manuskript der *rII*-Geschichte«. (»Es leidet darunter«, schrieb er vorsichtig, »dass es eigentlich keine der 64-Dollar-Fragen beantwortet.«) Im Begleitschreiben an seinen Mentor ließ er sich über ein Papier aus, das ein Newcomer der Phage-Forschung geschrieben hatte: »Ich habe das Gefühl, dass er die Daten vielleicht etwas überstrapaziert, und bin ein wenig betrübt über seine Art, Theorien zu ›cocktailisieren‹. Wird das etwa genauso schlimm werden wie in der Atomphysik?«[7]

Inzwischen, so Benzer, werde die »Cocktailisierung« von Theorien beim Studium von Genen und Verhalten noch unmäßiger betrieben, als es je in der Atomphysik der Fall gewesen sei. Dennoch glaubt er nach wie vor fest an die Bedeutung der genetischen Sektion von Verhalten. »Die Psychologie wird völlig verändert werden«, sagt er sanft, aber bestimmt. Der Wandel werde sich schrittweise mit dem Aussterben der alten Garde vollziehen. »Max Planck sagte, Wissenschaftler änderten sich niemals. Aber Wissenschaftler sterben, und neue tauchen auf. Das geschieht doch dauernd um einen herum. Und ein Gebiet, das heute als alter Hut gilt, kann in zehn Jahren wiederentdeckt werden. Genauso wie meine alten Mutanten.«

»Ich glaube, der Trend geht dahin, dass sich Forschungsbereiche noch schneller verändern werden«, sagt Benzer. »Man erfindet heute schneller neue Gebiete, als Generationen wechseln. Deshalb wird man ständig automatisch eine alte Garde haben, sogar eine ziemliche Massierung von alten Garden zu jeder Zeit. Ich kann mir gut vorstellen, dass die Molekularbiologie zur alten Garde wird. Ich kann mir auch vorstellen, dass die Industrie alles übernimmt. Die Molekularbiologie geht denselben Weg, den die Chemie vor dreißig oder vierzig Jahren gegangen ist – sie wird knallhart industrialisiert werden. Themen erledigen sich durch ihre eigenen Erfolge. Wenn man sagt, sie sind erfolgreich, kümmert sich schon niemand mehr um sie. Sie blühen und gedeihen zwar, gehören aber längst nicht mehr zur Speerspitze des intellektuellen Fortschritts. Wer dann noch Seminare auf diesem Gebiet belegt, dem wird nur noch beigebracht, wie man sich anpasst. Die Disziplin selbst ist dann längst zu einer von vielen geworden. Abenteuerlustige Geister sehen sich nach etwas anderem um.

Es geht zu wie in einer Akademie«, fährt Benzer fort. »Immer zetern die schönen Künste über die Impressionisten und die Impressionisten über die Modernisten. Und die Modernen über die Abstrakten und die Abstrakten über die Postmodernen und die Post- über die Post-Postmodernen. Das ist diese Feynman-Geschichte...« Eine Generation stellt eine Frage vorläufig zurück, aber wenn dann eine neue Generation kommt und sie wieder aufgreift und etwas daraus macht, ist die alte Garde empört.

Auch Benzer beobachtet mit gemischten Gefühlen, wie nun eine neue Generation antritt, um das zu tun, was er selbst einst zurückgestellt hat – wie sie sich menschlichem Verhalten und Persönlichkeitsstrukturen über die Gene annähert. Andererseits hat er auf die eine oder andere Weise immer auf diesen Moment hingearbeitet. Er war es, der dieser Generation mit seiner Fliegenforschung im Laufe der letzten dreißig Jahre den Weg bereitet hat. Im Übrigen ist er absolut fasziniert von der Tatsache, dass wir nun beginnen können, auf dieselbe Weise Zusammenhänge in uns zu entdecken, wie wir sie bei Fliegen entdeckt haben.

Nicht lange nachdem er und Carol geheiratet hatten, begann Benzer seine Freunde zu fragen, ob sie nicht einen

Schnappschuss ihres neugeborenen Sohnes sehen wollten. Dann zog er ein Foto aus der Brieftasche, auf dem dreiundzwanzig menschliche Chromosomenpaare zu sehen waren. Die Verlegenheit über seinen väterlichen Stolz pflegte er zu überspielen, indem er auf das X und das Y deutete und dann erklärte: »Das ist Carols und das ist meines. Zumindest *behauptet* Carol, es sei meines...« Noch heute nutzt er jede Gelegenheit, um die Chromosomen seines Sohnes herumzuzeigen, wenn er irgendwo gebeten wird, die Geschichte von den Genen und dem Verhalten zum Besten zu geben, die mittlerweile so viele Schlagzeilen macht.

Und dann lachen seine Freunde. »Er ist eben ein Genetiker...!«

KAPITEL XVIII

All unsere Fundamente

*All unsere Fundamente zerbrechen, und die Erde
öffnet sich bis zu den Abgründen.*

Blaise Pascal
Gedanken[1]

Benzer sammelt Zeitungsausschnitte über neueste verhaltensgenetische Erkenntnisse in einem Ordner, damit er sie bei seinen Vorträgen als warnende Beispiele anführen kann, wenn sie wieder einmal von noch neueren Erkenntnissen umgestoßen werden. In den drei Jahrzehnten von 1965 bis 1995 wurden mit oft lautstarkem Tamtam genetische Entdeckungen bekannt gegeben − etwa Verbindungen zwischen Genen und Gewalttätigkeit, Legasthenie, manischer Depression, Psychose, Alkoholismus, Autismus, Drogenabhängigkeit, Spielsucht, Konzentrationsschwäche, posttraumatischen Stresssyndromen oder dem Tourette-Syndrom. Sie alle mussten später widerrufen werden.[2]

Inzwischen aber, während dank immer feinerer Werkzeuge der Molekularbiologie die weißen Flecken auf den Genomkarten des Menschen ständig kleiner werden, hält Benzer wirklich gute Arbeit für möglich. Skeptiker wie Lewontin behaupten zwar nach wie vor, dass in diesem Bereich niemals gute Arbeit geleistet werden könne und dass man sich dieses gesamten Forschungsgebiets eines Tages mit derselben Verachtung erinnern werde, die man heutzutage für Galtons Eugenik empfindet. Benzer aber ist überzeugt, dass man in den kommenden Jahrzehnten Tausende solide Verbindungen zwi

schen Genen und menschlichem Verhalten entdecken wird.
Solche Entdeckungsgeschichten liest er mit wahrer Begeisterung, und wie jeder von uns ist er besonders hungrig nach Informationen über Charaktermerkmale, die sein eigenes
Leben prägen. So glaubt er zum Beispiel, ein *clock*-Mutant zu
sein. Und so manche Nacht staunt er über die Fähigkeit, zu
der ihm diese eine Mutation verholfen haben könnte: ein
Leben in der nächtlichen Abgeschiedenheit des Labors führen zu können. Menschliche *clock*-Gene werden inzwischen
geklont, sequenziert, in die Eier von Mäusen injiziert und
schließlich mit den Techniken seziert, die Benzer und seine
Schüler während ihrer Arbeit mit Fliegen erfunden haben.

Aber Benzer fragt sich auch, ob er möglicherweise ein ther-
motaktischer Mutant sei. Denn trotz Labormantel, Hemd
und Pullover fröstelt er ständig, wohingegen alle anderen im
Labor von Church Hall nur T-Shirts tragen. Dass er sich in so
viele Stofflagen hüllt, ist wohl tatsächlich ein charakteristisches
Merkmal von Benzer und kein Anzeichen von Alter. Sein
Leben lang beschwerte er sich bei den Leuten in seiner Umgebung, dass seine Hände kalt seien: »Fühl mal, ich bin zehn
Grad kälter als alle anderen.« Bereits vor vierzig Jahren trug
Benzer bei seinen Campingausflügen mit Dotty und den Delbrücks in der Wüste zwei Pullover oder zwei Pyjamas übereinander und immer etwas Wärmendes um den Hals. Die
Abende in der Wüste wurden zur doppelten Tortur – sie
waren nicht nur kalt, sondern setzten auch noch so *früh* ein.
Der Satz: »Müder als Seymour im Grand Canyon« wurde zu
einem geflügelten Wort bei den Delbrücks. Aber was auch der
wirkliche Grund dafür sein mag – vermutlich Kreislaufpro-
bleme –, Tatsache ist, dass dieser eine Umstand Benzers
ganzes Leben prägte. Seine Entscheidung, am Caltech und
nicht in Harvard zu arbeiten – im Laufe der Jahre versuchte
die Universität ihn fünf Mal erfolglos für sich zu gewinnen –,
ist vor allem seiner Abneigung gegen Schnee zu verdanken.

Jeder von uns definiert sich selbst durch einige wenige
Charakteristika, die er aus Zehntausenden möglichen heraus-
fischt, weil er glaubt, dass sie ihn deutlich von anderen Menschen unterscheiden. Und jeder von uns hat schon einmal an

sich selbst beobachtet, was Benzer bei seinen Fliegen feststellte: dass sich diese Charakteristika auf die eigenen Entscheidungen auswirken. Auf einer Party anlässlich Benzers
siebzigstem Geburtstag gab Francis Crick ein paar Geschichten aus dem akademischen Sabbatjahr zum Besten, das Benzer Ende der fünfziger Jahre mit ihm in Cambridge verbracht
hatte. Crick und Benzer saßen im selben Turmzimmer des
Cavendish Laboratory, in dem Crick und Watson die Doppelhelix entdeckt hatten, und spielten dort mit denselben Stäb-
chen und Blechstücken herum, mit denen Watson und Crick
ihr erstes Modell gebaut hatten. »Allmählich gewöhnten wir
uns an Seymours Vorlieben«, erzählte Crick auf dem Geburts-
tagsfest. »Nur nicht zu *früh* kommen...« Benzer behauptet
immer, in Cricks Turmzimmer habe es gezogen, aber Crick
betonte, dass sich niemand sonst je darüber beklagt habe.
»Wir haben uns die Sache dann etwas genauer angesehen
und festgestellt, dass Seymour immer mehrere Pullover übereinander trug, ich glaube zwei oder drei. Ich habe mir auch
sagen lassen, dass er gelegentlich sogar zwei Paar Socken
trägt. Seymour«, wandte sich Crick lautstark und vergnügt an
Benzer, »aus Gründen, auf die ich noch zurückkommen
werde – vielleicht mit den Mitteln deiner eigenen Methoden –, bin ich zu dem Schluss gekommen, dass du einen sehr
niedrigen Stoffwechsel haben musst und dieser für die *exo*-
und *endo*-Isolierung bei dir verantwortlich ist.«
     Das war wirklich eine geradezu geniale Beleidigung, denn
damit behauptete Crick zugleich, dass ein einziger genetischer
Fehler für vier von Benzers auffallendsten Charakterzügen
verantwortlich sei: zum einen für seine Vorliebe, sich in viele
äußere Schichten zu hüllen; zweitens für seine inneren Schichten (denn Benzer hatte jahrelang selbst dann einen runden
Umriss, wenn er gar keinen Pullover trug); drittens für seine
Neigung, sehr spät aufzustehen; und viertens für seinen Hang
zu genial einfachen Experimenten. Crick liebt es, Benzers
charakteristische Merkmale auf einen einzigen Defekt zurückzuführen – nämlich faul bis auf die Knochen zu sein. Nur aus
reiner Trägheit habe er seine genial minimalistischen Experimente erfunden. Benzer damit aufzuziehen, bereitet Crick so

großes Vergnügen, dass er ihn sogar in seinen Memoiren mit den Worten beschrieb: »Er vermeidet grundsätzlich jede überflüssige Anstrengung.« Allerdings ist das auch Benzers Paradeattacke gegen Crick: Er verstehe einfach nicht, wie das funktionieren konnte – Cricks gesamtes Labor habe die Vormittage mit Kaffeetrinken und die Nachmittage mit Teetrinken verbracht und sei trotzdem nach Stockholm gerufen worden, um sich den Nobelpreis abzuholen. »Ich weiß nicht, wieso«, parierte Benzer bei seiner Geburtstagsfeier, »denn man sah sie einfach nicht arbeiten. Über die Osterfeiertage war in allen Labors das Gas abgedreht. Und wenn man nachts hineinwollte, musste man den Portier wecken, damit er einen durchs Tor ließ. Ich kann dieses Wunder noch immer nicht verstehen.«

Da sein eigener Thermostat so exzentrisch ist, interessierte sich Benzer ganz besonders für die Arbeit eines seiner jüngsten Postdocs, Omar Sayeed aus Pakistan, der nach Thermostat-Mutanten Ausschau hielt, indem er Fliegen in ein durchsichtiges Plastikgefäß setzte, das er auf eine Aluminiumplatte setzte. Das eine Ende der Platte war heiß und das andere kalt. Wildfliegen entscheiden sich immer für die Mitte der Platte, wo etwa 24 Grad Celsius herrschen. Das schien ihr »Pasadena« zu sein. Sayeed versuchte Fliegen in einer heißen und in einer kalten Kammer zu züchten, doch wenn er ihnen die Wahl ließ, entschieden sie sich immer für Pasadena. Diese Vorliebe ist ihnen angeboren, und das fasziniert Benzer natürlich.

Sayeed benützte diese Platte auch, um einige von Benzers klassischen Mutanten zu testen, darunter einen der allerersten Exzentriker, die Benzer bei seinen Gegenstromexperimenten entdeckt hatte, den *SB-8* (was nichts anderes heißt als *Seymour Benzer's Eighth*), ein Fliegenmutant, der nicht dem Licht zustrebt. Es stellte sich heraus, dass auch *SB-8* ein Thermostat-Mutant war. Er zeigte keinerlei Vorliebe für irgendeinen bestimmten Platz auf der Aluminiumplatte, nicht einmal dann, wenn das eine Ende eiskalt und das andere höllisch heiß war. Die Fliege scheint schlicht thermoblind zu sein. Sayeed und Benzer beschlossen, sie umzubenennen: in *bizarre*.

Dean Hamer von den National Institutes of Health (NIH) ist der bekannteste der Molekularbiologen, die sich auf das von Benzer begründete Gebiet begaben, um dort Erkenntnisse über den Menschen zu gewinnen.[3] Hamer ist homosexuell, und deshalb entschloss er sich, sein erstes verhaltensgenetisches Projekt Anfang der neunziger Jahre auf die Frage zu konzentrieren, warum sich manche Menschen von Personen des eigenen Geschlechts angezogen fühlen, die Mehrheit aber vom anderen Geschlecht. Hamer hielt das für eine ziemlich deutliche und dramatische Verhaltensabweichung, geeignet, sie an den Beginn seiner Forschung zu stellen, so wie Benzer von Fliegen ausgegangen war, die sich vom Licht abwenden, und Jeff Hall von Fliegenmännchen, die andere Männchen umwerben.

Natürlich ist es schwieriger, die Entscheidungen eines Menschen zu erforschen als die einer Fliege. Inwieweit werden die unterschiedlichen sexuellen Orientierungen zweier Amerikaner von deren eigenem Selbstverständnis und ihren Versuchen, sich ihrer Kultur anzupassen, bestimmt? Noch heute behaupten viele Psychologen, dass die sexuelle Orientierung eines Menschen stärker durch die Kultur als durch die Biologie bestimmt wird, mehr durch die Umwelt als durch die Anlage, was bei *fruitless* kaum eine Rolle spielen kann. Abraham Lincoln teilte sich als junger Anwalt zwei Jahre lang in Springfield, Illinois, das Bett mit einem Mitbewohner. Heute streiten sich die Historiker, ob das ein Hinweis auf Lincolns Homosexualität gewesen sein könnte. In dem Buch *The Invention of Heterosexuality* behauptet ein amerikanischer Historiker (ebenfalls schwul), dass allein schon die Vorstellung, dass sich die meisten Männer von Frauen angezogen fühlten und die meisten Frauen von Männern, eine rein gesellschaftliche Erfindung sei.[4]

Hamer hingegen meint, man müsse vernünftigerweise davon ausgehen, dass ein Großteil dieser unterschiedlichen Neigungen angeboren sei. Dem stimmen auch viele Psychologen zu, denn immerhin erklären viele Homosexuelle selbst, dass diese These genau mit ihren subjektiven Erfahrungen übereinstimme, ganz im Sinne von Horaz: »Du magst die

Natur mit der Forke vertreiben, sie wird dennoch zurückkehren.«[5] Auch Voltaire glaubte, dass wir nur zu vervollkommnen, glätten oder zu verstecken versuchten, was uns die Natur gegeben hat, aber selber nichts Neues hinzufügten. Zwillingsstudien Anfang der neunziger Jahre kamen zu dem Schluss, unter zweieiigen Zwillingen bestehe eine 25-prozentige Chance, dass im Falle der Homosexualität des einen Bruders auch der andere homosexuell ist. Bei eineiigen Zwillingen liege diese Chance bei 50 Prozent.[6] Solche Erkenntnisse legen nahe, dass Gene an der Ausprägung unterschiedlicher sexueller Orientierungen zumindest beteiligt sind. Die 50-prozentige Chance bei eineiigen Zwillingen, dass nur einer von beiden homosexuell ist, macht aber auch deutlich, dass Gene auf die sexuelle Orientierung nicht denselben Einfluss ausüben wie zum Beispiel *white* auf die Augenfarbe oder *fruitless* auf das sexuelle Verhalten bei Fliegen. Der Neuroanatom Simon LeVay (ebenfalls homosexuell) glaubt, in den Gehirnen von homo- und heterosexuellen Männern anatomische Unterschiede entdeckt zu haben.[7] Seine Erkenntnisse und deren Implikationen sind zwar nach wie vor umstritten, doch LeVay hat in der Tat Unterschiede im Hypothalamus beschrieben, die nicht weniger deutlich sind als die Unterschiede, die Forscher in derselben Hirnregion zwischen Männern und Frauen gefunden haben.

Hamer rekrutierte seine Probanden aus HIV-Polikliniken und Schwulenorganisationen in Washington. Jedem Freiwilligen entnahm er Blutproben, unterzog ihn diversen Persönlichkeitstests und stellte nach einem Standardverfahren fest, ob es homosexuelle Verwandte im jeweiligen Familienstammbaum gab. Fasziniert fand er heraus, dass bei seinen schwulen Probanden homosexuelle Onkel und Cousins eher auf der mütterlichen als auf der väterlichen Seite zu finden waren. Jeder Biologe seit Morgan weiß, was das aller Wahrscheinlichkeit nach zu bedeuten hat – dass ein Zusammenhang zwischen dem Merkmal und dem X-Chromosom besteht. Denn da ein Mann über nur ein X-Chromosom verfügt, das er von seiner Mutter erbt, kann sich auch jedes mit dem X verbundene Merkmal nur über die mütterliche Linie vererben.

Wenn nun ein Gen auf dem X-Chromosom die Wahrscheinlichkeit erhöht, dass ein Mann homosexuell ist, müsste dieses Gen, wie auch einige der umliegenden Gene, bei homosexuellen Brüdern identisch sein. Das verwendete Kartierungsprinzip ist dasselbe, das Sturtevant in Morgans Fliegenlabor entwickelte. Hamer überprüfte also eine Reihe von zweiundzwanzig Markern auf dem X-Chromosom. Mittlerweile standen ihm dafür diverse Computerprogramme zur Verfügung, die die Berechnungen für ihn machten (er entschied sich für die Software LINKAGE 5.1). Das Programm errechnete, dass zwischen der Homosexualität von Hamers Probanden und einem Marker am äußersten Ende des langen Arms des X eine Verbindung bestand, und zwar an einem Genort namens Xq28.

Diesen Daten konnte Hamer allerdings nicht entnehmen, was genau dieses Gen bewirkt oder wie viele männliche Homosexuelle in der gesamten Bevölkerung das Allel am Xq28 tragen könnten, oder gar welchen Anteil dieses Allel an ihrer sexuellen Orientierung hat. Er konnte nur sagen, dass vermutlich irgendwo inmitten der ungefähr vier Millionen Basenpaare auf der Spitze des langen Arms des X-Chromosoms ein Gen liegt, das irgendeinen Bezug zur sexuellen Orientierung der Probanden seiner Studie hatte. Mit anderen Worten: Verglichen mit der Art von Forschung, die nun seit Jahrzehnten mit Fliegen betrieben wurde, waren diese Ergebnisse ausgesprochen vorläufig. Und weil er ein vorsichtiger Molekularbiologe ist, präsentierte Hamer sie seinen Kollegen auch genau so.

Doch Gene, Verhalten und Homosexualität sind derart brisante Themen, dass Hamers Geschichte in den USA wie eine Bombe einschlug. Nur Tage nach dem Bekanntwerden von Hamers Forschungsergebnissen kauften sich schwule Männer in Schwulenbuchläden T-Shirts mit der Aufschrift: »*Xq28 – Thanks for the genes, Mom.*«[8] Andere Schwulengruppen liefen Sturm gegen diese Forschung, aus Furcht, dass die Annahme, Homosexualität sei genetisch bedingt, eines Tages einen neuen Hitler zu einer neuen »Endlösung« oder Millionen Elternpaare dazu verleiten, pränatale Diagnosen stellen zu lassen und entsprechende Entscheidungen zu treffen. Die Geschichte des »Schwulengens« führte zu heftigen Kontroversen in den Medien wie in der Wissenschaft. Ein junger Postdoc aus Hamers Labor, der ihm bei der Kartierung des Gens am Punkt Xq28 geholfen hatte, beschuldigte ihn plötzlich, seine Daten selektiv zu veröffentlichen – eine ernste Anschuldigung.[9] Hamers Kollegen am NIH und das »Büro für Forschungsintegrität« im Gesundheitsministerium begannen sofort im Stillen Untersuchungen einzuleiten. Nachdem die *Chicago Tribune* Wind von diesen Ethikprüfungen bekommen und darüber berichtet hatte, schickte Hamer eine e-Mail zu seiner Verteidigung an *Science* und klagte, dass er wohl kaum eine solche Kontroverse ausgelöst haben würde, hätte er sich einem anderen Thema als Homosexualität gewidmet. 1996 wurde er von allen Vorwürfen freigesprochen, und alle Anschuldigungen gegen ihn wurden fallen gelassen.[10] Inzwischen war in Kanada eine weitere Studie dieser Art vorgenommen worden, die keinen Nachweis für den von Hamer entdeckten Zusammenhang erbrachte – nicht einmal für eine Verbindung zum X-Chromosom, geschweige denn zum äußersten Ende des langen Arms des X-Chromosoms. Aber diese Studie wurde nie veröffentlicht.

Inmitten dieses Proteststurms erfuhr Hamer erfreut von einer Entdeckung, die zwei seiner Kollegen am NIH, Ward Odenwald und Shang-Ding Zhang, gemacht hatten. Diese befassten sich mit der Entwicklung des Nervensystems bei der Fliege und untersuchten ein Gen namens *pollux* (das mit einem Gen namens *castor* kooperiert).[11] Um herauszufinden, was genau *pollux* bewirkt, hatten sie einen DNS-Transformationscocktail mit *pollux* und einem Hitzeschock-Promotor gemixt, damit sich das Gen nur dann einschaltete, wenn sie die Temperatur erhöhten – ein Verfahren, das mittlerweile zum Standardverfahren gehörte. Nach einem weiteren Standardprozedere benutzten sie dazu Embryonen der weißäugigen Fliege im Frühstadium und fügten dem DNS-Transformationscocktail das normale Allel des Gens *white* hinzu, damit sie auf einen Blick feststellen konnten, welche Fliegen transformiert aus dem Ei schlüpften. Eine Fliege, die mit roten Augen schlüpfte, musste das Gen *pollux* tragen. Als Odenwald und Zhang die Fliegen dann in der Wärmekammer beobachteten, stellten sie überrascht fest, dass die Männchen an den Wänden der Fliegenflaschen unentwegt im Kreis herumzutanzen begannen.

Nach einem Jahr Forschung entschieden Odenwald und Zhang, dass das Gen *white* für den entscheidenden Unterschied bei diesen Fliegen verantwortlich war – just das Gen, mit dem die moderne Genetik begonnen hatte. Sie konnten Taufliegen veranlassen, Ketten zu bilden, indem sie einfach nur das normale Allel von *white* in die Eier injizierten und die Temperatur erhöhten. In ihrer Veröffentlichung stellten sie sogar zur Debatte, dass dieses Gen einen Hinweis auf homosexuelles Verhalten beim Menschen liefern könnte – ein ziemlich naiver Gedankensprung, der natürlich sofort wieder die Aufmerksamkeit der Presse im ganzen Land erregte. Das *Time*-Magazin machte mit der Schlagzeile auf: »Suche nach einem Schwulengen.« Die Wörter waren aus Buchstaben in Form verketteter Fliegenmännchen gebildet.[12]

Die Entdeckung wurde inzwischen in Yale bestätigt, doch die Ursache dieses Effekts ist nach wie vor unbekannt. Und bis diese eindeutig geklärt ist, muss man den Gedankensprung von *white* zum Menschen bestenfalls voreilig nennen – was auch Jeff Hall zur Zeit der Entdeckung jedem, den er sich greifen konnte, klar machte. »Das ist völlig idiotisch«, sagte er zu einem Reporter von *Science News*. »Bis zum Jüngsten Gericht wird niemand glauben, dass *white* irgendwas mit dem Verhalten von *Säugetieren* zu tun hat. Die Chancen dafür stehen eins zur Anzahl der Neutronen im Universum.«[13]

Doch natürlich kann *white* der Menschheit zumindest eine Lehre für ihre Zukunft erteilen. Es ist das inzwischen am besten erforschte Gen auf Erden. Es ist das Gen, mit dem die gesamte Genkartierung begann, der Eckpfeiler der modernen Genetik. Drosophilogen in allen Fliegenlabors dieser Welt haben fast das ganze Jahrhundert über mit diesem Gen gearbeitet. Mit ihm begann das Erklärungsmuster: »Dieses Gen bewirkt, dass…« Und es galt überall als das einfachste Modell eines Gens, das mit einem bestimmten Merkmal gekoppelt

ist. Doch die Tatsache, dass es derart komplexe und unvorher-
gesehene Verhaltensweisen auslösen kann, wenn es einer
Fliege injiziert wird, sollte allen eine Warnung sein, die glauben, sie könnten demnächst damit beginnen, Gene in
menschliche Eier zu injizieren – und diese Warnung ist nicht
weniger brisant, wenn es sich um Gene handelt, die mit so
einfachen und angeblich harmlosen Merkmalen in Verbindung gebracht werden wie mit blondem Haar oder blauen
Augen.

Genau deshalb halten sich so viele Drosophilogen im Hinblick auf Rückschlüsse auf den Menschen zurück. »Den
würde ich nicht mal mit der Kneifzange anfassen«, sagen sie
zueinander, wenn sie Schlagzeilen über Hamer lesen.

»Fliegen haben keine Lobby.«

»Das ist eine ernüchternde Vorstellung«, erklärt Tully –
und vorstellen muss er sich es ja –, dass seine Arbeit mit *CREB*
eines Tages zu genetischen Manipulationen führen könnte, zu
Versuchen mit dem menschlichen Gehirn. Die apolitische
Haltung der vergangenen Generation hält er längst nicht
mehr für möglich, wenn sie denn überhaupt je vertretbar war.
Einen Molekularbiologen seiner Generation, so Tully, habe
das zwanzigste Jahrhundert vor allem eines gelehrt: dass reine
Forschung unmöglich ist. »Was ging Einstein durch den Kopf,
als er feststellte, dass $E = mc^2$ ist? Sagte er: ›Scheiße, jetzt
können wir die Erde in die Luft jagen‹? Ja? Ich nehme an,
in seinen dunkelsten Stunden wusste er, dass seine Formel
missbraucht werden würde. Heute haben wir dasselbe Phänomen mit der Möglichkeit, das Gedächtnis zu erweitern. Wir
können es und wissen, dass es funktioniert. Und damit brechen völlig neue Zeiten an.« Die genetische Sektion von Verhalten habe bereits heute Auswirkungen, die noch vor kurzem
jeder in den Bereich der Science-Fiction verbannt hätte.
»Heute ist sie eine wissenschaftliche Tatsache wie die Kernspaltung. Und das Potenzial für gravierenden Missbrauch ist
vorhanden.«

So fragt sich Tully zum Beispiel, was das Militär wohl
tun würde, wenn es Pillen zur Gedächtniserweiterung in die
Hand bekäme. »Denk mal nach. Eine perfekte Droge für die

CIA!« Schicke deine Agenten rein, lasse sie eine gedächtniserweiternde Pille schlucken, damit sie während der Operation
ein fantastisches Gedächtnis haben − danach vergessen sie
alles wieder. »Und dann waren sie einfach nie drin gewesen.
Perfekt. Verstehst du? Stell dir mal vor, unter welchem Druck
ein General steht, der dreißig Minuten Zeit bis zum Abwurf
einer Bombe hat, um seinen Piloten diese ungeheuer datenin-
tensiven Details einer solchen Mission einzurichten. Glaubst
du, er würde sie ihnen noch einpauken, wenn sie einen Ge-
dächtniserweiterer schlucken könnten? Die wären gierig nach
Pillen, die das Gedächtnis derart beeinflussen könnten. Doch
für solche Dinge wollen wir sie nicht. Ich bin Pazifist. Es wäre
grauenvoll für mich, wenn dieses Wissen zu Kriegszwecken
perfektioniert würde, für all die Gräuel, die Menschen einander insgeheim oder ganz offen antun. Aber möglich ist es. Wir
könnten in null Komma nichts Science-Fiction machen. Was
wäre, wenn sich ein Kind jeden Morgen vor der Schule eine
gedächtniserweiternde Pille einpfeifen würde? Wie sähe es im
Kopf dieses Kindes nach zwölf Jahren Schule aus? Was würde
dieses Kind mit dieser Informationsdatenbank anfangen? Das
ist schon eine interessante Frage. Aber würde es überhaupt
funktionieren? Könnte das Gehirn damit überhaupt umgehen? Hat es denn wirklich die Kapazitäten für all das, was es
unserer Vorstellung nach produzieren kann? Wir wissen es
einfach nicht.«

Auch über die innere Uhr macht sich Tully so seine Gedanken: »Vielleicht führen arrhythmische Mutanten zu De-
pressionen. Du nimmst die Pille und drehst durch. Und?
Heißt das gleich, dass du sie den Irakis ins Trinkwasser
schmeißen kannst?« Mit anderen Worten: Sogar ein politisch
so unumstrittenes Gen wie *period* könnte nicht nur für medizinische Zwecke, sondern auch als Waffe eingesetzt werden.
»Würde das funktionieren? Ich weiß es nicht. Was würde die
Industrie für eine Pille zahlen, die die innere Uhr ihrer Arbeiter dem Rhythmus der Schichten in ihrem Betrieb anpasst
und in Gang hält? Ist es das, was wir wollen?«

Eine der faszinierendsten Anwendungen seiner Arbeit
wäre für ihn ein Medikament, das traumatische Erinnerun-

gen blockieren könnte. Es wäre für Tully ein Leichtes, den Schalter auf Aus anstatt auf An zu stellen und eine solche Amnesiepille zu erschaffen. »Die perfekte Behandlung. Du stellst das Problem einfach an der Quelle ab.« Das wäre noch besser, als traumatische Erinnerungen zu löschen – denn auf diese Weise könnte von vornherein verhindert werden, dass sie sich überhaupt ins Gedächtnis einprägen. »Das könnte das wichtigste und vielleicht allerbeste Ergebnis unserer Arbeit sein. Man könnte allen bessere Lebensbedingungen verschaffen, die wirklich schreckliche, bedrückende, gewalttätige Dinge erlebt haben. Also tun wir ihnen doch den Gefallen und schalten solche Erinnerungen einfach ab, dann werden sie nie wieder darunter leiden müssen.

Aber dann wach ich mitten in der Nacht auf und denk mir: Schön, aber wäre ich ohne mein Leid noch der, der ich bin? Das ist eine verdammt schwierige Frage. Gott sei Dank muss ich sie nicht beantworten. Ich spiel ja nur mit Fliegen herum.«

Aus genau diesem Grund ist Benzer vollkommen zufrieden damit, nur das Auge der Fliege zu erforschen und nicht auch ihr Verhalten, und sich damit die Welt der Politik vom Leib halten zu können. Seine Entscheidung entspricht ganz dem Motto, das er von Delbrück und dessen Generation auf die Wissenschaft anzuwenden gelernt hat: Schuster, bleib bei deinen Leisten. Auch Morgan und die meisten aus seiner Bande hätten es als ihrer unwürdig und völlig unangemessen betrachtet, sich auf irgendeine Weise in die Kampagnen gegen die Jahrmärkte der Gesundheitspolitik oder die eugenischen Forschungen verwickeln zu lassen. Der reinen Wissenschaft zu folgen war das Ideal, das sie von Arrowsmith übernommen hatten.

Und so orientiert Benzer sich an seiner Neugierde, egal an welchen Ort im Inneren der Fliege sie ihn auch führt. Einem Außenseiter mag das beschränkt erscheinen. Aber man bedenke, dass für einen Drosophilogen der Horizont heutzutage schier unendlich ist. Am Ende des zwanzigsten Jahrhunderts gibt es sechstausend Drosophilogen auf der Welt, und ihre Zahl steigt stetig um 20 bis 30 Prozent pro Jahr. Es hat sich herausgestellt, dass Fliegen uns um ein Vielfaches ähnlicher sind, als es sich irgendwer in den sechziger Jahren vorstellen konnte, damals, als sich Benzer (zum Entsetzen seiner Freunde) wieder der Fliegenforschung zuwandte. Immer schneller und schneller fügen Drosophilogen heute ihrer »Fly-Base«-Web-Site neue Gene hinzu. Und ihren Entdeckungen geben sie noch schrulligere und respektlosere Namen, anders als die Physiker, die bei der Bezeichnung neu entdeckter Elemente zu übertriebener Ernsthaftigkeit neigen. Die »FlyBase« enthält Beschreibungen aller neu entdeckten Gene. Auf diese Weise führen die Drosophilogen noch eine Tradition fort, die einst von der Morgan-Bande begründet wurde: Sie teilen ihre Informationen im Moment der Erkenntnis mit und horten sie nicht, wie es viele andere Genetiker zu tun pflegen. Die *New York Times* zählte kürzlich in einem Artikel über die Rückkehr der Fliegen (»...Die Fliegenmenschen schlagen zurück«) genüsslich ein paar dieser merkwürdigen Namen für neu entdeckte Fliegengene auf: »*Godzilla, genitalless, gut feeling, gouty legs, goliath, gooseberry distal, ghost, glisten, gang-of-three.*«[14]

»Jedes einzelne biologische Phänomen, das auf dieser Erde oder im Universum existiert, wird heute anhand der *Drosophila* studiert«, sagt Jeff Hall. »Wir sind keine Drosophilogen mehr, wir sind Biologen, deren Forschungsobjekt zufällig die *Drosophila* ist. Also ehrlich, *Drosophila*-Treffen als solche zu bezeichnen ist doch heutzutage der reinste Witz. In Wirklichkeit geht's dabei um jeden nur denkbaren biologischen Aspekt unter der Sonne.«

Hall ist noch immer verärgert, dass sich sein ehemaliger Chef Benzer so ausgiebig mit der Fliege befasst und dabei ihr Verhalten einfach links liegen lässt. »Benzer ist das Gegenteil eines Detektivs«, sagt Hall. »Er versucht nicht einmal, etwas herauszufinden. Es interessiert ihn einfach nicht. Sobald ein Problem *intensiv* wird« – also sobald sich ihm eine Menge Leute zuwenden –, »verliert er das Interesse, *lässt es fallen* und beginnt sich nach Neuem umzusehen. Guck dir doch bloß mal die Bandbreite der Themen an, über die er nach wie vor schreibt – das ist ein Forscher, der wie ein Tennisball durch die biologische Landschaft saust.«

Im Januar 1996 erhielt Hamer einen Anruf aus Israel.[15] Ein Team von Molekulargenetikern fertigte dort eine Studie an, von der sie glaubten, dass sie ihn interessieren könnte. Sie hatten Probanden Blut entnommen und sie einen Fragebogen zur Persönlichkeitsstruktur ausfüllen lassen, der die individuellen Charaktere im Hinblick auf vier Aspekte herauskristallisieren sollte: die Bereitschaft zur Suche nach ständig neuen Reizen, das Bedürfnis nach Schadenvermeidung, die Abhängigkeit von Belohnung und die allgemeine Beharrlichkeit – vier Merkmale, von denen eine Reihe von Psychologen und Verhaltensgenetikern glauben, dass sie zumindest teilweise ererbt sein könnten. Die Fragen über die Bereitschaft zur Suche nach neuen Reizen sollten es ermöglichen, eher »impulsive, unternehmungslustige, launische, leicht erregbare, leidenschaftliche und extravagante« Personen von solchen zu unterscheiden, die eher »nachdenklich, rigide, loyal, stoisch, schwer erregbar und genügsam« sind. Die israelischen Forscher fanden heraus, dass Personen, die einen überdurchschnittlichen Wert bei der Bereitschaft zur Suche nach neuen Reizen erzielten, auch mit überdurchschnittlicher Wahrscheinlichkeit eine bestimmte abweichende Form des Gens für einen Dopaminrezeptor besaßen.

Dopaminrezeptoren sind in der Psychopharmakologie das vorrangige Ziel von Medikamenten, die zur Behandlung von diversen neurologischen Erkrankungen in Umlauf sind, darunter Parkinson und Schizophrenie. Pharmakologen und Psychiater verschreiben Schizophrenen, die auf andere Behandlungen nicht gut angesprochen haben, häufig den Wirkstoff Clozapin, der unter dem Namen »Leponex« im Handel ist. Clozapin bindet sich mit besonderer Affinität an einen bestimmten Dopaminrezeptor namens D4. Die Repeats im D4-Rezeptor können – zumindest legen das die Labortests nahe – dessen Affinität gegenüber chemischen Wirkstoffen verändern. Bei Affen findet die Expression dieses Gens im vorderen Teil der Großhirnrinde, im Mittelhirn, der Amygdala und der Medulla statt, also in jenen Hirnregionen, die mit Kognition und emotionalem Verhalten in Verbindung gebracht werden. Stimmungsveränderungen durch Ampheta-

mine, Kokain und Alkohol werden ebenfalls auf eine Verän-
derung des Dopaminpegels zurückgeführt, und eine solche
Veränderung bewirken auch Neuroleptika wie Leponex oder
Haloperidol.

Das Gen für D4 liegt auf dem kurzen Arm des Chromosoms II – und es enthält Repeats. Einige von uns tragen den
zweifachen Repeat einer Strecke aus achtundvierzig Basen-
paaren in diesem Gen, andere einen vierfachen und manche
sogar einen siebenfachen.

Während das israelische Team die DNS ihrer Probanden in
der Negev-Wüste untersuchte, erforschten Verhaltensgenetiker in England und in Boulder, Colorado, bei Mäusen die so
genannte »Affektivität« oder »Reaktivität«. Wenn man eine
Maus in eine »open field« genannte Vorrichtung setzt – eine
hell erleuchtete Arena, eine Art Stadion unter Flutlicht –, wird
die eine Maus die längste Zeit damit verbringen, diese Arena
zu erforschen; eine andere hingegen sitzt fast die ganze Zeit
unbewegt da und entleert ihren Darm. Ebenso charakteri-
stisch unterschiedliches Verhalten legen Mäuse an den Tag,
wenn sie sich in den dunklen Gängen eines Y-förmigen Labyrinths befinden. Wie sie sich verhalten werden, lässt sich anhand ihrer Abstammungslinie voraussagen.[16] Man kreuzte
Mäuse, welche die Arena erforscht hatten, mit solchen, die sie
flohen, testete deren Enkelkinder und sah sich dann die DNS
jener Mäuse an, die jeweils das extremste Verhalten gezeigt
hatten. Dann gab man sämtliche genetische Daten in ein
Computerprogramm namens MAPMAKER ein und konnte
feststellen, dass es zumindest drei Loci gibt – auf den Mäusechromosomen 1, 12 und 15 –, die mit der Affektivität einer
Maus im Zusammenhang zu stehen scheinen.

Die meisten israelischen Probanden verfügten über vier
oder sieben Repeats. Je höher der Wert eines Probanden bei
der Bereitschaft zur Suche nach neuen Reizen war, umso
wahrscheinlicher verfügte er über einen siebenfachen Repeat.
Also begannen auch Hamer und ein paar seiner Kollegen am
NIH Blutproben zu testen, die sie bereits im Rahmen ihrer
mittlerweile allgemein unter dem Begriff »Schwulengen« bekannten Studie gesammelt hatten, und verglichen diese mit

Blutproben, die sie örtlichen College-Studenten entnommen hatten. Anschließend teilten sie ihre Probanden in zwei neue Gruppen auf. Die eine verfügte über kurze Allele mit zwei oder fünf Repeats, die andere über lange Allele mit sechs bis acht Repeats. Nachdem sie die Persönlichkeitstests beider Gruppen ausgewertet hatten, wussten sie, dass die Gruppe mit längeren Allelen höhere Werte in Bezug auf Wärme, Erregungsbedürfnis und positive Emotionen erreichte und niedrigere Werte in Bezug auf Gewissenhaftigkeit, insbesondere hinsichtlich einer bestimmten Facette von Gewissenhaftigkeit, welche die Erfinder dieses Tests »Besonnenheit« genannt hatten.

In Church Hall durchblätterte Benzer diese neuen Studien mit derselben Mischung aus Neugier und Skepsis, die er schon bei Hamers Behauptungen über das Xq28 empfunden hatte. Schon immer hatte er das Gefühl gehabt, dass Neugier sein hervorstechendstes Merkmal sei. Im Vorraum zu seinem Arbeitszimmer stehen sechs stählerne Aktenschränke, vollgestopft mit Land- und Stadtkarten: Paris, Cambridge, Delbrücks Wüsten, von jedem Ort, an dem Benzer je gewesen war und den er wieder einmal zu besuchen hofft (»Ich weiß nicht, gehe ich zu weit? Aber eine Karte ist etwas Wunderbares.«). Mit derselben Rastlosigkeit verbringt er inzwischen ganze Nächte damit, durchs Internet zu surfen und sich an dessen Merkwürdigkeiten zu ergötzen. Die Presseartikel über Hamers Erkenntnisse bei seiner Forschung über die Suche nach neuen Reizen, die bislang nicht bestätigt wurden, legte er in einem Ordner ab. Er glaubt zwar, dass sie sich als wahr erweisen könnten, findet aber, dass sie von den Medien wieder einmal viel zu sehr aufgebauscht wurden. Er misstraut nicht nur den Multiple-Choice-Fragen über Persönlichkeitsstrukturen (»ich finde sie skandalös«), sondern meint auch, dass sich dieses Gen als ein viel unbedeutenderer wissenschaftlicher Erklärungsansatz herausstellen wird, als dieser Medienrummel glauben macht. Laut einer neueren Zwillingsstudie ist die Bereitschaft zur Suche nach neuen Reizen zu etwa 40 Prozent Veranlagung. Nach Hamers Berechnungen ist das Dopamin-4-Rezeptorgen nur für ein Zehntel davon verantwortlich, bestenfalls also für 4 Prozent dieses Merkmals. Warum also sollte man es »Neuheiten-Gen« (»novelty gene«) nennen?

Die *New York Times* schrieb in einer Titelgeschichte, dass diese Bezeichnung vielleicht nicht wissenschaftlich korrekt, aber durchaus poetisch sei: »Vielleicht ist es angemessen, dass das erste Gen, das Wissenschaftler in einen Zusammenhang mit einem weit verbreiteten menschlichen Charakterzug stellen, ein Gen ist, das mitverantwortlich ist für das Bedürfnis, sich auf die Suche nach Neuem zu begeben.«[17]

Ende 1996 verkündeten Dean Hamers Team und eine andere Forschergruppe, dass sie ein Verbindungsglied zwischen einem menschlichen Gen und dem Drang nach Glück gefunden hätten.[18] Diesmal hatten sie sich auf ein Gen konzentriert, das ein Protein kodiert, das Nervenzellen hilft, den Neurotransmitter Serotonin zu recyclen. Beim Menschen findet die Expression eines bestimmten Serotonin-Transporters namens 5-HTT durch ein einziges Gen auf Chromosom 17 statt. Hamer und sein Team fanden eine Variation der Kodierungsregion dieses Gens ungefähr eintausend Basenpaare stromaufwärts an einem Ort, der die Transkription des Gens kontrolliert. Auch hier entdeckten sie Repeats in der DNS, und wieder waren die meisten ihrer Probanden in zwei Gruppen einzuordnen – in eine, welche über eine Kurzform des Gens verfügt, und eine zweite mit einer Langform.

Hamer fand heraus, dass diejenigen seiner Probanden, die über zwei Kopien der Kurzform verfügten, höhere Werte bei neurotischen Tendenzen aufwiesen als diejenigen, die über zwei Kopien der Langform verfügten. Die Variation des Gens stand jedoch offenbar in keinerlei Zusammenhang mit den Variationen bei anderen Persönlichkeitsmerkmalen wie Extraversion, Offenheit, Gewissenhaftigkeit oder einem umgänglichen Wesen. Wie beim Dopamin gibt es auch beim Serotonin starke Anhaltspunkte dafür, dass es entscheidend auf Stimmung und Temperament einwirkt. Medikamente, die die Serotoninaufnahme hemmen, werden oft bei der Behandlung von Angst und Depression verschrieben. Veränderungen bei der Serotonin-Transmission lösen bei Mensch wie Tier Ängste aus.

Wieder warteten Benzer und seine Schüler skeptisch darauf, dass diese Ergebnisse durch andere Tests bestätigt würden. Doch die Presse und Hamer selbst reagierten geradezu überschwänglich. Nachdem Hamers Computerprogramm erstmals diesen Zusammenhang hergestellt hatte, erzählte er seinen Freunden: »Wir haben ein Glücksgen gefunden! – Ich sollte es aber vielleicht nicht so nennen.« Doch noch am Tag der Veröffentlichung seiner Studie wurde er auf der Titelseite des *Philadelphia Inquirer* mit den Worten zitiert: »Jeder wird glücklicher.«[19]

Wieder einmal waren die Fliegen- und Mäuseforscher angesichts dieses Presserummels froh, dass sie bei ihren Fliegen und Mäusen geblieben waren. Abgesehen davon bieten diese Tiere genügend Ähnlichkeiten mit dem Menschen. Nehmen wir zum Beispiel eine Hausmaus, die gerade einen Haufen Junge geworfen hat. Sie säugt sie und treibt sie ins Nest zurück, wenn sie herumstreunen.[20] Eine zweite, zwillingsartig identische Maus wirft einen identischen Haufen Junge. Aber sie säugt sie nie, lässt ihren Wurf herumstreunen und sich immer weiter vom Nest aus Holzspänen am Boden des Käfigs entfernen. Fast alle von ihnen sterben.

Oder: Eine weiße Maus kuschelt stundenlang mit anderen Mäusen in ihrem Käfig, trimmt deren Barthaare und lässt sich die ihren pflegen. Eine andere, buchstäblich identische Maus sondert sich am äußersten Ende des Käfigs ab. Ihr Bett aus Holzspänen bleibt ungemacht und wird nie aufgeschüttelt, ihre Barthaare bleiben ungepflegt.[21]

Oder: Eine Made kriecht auf einen Krümel zu und nimmt immer nur ein bis zwei Bissen davon, bevor sie sich zum nächsten Krümel aufmacht. Eine andere, buchstäblich identische Taufliegenlarve erreicht den Krümel, macht es sich bequem und frisst ihn ratzeputz auf, bevor sie zum nächsten Krümel weiterkriecht.[22]

Der Unterschied zwischen der ersten Maus und der zweiten, zwischen der Mutter Oberin und der Novizin sozusagen, ist, dass die eine einen komplett normalen Satz von Mäusegenen hat und der anderen ein Gen namens *fosB* fehlt. Der Unterschied zwischen der gepflegten und der ungepflegten Maus ist, dass letztere ein Problem im Gen *disheveled* hat. Für den Unterschied zwischen der agilen und der phlegmatischen Made sorgt ein einziger Buchstabe im genetischen Code eines Taufliegengens namens *foraging*, auch unter der Bezeichnung *dgk2* bekannt, der auf der Karte am Punkt 24A3-C5 auf dem linken Arm des zweiten Chromosoms liegt.

Die Mäuse wurden in den Labors der Harvard Medical School und des U.S. National Human Genome Research Institute in Washington gezüchtet. Das Labor, das die agile und die phlegmatische Made erschuf, befindet sich hingegen unter freiem Himmel, denn hier handelt es sich um eine natürliche Abweichung. Agile und phlegmatische Maden finden sich überall, wo sich Taufliegenlarven aus Taufliegeneiern herauswinden, das heißt: auf buchstäblich jedem temperierten Punkt dieser Erde. Jede Taufliege muss einige Tage lang als Larve auf dieser Erde herumkriechen, bevor sie ihre Metamorphose beginnen und sich schließlich in die Lüfte erheben kann. Aber ganz offensichtlich sind sowohl die agile wie die phlegmatische Made lebensfähige Persönlichkeitstypen ihrer Art.

Auch jeder Mensch verfügt über eine Kopie des Mäusegens *disheveled*, jenes Gens, das bei der ungepflegten und sich unsozial verhaltenden Maus beschädigt ist. Und auch jede Taufliege verfügt über eine Kopie von *disheveled*. Tatsächlich war dieses Gen – wie so viele tausend andere, denen das Interesse der Biologen heutzutage gilt – sogar erstmals in der Taufliege entdeckt worden. Die Drosophilogen nannten es *disheveled*, weil eine Fliege mit einer beschädigten Form dieses Gens mit strubbeligen Brusthärchen aus dem Ei schlüpft.

Wenn sich die Familie um den Esstisch versammelt, können wir Verhaltensweisen beobachten, die uns so fremd scheinen, als kämen sie aus dem Nirgendwo, und andere, die uns sofort bekannt vorkommen und in denen wir uns häufig selbst wiedererkennen. Wir erhaschen am anderen einen Blick auf unsere eigene Art zu kauen, zu reden, zu lachen oder die Stirn zu runzeln, ja sogar auf unsere eigene Art, einen Kaffee einzu-

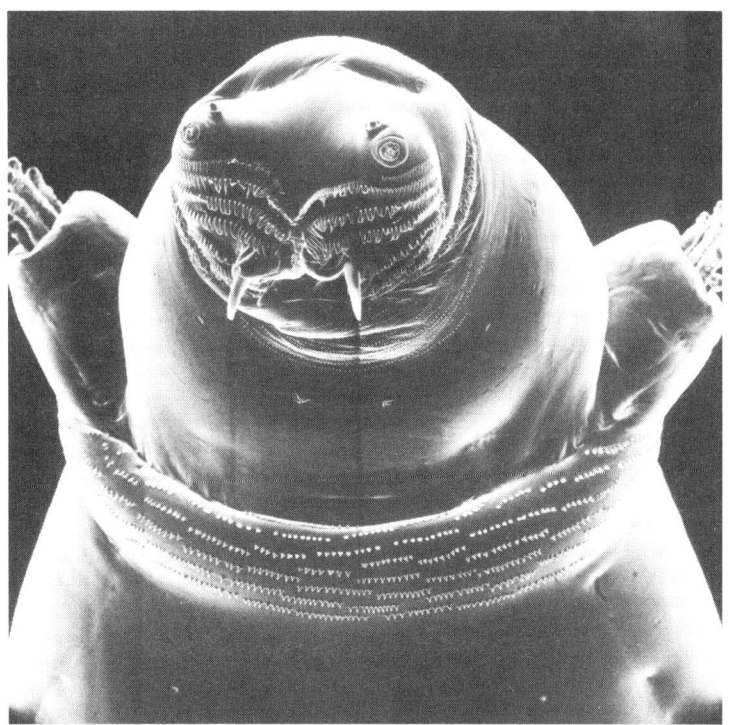

Aufnahme einer Made mit einem Rasterelektronenmikroskop. Manche Taufliegenmaden kriechen vorwärts und nehmen dabei hier und da einen Happen zu sich, andere verharren stur an einem Fleck und kriechen erst weiter, wenn sie alles aufgefressen haben. Die Entscheidung, ob eine Made agil oder phlegmatisch wird, trifft ein einziger Buchstabe im genetischen Code eines Gens namens foraging.

gießen oder die Tasse zum Mund zu führen. Die verborgenen Gesichter unseres innersten Wesens blicken uns aus dem leicht verzerrenden Spiegel des Genpools an. Auch im Gesichtsausdruck unserer Haustiere können wir uns wiederfinden, als sähen wir auch ihr Bild auf den gekräuselten Wellen des gemeinsamen genetischen Sammelbeckens gespiegelt. Solche Ähnlichkeiten werden die letzten Menschen garantiert noch ebenso faszinieren, wie sie die erste Menschheitsgeneration fasziniert haben.

Ein Computerfachmann aus Südfrankreich kehrt in das äthiopische Dorf seiner Ahnen zurück.[23] Seine Familie hatte Afrika bereits Jahre vor seiner Geburt verlassen. Als er seinem Großvater begegnet, dem Dorfältesten von Schembe, einem Flecken dreihundert Meilen von Addis Abeba entfernt, stellt er fest, dass sie sich nicht nur äußerlich ähneln, sondern auch ähnliche Ansichten und einen ähnlichen Bezug zur Umwelt haben. Nach seiner Rückkehr nach Frankreich erfährt der Computerfachmann, dass sein Großvater sein Testament geändert und ihn zum nächsten Häuptling von Schembe bestimmt hat.

Ein Lehrer aus Texas besucht das Dorf in Schottland, aus dem seine Familie stammt. Seine Großeltern sind bereits gestorben, aber er findet noch eine Großtante. Sie lädt ihn zum Tee ein. Als er den Tee einschenkt, entfährt seiner Großtante ein Schrei: »O mein Gott, wie deine Großmutter! Es ist in deinen Händen!«

Eine Mutter wendet sich an einen Psychotherapeuten, um über ihren fünfzehnjährigen Sohn zu sprechen. Er verhält sich genauso linkisch wie sein Vater, den sie vor knapp fünfzehn Jahren aus dem Haus geworfen hatte und dem der Sohn so gut wie nie begegnet ist. Liegt es an ihr, verwandelt sie alle Männer um sich herum in Tollpatsche, oder ist ihr Sohn die personifizierte Wiederkehr des Vaters?

Eine Mutter in Manhattan betrachtet ihren Sohn, während er schläft. Sie verließ seinen Vater in Paris kurz nach der Geburt des Jungen. Ihr Sohn kennt ihn kaum. Aber immer öfter entdeckt sie an ihm einen Ausdruck, sogar wenn er träumend in seinen Kissen liegt, der sie an seinen Vater erinnert. Sie hält das für unmöglich, weil sie diesen Ausdruck auf unbestimmbare Weise »französisch« findet.

All diese Geschichten weisen in dieselbe Richtung wie die berühmten Studien über eineiige Zwillinge, die an unterschiedlichen Orten aufwuchsen und dennoch dieselben Hobbys haben: Beide sammeln Gewehre, beide sind gute Erzähler oder neigen zu hysterischen Lachanfällen, oder verhalten sich ausgesprochen wasserscheu und wagen sich am Strand höchstens bis zu den Knien in die Wellen. Natürlich gibt es auch Geschichten, die in die Gegenrichtung deuten, etwa von dem jungen Mädchen, das seinen Eltern weder dem Aussehen noch dem Habitus nach auf irgendeine Weise ähnlich ist, oder vom adoptierten Sohn, der seinem Adoptivvater immer ähnlicher wird, bis er schließlich wie dieser läuft, spricht und denkt.

»Ich glaube, Gene und Verhalten sind einfach der Stoff, aus dem Schlagzeilen gemacht sind«, sagt Benzer und blickt auf seinen Ordner mit Presseausschnitten: »Bettnässergen entdeckt« oder »Ein Gen für das Bedürfnis nach ständig neuen Reizen«. »Das Problem ist nur, wenn man sich die Daten dazu ansieht, sind die oft wirklich nur fragmentarisch.« Die Messsysteme seien oft dubios und viele Korrelationen marginal: »Sosehr ich auch an den Zusammenhang von Genen und Verhalten glaube, er wird einfach überstrapaziert. Als sei alles nur eine Frage des Schicksals. Das halte ich für falsch. Gene werden nicht immer exprimiert. Selbst wenn man mit Taufliegen arbeitet, kann man feststellen, dass es nicht immer zur Genexpression kommt.« Jeder von uns trägt eine Menge Gene, die niemals zur Expression kommen. Die Wahrscheinlichkeit, dass sich ein Gen, das wir in uns tragen, tatsächlich exprimiert, nennt man dessen Penetranz. Und diese Penetranz ist nicht bei jedem Gen gleich. »Sieh dir die Bibel an«, sagt Benzer – und meint damit die Bibel der Drosophilogen, *The Genome of Drosophila Melanogaster*, ein Buch, das nicht nur jedes Taufliegengen aufführt, welches seit *white* entdeckt wurde, sondern auch die Penetranz von Tausenden Genen auflistet. »Man kann ein und dasselbe Gen mit zehnprozentiger Penetranz haben oder mit fünfprozentiger oder mit einprozentiger. Die Tatsache, dass jemand über ein bestimmtes Gen verfügt, heißt noch nicht, dass er auch den entsprechenden Phänotypen darstellt. Die Expression ist von einer Myriade chemischer Reaktionen abhängig. Das verstehen die meisten nicht. Die Leute glauben, wer ein bestimmtes Gen hat, dessen Schicksal sei besiegelt.«

Je vollständiger das verhaltensgenetische Bild wird, so Benzers Überzeugung, desto deutlicher werde sich herausstellen, dass es so etwas wie ein »Schwulen-Gen«, ein »Neugierde-

Gen« oder ein »Glücks-Gen« nicht geben kann. Merkmale dieser Art würden sich als mindestens so komplex erweisen wie die Veranlagung von Fliegen, sich dem Licht entgegenzubewegen – und Benzer kennt inzwischen Hunderte von Genen, die dieses eine Merkmal der Fliege beeinflussen. Forscher über Gene und Verhalten werden riesige genetische Komplexe und Konstellationen sezieren, die ebenso ineinander greifen wie das innere Uhrwerk der Fliege.

Je näher die von Benzer begründete Wissenschaft ihrem Ziel kommt, desto mehr Muster entdeckt er und desto mehr Fragen stellen sich ihm. Wenn er seinen Enkel während der Mittagspause in dessen High School besucht, denkt er jedes Mal: welch ein Forscherparadies! Sein Enkel erzählt, dass es immer dieselben Schüler seien, die während der Mittagspause hinausgehen oder im Haus bleiben. Draußen lehnten die einen dann grundsätzlich an geparkten Autos, andere versammelten sich nur bei den Fahrradständern, und wieder andere stünden immer nur am Fahnenmast herum. Jede Gruppe habe ihre eigenen Attitüden und neige zu deutlich gruppenspezifischen Entscheidungen. Benzer ist überzeugt, dass hinter all diesen Entscheidungen ebenso wie hinter der gesamten Schülerkultur tausendundein genetische Unterschiede stehen. Solche spezifischen Entscheidungen seien im Moment vielleicht noch zu kompliziert, als dass man sie sezieren könnte, doch der Einfluss von Genen insgesamt sei real und allenthalben präsent. »Da ist nichts Zufälliges«, sagt er. »Nichts davon findet zufällig statt.«

Heute träumt er in seinen durchwachten Nächten davon, dass einfache Merkmale schon bald seziert werden können. Manchmal fallen ihm dabei Galtons Gedanken über die instinktive Abscheu beim Anblick von Blut ein. Benzer hatte einen Studenten, der in dieser Hinsicht ein absoluter Extremfall war. Sah er Blut, fiel er augenblicklich in Ohnmacht. Es genügte schon, das Wort nur zu erwähnen. Einmal kippte er mitten im Fakultäts-Club um, ein andermal bei Benzer zu Hause. Sobald die anderen bei ihren Fachsimpeleien in Benzers Wohnzimmer, über dessen abenteuerliche Horsd'œuvres gebeugt, nicht Acht gaben, war es wieder vorbei mit ihm. »Versuch das mal zu erklären! Ein echtes Phänomen.«

Dann die Frage des Trinkens. Wenn Benzer in den ausgelassenen sechziger und siebziger Jahren seine Postdocs beobachtete, fiel ihm immer ein altes jiddisches Lied ein, dessen englische Version er aus Brooklyn kannte. Ein Jude geht in eine Bar und trinkt einen Fingerhut voll Wein. Ein Goj geht in eine Bar und trinkt literweise Wein. Der Refrain:

> *Drunk he is*
> *drink he must*
> *because he is a goj –*
> *Hey!*

Jeff Hall, der halb irischer Abstammung ist, greift sich um Mitternacht gern noch mit den Worten eine Bierflasche: »Diese irischen Allele!«

Die neue Generation von Molekularbiologen versucht nun, genau solchen Entscheidungen auf den Grund zu gehen. Tatsächlich gibt es Anzeichen, dass sogar ein derart komplexes Merkmal durch die Genetik erklärt werden kann. Lee Silver von der Princeton University, ein Molekularbiologe aus Hamers Generation, der sich inzwischen dem Studium von Genen und Verhalten verschrieben hat, untersucht unter anderem gerade Alkoholismus. Seine Arbeit mit Mäusen und die heutigen Möglichkeiten, Mäusegene und -verhalten zu erforschen, findet er so aufregend, dass er sich oft wünscht, er könnte sich aus allen anderen Projekten in seinem Labor zurückziehen und brauchte nichts anderes mehr zu tun.

Für das Studium eines komplexen Verhaltens wie Alkoholismus ist die Maus allerdings ein etwas problematisches Modell, wie Silver selber betont. Sie wird nie sagen: »Hey, ich hab Lust auf noch einen Drink, aber ich glaube, ich habe schon genug.« Sie wird den Drink einfach nehmen. Andererseits ist es gerade das, was die Maus zu einem nützlichen Forschungsobjekt macht – denn all diese aus Wille, Erfahrung, Erziehung und Umwelteinflüssen zusammengetragenen Schichten spielen bei ihr keine Rolle. Die Suche nach Verbindungsgliedern zwischen Genen und Verhalten ist bei Mäusen tatsächlich so einfach, dass Silver einen Großteil die-

ser Arbeit seinen Studenten überlässt. Vor nicht langer Zeit
dachte sich eine seiner Studentinnen ein Experiment aus, bei
dem sie zwei verschiedenen Labormaus-Stämmen je zwei
Zapfhähne anbot: Aus einem kam Wasser, aus dem anderen
Alkohol (10-prozentiges Äthanol, was ungefähr einem Char-
donnay entspricht). Ein unter der Bezeichnung C57BL/6 be-
kannter Mäusestamm deckt drei Viertel oder noch mehr seines Flüssigkeitsbedarfs aus dem Alkoholhahn, ein anderer
Stamm hingegen, DBA/2, trinkt so gut wie gar nichts und
deckt weniger als ein Hundertstel seines Flüssigkeitsbedarfs
aus dem Alkoholhahn. Eine DBA/2-Maus trinkt so wenig Alkohol, dass man sagen könnte, sie nippt nur ein einziges Mal
im Leben am Hahn und dann niemals wieder.

Justine Jaggard, eine von Silvers Diplomandinnen, kreuzte
die Alkoholiker-Mäuse mit den Abstinenzlern. Dann kreuzte
sie deren Kinder mit Abstinenzler-Mäusen. Einige der Enkel
tranken Unmengen von Alkohol, andere so gut wie keinen.
Jaggard testete die DNS der Mäuse anhand der vielen Marker, die, wie sie wusste, bei den Alkoholiker- und den Absti-
nenzlerstämmen Unterschiede aufwiesen. So konnte sie feststellen, welche dieser Marker am häufigsten bei Alkoholiker-
Mäusen vorkamen. Und diese mussten unmittelbar neben
oder in der Nähe von Genen liegen, die für diese Verhaltensabweichung verantwortlich waren.

In einer Juninacht kurz vor Ende ihres Abschlussjahres
fand Jaggard einen Locus auf dem Mäusechromosom 2,
der Mäusemännchen zum Alkoholismus zu prädisponieren
schien, und einen Locus auf Chromosom 11, der weibliche
Mäuse offenbar zu Alkoholikerinnen machte. Das Gen der
weiblichen Mäuse schien für etwa ein Fünftel ihrer Trinkmu-
stervarianz verantwortlich zu sein. Sofort am nächsten Morgen rief sie Silver an: »Ich hab heute früh um drei ein unglaubliches Resultat bekommen. Ich weiß es. Ich kann nicht
glauben, dass es tatsächlich funktioniert hat. Ich bin so aufgeregt. Puh! Na ja, jedenfalls: Da ist es! Ich bin total, total
aufgeregt. Aber es besteht gar kein Zweifel!«

Heute kreuzen Silvers Studenten aggressive mit passiven
Mäusestämmen oder Mäuse, die Anfälle bekommen, wenn

sie schrille Töne hören, mit Mäusen, die denselben Tönen gegenüber immun sind, oder auch monogame Mäuse mit polygamen.[24] Mit jedem dieser Merkmale hofft Silver, Komplexe von interagierenden Genen zu entdecken und diese dann sezieren zu können, während er zugleich nach korrespondierenden Genen im Menschen forscht. Einer seiner Doktoranden fabriziert Mäusemosaike, um auch die feinsten Unterschiede bei ihrem Verhalten bis zum Gehirn zurückverfolgen zu können. Das heißt, sie erschafften eine Maus, deren Zellen zur Hälfte männlich und zur anderen Hälfte weiblich sind – vom Fell bis zum Gehirn zufällig zusammengewürfelte Teilchen Männlichkeit und Weiblichkeit. Dann testen sie diese Mäuse im Labor und beobachten, wie ihre Verhaltensweisen variieren, abhängig davon, welche Hirnregion welche Gene geerbt hat. »Es ist eine faszinierende Sache, auf die wir da gemeinsam gestoßen sind«, sagt Silver. »Übernommen haben wir sie von den *Drosophila*-Gynandromorphen. Konzeptionell ist es dasselbe: genetische Sektion im Gegensatz zu chirurgischer Sektion.«

Wie die meisten Biologen auf diesem explosionsartig wachsenden Gebiet spricht Silver mit wahrer Begeisterung von der genetischen Sektion des Verhaltens, ohne sich bewusst zu machen, woher diese Formulierung stammt. »Ein Großteil davon geht auf Seymour Benzers Vision zurück«, gibt Silver schließlich anerkennend zu. »Das habe ich immer im Hinterkopf. Das ist ihm zu verdanken. Seine Vision war der Ausgangspunkt für die Forschung, die nun in allen nur denkbaren Richtungen weiterbetrieben wird.«

KAPITEL XIX

Gettysburg

Das Wissen der Menschheit wird aus den Archiven
dieser Welt gelöscht sein, bevor wir uns des letzten
Wortes bemächtigt haben, das uns eine Mücke mit-
zuteilen hat.

Henry Fabre[1]

Auf dem Schlachtfeld von Gettysburg versammeln sich mehr
als hundert Molekularbiologen immer wieder in einem großen Halbkreis um ihren Führer, der mit der übertriebenen
Betonung einer Comicfigur die historischen Details des
Kampfes durch ein weißes Megaphon brüllt: »Das ist das
Weizenfeld, es ist eine *Schande*, dass sie hier keinen *Weizen* mehr
anbauen! Auf dem Maisfeld von *Antietam* bauen sie ja schließlich auch noch *Mais* an. Und so *sollte* es auch sein!«

Es ist ein schöner Herbstnachmittag. Die Molekularbiologen schlendern in kleinen Grüppchen mit ihren Familien
herum und unterhalten sich auf Englisch, Japanisch, Chine-
sisch, Französisch und Deutsch.[2] Sie sind beeindruckt von der
schier unerschöpflichen Menge an militärischen Informationen, die ihr Führer im Kopf gespeichert hat. Doch als ihm ein
Doktorand aus den vorderen Reihen ein Kompliment macht,
lässt er sein Megaphon für einen Moment sinken und erwidert: »Sofern man von einem ungebildeten Wilden sagen
kann, dass er etwas *weiß*.«

Von ihren Namensschildern, die das orange-schwarze
Wappen der Princeton University tragen, baumeln kurze
Beinchen herab, so dass sie wie Viren aussehen − wie Bakte-

riophagen. Sie alle gehören dem Princetoner Fachbereich für
Molekularbiologie an, dem wohlhabendsten und am schnellsten wachsenden Fachbereich der Universität. Ihr Labor am
Rande des Campus von Princeton wurde von Robert Venturi
in architektonischer Anlehnung an den venezianischen Do-
genpalast entworfen. Nachdem die Fakultätsleiter Gettysburg
für den diesjährigen gemeinsamen Ausflug ausgewählt hatten, fragten sie ihren Kollegen James McPherson, den Princetoner Historiker und Autor des Buches *Battle Cry of Freedom*,
ob er bereit wäre, sie dort herumzuführen. McPherson be-
schied sie, sie möchten sich an Jeff Hall wenden: »Hall weiß
mehr über Gettysburg als ich, außerdem ist er Biologe.«

Am letzten Abend saß der Drosophiloge Eric Wieschaus,
der sich auf diese Exkursion mit der Lektüre von *The Blue and
the Gray* vorbereitet hatte, im »Robert E. Lee«-Raum des Gettysburg Ramada Inn neben Hall und diskutierte mit ihm
über Gettysburg, Gene und Verhalten. Je später der Abend,
desto mehr rang Wieschaus mit den Paradoxa von Halls
Fachgebiet – und zwar nicht nur durch den Einsatz seiner geistigen Kräfte. Ständig raufte er sich die Haare und kämpfte so
gestenreich um einen klaren Gedanken, dass Hall irgendwann über den Tisch rief: »Wir wurden gerade Zeuge, wie
sich Eric Wieschaus selbst k.o. schlägt – wie so oft.«

Wieschaus lachte. »Das mach ich sogar bei Vorträgen –
mitten in wichtigen Reden.« Zwölf Monate später bekam er
einen Anruf aus Stockholm.[3]

Sogar hier draußen auf dem Schlachtfeld diskutieren die
meisten dieser Molekularbiologen von Rang und Namen
über Molekularbiologie. Ihr Forschungsbereich eilt mit solchen Riesenschritten voran, dass sie sich kaum je für einen
Nachmittag wie diesen Zeit nehmen, nicht einmal um einen
Blick zurück auf die Geschichte ihrer eigenen Schlachtfelder
zu werfen. Vor einiger Zeit brachte Seymour Benzers koreani-
scher Postdoc seinem Chef in Pasadena eine Petrischale. Er
hatte den Bakterien in der Schale das Fliegengen *drop-dead*
injiziert, und nun taten sie genau das: Sie kippten um und
waren tot. Benzer blickte amüsiert auf die Schale. Er wusste,
dass sein Postdoc enttäuscht war. Er hatte versucht, die Bakte-

rien zur Expression des *drop-dead*-Gens zu bringen, damit er
das *drop-dead*-Protein studieren kann. Stattdessen waren sie
einfach tot umgefallen. »Mir gefällt die Vorstellung, Bakterien
tot umfallen zu lassen«, sagte Benzer. »Ich hab sie immer mit
dem Phagen umgehauen.«

»Wie macht man das?« fragte der Postdoc.

»Sie fressen Bakterien. Der Phage, mit dem ich gearbeitet
habe...« Plötzlich hielt Benzer wie vom Donner gerührt inne.
»Das weißt du nicht? O mein Gott!« schrie er in gespielter
Verzweiflung. »Die gesamte Phage-Literatur ist also an dir
vorübergegangen?«

Die Naturwissenschaften wachsen so rapide, dass sich ihre
noch quicklebendigen Urväter wie Geister fühlen, die auf
ihrem eigenen Fachgebiet ihr Unwesen treiben. Es gibt Doktoranden in einem nach Delbrück benannten Institut in
Deutschland, die keine Ahnung haben, woran Delbrück gearbeitet hat. Und wenn Postdocs bei irgendwelchen Treffen in
Cold Spring Harbor Watson hereinschneien sehen, rufen sie
sich erstaunt und lautstark zu: »Was, der lebt noch?«

»Die Molekularbiologie ist für junge Wissenschaftler ge-
schichtslos«, erklärte einer aus der alten Garde vor nicht langer Zeit.[4]

Sydney Brenner schränkte das ein wenig ein: »Ich glaube
eher, dass Geschichte für die Jungen durchaus existiert, aber
in zwei Epochen unterteilt wird: in die der vergangenen zwei
Jahre und in alles, was davor lag.«[5]

E. O. Wilson findet, dass diese Art von Kurzzeiterinnerung
gar nicht schlecht ist angesichts der Ehrfurcht, die Psychologen bis heute gegenüber Freud oder Jung empfänden, oder
eingedenk der »Stammesloyalität«, die Sozialwissenschaftler
gegenüber den Helden in ihrem Pantheon zeigten. »Ein
Großteil der gültigen Sozialtheorien ist noch immer sklavisch
an ihren einstigen Großmeistern orientiert«, schrieb Wilson in
seinem neuesten Buch, »ein schlechtes Zeichen angesichts des
Prinzips, dass wissenschaftlicher Fortschritt immer auch
daran gemessen werden kann, wie schnell die Urväter einer
Disziplin in Vergessenheit geraten.«[6]

Jeff Hall strebt dem Höhepunkt seiner Geschichtsstunde

zu. Er scheucht die Gruppe den Weg von »Pickett's Charge« hinauf. Auf einige der Molekularbiologen wirkt die Atmosphäre des Ortes so stark, dass sie sich schließlich doch über den Beginn ihres eigenen »Sturmangriffs« zu unterhalten beginnen. Der amerikanische Bürgerkrieg fand zur selben Zeit statt, als – wie T. H. Morgan immer zu sagen pflegte – Mendels Erbsen und Morgan selbst »angesamt« wurden.[7] Arnie Levine, der diesjährige Fachbereichsleiter der Princetoner Molekularbiologen (an diesem Tag nennen ihn alle nur »General Levine«), plaudert mit Lee Silver über Schrödingers Buch *Was ist Leben?*, in dem dieser die Überlegung anstellte, dass Quantensprünge zu Mutationen führen könnten. »Das war falsch«, lacht Levine, »aber das machte nichts. Denn damit hat er die Physiker ins Spiel gebracht.«

»Ja, da kam Francis Crick ins Spiel«, stimmt Silver zu, »und Seymour Benzer ... Gunther Stent...«

Doch wie die meisten Molekularbiologen blickt auch Silver lieber in die Zukunft. Er fühlt deutlich, dass sein Fachgebiet in rasender Geschwindigkeit auf einen Höhepunkt zusteuert. »Wir dachten, es gäbe eine Menge Hürden, aber die existieren gar nicht«, sagt er oft. »Wir entdecken Dinge, von denen wir glaubten, dass wir sie nie finden könnten. Eine Wissenshürde nach der anderen verschwindet. Ich glaube, früher oder später werden wir alles wissen. Davon bin ich fest überzeugt. Es ist nur eine Frage der Zeit, eine Frage des Wann.«

Bald schon wird es ganz normal sein, jemandem eine kleine Probe DNS zu entnehmen und diese mit einer elektronischen Vorrichtung namens DNS-Chip auf die unterschiedlichen Formen eines jeden Gens hin zu untersuchen.[8] Molekulargenetiker werden auf Anhieb wissen, welche Gene eine Person trägt und welche davon in diesem Moment ein- oder ausgeschaltet sind. Brandneue Biotech-Fabriken produzieren bereits die erste Generation solcher DNS-Chips. Entwickelt wurden sie durch das Bündnis von Computer Science und Molekularbiologie, ein neuer Fachbereich, welcher dem ohnehin rasanten Tempo dieser beiden Disziplinen vermutlich noch um einiges vorauseilen wird.

Molekulargenetiker werden die DNS von Hunderttausen-

den Menschen sichten, diese Informationen dann mit Persönlichkeitstests kombinieren und das Gesamtbild anschließend
von einem Computer auswerten lassen. Damit werden sie Bilder von Genkomplexen zusammensetzen können, die bei der
Produktion von kompliziertesten Persönlichkeitsmerkmalen
kooperieren. »Das wird schon sehr bald geschehen!« sagt Silver. »Selbst wenn es zehn Gene geben sollte, die jemanden ag-
gressiv machen: Man wird sie *sehen* können!« Das zwanzigste
Jahrhundert begann damit, dass ein Mann eine einzelne
weißäugige Fliege in einer Flasche betrachtete, sagt er. Das
21. Jahrhundert wird kaum begonnen haben, »da werden wir
imstande sein, die unterschiedlichen Allel-Kombinationen
von zehntausend Menschen mit dem kompletten Genom zu
vergleichen und Verhaltensprofile zu erstellen«. Natürlich
wird jedes dieser Profile von der entsprechenden Umwelt modifiziert worden sein. »So viel ist sicher«, meint Silver. »Aber
das Ganze ist eine unglaubliche Geschichte. Ich glaube, den
Leuten ist gar nicht klar, welche Macht die Genetik hat. Man
kann feststellen, welche Gene für ein bestimmtes Merkmal
verantwortlich sind – ohne irgendetwas sonst zu wissen.«
Ohne auch nur irgendetwas über das entsprechende Gen, die
spezifische Umwelt, die jeweilige Psychologie oder physiologi-
sche Maschinerie zu wissen, kann man das Gen beschreiben.
»Ohne auch nur *irgendwas* zu wissen! Denn wenn man erst
einmal den Zusammenhang erkannt hat, kann man jederzeit
zurückgehen und herausfinden, *warum* das so ist. Das lässt
sich alles im Nachhinein tun.« Nehmen wir zum Beispiel
Schüchternheit, ein Merkmal, das Silver für stark genetisch
bestimmt hält. Mit der Art von Massen-Screening, die Silver
sich vorstellt, könnte er gut und gerne zwei Dutzend Gene finden, jedes davon mit multiplen Allelen, die zu dem Merkmal
Schüchternheit beitragen. Er könnte das, ohne zu wissen, was
jedes einzelne dieser Gene bewirkt. »*Dann* kannst du anfangen, Fragen zu stellen. Was tut es? Welches Protein produziert
es? Wann ist es eingeschaltet? Wann ist es ausgeschaltet? Wer
das tun kann, hat unglaubliche Macht.

Leute, die nicht an die Relativität glauben, *verstehen* die Relativität nicht. Leute, die nicht an die Evolution glauben, *ver-*

stehen die Evolution nicht. Dasselbe gilt für die Genetik. Ich glaube aber, dass sich einige Menschen einfach nur scheuen, ihren Vorstellungen freien Lauf zu lassen.

Mein Gefühl sagt mir, dass sich Molekularbiologen immer weiter auf das Gebiet der Psychologie begeben und es schließlich ganz übernehmen werden. Ich glaube, auf diese Weise wird die Psychologie schließlich einer Verjüngungskur unterzogen werden.

In den siebziger Jahren sagten sie, Gentechnik sei unmöglich. Dann sagten sie, Klonen sei unmöglich. Ist es nicht faszinierend, wie kurzsichtig Menschen sein können? Die Naturwissenschaften *explodieren*. Dabei stehen wir derzeit in Wirklichkeit gerade erst am Anfang der Biologie. Man muss sich bewusst machen, dass die Biologie im ausgehenden zwanzigsten Jahrhundert ebenso an einem Scheideweg angelangt ist, wie es die Physik im ausgehenden neunzehnten Jahrhundert war.«

Jeff Hall hält sein Megaphon in einem verwegenen Winkel vor den Mund, um seine Worte über die Köpfe der ersten Reihen hinwegfeuern zu können. Dann bellt er hinein, als wiederholte er die wütenden Angriffskommandos der Schlacht. Das oberste Ende des Pfades von Pickett's Charge ist fast erreicht. Die Statue von General Lee liegt weit zurück, und das Denkmal für George Meade hinter einer kleinen Baumgruppe ist gleich erreicht. Hall hält den Bürgerkrieg für das größte Drama in der Geschichte der Vereinigten Staaten und die Schlacht von Gettysburg für den Höhepunkt dieses Dramas – und »der Höhepunkt des Höhepunkts, der entscheidende Moment unserer Geschichte«, wie ein Historiker einmal schrieb, war »Pickett's Charge«.[9] Am 3. Juli 1863 marschierten vierzehntausend konföderierte Soldaten diesen Hügel in Richtung der heute so genannten Cemetery Ridge hinauf. Sie marschierten durch Kanonenfeuer und Gewehrsalven auf die Biegung eines niedrigen Steinwalls am Gipfel zu, heute unter dem Namen »The Angle« bekannt. Sie stießen mit wehenden Fahnen direkt in die Mitte der Unionstruppen auf dem Grat von Cemetery Ridge vor. Nur zweihundert von Picketts Soldaten schafften es bis zum »Angle«, ungefähr genauso viele Menschen, wie die Gruppe umfasst, die Hall heute diesen Pfad hinaufführt, die Kinder mitgerechnet. In dieser Stunde war die Schlacht verloren und gewonnen.

Schon heute ist es möglich, die DNS von acht Embryonen im achten Zellstadium zu screenen, so dass die Eltern sich dasjenige aussuchen können, das in den Uterus der Mutter verpflanzt werden soll. In den entsprechenden Kliniken gehört dieses Vorgehen bereits zum Alltag. Je mehr Gene man screenen kann und je genauer man diese Genkomplexe kennt, desto mehr wohlhabende Eltern werden sich nicht nur das gesündeste, sondern auch das beste und schlaueste zur Verfügung stehende Embryo aussuchen. Sie werden die Gene ihrer Kinder selber designen. Mit denselben Werkzeugen, die auch Hall benutzte, um erstmals einem Tier einen Instinkt zu injizieren, wird es in solchen Fertilitätskliniken eines Tages möglich sein, eine reiche Auswahl an menschlichen Instinkten und Merkmalen anzubieten und zu injizieren. Und je häufiger solche Entscheidungen getroffen werden, desto schneller wird sich in den kommenden Jahrhunderten nolens volens der Traum von Galton und anderen Eugenikern erfüllen, ganz unabhängig davon, ob Regierungen nun Gesetze dafür oder dagegen erlassen. Die Reichen werden sich die Gene ihrer Kinder aussuchen, und die Armen werden das nicht können. Die Kluft zwischen Arm und Reich könnte sich im dritten Jahrtausend derart verbreitern, dass es noch vor dessen Ende nicht nur zwei Klassen, sondern auch zwei Arten von Menschen geben wird – oder gar ein ganzes Galapagos verschiedener menschlicher Spezies. Die Kreuzung dieser menschlichen Spezies ließe sich verhindern, indem man durch gentechnische Verfahren chemische Unverträglichkeiten herstellt, die dafür sorgen, dass das Ei der einen Spezies den Samen der anderen abweist. Selbst Silver, der ja fasziniert ist vom Potenzial seiner Wissenschaft und von der Möglichkeit, dass auch die letzten Schranken fallen werden, sieht in weiter Zukunft eine drohende Katastrophe, einen Darwinschen Albtraum utopischer Eugenik: die dystopische Entstehung der Arten.[10]

»Diesen Punkt haben wir nun nach einer langen Strecke mühevoller Plackerei und Selbsttäuschungen erreicht«,
schreibt E. O. Wilson. »Wir werden wirklich bald tief in uns
gehen und entscheiden müssen, was aus uns werden soll. Unsere Kindheit ist zu Ende, jetzt werden wir die wahre Stimme
von Mephistopheles zu hören bekommen.« Zwar glaubt Wilson nicht, dass wir uns in »auf Proteinen basierende Computer« verwandeln werden und dass wir tatsächlich verlieren
wollen, was uns menschlich macht. Wilsons Ameisen zum
Beispiel riskieren niemals etwas. Und so glaubt er auch nicht,
dass wir bereit sein könnten, aufzugeben, was wir in Milliarden von Jahren entwickelt haben, und damit zum Ursprung
allen Lebens zurückzukehren. Doch welche Veränderungen
werden wir bereits in den kommenden Jahren der menschlichen Natur zumuten – beabsichtigt oder ganz en passant und
ungeplant? »Diese Frage ist längst nicht mehr futuristisch«,
schreibt Wilson weiter, »aber sie bringt deutlich zum Ausdruck, wie wenig wir über die eigentliche Bedeutung der
menschlichen Existenz wissen...«[11]

Um neun Uhr abends ist Benzer fast immer allein auf seiner
Etage in Church Hall. Gegen zehn oder elf Uhr ist der Schein
seiner Schreibtischlampe eines der letzten Lichter, die man in
den Fenstern sieht. Für ihn hat der typische Geruch von Flie-
genfutter nie seine Süße verloren: »Home, sweet home.«
    Manchmal, wenn er so alleine in seinem Labor ist, nimmt
er sich vor, an den Türen Namensschilder der Personen anzu-
bringen, die einmal dort gearbeitet haben und sich von seinen
revolutionären Ideen den Weg leuchten ließen. Einige von
ihnen brachten ihr Schiff sicher in den Hafen, andere kenter-
ten. Und nicht alle Arrowsmiths dieses realen Max Gottlieb
blieben am Ball – gerade unter den ersten von Benzers Studenten stiegen einige bald schon aus. Konopka lebt heute ein
paar Blocks vom Caltech-Campus entfernt, allein in einem
hinter Palmen und Magnolien versteckten kleinen Haus, so
anonym wie Kafkas K. Hin und wieder erhält er per Post ein
neues *clock*-Papier. Dann sieht er sich die Tabellen an und
denkt: »Zum Teufel, das sind doch alles meine Mutanten!«

Heute verbringt er seine Tage mit dem Sammeln von Schmet-
terlingen, die er dann weit vornübergebeugt über den Rand
seiner Brille betrachtet. Er sammelt auch Kassetten von der
Rockgruppe Grateful Dead und Fotografien von den Wasser-
fällen der Umgebung. Auf dem abgewetzten Teppich hinter
der Eingangstür ist eine große Lionel-Modelleisenbahn aufgebaut, und an einer Wand des Esszimmers lehnt ein Spiel-
automat: »Gottlieb's FAR OUT« steht darüber. Damals, im
Sommer 1968, hatten die Wissenschaftler in Church Hall behauptet, Konopka würde nie finden, wonach er sucht. Als
es dann gefunden hatte, sagten sie, es sei bedeutungslos.
Heute ist es von Bedeutung, aber er ist nicht mehr dabei.
»Meine Lebensgeschichte«, sagt er. »Es hat mir einfach nie
einer geglaubt. Du denkst, Wissenschaftler seien vorurteils-
los? Ha, ha, ha!«

Benzer schlendert oft mitten in der Nacht zu T. H. Morgans Aktenschränken im dritten Stock von Church Hall und
blättert in Papieren aus der Gründerzeit der Genetik uralte
Referenzen durch. Dann macht er bei Sturtevants altem Studenten Ed Lewis Halt, sieht sich um zwei Uhr in der Früh die
Tintenfischbabys in Lewis' Aquarium an und gibt sich dabei
denselben Gefühlen hin, die ihn überkommen, wenn er auf
die Irispflanzen in Sturtevants Versuchsbeet vor dem Haus
herabblickt. Es sind immer dieselben Gedanken, die ihm
durch den Kopf gehen, sogar wenn er vor einer Pfütze stehen
bleibt und sich die mikroskopischen Glocken- und Rädertier-
chen und die anderen Lebewesen vorstellt, die darin ihre Zau-
berkunststückchen aufführen. »Es ist eine wunderbare, eine
märchenhafte Welt. Und sie treibt schon so lange ihr Spiel,
und es geht unentwegt so viel darin vor. Es ist einfach faszinierend, wie viel wir außer Acht lassen.«

Durch sein Mikroskop zoomt sich Benzer das Auge einer
Fliege heran und bewundert eine Facette. Auf ihr befindet
sich ein Haar, und in diesem Haar ist ein Nerv, der in das Gehirn führt. Wenn er sich eine solche Facette nahe genug her-
anholt, sieht sie wie das komplette Auge aus. Durch die
20 500fache Auflösung eines Elektronenmikroskops kann er
sogar noch feinere Strukturen erkennen. »Je mehr man sucht,

desto mehr findet man.« Und dabei betrachte man immer nur die Oberfläche. Wenn man erst einmal ins Innere blicke, entdecke man ganze Welten in den Welten all der Details: Rollen über Rollen von Drähten und Kabeln, geriffelte Rohrleitungen, Knöpfe und Stöpsel, Quasten, vierblättrigen Klee und seltsame Erscheinungen, die wie Golfbälle auf Abschlag-Tees aussehen. »Das Auge ist ein Mikrokosmos, der die gesamte Biologie enthält. Vielleicht sogar inklusive des Bewusstseins«, sagt Benzer. »Aber so ist es: Jeder Kern enthält praktisch die gesamte Biologie.« Feynman hat das einmal wunderbar formuliert: »Da die Natur nur die längsten Fäden zu ihren Mustern verwebt, enthüllt jeder kleinste Stoff-Fetzen die Struktur des gesamten Teppichs.«[12]

> *Behavior was fun, but I don't care,*
> *I'm on to something else next year,*
> *I must stick with the new frontier*
> *Until I'm old and gray.*

Inzwischen ist Benzer längst alt und grau. Und wieder einmal scheint ihm »Verhalten« das neue Grenzland zu sein. Inzwischen interessiert ihn aber auch das Altern, das gesamte Phänomen »Lebensspanne«: Inwieweit ist sie in den Genen festgeschrieben? Wieder einmal fragt er sich, ob die Naturwissenschaften Antworten auf jene immer wiederkehrenden Fragen finden können, deren Antworten Max so verzweifelt suchte: Finde etwas, das es wert ist, Aurora, der Göttin der Morgenröte, berichtet zu werden.

Um drei Uhr morgens ist es im Church Laboratory sehr still. Nur wer die Halle ganz durchquert und ein paar Treppen hinuntergeht, entdeckt, dass eine kleine Nachtschicht aus Labortechnikern gerade dabei ist, Flaschen und Abfüllröhrchen auszuwaschen und Hunderte von Fliegenflaschen für die Experimente am kommenden Tag zu füllen, Hunderte von Phiolen, Teströhrchen und altertümlichen Milchflaschen mit der Bezeichnung BENZER darauf. Um vier Uhr morgens geht die Nachtschicht nach Hause, um sechs Uhr wird die Tagschicht eintreffen – in Form einer Frau, die zufällig den

Namen Aurora trägt. Und Benzer wird beim Hinausgehen Aurora an der Eingangstür begegnen.

Kurz nachdem Benzer und Carol Miller geheiratet hatten, bat Francis Crick Carol, ihm das menschliche Gehirn zu zeigen. Crick hatte schon seit Jahren über das Gehirn nachgedacht und seine eigenen Theorien darüber entwickelt, aber bis dahin noch nie eines in der Realität gesehen. Er bat Carol, ihm die Großhirnrinde zu zeigen, damit er sie sich in ihrer ganzen Komplexität bildlich vorstellen konnte.

Also legte Carol ein Hirn auf ein gewöhnliches weißes Plastikschneidebrett aus dem Haushaltsgeschäft, und Crick sah ihr in einem geborgten weißen Labormantel über die Schulter. In den Fächern und auf den Regalen rundherum waren Dutzende von Gehirnen verstaut, einige noch intakt, andere bereits in ihre Bestandteile zerlegt. Auf dem Regal über der Arbeitsfläche stand eine Reihe viereckiger Gläser voller gräulicher Augäpfel.

Die Windungen der Großhirnrinde sehen aus wie die spiralförmigen Windungen der Doppelhelix: Origami-Tricks, mit denen es der Evolution gelungen ist, eine riesige Menge an Informationen auf kleinstem Raum unterzubringen. Carol erklärte, dass die Gehirnmasse nicht mehr auf das Schneidebrett passen würde, könnte sie sie glatt ausbreiten – beinahe ein Quadratmeter Cortex. Jeder Quadratzentimeter enthält Millionen von Nervenzellen, und jeder Nerv stellt Tausende von Kontakten mit seinen unmittelbaren und entfernteren Nachbarn her, und zwar nach Mustern, die zuerst im Embryonalstadium von den Genen und den wachsenden Nerven und später dann durch die lebenslangen Entscheidungen in dieser grau-braunen Masse bestimmt werden. Ein ziemlicher Kontrast zum Gehirn einer Fliege, das in einen so winzigen Schädel passt, dass wir es ohne Vergrößerungsglas kaum sehen können.

Warum wir ein so massives Gehirn entwickelt haben, ist noch immer unklar. Aber ein Grund könnte gewesen sein, uns die Entscheidungen an den Wahlpunkten zu erleichtern. Unser Gehirn ermöglicht es uns, ein Maximum an Informationen aus Erlerntem und Erfahrenem an jeden beliebigen

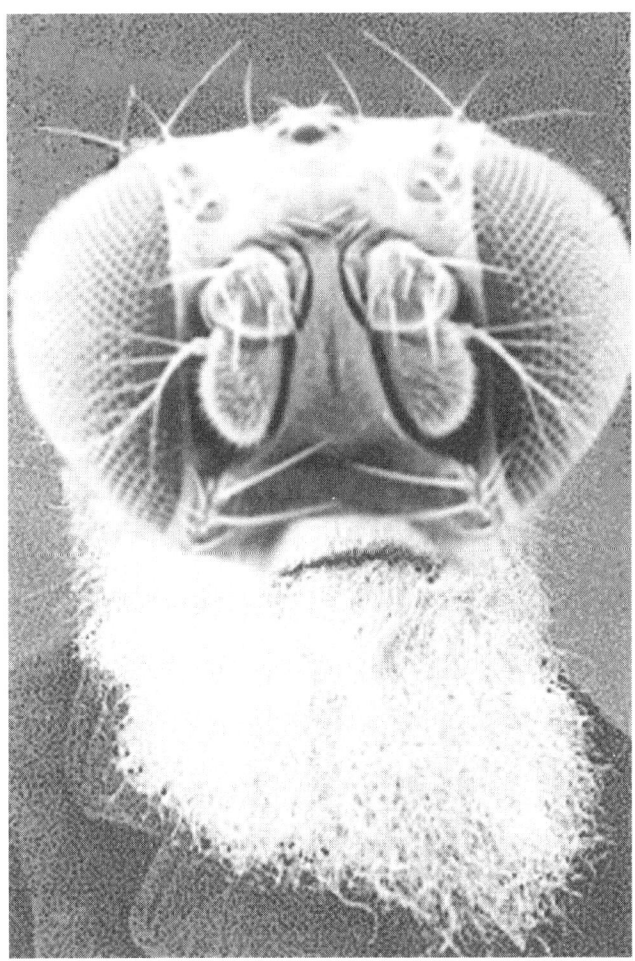

Kurz nach Benzers siebenundsiebzigstem Geburtstag verkündeten er und zwei seiner Postdocs, Yi-Jyun Lin und Laurent Seroude, die Entdeckung eines Fliegenmutanten, der über hundert Tage lebt. Sie nannten ihn me-thusaleh. Schon andere Drosophilogen hatten nachgewiesen, dass die Lebensdauer einer Fliege von Genen beeinflusst wird, aber noch keinem war es gelungen, einen solchen Mutanten zu klonen. Inzwischen ist Benzer auf der Jagd nach weiteren langlebigen Mutanten und damit am Beginn einer neuen Karriere, die er in seinem achten Lebensjahrzehnt zu verfolgen hofft: die genetische Sektion des Alterns. Bei Vorträgen über methusaleh *pflegt Benzer dieses Dia zu zeigen: Darwin mit Fliegenaugen.*

Wahlpunkt zu transportieren, alles, was unsere Spezies jemals gelernt hat, und alles, was ein jeder von uns im Laufe des Lebens lernt. Eine Fliege tut gewissermaßen im kleinen Maßstab dasselbe, was wir im großen tun – und zwar weit mehr als jede andere Kreatur auf dieser Erde.

Seit einigen Jahren versuchen nun Crick und einige seiner Kollegen den Unterschied zwischen unbewusstem Sehen und visueller Wahrnehmung herauszufinden.[13] Crick ist überzeugt, dass eingehende Informationen auf unterschiedliche Weise verarbeitet werden und dass die jeweilige Art und Weise ausschlaggebend dafür ist, ob wir uns der Information bewusst sind oder nicht. Indem er diesem Unterschied im Gehirn auf die Spur zu kommen versucht, hofft er Hinweise zu erhalten, auf welche Weise Erfahrungen in unser Bewusstsein dringen und es uns ermöglichen, vor den jeweiligen Wahlpunkten das beste Angebot aus unserem Großhirn herauszufiltern. Crick ist sich sicher, dass dies *die* Frage des 21. Jahrhunderts sein wird – doch Benzer hebt nur eine Augenbraue und lächelt sein molekulares Lächeln, wenn die Rede auf dieses Thema kommt.

»Er zieht mich immer auf mit meinem Interesse am Bewusstsein und so weiter«, lacht Crick. »Wenn man die *Drosophila* erforscht, ergibt das ja auch wenig Sinn, denn wir haben ja keine Ahnung ... wir wissen ja nicht einmal bei *Säugetieren* wirklich, was es bedeutet, sich einer Sache bewusst zu sein, und was die *Drosophila* betrifft, so wissen wir im Grunde noch immer nicht, ob sie nun Automaten sind oder nicht. Ich verstehe also, dass er sich nicht wirklich für dieses Thema interessiert. Das würde ich auch nicht, wenn ich mit der *Drosophila* arbeitete.« Einmal sagte Crick während einer Versammlung in Pasadena scherzhaft vom Podium herab: »Jacques Monod pflegte immer zu sagen, dass alles, was auf das *E. coli* zutrifft, auch auf den Elefanten zutrifft. Aber ich glaube, nicht einmal *er* hat behauptet, dass alles, was auf den Elefanten zutrifft, auch auf das *E. coli* zutrifft. Ich glaube einfach nicht, dass die Fliege genauso clever ist wie Seymour, auch wenn Seymour nicht an der Decke herumspazieren kann.«

»Wenn du so nett wärst, mir eine Definition von Bewusst-

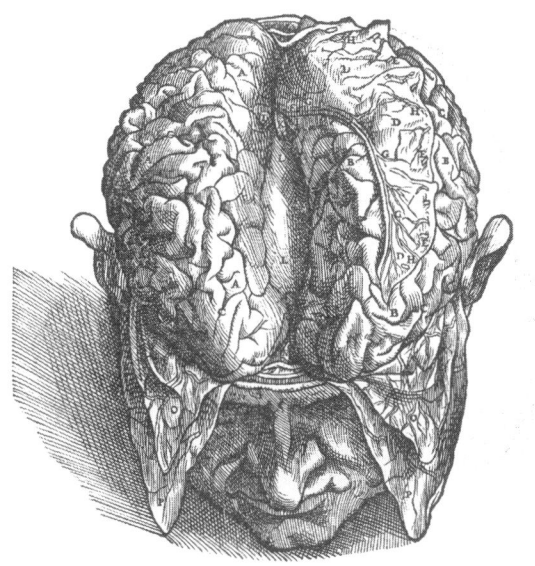

Die Großhirnrinde, in einer Zeichnung des Anatomen Andreas Vesalius. Vesalius veröffentlichte sein De Humani Corporis Fabrica *1543, im selben Jahr, in dem* De Revolutionibus Orbium Coelestium *von Kopernikus erschien. Während Kopernikus die Reise ins All eröffnete, setzte Vesalius die Reise ins Innere in Gang. Die Reise ins All hat uns mittlerweile die Entdeckung von Licht aus den Zeiten des Urknalls und der Geburt des Universums beschert; die Reise ins Innere führte uns zur Entdeckung der ersten Verbindungen zwischen Genen und Verhalten. Eines Tages wird man sich auch dieser Entdeckungen als Anfänge, als erste Ausgangspunkte erinnern.*

sein zu liefern«, schoss Benzer aus dem Auditorium zurück, »dann werde ich einen Test erfinden, um festzustellen, ob die *Drosophila* eines hat. Aber bisher warst nicht einmal du in der Lage, diese Definition zu liefern.«[14]

Crick hofft, dass ihn die Erforschung des visuellen Verarbeitungssystems des menschlichen Gehirns auf die Spur dieser Definition bringt. Bis dahin geht er weiter davon aus, dass es eine Hirnregion gibt, die für Planung und Voraussicht verantwortlich ist und vermutlich im Lobus frontalis liegt, dem vordersten Teil des Gehirns, unmittelbar hinter der Stirn. Die vordersten Bereiche der präfrontalen Region gelten als Sitz unseres sozialen Verhaltens: Sie halten uns davon ab, Dinge zu sagen und zu tun, die vom sozial Erwarteten und Akzeptierten abweichen. Der klassische Fall einer Demenz des Lobus frontalis war der eines Mannes namens Phineas Gage, Vorarbeiter bei Rutland and Burlington Railroad in Cavendish, Vermont. Bei einem Sprengstoffunfall am 13. September 1848, bei dem sich eine Eisenstange unter seinem linken Auge durch den Schädel bohrte und, gefüllt mit Blut und Gehirnmasse, an der Schädelrückseite wieder austrat, verlor Gage einen Großteil des Lobus frontalis. Doch zum Erstaunen aller Umstehenden stand er schon bald nach dem Unfall auf, lief, sprach und scherzte herum. Seine Ärzte sollten allerdings bald schon feststellen, dass er »nicht mehr Gage« war:

> 15. Oktober (32. Tag) ... Geistige Äußerungen schwach, außerordentlich launisch und kindisch, jedoch mit demselben unbezähmbar starken Willen wie eh und je; ausgesprochen halsstarrig; unbeherrscht, wenn es zu Konflikten mit seinen Bedürfnissen kommt.
> 20. Oktober (37. Tag) ... Sinneskräfte bessern sich, und Geist ist etwas klarer, ist jedoch nach wie vor sehr kindisch.
> 15. November (64. Tag) ... Ungeduldig und unbeherrscht, kann nicht einmal von seinen Freunden in Zaum gehalten werden.[15]

Studien mit Patienten, die nach einem Hirnschlag unter einer entsprechenden Schädigung litten, wiesen darauf hin, dass die Großhirnlappen sehr spezifische, örtlich begrenzte Funktionen haben. Die Läsion in der einen Region kann zu Schädigungen wie bei Gage führen, während die in einer anderen Apathie hervorruft. (Eine Lobotomie funktioniert beispielsweise nur, weil sie zu Apathie führt.) Eine andere Läsion ruft wiederum »Blindsichtigkeit« hervor.[16] Blindsichtige Menschen können sehen, behaupten aber, dazu nicht in der Lage zu sein. Sie können nach Aufforderung auf bestimmte Gegen-

stände in einem Raum deuten, beharren jedoch darauf, sie
nicht sehen zu können. Ihre Augen funktionieren, und ihr Gehirn kann die Information verarbeiten, aber sie sind sich des
Ergebnisses nicht mehr bewusst. Carol zeigt diese Hirnregionen auf ihrem Schneidebrett mit demselben halb sachlichen,
halb ehrfurchtsvollen Ausdruck, den auch Benzer hat, wenn
er einem eine Führung durch das Gehirn einer Fliege gibt.
»Das ist der Cortex frontalis«, sagt sie. »Das ist die Dura
mater. Hier ist ein Teil der Basalganglien. Die Apathie-Re-
gion ist hier. Und Enthemmung ist hier unten. Frontale tem-
porale Demenz.«

Inzwischen wendet sie Seymours genetische Sektionsmethode auch beim Lobus frontalis an. Es gibt Formen dort an-
gesiedelter Demenz, die über Generationen in einer Familie
auftreten können. Eine Form zum Beispiel bricht erst sehr
spät aus (im Alter von fünfzig oder sechzig Jahren) und
scheint mit dem Chromosom 17 in Verbindung zu stehen.
Carol versucht nun Rückschlüsse auf die Zusammenhänge
von Genen und Verhalten zu ziehen, wie Seymour bei seinen
Fliegen, indem sie Opfer dieser Krankheit autopsiert und das
jeweilige Gehirn mit Fliegenfarbstoff einfärbt, um feinste Veränderungen unter dem Mikroskop untersuchen zu können.
Vergrößert sehen diese gefärbten Hirnschnitte wie abstrakte
Landschaften aus: einige wie von Künstlerhand stilisierte, im-
pressionistisch-rosafarbene Bäume, andere wie Luftaufnah-
men von wunderschönen Landschaften mit gewundenen
Flussläufen und allen möglichen muschelförmigen Mustern.
Die Färbung zieht und windet sich ungeachtet der Sterblich-
keit aller Materie durch diese Konturen und Kurven. Und irgendwo da drinnen, glaubt Crick, könnte die Antwort auf die
Frage nach dem freien Willen liegen.

Der römische Philosoph Lukrez stellte sich vor, dass Atome irgendwie »in sicherer Folge« in Bewegung verknüpft sind »und
jede neue Bewegung aus alter entsteht«; aber wenn »nicht die
Urkörper etwa durch Abweichen neue Bewegung auslösen
und durch den Vorgang die Zwänge des Schicksals durchbre-
chen, um das Entstehen endloser Ursachenreihen zu hindern:

Woraus ergibt sich für lebende Wesen, woraus ergibt sich weltweit, ganz unabhängig vom Schicksal, die Freiheit des Willens…?«[17]

Auch Watson in Cold Spring Harbor denkt mittlerweile in
den Kategorien von Lukrez' »Abweichungen«: »Meine Hypothese ist, dass der freie Wille durch die unvollkommene Funktionsweise des Gehirns entsteht«, sagt er. »Die Maschine ist
von Natur aus unzuverlässig.« Über den Hintersinn dieses
Satzes muss er selber lächeln.

»Aber in bestimmten Momenten *weiß* ich einfach«, fährt er
mit einer Anspielung auf ein ganz besonders mühseliges Treffen fort, eine Vorstandssitzung, bei der er sich gerade die Ein-
lassungen des Präsidenten eines neuen Biotech-Unterneh-
mens anhören musste, das seiner Meinung nach unter einem
besonders schlechten Management leidet. »Wissen Sie, wenn
ich in einem Zimmer bin und nur Scheiße höre, dann wird
mir das Wort ›Scheiße‹ auch irgendwann über die Lippen
kommen. Man hält es einfach nicht länger aus. Das ist eine
vorhersehbare Reaktion. Es *muss einfach heraus*. Ich kann mir
vielleicht befehlen: O.k., ich sitz diesen Quatsch aus und sage
nichts. Aber…« Watson seufzt. »So gesehen hat man keinen
freien Willen. Deine Reaktionen sind programmiert. Und da,
wissen Sie, beginnt man sich schon Gedanken über den Unterschied zu machen«, sagt er und deutet mit dem Kopf in
Richtung des Fliegenlabors nebenan. »Wie viel freier Wille ist
in einer *Drosophila* vorhanden? Man stellt also Überlegungen
über den freien Willen einer *Fliege* an. Man fragt sich, was das
Hirn einer Fliege wirklich von unserem unterscheidet — etwa
dass uns freier Wille gegeben ist?

Ich bin sicher, wenn wir erst einmal wissen, wie das Gehirn
funktioniert, werden wir keine spitzfindigen Diskussionen
mehr über den freien Willen führen. Es wird einfach nicht
mehr, also…« Das Phänomen der freien Entscheidung werde
kein Geheimnis mehr sein, über das man sich mit religiöser
Inbrunst streitet, es werde nicht mehr um eine theologische
oder philosophische Frage gehen. »Von Bedeutung wird nur
noch die Frage sein, wie das Hirn funktioniert. Man wird beschreiben, wie das Hirn funktioniert. Wörter wie ›freier Wille‹

wird man nicht mehr benutzen, wissen Sie, man wird einfach *verstehen* ... Weil man ja die Frage stellt, wie das Gehirn funktioniert«, fügt er in leisem Ton hinzu. »Das ist doch die Frage, die man sich *wirklich* stellt.« Draußen, im Turm mit der Doppelhelix-Treppe, beginnt die Glocke zu läuten. »Und das ist wirklich die grundlegendste Frage, die man stellen kann«, sagt er und versucht sich mit einem vergnügten Grinsen über das Glockengeläut hinweg verständlich zu machen. Plötzlich klingt er ganz wie sein alter Freund Crick.

Wenn Benzer über das Thema »freier Wille« nachdenkt, kommt ihm immer wieder in den Sinn, wie es war, als er erstmals Fliegen in seinen Teströhrchen auf dem Weg zum Licht beobachtete. Bei seinem allerersten Experiment waren fast alle Fliegen bis auf einige wenige auf das Licht zugekrabbelt. Als er den Test wiederholte, krabbelten wieder die meisten, aber eben nicht alle zum Licht. Um das zu erfahren, hatte er seinen Gegenstromapparat gebaut. »Wenn man damit eine gewisse Zufälligkeit im Verhalten meint, dann könnte man sagen, dass Fliegen einen freien Willen haben«, pflegt Seymour im Red Door Café zu erklären, sobald das Gespräch drosophilosophisch wird. Warum hat jede einzelne dieser Fliegen eine individuelle Entscheidung getroffen und wieder revidiert? »Das ist doch freier Wille, wenn man so will.«

Doch jedes Mal, wenn er solche Überlegungen laut anstellt, betrachten ihn seine Postdocs mit hochgezogener Braue und dem molekularen Lächeln, das sie ihrem Lehrer abgeguckt haben. »Wenn Fliegen einen freien Willen hätten«, pflegen sie Benzer dann zu antworten, »wäre dein Labor leer.«

Nicht einmal dann, wenn er mit Carol über diese Frage diskutiert und dabei den Zickzackkurs seiner Fliegen im Gegenstromapparat beschreibt, bringt ihn das weiter. »Na also, was ist das?« fragt er. »Ist das freier Wille? Wenn sich die Fliege eigenständig zu etwas entschließt?«

»Na ja, das Problem ist nur, du weißt ja nicht, was da bei ihr vorhanden ist, das sich zu etwas entschließen könnte«, antwortet Carol.

»Na, ich behaupte, freier Wille heißt, dass du unter identi-

schen Reizeinflüssen nicht notwendigerweise immer dasselbe
tust...«

Und so drehen sie sich immer wieder im Kreis, wie all die
anderen auch, die mit ihren Gummihandschuhen tief in
Genen und Gehirnen stecken. Vielleicht ist es ja wirklich noch
zu früh, um über diese Frage zu diskutieren. Unsere Vorstellungen vom Leben in seinen kleinsten wie in seinen größten
Formen ist noch immer von der Aura des Paradoxen umgeben.

Wie könne man gleichzeitig als wahr empfinden, fragt
Schrödinger in seinem Buch *Was ist Leben?*, dass der Körper
»als reiner Mechanismus in Übereinstimmung mit den Na-
turgesetzen« funktioniert, aber zugleich auf Grund von »un-
bestreitbarer unmittelbarer Erfahrung« eindeutig sei, »daß
ich seine Bewegungen leite und deren Folgen voraussehe, die
entscheidend und höchst bedeutsam sein können; in diesem
Falle empfinde und übernehme ich die volle Verantwortung
für sie«.[18] Schrödingers Bemühen, auf den letzten Seiten des
Buches eine Antwort auf diese Fragen zu finden, hat etwas
von der Art jener Verlagsankündigung, die zur allgemeinen
Belustigung an der Wand von Seymour's Sandwich Shop
hängt. Schrödinger zitiert Schopenhauer und Kant, spricht
über die Bedeutung des Kulturkreises, von den Upanischa-
den und ihrer Gleichsetzung »Atman = Brahman (das persön-
liche Selbst ist dem allgegenwärtigen, allesumfassenden ewi-
gen Selbst gleich)« und von der christlichen Mystik »Deus fac-
tus sum (›Ich bin Gott geworden‹)«. Schließlich kommt er zu
dem Schluss, dass wir uns an unmittelbare Erfahrung halten
müssten, weil »das Bewußtsein ein Singular ist, dessen Plural
wir nicht kennen; [weil] nur *eines* wirklich *ist* und das, was eine
Mehrzahl zu sein scheint, nur eine durch Täuschung (das in-
dische *Maja*) entstandene Vielfalt von verschiedenen Erscheinungsformen dieses Einen ist. Die gleiche Illusion entsteht in
einer Spiegelgalerie, und in der gleichen Weise stellten sich
der Gaurisankar und der Mt. Everest als ein und derselbe,
aber von verschiedenen Tälern aus gesehene Gipfel heraus.«[19]

Jeder von uns fühle sich als eine Einheit namens »›Ich.‹
Was ist dieses ›Ich‹?« fragt Schrödinger. Wie kommt es, dass

sich jeder von uns als ein Wesen für sich selbst fühlt, obwohl unser Leben doch vor so langer Zeit begann und wir eine Abfolge von wesentlich mehr Identitäten durchlebt haben, als es Erscheinungsformen unter den Insekten gebe. Und wie kommt es, dass die »Erinnerung an das frühere Leben« im neuen Leben »immer mehr an Bedeutung verliert«? Ungeachtet all des Erlebten und Vergessenen, ungeachtet aller Mechanismen, die die Naturwissenschaften über und in unseren Köpfen entdeckt haben, lebten wir doch immer nur unser kleines Leben. »In keinem Fall ist hier ein Verlust persönlichen Daseins zu beklagen«, schreibt Schrödinger abschließend: »Und das wird auch nie der Fall sein.«[20]

Nerven scheinen während ihres Wachstums im Embryo wie Fliegen in einem Gegenstromapparat herumzuwandern. Jeder einzelne wird von Genen geleitet, und doch scheint es auf jeder Skala dieses Systems etwas Spielraum zu geben.

Auch für uns scheint es einen gewissen systematischen Spielraum zu geben, wenn wir vor einem Wahlpunkt stehen und eine Entscheidung treffen müssen: »Menschliches Verhalten ist kein Monument für vergangenes Leben, sondern ein lebendiges Drama«, schreibt der Philosoph Abraham Heschel. »Es ist ein System und zugleich ein dahintastendes, schwankendes, um sich schlagendes Vorwärts; zugleich Solidität wie Ausbruch, Abweichung, Inkonsistenz; es ist keine endgültige Ordnung, sondern ein Prozess, der konditioniert, manipuliert, in Frage gestellt, herausgefordert und angeleitet wird.«[21]

Pascal schreibt: »Die Mannigfaltigkeit ist so groß, daß alle Töne der Stimme, alle Gangarten, Husten, Nase schnauben, Niesen … Man unterscheidet von den anderen Früchten die Weintrauben, unter diesen die Muskattrauben, die Sorte Condrieu, die Sorte Desargues und endlich noch das Pfropfreis. Ist das alles? Hat man je zwei [gleiche] Trauben hervorgebracht? Und hat eine Traube zwei gleiche Beeren? Ich bin nicht imstande, dieselbe Sache [mehrmals] auf genau die gleiche Weise zu beurteilen. Ich kann über mein Werk nicht urteilen, während ich es schaffe; ich muß es machen wie die Maler

und Abstand nehmen; aber nicht zuviel. Wieviel also?
Ratet!«[22]

Sogar das Verhalten unserer Gedanken hat einen gewissen
systematischen Spielraum. Wir kennen es alle: wie sie im
Zickzack-Kurs zum Licht streben, immer wieder verschwinden und erneut auftauchen, wie eine Fliege im Gegenstromapparat. »Der Zufall schenkt die Gedanken«, notierte Pascal,
»der Zufall löscht sie aus: keinerlei Mittel, um sie zu bewah-
ren, noch um sie zu finden. Entfallener Gedanke. Ich wollte
ihn niederschreiben, statt dessen schreibe ich, daß er mir ent-
fallen ist.«[23]

Emerson schrieb: »Gedanken erreichen den Geist über
Wege, die wir niemals offen gelassen haben, und verlassen
den Geist auf Wegen, die wir niemals bewusst geöffnet
haben.«[24]

»Ich liege zum Beispiel im Bett und denke, es sei an der
Zeit aufzustehen«, schrieb William James,

> »doch neben diesem Gedanken vergegenwärtige ich mir
> die extreme Kälte des Morgens und die Annehmlichkeiten
> des warmen Bettes. In einer solchen Situation sind die mo-
> torischen Folgen des ersten Gedankens blockiert; und ich
> kann eine halbe Stunde oder länger damit zubringen, un-
> schlüssig zwischen beiden Gedanken hin- und herzupen-
> deln, in einer Art völligem Stillstand, welcher einen Zu-
> stand darstellt, den wir Zögern oder Überlegen nennen.«[25]

Nach einer halben Stunde, die er so im Bett verbrachte, gestand der Philosoph, »stelle ich dann plötzlich fest, dass ich
aufgestanden bin«. Es sei, als habe sein Geist einen eigenen
Geist gehabt. Hat ihn freier Wille aus dem Bett getrieben?
(»Freier Wille«, sagt Seymour zu Carol, »ist, wenn du wieder
ins Bett zurückgehst.«)

Selbst für die Irrungen und Wirrungen der Naturwissenschaften gibt es einen gewissen systematischen Spielraum.
Wissenschaftliches Verhalten tappt ebenso blindlings drauflos
wie jede andere Art von Verhalten. Max Delbrück wusste,
dass die Naturwissenschaften immer improvisieren: »Das

großartige Gebäude der Naturwissenschaften, das im Laufe von Jahrhunderten durch das Bemühen vieler Menschen in vielen Ländern gebaut wurde, vermittelt die Illusion einer riesigen Kathedrale, die systematisch nach irgendeinem meisterlichen Plan errichtet wurde. Doch es hat niemals einen solchen Masterplan gegeben. Das Gebäude ist das Ergebnis der Kanalisierung aller Kräfte unserer geistigen Besessenheit in einen gemeinsamen Plan. Doch trotz dieser Kanalisierung war und ist wissenschaftlicher Fortschritt zu jeder Zeit außerordentlich unsystematisch, und zwar aus eben dem Grund, dass es einen Masterplan gar nicht geben kann.«[26] Auf den Gebieten der Naturwissenschaften werden gangbare Wege genauso wie im übrigen Leben immer erst im Nachhinein als solche erkannt.

Und schließlich scheint auch der Lebensbaum einen gewissen systematischen Spielraum zu offerieren: in Form dessen, was wie Seitentriebe und aufs Geratewohl sprießende Zweige aussieht.[27] Die Form eines wachsenden Nervenbaums im Gehirn, die Form der Entscheidungsbäume, die im Laufe eines Lebens entstehen, und die Form des Lebensbaums selbst weisen dieselben Verästelungen in einem sich sukzessive vergrößernden Maßstab auf. Was ist denn der Lebensbaum anderes als ein Baum der Entscheidungen, als die Aufzeichnung einer Reihe von Wahlpunkten, an welchen die eine Lebenslinie in diese und die andere in jene Richtung abzweigte? Waren diese Entscheidungen nun forciert oder frei? Einige davon basierten jedenfalls auf Verhaltensänderungen nach Entscheidungen an bestimmten Wahlpunkten, beispielsweise wenn sich ein Fisch immer häufiger in seichtem Meereswasser aufzuhalten begann und schließlich zum ersten Mal nach Luft schnappte.

»Und was man gewünscht, das war nicht vollbracht,/ Unerwartetem schuf seinen Weg ein Gott«, schrieb Euripides am Ende der Schlussszene eines seiner letzten Stücke.[28] Da wir auf jeder Skala Paradoxa finden, stellt sich die Frage, ob die Aufklärung dieses einen Paradoxons im Bereich dieser einen Skala eines Tages möglicherweise auch alle anderen klären wird. Auch Jeff Hall versucht in seinem Labor vom Besonderen aufs Allgemeine zu kommen. Er erforscht immer mehr dieser ineinander verzahnten Verbindungsglieder zwischen den Genen für Zeit, Liebe und Erinnerung. Ständig schickt er Tim Tully und Ralph Greenspan – Halls erstem Doktoranden, der inzwischen am Neurowissenschaftlichen Institut von San Diego arbeitet – e-Mails zu diesem Thema. Eines ihrer *clock*-Gene scheint beispielsweise mit einem ihrer Erinnerungsgene wie zwei Zahnrädchen ineinander zu greifen. *Clock*-Gene verzahnen sich aber offenbar auch mit Genen, die dafür sorgen, dass aus einem Ei der Körper einer Fliege wird. Und das menschliche *period*-Gen zum Beispiel findet nicht nur im menschlichen Gehirn seine Expression, sondern auch im Pankreas, in den Nieren, der Leber, der Lunge und der Plazenta – beinahe überall, wo seine Entdecker nach ihm suchten. Obwohl letztlich niemand mit Sicherheit zu sagen weiß, was das zu bedeuten hat, sind sich doch alle sicher, dass die innere Uhr der Fliege mit den restlichen Fliegengenen verwoben ist und dass die innere Uhr des Menschen mit fast allem in Zusammenhang steht, was menschlich ist.

Auch Yoshiki Hotta, der Konopka bei der Suche nach dem *clock*-Mutanten geholfen hatte, denkt in Tokio über die Frage nach, wie Gene ineinander greifen. Solche Überlegungen stellt auch ein anderer von Konopkas ehemaligen Studenten an, Alberto Ferrús in Madrid. Ferrús glaubt, dass wir bei der »Theorie des atomaren Verhaltens« heute am selben Punkt angelangt seien, den die Biologie zur letzten Jahrhundertwende bei der »Theorie der atomaren Vererbung« erreicht hatte. Damals hatten Biologen enorm viele Informationen über das Geschehen bei der Kreuzung verschiedener Pflanzen- oder Tierarten angesammelt. Doch das Grundprinzip der Vererbung hatten sie nicht erkannt. Im Jahr 1900 entdeckten sie dann Mendels Gesetze erneut. Und weil diese riesigen Informationsmengen nun niemandem mehr von Nutzen erschienen, verschwanden sie wieder von der Bildfläche. Nun hatten die Biologen ja ein Organisationsprinzip, mit dem sie die Vererbungsmechanismen bei jedem Organismus erklären konnten. »Vielleicht brauchen wir in der Neurobiologie einen ähnlichen Durchbruch«, sagt Ferrús. »Wir würden gern eine

Art Nervencode finden, um beispielsweise zu verstehen, wie Wahrnehmung in unserem Gehirn codiert wird.« Oder wie wir eine empfangene Information im Gedächtnis behalten. »Code: Wie geht das Gehirn einer Fliege oder eines Menschen vor? Nach welchem Grundprinzip? Die Details werden natürlich bei jedem Organismus anders sein. Aber vielleicht, vielleicht gibt es ein solches Grundprinzip, einen solchen Code von universellem Wert. Wenn man den erst einmal entdeckt hätte, hätten wir einen enormen Sprung nach vorn gemacht. Er brächte uns ebenso weit voran, wie einst Mendels Gesetze die Genetik.«

Die neuen Generationen unter den Gensezierern beginnen gerade über Gen-Systeme nachzudenken. Das heißt, sie beginnen sich den Genen auf dieselbe Weise anzunähern wie Konrad Lorenz einst den Instinkten: »Man kann eben die Glieder einer Systemganzheit nur in ihrer Gesamtheit oder überhaupt nicht verstehen.«[29] Wie die restliche Molekularbiologie hat auch die genetische Sektion immer zum Besonderen gedrängt. Mit dem genetischen Skalpell wurde ein Gen nach dem anderen für jeweils eine Verhaltensweise nach der anderen entdeckt. Doch in Wirklichkeit ist jedes Gen an einer Vielzahl von Verhaltensweisen beteiligt. Hall, Tully und Greenspan versuchen gerade ein Buch über dieses genetische Netzwerk, über Gene als System, als Konstellationen zu schreiben. Ständig tauschen sie ihre Manuskripte aus, während sie verzweifelt darum ringen, eine derart schwierige Vorstellung in Worte zu fassen. Einmal kritzelte Greenspan mit riesigen Buchstaben in seinen Entwurf: »HIER TAPPE ICH TOTAL IM DUNKELN, KOMME NICHT AUF DIE SPUR. Aber die Idee will verzweifelt heraus. HILFE!!!«[30] Manchmal scheint es Greenspan, als habe er einen flüchtigen Blick auf dieses netzartige Gewebe erhascht und dabei eine Ahnung bekommen von einer anderen Einsicht in das Leben, von einer neuen inneren Erfahrungsmöglichkeit. Lebendig zu sein fühlt sich nicht an wie ein Konglomerat aus einander widersprechenden, unterschiedlichen Instinkten, Elementen und Neigungen. Wenn wir in uns gehen, fühlen wir, dass es viele Elemente gibt, die zumindest lose miteinander verwoben sind, sich lose zu dem verbinden, was Lorenz »das große Parlament der Instinkte« genannt hat.[31] Emotionale Lebensweisheit besteht darin, um solche Stimmungselemente und momentanen Gefühle herumzublicken und sie als Teil einer Ganzheit in Zeit und Raum zu erkennen, alles zu einer Einheit zusammengefügt. Als lebendige Wesen sind wir keine Teilchen, sondern Evolution. Das Wort »Religion« leitet sich vom lateinischen *religare* ab – »zurückbinden«, was getrennt ist. Hall, Greenspan und Tully kämpfen mit der Vorstellung eines solchen Netzwerks. Und ihr geplantes Buch wird vermutlich nie »zurückgebunden« werden. Hall entflieht dem Projekt immer häufiger. Immer öfter setzt er sich in seinen Wagen mit dem Aufkleber »SAVE THE BATTLEFIELDS« und macht sich in Richtung Gettysburg auf.

Könnte es sein, dass die Antwort auf das Paradoxon etwas mit der Art und Weise zu tun hat, in der wir die Welt in Kategorien zu zerlegen pflegen? Werden wir Antworten auf all diese Paradoxa finden, wenn wir gelernt haben, in neuen Kategorien zu denken? Vielleicht hat die Frage des freien Willens mit Denkkategorien zu tun, die wir nicht erkennen, weil sie uns angeboren sind, weil sie Teil der Instinkte sind, mit denen wir auf die Welt kamen.

»Was ist dein Ziel in der Philosophie?« fragte Ludwig Wittgenstein in seinem *Tractatus logico-philosophicus* 1953, in demselben Jahr, in dem Watson und Crick ihr Modell für die Doppelhelix bauten. Der Philosoph beantwortete seine Frage selbst: »Der Fliege den Ausweg aus dem Fliegenglas zu zeigen.«[32] Nun, die Fliege ist der Flasche bereits entkommen. Ob es uns gefällt oder nicht, nun fliegt sie im Zickzackkurs durch all unsere Gedanken – »wie wenn ein Sprung durch eine Tasse geht«, wie Rilke in einer seiner Duineser Elegien schrieb.[33] Wir mögen die Verfahrensweisen der Wissenschaft, die der Fliegenflasche entsprang, wunderbar oder schrecklich finden, in jedem Fall verändert sie bereits unser Verständnis dessen, was es bedeutet, zu leben. Und vielleicht wird uns diese Wissenschaft auch helfen, jenes alles überwölbende Paradoxon zu verstehen. Die Frage danach stellt sich seit den Anfängen der Fliegenflasche. Vielleicht werden wir auch die

Antwort aus einer Fliegenflasche erhalten. »Wer hat uns also umgedreht?« fragt Rilke in seiner Elegie. »Wer hat uns also umgedreht, daß wir,/ was wir auch tun, in jener Haltung sind/ von einem, welcher fortgeht?...«[34] Vielleicht wird dereinst eine Fliege durch jemandes nächtliche Gedanken fliegen und Pascals Unendlichkeiten wieder zusammenführen. Vielleicht wird uns die Fliege aus der Flasche heraus auf ein Gebiet führen, das derzeit noch ebenso verschwommen und vage erscheint wie einst das Gen, bevor die ersten Fliegen am Fenster herumflogen.

Butlers Satz über Eier, die Eier produzieren, ist eine Abwandlung jenes uralten Rätsels, was zuerst da war: das Huhn oder das Ei? Vielleicht wird sich die Antwort auf dieses Rätsel als Antwort auf alle Rätsel erweisen. Vielleicht wird sie konkretisieren, was wir heute nur vermuten können – dass es irgendeine Übereinkunft, ein Zusammenwirken von Evolution gibt, an der das Gen ebenso beteiligt ist wie der Rest der Welt. Und vielleicht wird sich herausstellen, dass diese Übereinkunft auch für das Bewusstsein gilt.[35] Vielleicht haben all jene Verästelungen dieselbe Form, weil sie alle das Ergebnis einer einzigen Interaktion sind, eines Dramas – oder Balletts – der lebendigen Welt, das wir erst erkennen werden, wenn wir einen Weg gefunden haben, unseren Geist dafür zu öffnen. Vielleicht ist das der Weg, der in der Fliegenflasche des zwanzigsten Jahrhunderts begann. Unsere Gene und unser Gehirn funktionieren nur in Übereinkunft mit der Welt um sie herum, sonst sind wir Gefangene unserer Gene und unseres Gehirns. »Dänemark ist ein Gefängnis«, sagt Prinz Hamlet. »So ist die Welt auch eins«, antwortet Rosenkranz.[36] Wenn unser Genom ein Gefängnis ist, so ist die Welt auch eins.

Mit diesem Problem befassen sich immer mehr Neurobiologen und Neurophilosophen. Benzer aber hebt nur seine Augenbraue und lächelt sein molekulares Lächeln: »Oh, das können sie gerne behalten. Das überlasse ich ihnen.«

Dank

1991 entnahm ein Team von Biologen einer Spezies ein Gen und transferierte es in eine andere. Als ich den Bericht darüber in der Wissenschaftszeitschrift *Science* las, begann mich dieses Experiment sofort zu interessieren. Zum einen, weil es so sonderbar war – die Tiere waren Fliegen, und das Gen veränderte deren Zeitsinn –, zum anderen, weil es Möglichkeiten eröffnete, von denen ich wie die meisten Menschen angenommen hatte, dass sie noch in weiter Ferne lägen und sich erst irgendwann im dritten Jahrtausend ergeben würden.

Im Frühjahr 1994 aß ich mit Ralph J. Greenspan zu Mittag, der inzwischen am Institut für Neurowissenschaften von San Diego forschte. Das Gespräch mit ihm führte mich zu seinem ehemaligen Lehrer Jeff Hall an der Brandeis-Universität, der einer der Autoren dieses Berichts war. Und meine Unterhaltung mit Hall brachte mich dann zu seinem ehemaligen Lehrer Seymour Benzer, dessen Experimente in einem Fliegenlabor am Caltech jenem Forschungsbereich den Weg geebnet hatten, den Benzer »die genetische Sektion des Verhaltens« getauft hatte. Mittlerweile hatte ich begriffen, dass die Forschung über Gene und Verhalten viel weiter fortgeschritten war, als ich es mir vorgestellt hatte, und dass Benzers Forschungsansatz – eine genetische Sektion, die bei einem einzelnen Gen beginnt und sich dann von dort bis zum Verhalten hinaufarbeitet – bereits zu einer Wissenschaftstradition geworden war, über die man bald schon sehr viel mehr erfahren sollte. Andere Verhaltensforscher arbeiteten sich von außen nach innen vor, nur Benzer und seine Studenten machten es bereits seit den sechziger Jahren umgekehrt. Aber mir wurde erst durch den Bericht in *Science* bewusst, dass eine genetische Sektion des Verhaltens schon längst betrieben wird.

Zuerst nahm ich mir vor, ein Buch zu schreiben, das sich auf die Ereignisse rund um dieses eine Experiment konzentriert. Mein Arbeitstitel lautete »A Sense of Time«. Doch je mehr ich erfuhr, desto klarer wurde mir, dass diese Geschichte bereits an der Wende zum zwanzigsten Jahrhundert begonnen hatte. Die von Benzer ins Leben gerufene Schule war Teil einer Tradition geworden, die nicht nur völlig anders war als die psychologischen, ethologischen und anderen Schulen der Verhaltensforschung im zwanzigsten Jahrhundert, sondern höchstwahrscheinlich auch die gesamte Verhaltensforschung im 21. Jahrhundert verändern wird. Und so erweiterte sich der Blickwinkel meines Buches immer mehr, meine Nachforschungen wurden immer umfangreicher, und das Projekt verzögerte sich so sehr, dass der von mir gewählte Arbeitstitel schließlich schiere Ironie wurde.

Ralph Greenspan, Jeff Hall und Seymour Benzer waren mit ihrer Zeit und Gastfreundschaft außerordentlich großzügig, und es ist mir eine Freude, ausdrücklich jedem Einzelnen von ihnen zu danken, weil sie mir mit ihrer Hilfe dieses Buch überhaupt erst ermöglichten.

Nach meinem ersten Forschungsjahr stellte Richard Preston für mich eine Verbindung zur Alfred P. Sloan Foundation her. Ohne ihre Unterstützung hätte ich dieses Buch nicht beenden können. Besonders danken möchte ich Doron Weber für sein Interesse und seine aufmunternden Worte.

Arnie Levine hatte mich für das Jahr 1995 als Visiting Fellow am Fachbereich für Molekularbiologie an der Universität von Princeton angenommen, doch als sich mein Projekt immer mehr in die Länge zog, gestattete er mir, bis Ende 1997 dort zu bleiben. Freunde an der Universität waren mir bei meinen Beobachtungen in diesem Zentrum der molekularbiologischen Forschung behilflich, das zu den weltweit führenden Instituten zählt. Sie ließen mich an allem teilhaben und arrangierten für mich Mittag- und Abendessen mit Molekularbiologen, die gerade zu Besuch im Haus waren. Mein Dank gilt insbesondere Alice Lustig, Charles Miller, Tom Shenk, Tom Silhavy, Lee Silver, Shirley Tilghman, Tom Vogt, Evelyn Witkin und dem Präsidenten der Universität, Harold

Shapiro. Danken möchte ich auch den Studenten des Abschlussjahres 1995 aus Lee Silvers Labor.

Im Frühjahr 1998, während der Schlussphase des Buches, lud mich Shirley Tilghman ein, in Princeton ein »writing seminar« abzuhalten. Dieser Kurs erlaubte es mir, ein paar Ideen zum Thema Schreiben und Wissenschaft zu formulieren, über die ich seit langem nachgedacht hatte und die mir beim Verfassen dieser Geschichte indirekt neu begegneten. Mein Dank geht an Carol Rigolot vom Council for the Humanities, weil sie diesen Kurs ermöglichte.

Meinen wirren Zeitsinn erduldeten Louise Schaeffer und Nancy van Doren von der Princeton Biology Library. Judith Goodstein vom Hausarchiv des Caltech war eine große Hilfe. Und Jeff Cramer von der Boston Public Library tat weit mehr als nur seine Pflicht.

Abgesehen von den vielen Stunden, die ich in Gesprächen mit Benzer verbrachte, konnte ich mich auf ein langes, unveröffentlichtes Interview stützen, das Heidi Aspaturian vom Caltech mit ihm geführt hatte. Diese Oral History war von unschätzbarem Wert für mich. Außerdem profitierte ich von den Interviews, die Garland Allen von Alfred Sturtevant, Carolyn Harding von Max Delbrück und Horace Freeland Judson von Benzer gewährt worden waren. Ich danke für ihre Erlaubnis, stellenweise aus diesen Gesprächen zu zitieren. Yoshiki Hotta war so freundlich, seine Erinnerungen an seine Zeit in Benzers Labor auf ein Tonband aufzunehmen und es mir zuzuschicken.

Alles in allem interviewte ich fast 150 Biologen, einfach zu viele, als dass ich ihnen hier allen einzeln danken könnte. Aber erwähnen möchte ich unbedingt all jene, die neben Benzer, Greenspan und Hall bereit waren, viele lange Gespräche mit mir zu führen. Zu ihnen gehören Steven Helfand, Charabambos Kyriacou, Michael Rosbash, Lee Silver, Tim Tully und Michael Young. Mehrere Persönlichkeiten haben mir außerdem sehr dabei geholfen, erst einmal grundlegend das Terrain zu sondieren. Dazu zählen Michael Ashburner, Howard Berg, Sydney Brenner, Francis Crick, Martin Heisenberg, Eric Kandel, Ed Lewis, James Watson, Eric Wieschaus

und E. O. Wilson. Auch den Biologiehistorikern, die mir ihre
Zeit schenkten, darunter Garland Allen, Angela Creager, Daniel J. Kevles und Jane Maeinschein, möchte ich danken.
Robert Kohlers Geschichte der frühen Fliegenforschung,
Lords of the Fly, war nicht nur eine interessante Lektüre, sondern verhalf mir auch zu einigen Ideen für die Illustrationen
in meinem Buch.

Für viele Hilfestellungen unterschiedlichster Art danke ich
Neil Beach, Barbie Benzer, Anthony Bonner, Manny Delbrück, Karen Fahrner, David Fleischer, Bob Freidin, Burt
Hall, Sue Judd, Carolynne Lewis-Arevalo, Monika Magee,
James McPherson, Rosie Mestel, Beth Panzer, Rabbi Sandy
Parian, Pam Polloni, Richard Rhodes, James Shreeve, Barbara Smith, Norman Deupree Sperry, Rabbi Shira Stern und
der Belegschaft von Paganinis Restaurant und Café. Ein besonderer Dank geht an Kathy Robbins.

Nicht nur Benzer bot an, das Manuskript zu lesen. Gelesen
haben es auch Reb Brooks, Ralph Greenspan, Jeff Hall, Don
Herzog, David und Mair La Touche, Laurie Miller, Chip
Quinn, Michael Rosbash, Keith Sandberg, Lee Silver, Shirley
Tilghman, Tim Tully und Mike Young. Einige von ihnen arbeiteten sich durch mehr als nur einen Entwurf und machten
viele nützliche Kommentare, Verbesserungsvorschläge und
Korrekturen. Greenspan ließ eine ganze Nacht dafür draufge-
hen, Benzer und Hall lasen die Fahnen, und John Tyler Bonner nahm sich jeden einzelnen Neuentwurf mit der für ihn typischen Kombination aus Begeisterung und Nüchternheit
vor, die von seinen Freunden in aller Welt so geschätzt wird.

Meiner Agentin Victoria Pryor und meinem Lektor Jon
Segal gilt hier noch einmal mein besonderer Dank. Sie hatten
mehr Geduld mit mir und mehr Vertrauen in mich und mein
Projekt als ich selbst. Dank auch an Ida Giragossian und
Michael Rockcliff vom Knopf-Verlag.

Meinen Freunden und meiner Familie möchte ich ein
herzliches Dankeschön sagen, weil sie mir halfen, klarere Gedanken über Gene und Verhalten zu fassen, und mich immer
daran erinnerten, dass es auch noch andere Möglichkeiten
gibt, das Leben zu betrachten. Aaron und Benjamin disku-

tierten das Projekt am Familientisch und zeigten große Geduld, wenn es wieder einmal familiären Unternehmungen in die Quere geriet.

Meine Frau Deborah Heiligman begeisterte sich für dieses Buch mehr als für alle meine anderen. In der Endphase, als ich häufig die Nächte durcharbeitete, schlief sie in meinem Arbeitszimmer, um mir Gesellschaft zu leisten, obwohl ihre eigenen Schreibpflichten am nächsten Morgen immer wieder darunter zu leiden hatten. Ohne ihre Hilfe wäre dieses Buch nicht geworden, was es ist: Zeit, Liebe, Erinnerung durch ein Facettenauge betrachtet.

Anmerkungen

1 Ralph Waldo Emerson, »The American Scholar«, in: *Essays and Poems*, New York 1996, S. 56.

2 Walt Whitman, »Song of Myself«, in: *Complete Poetry and Collected Prose*, New York 1982, S. 84.

3 Blaise Pascal, *Gedanken* (1670), nach der endgültigen Ausgabe übertr. von Wolfgang Rüttenauer, Leipzig o.J. (Dieterich'sche Ausgabe), S. 150. [Nr. 312 nach der Aphorismen-Zählung der *Edition définitive des œuvres complètes*, hrsg. von F. Strowski.]

4 Ibid., S. 150, Nr. 314, und S. 148, Nr. 313.

5 Ibid., S. 155f., Nr. 317. [Anm. d. Ü.: Aurelius Augustinus schrieb in seinem Werk *Vom Gottesstaat* (*De civitate dei*), XXI.10: »Die Weise, wie der Geist mit dem Leib verbunden ist, kann vom Menschen nicht begriffen werden, und gerade das ist der Mensch.«]

6 Er selbst beschreibt dieses Experiment in »Behavioral Mutants of *Drosophila* Isolated by Countercurrent Distribution«, in: *Proceedings of the National Academy of Sciences USA* 58, 1967, S. 1112 bis 1119. Der Aufsatz erschien 1994 in Neuauflage zusammen mit Interviews und Kommentaren im Rahmen der »Landmarks«-Reihe des *Journal of NIH Research* 6, S. 66-73. Doch außerhalb der Fachliteratur fand diese Arbeit kaum Beachtung. Benzer selbst veröffentlichte einen einzigen bekannten Artikel über seine Forschung: »Genetic Dissection of Behavior«, in: *Scientific American*, Dezember 1973, S. 24-37. Einen amüsanten und leicht verständlichen historischen Überblick über die Entwicklungen auf diesem Gebiet schrieb Ralph J. Greenspan, »The Emergence of Neurogenetics«, in: *Seminars in Neurosciences* 2, 1990, S. 145-157. Siehe auch R. J. Greenspan, »Understanding the Genetic Con-

struction of Behavior«, in: *Scientific American* 272,4, 1995, S. 72 bis 78.

7 Meine Darstellung beruht auf mehreren langen Gesprächen, die ich zwischen 1995 und 1998 mit Benzer in Pasadena führte. Zudem habe ich mich auf die Abschriften vorzüglicher, aber unveröffentlichter Gespräche gestützt, die Heidi Aspaturian vom Caltech 1990 und 1991 im Rahmen eines hauseigenen Oral-History-Projekts mit Benzer führte.

8 Zwei Vignetten aus der frühen Fliegenforschung finden sich in B. Peyer, »An Early Description of *Drosophila*«, in: *Journal of Heredity* 38, 1947, S. 194-199, und in G. H. Müller, »*Drosophila*: A Contribution to Its Morphology and Development by W. F. von Gleichen in 1764«, in: *Journal of Natural History* 10, 1976, S. 581 bis 597. Aristoteles befasste sich in *Historia Animalium*, 5. Buch, Kap. 19, mit Fliegen.

9 F. W. Carpenter, »The Reactions of the Pomace Fly (*Drosophila ampelophila Loew*) to Light, Gravity, and Mechanical Stimulation«, in: *Contributions from the Zoölogical Laboratory of the Museum of Comparative Zoölogy at Harvard College* 162, 1905, S. 157 bis 171. Garland E. Allen erörtert den Stellenwert dieser Experimente in der frühen Geschichte der Fliegenforschung in »The Introduction of *Drosophila* into the Study of Heredity and Evolution: 1900–1910«, in: *Isis* 66, 1975, S. 322-333.

10 S. Benzer, »From the Gene to Behavior«, in: *Journal of the American Medical Association* 218, 1971, S. 1015-1022, Vortrag im Rahmen der »Albert Lasker Basic Medical Research Award Lecture«, New York, 11. November 1971. Den Preis bekam Benzer für seine Arbeit über die Genspaltung. Er aber ergriff bei seiner Dankesrede gleich die Gelegenheit, um über seine neue Leidenschaft, die Verhaltensforschung, zu sprechen.

11 Ibid. Allerdings hat sie noch nie jemand gezählt. Diese Zahl ist eine Schätzung; tatsächlich könnte sie drei Mal höher liegen.

12 Pascal, *Gedanken*, nach der endgültigen Ausgabe übertragen von Wolfgang Rüttenauer, Leipzig o.J. (Dieterich'sche Ausgabe), S. 100. [Nr. 226 nach der Aphorismen-Zählung der *Edition définitive des œuvres complètes*, hrsg. von F. Strowski.]

13 Francis Bacon, *Sylva Sylvorum; Or a Naturall Historie* (1626), S. 838; zitiert in: *The Compact Edition of the Oxford English Dictionary*, Oxford 1971, S. 3459.

14 John Locke, *Versuch über den menschlichen Verstand* (1690), Erstes

Buch, Kapitel 1, 4., durchges. Auflage nach der Übersetzung von C. Winckler, Hamburg 1981, S. 39, S. 41.

15 Sigmund Freud, »Die Frage der Laienanalyse«, in: *Studienausgabe*, hrsg. von A. Mitscherlich et al., Ergänzungsband, Frankfurt a.M. 1975, S. 284. [*G. S.*, Bd. 11, S. 307-384; *G. W.*, Bd. 14, S. 207-286.]

16 Niko Tinbergen, *Instinktlehre*, Berlin 1976. Siehe auch Tinbergen, »Social Releasers and the Experimental Method Required for Their Study«, in: *Wilson Bulletin* 60, 1948, S. 6-52.

17 Einen im Stil der damaligen Zeit verfassten Überblick über die von Wilson ausgelöste Kontroverse bietet Arthur L. Caplan (Hrsg.), *The Sociobiology Debate: Readings on Ethical and Scientific Issues*, New York 1978. Eine Ahnung vom Stellenwert, den diese Kontroverse heute hat, bekommt man bei S. Pinker und S. J. Gould, »Evolutionary Psychology: An Exchange«, in: *The New York Review of Books*, 9. Oktober 1997, S. 55ff.

18 Charles Darwin, *Über die Entstehung der Arten durch natürliche Zuchtwahl oder die Erhaltung der begünstigten Rassen im Kampfe um's Dasein* (1859), nach der engl. Ausg. durchges. von J. Victor Carus, hrsg. von Gerhard H. Müller, reprographischer Nachdr. der 9. Auflage (Stuttgart 1920), Darmstadt 1992, S. 565.

19 John Maddox, »Valediction from an Old Hand«, in: *Nature* 278, 1995, S. 521ff.

KAPITEL II

1 Heraklit, *Fragmente*, hrsg. von Bruno Snell, Zürich 1989, S. 15.

2 S. Benzer in einem persönlichen Gespräch.

3 Diese Geschichte erzählt Robert Burton in der »Vorrede« zu seiner *Anatomie der Melancholie* (1621), »Demokrit Junior an den Leser«, übers. von Ulrich Horstmann, Zürich/München 1988, S. 22.

4 Zitiert in: Robert J. Richards, *Darwin and the Emergence of Evolutionary Theories of Mind and Behavior*, Chicago 1987, S. 21.

5 Carl G. Liungman, *Dictionary of Symbols*, Santa Barbara, CA, 1991.

6 Michel de Montaigne, *Essais* (1590), erste moderne Gesamtübersetzung von Hans Stilett, 2. Buch, München 2000, S. 653.

7 William Shakespeare, *The Tempest*, IV. Akt, 1. Szene. In der

Schlegel-Tieckschen Übersetzung, *Der Sturm*, lautet diese Passage: »Ein Teufel, ein geborener Teufel ist's/ an dessen Art Erziehung nimmer haftet/ an dem die Mühe, die ich menschlich nahm/ ganz, ganz verloren ist, durchaus verloren.«

8 Darwin, Charles, *Metaphysics, Materialism, and the Evolution of Mind. The Early Writings of Charles Darwin*, mit Kommentaren zu den M- und N-Notizbüchern von Howard E. Gruber, Chicago 1980, S. 21.

9 Francis Galton, *Memories of My Life*, 3. Auflage, London 1909, S. 288.

10 Vìtezslav Orel, *Gregor Mendel: The First Geneticist*, Oxford 1996.

11 Aspaturian-Interviews, S. 143f.

12 Zitiert in: Charles Darwin, *Der Ausdruck der Gemüthsbewegungen bei dem Menschen und den Tieren* (1872), Stuttgart 1901, S. 29f.

13 Francis Galton, *Natural Inheritance*, London 1889, S. 7.

14 Unter den vielen Werken über die Geburtsstunde der Genetik stützte ich mich vor allem auf A. H. Sturtevant, *A History of Genetics*, New York 1965. Ernst Mayr, *Die Entwicklung der biologischen Gedankenwelt. Vielfalt, Evolution und Vererbung*, Berlin 1984, stellt diese Ereignisse in einen größeren historischen Kontext. Einen klaren und farbigen Überblick liefert auch John A. Moore, »Science as a Way of Knowing – Genetics«, in: *American Zoologist* 26, 1986, S. 583-747.

15 Über Morgans Fliegenlabor gibt es umfangreiche Literatur. Meine Hauptquellen waren: Sturtevant, *History of Genetics*; Garland E. Allen, *Thomas Hunt Morgan*, Princeton, NJ, 1978; Robert E. Kohler, *Lords of the Fly: Drosophila Genetics and the Experimental Life*, Chicago 1994; Elof Axel Carlson, *The Gene: A Critical History*, Philadelphia 1966; ders., »The *Drosophila* Group: The Transition from the Mendelian Unit to the Individual Gene«, in: *Journal of the History of Biology* 7,1, 1974, S. 31-48, und Nils Roll-Hansen, »Drosophila Genetics: A Reductionist Research Program«, in: *Journal of the History of Biology* 11,1, 1978, S. 159-210.

16 Fernandus Payne, »Forty-nine Generations in the Dark«, in: *Biological Bulletin* 18, 1910, S. 188ff.

17 Curt Stern, »The Continuity of Genetics«, in: *Daedalus* 99,4, 1970, S. 882-907.

18 Ian Shine und Sylvia Wrobel, *Thomas Hunt Morgan: Pioneer of Genetics*, Lexington, KY, 1976, S. 72. Diese Biografie ist zwar weniger umfangreich als die von Allen verfasste, dafür aber gespickt mit interessanten Geschichten aus Morgans Familie und Labor.

19 Einen detaillierten Bericht über diese Episode bietet Kohler, *Lords*, S. 39-43.

20 R. G. Harrison, »Embryology and Its Relations«, in: *Science* 85, 1937, S. 369-374.

21 Die Familiensaga bringt zwar die Chronologie durcheinander (das Baby wurde Monate vor der weißäugigen Fliege geboren), fängt aber die Atmosphäre, die in diesem Annus mirabilis der Familie Morgan herrschte, sehr gut ein. Die Geschichte mit dem Glas neben dem Bett stammt aus: Shine und Wrobel, *Morgan*, S. 66.

22 T. H. Morgan, »Sex Limited Inheritance in *Drosophila*«, in: *Science* 32, 1910, S. 120ff.; ders., »The Origin of Five Mutations in Eye Color in *Drosophila* and Their Modes of Inheritance«, in: *Science* 33, 1911, S. 534-537; ders., »Genesis of the White-eyed Mutant«, in: *Journal of Heredity* 33, 1942, S. 91f.

23 Zitiert in: Allen, *Morgan*, S. 131.

24 S. Benzer im persönlichen Gespräch.

25 Zitiert in: A. H. Sturtevant, »Thomas Hunt Morgan«, in: *Biographical Memoirs of the National Academy of Sciences USA* 33, 1959, S. 283-325.

26 Siehe A. H. Sturtevant, »The Linear Arrangement of Six Sex-linked Factors in *Drosophila*, as Shown by Their Mode of Association«, in: *Journal of Experimental Zoology* 14, 1939, S. 43-59; J. F. Crow, »A Diamond Anniversary: The First Chromosome Map«, in: *Genetics* 118, 1988, S. 1ff.

27 Diese Geschichte berichtet Sturtevant in seinem Buch *History of Genetics* sowie in seinem Aufsatz »Linear Arrangement«.

28 Das konnten sie anhand weiterer Zuchtexperimente feststellen. Im heutigen Fachjargon würde man sagen, sie mussten jede Fliege einem »Progeny Test« unterziehen.

29 Garland E. Allen, unveröffentlichtes Interview mit A. H. Sturtevant, 24. Juli 1965, S. 28, Caltech Archives.

30 Zitiert in: Shine und Wrobel, *Morgan*, S. 92.

KAPITEL III

1 Sinclair Lewis, *Dr. med. Arrowsmith* (1925), aus dem Amerikanischen von Daisy Bródy, Reinbek bei Hamburg 1954.

2 Zitiert in: Robert P. Crease und Charles C. Mann, *The Second*

Creation: Makers of the Revolution in Twentieth-Century Physics, New York 1986, S. 25.

3 Stern, »Continuity of Genetics«, S. 899.

4 Allen, unveröffentlichtes Interview mit Sturtevant, S. 18.

5 T. H. Morgan, »The Relation of Biology to Physics«, in: *Science* 65, 1927, S. 213-220.

6 Zum Familienstammbaum von Morgan siehe Sturtevant, »Thomas Hunt Morgan«.

7 T. H. Morgan, »The Relation of Genetics to Physiology and Medicine«, in: *Scientific Monthly* 41, 1935, S. 5-18. Seine Nobelpreisrede hielt Morgan am 4. Juni 1934 in Stockholm.

8 Ibid., S. 7f.

9 Ich berufe mich hier auf Gespräche mit Benzer und Mitgliedern seiner Familie sowie auf die Aspaturian-Interviews.

10 Lewis, *Arrowsmith*, S. 18f.

11 Ibid., S. 125.

12 Ibid., S. 374.

13 Ibid., S. 26.

14 Ibid., S. 369.

15 Eine kurze Beschreibung von Mullers Persönlichkeitsstruktur liefert T. Mohr, »Hermann J. Muller, 1890–1967«, in: *Journal of Heredity* 63, 1972, S. 132ff.

16 Allen, Interview mit Sturtevant, S. 26.

17 H. J. Muller, »Artificial Transmutation of the Gene«, in: *Science* 66, 1927, S. 84-87; ders., »The Production of Mutations by X-rays«, in: *Proceedings of the U. S. National Academy of Sciences* 14, 1928, S. 714-726.

18 Abgesehen von Gesprächen, die ich mit einigen Freunden, Kollegen und Familienmitgliedern von Delbrück führen konnte, stütze ich mich hier im Wesentlichen auf die Biografie von Ernst Peter Fischer und Carol Lipson, *Thinking About Science: Max Delbrück and the Origins of Molecular Biology*, New York 1988, sowie auf Delbrücks eigene Darstellungen in: John Cairns, Gunther S. Stent et al. (Hrsg.), *Phage and the Origins of Molecular Biology*, Cold Spring Harbor, NY, 1966, und einige sehr lebendige Interviews, die Carolyn Harding 1979 mit Delbrück im Zusammenhang mit einem hauseigenen Oral-History-Projekt am Caltech führte.

19 Ibid., S. 63.

20 Dieses Beispiel stammt von Ralph J. Greenspan, *Fly Pushing:*

The Theory and Practice of Drosophila Genetics, Cold Spring Harbor, NY, 1997, S. 7-11.

21 M. Delbrück und M. B. Delbrück, »Bacterial Viruses and Sex«, in: *Scientific American* 179, 1948, S. 49.

22 Die wahrscheinlich beste und mit Sicherheit lebendigste Geschichte über die Geburt der Molekularbiologie schrieb Horace Freeland Judson, *The Eighth Day of Creation,* New York 1979. Andere Einblicke bieten z. B. Robert C. Olby, *The Path to the Double Helix,* Seattle 1974, sowie G. S. Stent und R. Calendar, *Molecular Genetics: An Introductory Narrative,* San Francisco 1978, und Cairns et al., *Phage.*

23 Morgan, »Relation of Biology to Physics«, S. 216.

24 O. T. Avery, C. M. Macleod et al., »Induction of Transformation by a Desoxyribonucleic Acid Fraction Isolated from Pneumoccus Type III«, in: *Journal of Experimental Medicine* 79, 1944, S. 137-158.

25 Allen, Interview mit Sturtevant, S. 26.

26 Diese Darstellung basiert auf meinen Gesprächen mit Benzer und auf den Aspaturian-Interviews. Unter den diversen Geschichtsbänden über die glücklichen Tage der Elektronik konnte ich nur einen finden, der auch die Geschichte von Benzers Beitrag enthält: Michael Eckert und Helmut Schubert, *Kristalle, Elektronen, Transistoren. Von der Gelehrtenstube zur Industrieforschung,* Reinbek bei Hamburg 1986, S. 163f.

27 Siehe z. B. Crease und Mann, *Second Creation,* S. 22.

28 Erwin Schrödinger, *Was ist Leben? Die lebende Zelle mit den Augen des Physikers betrachtet* (1944), München/Zürich 1951/1987. Offensichtlich hatte Schrödinger auch nichts von Hermann Mullers prophetischen Vorträgen und Essays über dieses Thema gehört. Siehe H. Muller, »Physics in the Attack on the Fundamental Problems of Genetics«, in: *Scientific Monthly* 44, 1936, S. 210-214. Siehe auch E. A. Carlson, »An Unacknowledged Founding of Molecular Biology: H. J. Muller's Contribution to Gene Theory, 1910–1936«, in: *Journal of the History of Biology* 4, 1971, S. 149-170.

29 Schrödinger, *Was ist Leben?,* S. 141.

30 Ibid., S. 146f.

31 Ibid., S. 70f.

32 Francis Crick, *What Mad Pursuit: A Personal View of Scientific Discovery,* New York 1988, S. 15-18. Gunther Stent − noch ein

Physiker, der auf Biologie umsattelte – berichtet, welches Abenteuer es für ihn war, *Was ist Leben?* zu lesen, siehe André Lwoff
und Agnes Ullmann (Hrsg.), *Origins of Molecular Biology: A Tribute to Jacques Monod*, New York 1979, S. 232. Der Einfluss dieses
Buches – wie auch der Physiker – wurde zum untrennbaren Bestandteil der molekularbiologischen Legende. Rüstzeug wie Autorität der Physik trugen entschieden dazu bei, die Molekularbiologie als neue Wissenschaft zu etablieren. Siehe Evelyn Fox
Keller,»Physics and the Emergence of Molecular Biology: A History of Cognitive and Political Synergy«, in: *Journal of the History of Biology* 23, 1990, S. 389-409.

33 James D. Watson,»Growing Up in the Phage Group«, in: Cairns
et al., *Phage*, S. 239.

34 Diesen Wortwechsel rekonstruierte ich anhand meiner Interviews
mit Benzer und der Aspaturian-Interviews.

KAPITEL IV

1 Michel de Montaigne, *Essais*, hrsg. von Ralph-Rainer Wuthenow, übertr. von Johann Joachim Bode, Frankfurt a.M. 1976,
S. 222.

2 Judson, *Eighth Day*, S. 340.

3 Aspaturian-Interviews, S. 79.

4 Schrödinger, *Was ist Leben?*, S. 111f.

5 J. D. Watson und F. H. C. Crick,»A Structure for Deoxyribose
Nucleic Acid«, in: *Nature* 171, 1953, S. 737f.

6 Francis Crick,»The Double Helix: A Personal View«, in: *Nature*,
1974, S. 766-771.

7 Der Name war allerdings schon Jahre früher vorgeschlagen worden, siehe Warren Weaver,»Molecular Biology: Origin of the
Term«, in: *Science* 170, 1970, S. 581f.

8 Er griff dabei einen Vorschlag aus einem Aufsatz von G. Pontecorvo auf:»Genetic Formulation of Gene Structure and Gene
Action«, in: *Advances in Enzymology* 13, 1952, S. 121-149.

9 Einige seiner Berichte über das Experiment sind nachzulesen in:
S. Benzer,»The Structure of a Genetic Region Bacteriophage«,
in: *Proceedings of the U. S. National Academy of Sciences* 41, 1955,
S. 344-354; ders.,»Genetic Fine Structure«, in: *Harvey Lectures*
56, 1960, S. 1-21; ders.,»The Fine Structure of the Gene«, in:

Scientific American, Januar 1962, S. 2-15; und ders., »Adventures in the *rII* Region«, in: Cairns et al., *Phage*, S. 157-165. Gunther Stent widmet Benzers Experiment ein eigenes Kapitel in seiner Geschichte der Molekularbiologie: »Genetic Fine Structure«, in: *Molecular Genetics*, S. 375-412. Mein Bericht beruht auf den Aspaturian-Interviews und auf meinen Gesprächen mit Benzer und Molekularbiologen, die die Entwicklung des *rII*-Experiments hautnah miterlebt hatten.

10 Benzer, »Adventures«, S. 162.

11 Aspaturian-Interviews, S. 101.

12 Benzer, »The Fine Structure of the Gene«, S. 2.

13 Judson, *Eighth Day*, S. 274.

14 Lewis, *Arrowsmith*, S. 411.

15 Aspaturian-Interviews, S. 135.

16 Richard Rhodes, *The Making of the Atomic Bomb*, New York 1986, S. 165.

17 Walter Gratzer (Hrsg.), *A Literary Companion to Science*, New York 1989, S. 171.

18 Galton beneidete Mendel und Darwin darum, ein Tor zu Hersheys Himmel auf Erden gefunden zu haben. In seinen Memoiren schrieb er, dass jeder von ihnen die Welt auf den Kopf gestellt habe, obwohl beide »nie oder kaum je« aus dem Haus gegangen seien. Galton, *Memoires*, S. 308. Noch heute träumen viele Molekularbiologen von Hersheys Himmel auf Erden, siehe z. B. Robert Pollack, »A Crisis in Scientific Morale«, in: *Nature* 385, 1997, S. 673f.

19 Lewis, *Arrowsmith*, S. 421, S. 425.

20 James A. Peters (Hrsg.), *Classic Papers in Genetics*, Prentice-Hall 1959.

21 Aspaturian-Interviews, S. 152.

22 Benzer, »Genetic Fine Structure«, S. 2f.

23 Richard P. Feynman, *Surely You're Joking, Mr. Feynman!*, New York 1986, S. 59-63; James Gleick, *Genius: The Life and Science of Richard Feynman*, New York 1992, S. 349ff.

24 Gleick, *Genius*, S. 350.

25 Crick widmet dieser Arbeit das Kapitel »Triplets« in seiner Autobiografie *Mad Pursuit*, S. 122-136.

26 Aspaturian-Interviews, S. 115.

27 Einen vorzüglichen Bericht über diese Arbeit schrieb François Jacob, *The Statue Within*, New York 1988; siehe auch ders., *The Logic of Life: A History of Heredity*, Princeton, NJ, 1993.

28 Talmud Bavli, Niddah 30b.
29 Erik Stokstad, »DNA on the Big Screen«, in: *Science* 275, 1997, S. 1882.
30 I. Wilmut et al., »Viable Offspring Derived from Fetal and Adult Mammalian Cells«, in: *Nature* 385, 1997, S. 810-813.
31 Jacob, *Statue*, S. 261.

KAPITEL V

1 Henry Adams, *The Education of Henry Adams* (1907), Boston 1973, S. 231, zitiert in: Gerald M. Edelman, *Göttliche Luft, vernichtendes Feuer*, München 1995, S. 58.
2 Rhodes, *Atomic Bomb*, S. 11.
3 Crick, *Mad Pursuit*, S. 17.
4 Ibid., S. 13.
5 Ibid., S. 9.
6 Siehe z. B. Gunther S. Stent, »That Was the Molecular Biology That Was«, in: *Science* 160, 1968, S. 390-395.
7 Aspaturian-Interviews, S. 154.
8 Ibid., S. 132.
9 James D. Watson, *Die Doppelhelix. Ein persönlicher Bericht über die Entdeckung der DNS-Struktur,* Reinbek bei Hamburg 1969. Gunther S. Stent gab eine kritische Ausgabe mit Kommentaren, Rezensionen und Nachdrucken von einigen wissenschaftlichen Originalaufsätzen heraus, New York 1980.
10 Crick, *Mad Pursuit*, S. 145.
11 Siehe z. B. das Watson-Porträt in E. O. Wilsons Memoiren *Naturalist*, Washington, DC, 1994, S. 224: »Watson war für jeden Jungen der Held der Naturwissenschaften, der clevere Teufelskerl, der in die Stadt geritten kam.«
12 Judson, *Eighth Day*, S. 193.
13 Crick, *Mad Pursuit*, S. 83.
14 Diese Geschichte berichten Fischer und Lipson in *Thinking About Biology*, S. 234-245. Siehe auch E. Cerdá-Olmedo und E. D. Lipson (Hrsg.), *Phycomyces*, Cold Spring Harbor, NY, 1987; R. K. Clayton und M. Delbrück, »Purple Bacteria«, in: *Scientific American* 185,11, 1951, S. 68-72, sowie M. Delbrück, »Primary Transduction Mechanisms in Sensory Physiology and the Search for Suitable Experimental Systems«, in: *Israel Journal of Medical Science* 1, 1965, S. 1363ff.

15 Fischer und Lipson, *Thinking About Biology*, S. 234.

16 Aspaturian-Interviews, S. 165.

17 S. Benzer, Crafoord Prize Lecture, Stockholm, 27. September 1993.

18 Crick, *Mad Pursuit*, S. 17.

19 Benzer, »Adventures«, S. 157.

20 Ibid., S. 165.

21 Crick, *Mad Pursuit*, S. 14.

22 Fischer et al., *Thinking*, S. 133.

23 Freud, »Laienanalyse«, S. 286.

24 Sigmund Freud, »Zur Einführung des Narzißmus«, in: *Studienausgabe*, Bd. III, hrsg. von A. Mitscherlich et al., Frankfurt a.M. 1975, S. 46. [*G. S.*, Bd. 6, S. 153-187; *G. W.*, Bd. 10, S. 137-170].

25 Siehe M. E. Bitterman, »Psychology via Psychology: Review of *The Neuroscience of Animal Intelligence*, by Euan M. Macphail«, in: *Science* 263, 1994, S. 1635f.

26 J. B. Watson, *Behaviorism*, New York 1925, Kap. 1, exzerpiert in: Stevenson, *Human Nature*, S. 193-198.

27 Watson, *Behaviorism*, S. 81, zitiert in: Carl Degler, *In Search of Human Nature*, Oxford 1991, S. 81.

28 B. F. Skinner, *Science and Human Behavior*, New York 1953, exzerpiert in: Stevenson, *Human Nature*, S. 199-218.

29 Paul F. Cranefield wählte diese Formulierung in einem etwas anderen Kontext in seinem Aufsatz »The Philosophical and Cultural Interests of the Biophysics Movement in 1847«, in: *Journal of History of Medicine and Allied Sciences* 21, 1966, S. 7.

30 Gary Cziko, *Without Miracles: Universal Selection Theory and the Second Darwinian Revolution*, Cambridge, Mass., 1995, S. 117.

31 Skinner, *Science and Human Behavior*, exzerpiert in: Stevenson, *Human Nature*, S. 204.

32 Friedrich Nietzsche, *Jenseits von Gut und Böse* (1886), Stuttgart 1976, S. 11, S. 127.

33 Jesaja 28,10, nach der Übersetzung von Martin Luther.

34 Platon, »Euthyphron«, S. 95, in: *Sämtliche Dialoge*, hrsg. von Otto Apelt, vollst., unveränd. Nachdr. der Ausgabe Leipzig 1922 bis 1923, Bd. 1, Hamburg 1988.

35 Blaise Pascal, *Gedanken*, S. 152.

36 Darwin, *Metaphysics*, S. 71.

37 D. H. Lawrence, *Vögel, Blumen und wilde Tiere. Gedichte*, deutsch von Wolfgang Schlüter, Bonn 2000.

KAPITEL VI

1 Emily Dickinson, *The Complete Poems of Emily Dickinson*, Boston 1960, S. 150.
2 Richard Powers, *Galatea 2.2*, New York 1995, S. 8.
3 Dean E. Wooldridge, *The Machinery of the Brain*, New York 1963.
4 Ibid., S. 20ff.
5 Ibid., S. 169-174.
6 Ibid., S. 181.
7 Ibid., S. vii.
8 Eric R. Kandel, James H. Schwartz und Thomas M. Jessell (Hrsg.), *Principles of Neural Science*, Norwalk, Conn., 1988, S. 27.
9 Ibid., S. 835.
10 Richard M. Restak, *The Mind*, New York 1988, S. 27.
11 Kandel, *Principles*, S. 7ff.
12 Henry David Thoreau, »Sic Vita«, in: F. Q. Matthiessen (Hrsg.), *The Oxford Book of American Verse*, New York 1950, S. 241.
13 Konrad Lorenz, *Das sogenannte Böse. Zur Naturgeschichte der Aggression* (1963), Kap. 6: »Das große Parlament der Instinkte«, München 1983, S. 88.
14 Benzer, Crafoord Lecture.
15 Darwin, *Gemüthsbewegungen*, S. 14.
16 Ibid., S. 33.
17 Charles Darwin, *The Life and Letters of Charles Darwin*, hrsg. von Francis Darwin, Bd. 3, London 1887, S. 238, zitiert in: Janet Browne, *Charles Darwin*, Bd. 1, New York 1995, S. xxi.
18 Francis Galton, *Inquiries into Human Faculty and Its Development*, London 1882, S. 87.
19 Galton, *Memories*, S. 271.
20 Ibid., S. 273.
21 Galton, *Inquiries*, S. 186.
22 Ibid.
23 Ibid., S. 58f.
24 Ibid., S. 60.
25 Wilson, *Naturalist*, S. 219f.
26 Ibid., S. 44.
27 Ibid., S. 218f.
28 Peter Gay, *The Enlightenment: An Interpretation*, New York 1966, S. 16.
29 Aspaturian-Interviews, S. 117.

30 Konrad Z. Lorenz, *Er redete mit dem Vieh, den Vögeln und den Fischen* (1949), München 1983 (Tb), S. 90.

31 Fischer und Lipson, *Thinking About Biology*, S. 235.

KAPITEL VII

1 Nathaniel Wanley, *The Wonders of the Little World*, London 1788, S. 6, zitiert in: Leonard Barkan, *Nature's Work of Art: The Human Body as Image of the World*, New Haven 1975, S. 34.

2 Jorge Luis Borges, *Fiktionen*, Werke in 20 Bänden, Bd. 5, Frankfurt a.M. 1992, S. 81f.

3 Aspaturian-Interviews, S. 183.

4 Ibid., S. 185.

5 Wilson, *Naturalist*, S. 221.

6 Charles Darwin, *Die Abstammung des Menschen* (1871), 3. Auflage, Wiesbaden 1966, S. 79f.

7 Lewis Carroll, *Alice im Spiegelland*, München 1992, S. 37f.

8 Lwoff, *Origins*, S. 136.

9 Aspaturian-Interviews, S. 38.

10 Galton, *Natural Inheritance*, S. 8.

11 Ibid.

12 Galton, *Inquiries*, S. 24.

13 Ibid., S. 3.

14 Ibid., S. 56.

15 Einmal begeisterte Galton Kollegen bei einem Vortrag in der British Association mit einem Witz über jüdische Geizkragen, siehe Galton, *Memories*, S. 272.

16 T. H. Morgan, *Evolution and Genetics*, 2. Auflage, Princeton, NJ, 1925, S. 206f., zitiert in: Daniel J. Kevles, *In the Name of Eugenics*, 2. Auflage, Cambridge, Mass., 1995, S. 133.

17 Siehe beispielsweise H. J. Muller, *Out of the Night: A Biologist's View of the Future* (1935), New York 1984.

18 Der letzte Satz in seinem Buch ist von kaum verhohlener Aufregung geprägt: »Die Zeit ist noch nicht reif, um hier alle Möglichkeiten in Bezug auf die menschliche Spezies zu erörtern.« Muller, »Artificial Transmutation«, S. 87.

19 Galton, *Memories*, S. 175.

20 Galton, *Inquiries*, S. 27.

21 Lewis, *Arrowsmith*, S. 334-339.

22 Diane B. Paul, *Controlling Human Heredity: 1865 to the Present*, Atlantic Highlands, NJ, 1995, S. 86.
23 The Galton Lecture, gehalten am 17. Februar 1936 vor der Eugenic Society in London, in: Julian S. Huxley, »Eugenics and Society«, in: *The Eugenics Review* 28,1, 1936, S. 11-35.
24 Ibid., S. 11.
25 Ibid., S. 33f.
26 J. R. Oppenheimer, »Physics in the Contemporary World«, Vortrag vor dem Massachusetts Institute of Technology, 25. November 1947.
27 Rhodes, *Atomic Bomb*, S. 26.
28 C. P. Blacker, »›Eugenic‹ Experiments Conducted by the Nazis on Human Subjects«, in: *Eugenics Review* 44,1, 1952, S. 11.
29 Galton, *Natural Inheritance*, S. 155.
30 Zitiert in: Fred H. Wilhoite, Jr., »Ethology and the Tradition of Political Thought«, in: *Journal of Politics* 33, 1971, S. 628-239; siehe auch Degler, *Human Nature*, S. 230.
31 Harding-Interviews mit Delbrück, S. 88.
32 Aspaturian-Interviews, S. 48f.
33 Lewis, *Arrowsmith*, S. 415.

KAPITEL VIII

1 Darwin, *Metaphysics*, S. 8.
2 T. H. Morgan, Brief an E. B. Babcock, 15. Juni 1920, zitiert in: Allen, *Morgan*, S. 291.
3 Benzer, »Genetic Dissection of Behavior«, S. 28.
4 Freud, »Laienanalyse«, S. 284 (Hervorhebung d. Autors).
5 K. Bergmann, A. P. Eslava und E. Cerdá-Olmedo, »Mutants of *Phycomyces* with Abnormal Phototropism«, in: *Molecular and General Genetics* 123, 1973, S. 1-16; Fischer und Lipson, *Thinking About Biology*, S. 249. Einen Überblick über diese und andere frühe Arbeiten zum Verhalten auf atomarer Ebene bieten William G. Quinn and James L. Gould, »Nerves and Genes«, in: *Nature* 278, 1979, S. 19-23.
6 Fischer und Lipson, *Thinking About Biology*, S. 245.
7 Benzer, »Behavioral Mutants«, 1967.
8 Zitiert in: Fraser, *Of Time*, S. 179.
9 M. de Mairan, »Observation Botanique«, in: *Histoire de l'Acadé-*

mie Royale des Sciences, Paris 1729, S. 35, zitiert in: Ritchie R. Ward, *The Living Clocks*, New York 1971, S. 44f. Im Wesentlichen beruht meine Darstellung dieser ersten Schritte bei der Erforschung des Zeitsinns auf Ward.

10 Fraser, *Of Time*, S. 182.

11 Arthur T. Winfree, *The Timing of Biological Clocks*, New York 1987, S. 111.

12 Spinoza, *Die Ethik*, übers. von Jakob Stern, »Der Ethik Dritter Teil«, Lehrsatz 2, Anmerkungen, Stuttgart 1972, S. 261.

13 Ward beschreibt diese Experimente Browns in *Living Clocks*, S. 259-278.

14 Ibid., S. 279-299.

15 Colin S. Pittendrigh, »Temporal Organization: Reflections of a Darwinian Clock-watcher«, in: *Annual Review of Physiology* 55, 1993, S. 17-54.

16 Brown, *Living Clocks*, S. 299.

17 Pittendrigh, »Temporal Organization«.

18 Ronald J. Konopka und Seymour Benzer, »Clock Mutants of *Drosophila melanogaster*«, in: *Proceedings of the U. S. National Academy of Sciences* 68, 1971, S. 2112-2116.

19 Ich rekonstruierte diese Szene nach Gesprächen, die ich mit Benzer und Konopka führte, sowie nach einem Bericht von Greenspan, »Emergence of Neurogenetics«, S. 150.

KAPITEL IX

1 William Blake, *Zwischen Feuer und Feuer. Poetische Werke*, aus dem Englischen neu übers. und mit Anm. hrsg. von Thomas Eichhorn, München 1996, S. 147.

2 Zitiert in: Fraser, *Of Time*, S. 11.

3 Augustinus, *Bekenntnisse*, Buch 11, Berlin/Darmstadt 1957, S. 275.

4 Plotinus, *Die Dritte Enneade*, zitiert in: Fraser, *Of Time*, S. 23f.

5 Darwin, *Metaphysics*, S. 30.

6 David Park, *The Image of Eternity: Roots of Time in the Physical World*, Amherst, Mass., 1980, S. 16.

7 Sprüche 30,18-19.

8 Richard Powers, *The Gold Bug Variations*, New York 1992, S. 124.

9 Roger Payne, *Among Whales*, New York 1995, S. 145.

10 Frank B. Gill, *Ornithology*, New York 1989, S. 179ff.

11 Ibid., S. 180.

12 Zu den ersten Arbeiten über diesen Wurm siehe S. Brenner, »The Genetics of *Caenorhabditis elegans*«, in: *Genetics* 77, 1974, S. 71-94, sowie J. E. Sulston und S. Brenner, »The DNA of *Caenorhabditis elegans*«, in: *Genetics* 77, 1974, S. 95-104.

13 Herman T. Spieth, »Courtship Behavior in *Drosophila*«, in: *Annual Review of Entomology* 19, 1974, S. 385-405, sowie ders., *Courtship Behaviors in the Hawaiian Picture-winged Drosophila*, Berkeley, CA, 1984.

14 Ibid., S. 10.

15 Ibid., S. 11.

16 Ibid., S. 12.

17 Sie stammten aus dem Fliegenlabor von Dan Lindsley von der University of California, San Diego, UCSD.

18 Gerard Manley Hopkins, »Pied Beauty«, in: Louis Untermeyer (Hrsg.), *Modern American Poetry. Modern British Poetry*, New York 1958, S. 39.

19 Eine Abbildung befindet sich in Benzer, »Behavioral Mutants«, S. 25.

20 Ibid., S. 31.

21 A. H. Sturtevant, »The Use of Mosaics in the Study of the Developmental Effects of Genes«, in: *Proceedings of the Sixth International Congress of Genetics,* 1932, S. 304-307.

22 A. Garcia-Bellido und J. R. Merriam, »Cell Lineage of the Imaginal Discs in Drosophila Gynandromorphs«, in: *Journal of Experimental Zoology* 170, 1969, S. 61-75.

23 Y. Hotta und S. Benzer, »Mapping of Behaviour in Drosophila Mosaics«, in: *Nature* 240, 1972, S. 527-535, sowie dies., »Courtship in Drosophila Mosaics: Sex-specific Foci for Sequential Action Patterns«, in: *Proceedings of the U. S. National Academy of Sciences* 73,11, 1976, S. 4154-4158.

24 Aspaturian-Interviews, S. 232.

25 Douglas R. Kankel und Jeffrey C. Hall, »Fate Mapping of Nervous System and Other Internal Tissues in Genetic Mosaics of *Drosophila melanogaster*«, in: *Developmental Biology* 48, 1976, S. 1-24, sowie J. C. Hall, »Control of Male Reproductive Behavior by the Central Nervous System of *Drosophila*: Dissection of a Courtship Pathway by Genetic Mosaics«, in: *Genetics* 92, 1979, S. 437-457.

26 E. B. Lewis, »A Gene Complex Controlling Segmentation in *Drosophila*«, in: *Nature* 276, 1978, S. 565-570, sowie ders., »Clusters of Master Control Genes regulate the Development of Higher Organisms«, in: *Journal of the American Medical Association* 267, 1992, S. 1524-1531.

27 Christopher Wills, *The Wisdom of the Genes*, New York 1989, S. 235.

28 K. S. Gill, »A Mutation Causing Abnormal Courtship and Mating Behavior in Male *Drosophila melanogaster*«, in: *American Zoologist* 3, 1963, S. 507.

KAPITEL X

1 Elie Wiesel, *Alle Flüsse fließen ins Meer. Autobiographie*, Hamburg 1995 (Tb 1997), S. 220.

2 Stern, »Continuity of Genetics«, S. 906.

3 William Blake, *Zwischen Feuer und Feuer*, »Visionen der Töchter Albions«, S. 271. Gleich im Anschluss daran fragt er: »Sag mir, wo wohnt Vergessenes, bis du es zu dir rufst?«

4 A. R. Luria, *The Mind of a Mnemonist*, New York 1969.

5 Ibid., S. 17.

6 Ibid., S. 11.

7 E. B. Lewis, »Remembering Sturtevant«, in: *Genetics* 41, 1995, S. 1227-1230.

8 Yadin Dudai, *The Neurobiology of Memory: Concepts, Findings, Trends*, Oxford 1989, S. 3.

9 Locke, *Versuch über den menschlichen Verstand*, Buch 2, Kapitel 1, Abschn. 15, S. 117.

10 V. G. Dethier, »Microscopic Brains«, in: *Science* 143, 1964, S. 1138-1145. Siehe auch Dethiers liebenswertes Buch *To Know A Fly*, San Francisco 1962.

11 Howard Simons, »Scientist Finds Flies Can't Learn But Moths and Bats Use Sonar«, in: *Washington Post*, 28. April 1966. »›Wir haben alles versucht, was man sich nur vorstellen kann‹, sagte Dethier gestern niedergeschlagen vor der National Academy of Sciences. ›Aber nichts hat funktioniert. Fliegen sind nicht imstande zu lernen.‹ Jetzt will Dethier es mit Raupen versuchen.«

12 Meine Darstellung dieser ersten Experimente von Quinn basiert auf Gesprächen mit ihm selbst, mit Benzer und Kollegen sowie

auf Quinns erstem Papier zu diesem Thema: William G. Quinn, William A. Harris und Seymour Benzer, »Conditioned Behavior in *Drosophila melanogaster*«, in: *Proceedings of the U. S. National Academy of Sciences* 71,3, 1974, S. 708-712.

13 Schrödinger, *Geist und Materie*, Wien 1986, S. 14.

14 S. Benzer, »A Fly's Eye View of Development«, Vortrag vor dem »Symposium on Molecular Biology of Development«, Cold Spring Harbor Laboratory, Cold Spring Harbor, NY, 29. Mai 1985.

15 Yadin Dudai, Yuh-Nung Jan et al., »Dunce, a Mutant of *Drosophila* Deficient in Learning«, in: *Proceedings of the U. S. National Academy of Sciences* 73, 1976, S. 1684-1688.

16 Julien Offray de La Mettrie, *Machine Man and Other Writings* (1748), Cambridge 1996, S. 31.

17 Richard Dawkins, *Das egoistische Gen*, Berlin 1978, überarbeitete und erweiterte Neuausgabe, Heidelberg 1994.

18 Zitiert in: René Dubois, *So Human an Animal*, New York 1968, S. 111.

KAPITEL XI

1 Primo Levi, »The Invisible World«, in: *Other People's Trades*, New York 1989, S. 60.

2 Viele inzwischen klassische Studien über das Werbeverhalten der *Drosophila* stammen von Aubrey Manning und seinen Kollegen an der Universität von Edinburgh. Siehe Aubrey Manning, »Drosophila and the Evolution of Behaviour«, in: *Viewpoints in Biology* 4, 1964, S. 125-169.

3 Dieser Bericht über Kyriacous frühe Forschung basiert auf Gesprächen mit ihm, Hall und Kollegen sowie auf dem Aufsatz von C. P. Kyriacou und Jeffrey C. Hall, »Circadian Rhythm Mutations in *Drosophila melanogaster* Affect Short-Term Fluctuations in the Male's Courtship Song«, in: *Proceedings of the U. S. National Academy of Sciences* 77,11, 1980, S. 6729-6733.

4 Garry Wills, *Lincoln at Gettysburg: The Words That Remade America*, New York 1992, S. 171f.

5 Bei dem Phage-Experten handelte es sich um J. J. Bronfenbrenner. Wie überrascht er war, schildert Thomas F. Anderson, »Electron Microscopy of Phages«, in: Cairns et al., *Phage*, S. 65.

6 T. Oosumi, W. R. Belknap und B. Garlick, »*Mariner* Transposons in Humans«, in: *Nature* 378, 1995, S. 672.

KAPITEL XII

1 Marcel Proust, *Auf der Suche nach der verlorenen Zeit*, deutsch von Eva Rechel-Mertens, Bd. 13: »Die wiedergefundene Zeit«, Frankfurt a.M. 1978, S. 284.

2 Ihre Entdeckung war ein entscheidender Schritt für die Genetik. Siehe z. B. Theophilus S. Painter, »Salivary Chromosomes and the Attack on the Gene«, in: *Journal of Heredity* 25, 1934, S. 464-476.

3 William A. Zehring et al., »P-Element Transformation with *period* Locus DNA Restores Rhythmicity to Mutant, Arrhythmic *Drosophila melanogaster*«, in: *Cell* 39, 1984, S. 369-376; T. A. Bargiello, F. R. Jackson und M. W. Young, »Restoration of Circadian Behavioural Rhythms by Gene Transfer in *Drosophila*«, in: *Nature* 312, 1984, S. 752ff.

4 David A. Wheeler et al., »Molecular Transfer of a Species-Specific Behavior from *Drosophila simulans* to *Drosophila melanogaster*«, in: *Science* 251, 1991, S. 1082-1085.

5 Den Text des Liedes hatte Bill Wood geschrieben, gesungen wurde es von Robert Sinsheimer während eines kabarettistischen Abends am 22. November 1969 am Caltech, der unter dem Motto stand: »I Am Curious, Max«.

6 J. C. Hall, »Pleiotropy of Behavioral Genes«, in: R. J. Greenspan und C. P. Kyriacou (Hrsg.), *Flexibility and Constraint in Behavioral Systems*, New York 1994, S. 15-27.

7 Siehe z. B. Gunther Stent, »That Was the Molecular Biology That Was«, S. 390-395.

8 Gunther S. Stent, »Strength and Weakness of the Genetic Approach to the Development of the Nervous System«, in: *Annual Review of Neurosciences* 4, 1981, S. 163-194.

9 Ralph Waldo Emerson, »The Method of Nature«, in: *Essays and Lectures*, New York 1983, S. 199.

10 M. Delbrück, Tagebucheintrag vom 29. Juli 1972, zitiert von Fischer und Lipson in: *Thinking About Biology*, S. 251. Die Autoren merken an: »Dies ist eine der wenigen emotionalen Bemerkungen in dem Tagebuch, das er bis an sein Lebensende führte.«

11 M. Delbrück, »The Arrow of Time – Beginning and End«, Caltech, 9. Juni 1978.

KAPITEL XIII

1 Delmore Schwartz, »I Am a Book I Neither Wrote Nor Read«, in: Nancy Sullivan (Hrsg.), *The Treasury of American Poetry*, Garden City, NY, 1978, S. 548.
2 F. M. Cornford, *Microcosmographia Academica: Being a Guide for the Young Academic Politician*, Cambridge 1908.
3 Ibid., S. 3.
4 S. Benzer an Max Delbrück, 26. September 1952, Caltech-Archiv.
5 James Watson, »The Human Genome Initiative«, in: Barry Holland und Charabambos Kyriacou (Hrsg.), *Genetics and Society*, Reading, Mass., 1993, S. 15.
6 Eine kurze Darstellung dieser Big Science und der Involvierung des Big Business bei der Gen-Kartierung im ausgehenden zwanzigsten Jahrhundert liefert Jon Cohen, »The Genomics Gamble«, in: *Science* 275, 1997, S. 767-772.
7 Ibid., S. 769.
8 Es handelte sich um den Molekularbiologen Daniel Cohen von der französischen Biotech-Gesellschaft Genset, zitiert von Michael Balter, »...and a Recent Recruit«, in: *Science* 275, 1997, S. 773.
9 J. R. S. Fincham, »Mendel – Now Down to the Molecular Level«, in: *Nature* 343, 1990, S. 208f.
10 Stewart B. Rood et al., »Why Mendel's Peas Came Up Short«, in: *Science* 277, 1997, S. 1611. Rood et al., »Gibberellins: A Phytohormonal Basis for Heterosis in Maize«, in: *Science* 241, 1988, S. 1216-1218.
11 Youngs Labor veröffentlichte die vollständige Sequenz im März 1986, siehe F. R. Jackson, T. A. Bargiello, S.-H. Yun et al., »Product of *per* Locus of *Drosophila* Shares Homology with Proteoglycans«, in: *Nature* 320, 1986, S. 185-188. Rosbash publizierte seine erste, noch unvollständige und auf die Thr-Gly Repeat-Region beschränkte Sequenz im Juli 1986, siehe P. Reddy, A. C. Jacquier, N. Abovich et al., »The *period* Clock Locus of *D. melanogaster* Codes for a Proteoglycan«, in: *Cell* 46, 1986, S. 53-61. Ein

Jahr darauf veröffentlichte Rosbash ein Papier, in dem er die gesamte Sequenz von *period* sowie der Mutationen *per zero* und *per short* darstellte, siehe Qiang Yu et al., »Molecular Mapping of Point Mutations in the *period* Gene That Stop or Speed Up Biological Clocks in *Drosophila melanogaster*«, in: *Proceedings of the U. S. National Academy of Sciences* 84, 1987, S. 784-788. Beide Labors lagen falsch im Hinblick auf die Proteoglykan-Verbindung.

12 Watson, zitiert von Leon Jaroff, »The Gene Hunt«, in: *Time* 133, 12, 20. März 1989, S. 62-67.

KAPITEL XIV

1 Novalis, *Schriften*, Bd. 3, hrsg. von Paul Kluckhohn, Stuttgart u.a. 1983, S. 434.

2 E. O. Wilson, *Sociobiology: The New Synthesis*, Cambridge, Mass., 1975.

3 Wilson, *Naturalist*, S. 349.

4 Fischer und Lipson, *Thinking About Biology*, S. 274.

5 Jerry Hirsch, »Benzer's Learning Claim«, 14. September 1979.

6 Jerry Hirsch, »Behavior Genetics and Individuality Understood«, in: *Science* 142, 1963, S. 1436-1442.

7 Konrad Lorenz, *Er redete mit dem Vieh*, S. 77f. Die Kämpfe der Dohlen wurden auch von Niko Tinbergen beschrieben. Benzer entzog sich zwar der Debatte mit Hirsch, aber seine Schüler und später auch deren Schüler sollten Hirsch schließlich widerlegen. Siehe Tim Tully, »Measuring Learning in Individual Flies Is Not Necessary to Study the Effects of Single-Gene Mutations in *Drosophila*: A Reply to Holliday and Hirsch«, in: *Behavior Genetics* 16,4, 1986, S. 449-455. Im Streit zwischen Hirsch und Benzer prallten nicht nur zwei Egos aufeinander, sondern auch zwei Traditionen, die Tully beide für bewahrenswert hält. Siehe Tim Tully, »Discovery of Genes Involved with Learning and Memory: An Experimental Synthesis of Hirschian and Benzerian Perspectives«, in: *Proceedings of the U. S. National Academy of Sciences* 93, 1996, S. 13460-13467.

8 Diese Bezeichnung stammt von Benzer, siehe Donald F. Ready, Thomas E. Hanson und Seymour Benzer, »Development of the *Drosophila* Retina, A Neurocristalline Lattice«, in: *Developmental Biology* 53, 1976, S. 217-240. Einen gut illustrierten Überblick bie-

tet Peter A. Lawrence, *The Making of a Fly: The Genetics of Animal Design*, Oxford 1992, S. 180-194.

9 William A. Harris, William S. Stark und John A. Walker, »Genetic Dissection of the Photoreceptor System in the Compound Eye of *Drosophila melanogaster*«, in: *Journal of Physiology* 256, 1976, S. 415-439. Die Entdeckung von *sevenless* eröffnete ein ganz neues Gebiet und hat noch heute Modellcharakter bei der Erforschung der Kommunikationsweise von Zellen im embryonalen Entwicklungsstadium.

10 Shinobu C. Fujita et al., »Monoclonal Antibodies Against the *Drosophila* Nervous System«, in: *Proceedings of the U. S. National Academy of Sciences* 79, 1982, S. 7929-7933.

11 Carol A. Miller und Seymour Benzer, »Monoclonal Antibody Cross-Reactions Between *Drosophila* and Human Brain«, in: *Proceedings of the U. S. National Academy of Sciences* 80, 1983, S. 7641 bis 7645.

12 Zitiert in: Barkan, *Nature's Work of Art*, S. 1.

13 Cohen, »The Genomics Gamble«, S. 769.

KAPITEL XV

1 Heraklit, zitiert nach: Max Delbrück, »Aristotle-totle-totle«, in: J. Monod und E. Borek (Hrsg.), *Of Microbes and Life*, New York 1971, S. 52. Tatsächlich stammt dieses Zitat nicht von Heraklit, sondern ist ihm zugeschrieben worden.

2 Meine Darstellung seiner Arbeit gründet sich auf Gespräche mit Kyriacou und dessen Kollegen sowie auf deren Veröffentlichungen, siehe u.a. M. A. Castiglione-Morelli et al., »Conformational Study of the Thr-Gly Repeat in the *Drosophila* Clock Protein PERIOD«, in: *Proceedings of the Royal Society of London* B 260, 1995, S. 155-163; C. P. Kyriacou et al., »Evolution and Population Biology of the *period* Gene«, in: *Seminars in Cell and Developmental Biology* 7, 1996, S. 803-810, und Lesley Sawyer et al., »Natural Variation in a *Drosophila* Clock Gene and Temperature Compensation«, in: *Science* 278, 1997, S. 2117-2120.

3 Lawrence, *Making of a Fly*, S. 180.

4 Richard Dawkins, *Der blinde Uhrmacher. Ein neues Plädoyer für den Darwinismus*, München 1987.

5 Einen populärwissenschaftlichen Artikel über das Schlafbedürf-

nis des Menschen schrieb Verlyn Klinkenborn, »Awakening to Sleep«, in: *New York Times Magazine*, 5. Januar 1997, S. 26.

6 K. Siwicki et al., »Antibodies to the *period* Gene Product of *Drosophila* Reveal Diverse Tissue Distribution and Rhythmic Changes in the Visual System«, in: *Neuron* 1, 1988, S. 141-150.

7 Paul E. Hardin, Jeffrey C. Hall und Michael Rosbash, »Feedback of the *Drosophila period* Gene Product on Circadian Cycling of Its Messenger RNA Levels«, in: *Nature* 343, 1990, S. 536-540.

8 Amita Sehgal et al., »Loss of Circadian Behavioral Rhythms and *per* RNA Oscillations in the *Drosophila* Mutant *timeless*«, in: *Science* 263, 1994, S. 1603-1606; Leslie B. Vosshall et al., »Block in Nuclear Localization of *period* Protein by a Second Clock Mutation, *timeless*«, in: *Science* 263, 1994, S. 1606-1609.

9 Michael P. Myers et al., »Positional Cloning and Sequence Analysis of the *Drosophila* Clock Gene, *timeless*«, in: *Science* 270, 1995, S. 805-808.

10 M. H. Vitaterna et al., »Mutagenesis and Mapping of a Mouse Gene, *Clock*, Essential for Circadian Behavior«, in: *Science* 264, 1994, S. 719-725.

11 Marina P. Antoch et al., »Functional Identification of the Mouse Circadian *Clock* Gene by Transgenic BAC Rescue«, in: *Cell* 89, 1997, S. 655-667.

12 Einen Überblick über die explosionsartig einsetzende Forschung und Synthese bieten Ueli Schibler, »New Cogwheels in the Clockworks«, in: *Nature* 393, 1998, S. 620f.; sowie Steven M. Reppert, »A Clockwork Explosion!«, in: *Neuron* 21, 1998, S. 1-4.

13 Schibler, »New Cogwheels«.

14 Jeffrey M. Friedman, »The Alphabet of Weight Control«, in: *Nature* 385, 1997, S. 119f.

15 Xiao-Jiang Li et al., »A *Huntington*-associated Protein Enriched in Brain with Implications for Pathology«, in: *Nature* 378, 1995, S. 398-402; Yvon Trottier et al., »Polyglutamine Expansion as a Pathological Epitope in Huntington's Disease and Four Dominant Cerebellar Ataxias«, in: *Nature* 378, 1995, S. 403-406.

16 Anthony Burgess, *Clockwork Orange* (1962), neu übers. von Wolfgang Krege, München 1997. Das anschließende Zitat stammt aus dem nicht ins Deutsche übersetzten Vorwort zur amerikanischen Neuauflage, New York 1987.

17 Ibid. (dtsch. Ausgabe), S. 100.

18 Ibid., S. 112.

19 Donald A. Gailey und Jeffrey C. Hall, »Behavior and Cytogenetics of *fruitless* in *Drosophila melanogaster*: Different Courtship Defects Caused by Separate, Closely Linked Lesions«, in: *Genetics* 121, 1989, S. 773-785.

20 Lisa C. Ryner et al., »Control of Male Sexual Behavior and Sexual Orientation in *Drosophila* by the *fruitless* Gene«, in: *Cell* 87, 1996, S. 1079-1089. Einen Überblick über die Geschichte dieser Forschung bieten Jean Marx, »Tracing How the Sexes Develop«, in: *Science* 269, 1995, S. 1822-1824, sowie Paul Burgoyne, »Fruit(less) Flies Provide a Clue«, in: *Nature* 381, 1996, S. 740 bis 742.

21 Brief des Jakobus 3,3.

22 Julian Huxley, Vorwort zu Konrad Lorenz, *King Solomon's Ring*, New York 1972, S. ix. [Anm. d. Ü.: In der Originalausgabe von Lorenz' Autobiografie *Er redete mit dem Vieh, den Vögeln und den Fischen* ist dieses Vorwort nicht enthalten.]

KAPITEL XVI

1 Tom Stoppard, *Arcadia*, London 1993, S. 61.

2 Einen Überblick bieten E. O. Aceves-Piña et al., »Learning and Memory in *Drosophila*, Studied with Mutants«, in: *Cold Spring Harbor Symposium in Quantitative Biology* 48, 1983, S. 831-840.

3 R. J. Greenspan, »Flies, Genes, Learning and Memory«, in: *Neuron* 15, 1995, S. 747.

4 Ronald Booker und William G. Quinn, »Conditioning of Leg Position in Normal and Mutant *Drosophila*«, in: *Proceedings of the U. S. National Academy of Sciences* 78,6, 1981, S. 3940-3944.

5 Diese Episode berichtet Tully in: John B. Connolly und Tim Tully, »You Must Remember This«, in: *The Sciences*, Mai–Juni 1996, S. 37-42.

6 Tim Tully und William G. Quinn, »Classical Conditioning and Retention in Normal and Mutant *Drosophila melanogaster*«, in: *Journal of Comparative Physiology* 157, 1985, S. 263-277.

7 Eine detailliertere Darstellung liefert Eric Kandel, »Nerve Cells and Behavior«, in: *Scientific American* 223, 1970, S. 57-70.

8 Eine rückblickende Betrachtung findet sich in E. R. Kandel, »Small Systems of Neurons«, in: *Scientific American* 241, 1979, S. 67-76.

9 Zu weiteren Hintergrundinformationen siehe Tim Tully et al., »Genetic Dissection of Consolidated Memory in *Drosophila*«, in: *Cell* 79, 1994, S. 35-47. Einen Überblick bieten David A. Frank und Michael E. Greenberg, »CREB: A Mediator of Long-Term Memory from Mollusks to Mammals«, in: *Cell* 79, 1994, S. 5-8. Das Experiment wird in zwei verschiedenen Papieren beschrieben: J. C. Yin et al., »Induction of a Dominant Negative CREB Transgene Specifically Blocks Long-Term Memory in *Drosophila*«, in: *Cell* 79, 1994, S. 49-58, und J. C. Yin et al., »CREB as a Memory Modulator: Induced Expression of a dCREB2 Activator Isoform Enhances Long-Term Memory in *Drosophila*«, in: *Cell* 81, 1995, S. 107-115. Wie Greenspan in »Flies, Genes, Learning and Memory« schreibt: »Der Rest ist Geschichte.«

10 Ibid., S. 747.

11 Lee M. Silver, *Mouse Genetics: Concepts and Applications*, New York 1955.

12 Die Mäuse hatten eine Langzeitgedächtnisdefizienz, sofern sie auch eine CREB-Defizienz hatten; siehe Roussoudan Bourtchuladze et al., »Deficient Long-Term Memory in Mice with a Targeted Mutation of the cAMP-responsive Element-binding Protein«, in: *Cell* 79, 1994, S. 59-68. Man beachte, dass es Silvas Gruppe gelang, eine Maus mit einem außerordentlich schlechten Gedächtnis genetisch zu züchten, nicht jedoch eine Maus mit einem außerordentlich guten Gedächtnis!

13 Cristina M. Alberini et al., »A Molecular Switch for the Consolidation of Long-Term Memory: cAMP-inducible Gene Expression«, in: *Annals of the New York Academy of Sciences* 758, 1955, S. 261-286.

14 James Barron, »Letters from Serial Bomber Sent Before Blast«, in: *New York Times*, 26. April 1995, S. A1.

15 Die Pawlowsche – oder klassische – Konditionierung ist nach wie vor Russlands einziger ernst zu nehmender Beitrag zur Verhaltensforschung, was wohl auch damit erklärt werden kann, dass der »Mendel-Morganismus« dort von Anfang an abgelehnt wurde; siehe James L. Gould, »Review of Russian Contributions to Invertebrate Behavior, Edited by Charles I. Abramson, Zhanna P. Shuranova, and Yuri M. Burmistrov«, in: *American Scientist* 85, November–Dezember 1997, S. 572ff.

KAPITEL XVII

1 Thomas Hobbes, *Leviathan oder Stoff, Form und Gewalt eines bürgerlichen und kirchlichen Staates* (1651), hrsg. und eingel. von Iring Fetscher, Neuwied/Berlin 1966, S. 75.
2 Zitiert in: Walter Gratzer, »Per Ardua ad Stockholm: Review of *I Wish I'd Made You Angry Earlier: Essays on Science, Scientists, and Humanity*, by Max Perutz«, in: *Nature* 393, 1998, S. 640f.
3 Ibid.
4 Siehe R. C. Lewontin, Steven Rose und Leon J. Kamin, *Not in Our Genes: Biology, Ideology, and Human Nature*, New York 1984; R. C. Lewontin, »The Dream of the Human Genome«, in: *New York Review of Books* 39,10, 1992, S. 31-40, und ders., *Human Diversity*, New York 1982.
5 R. C. Lewontin, »Women Versus the Biologists: Review of *Exploding the Gene Myth*, by Ruth Hubbard and Elijah Wald, and Other Books«, in: *New York Review of Books*, 7. April 1994, S. 31-35.
6 Wilson zitiert diese Passage von Francis Bacon in: *Die Einheit des Wissens*, Berlin 1998, S. 34.
7 S. Benzer an M. Delbrück, 3. Februar 1955, Caltech-Archiv.

KAPITEL XVIII

1 Blaise Pascal, *Über die Religion und über einige andere Gegenstände* (1670), übers. und hrsg. von Ewald Wasmuth, Werke, Bd. 1, Heidelberg 1978, S. 47.
2 Einen kritischen Überblick über dieses Schlachtfeld liefert John Horgan, »Eugenics Revisited«, in: *Scientific American*, Juni 1993, S. 123-131.
3 Diese zusammenfassende Darstellung von Hamers Forschung beruht auf persönlichen Gesprächen mit ihm und auf seinen eigenen Berichten. Siehe Dean H. Hamer et al., »A Linkage Between DNA Markers on the X Chromosome and Male Sexual Orientation«, in: *Science* 261, 1993, S. 321-327; Stella Hu et al., »Linkage Between Sexual Orientation and Chromosome Xq28 in Males but Not in Females«, in: *Nature Genetics* 11, 1995, S. 248-256. Eine populärwissenschaftliche Darstellung bieten Dean Hamer und Peter Copeland, *The Science of Desire*, New

York 1994; siehe auch das zweite Buch dieser Autoren, *Living with Our Genes*, New York 1995.

4 Jonathan N. Katz, *The Invention of Heterosexuality*, New York 1995.

5 Horaz, *Epistulae. Briefe,* Erstes Buch, 10. Brief, Abs. 24, Stuttgart 1986.

6 J. M. Bailey und R. C. Pillard, »A Genetic Study of Male Sexual Orientation«, in: *Archives of General Psychiatry* 48, 1991, S. 1089-1096.

7 Simon LeVay, *The Sexual Brain*, Cambridge, Mass., 1993; Simon LeVay und D. H. Hamer, »Evidence for a Biological Influence in Male Homosexuality«, in: *Scientific American* 270, 1994, S. 44-49.

8 Hamer, *Science of Desire*, S. 21.

9 Eliot Marshall, »NIH's ›Gay Gene‹ Study Questioned«, in: *Science* 268, 1995, S. 1841.

10 »No Misconduct in ›Gay Gene‹ Study«, in: *Science* 275, 1997, S. 1251.

11 Shang-Ding Zhang und Ward F. Odenwald, »Mis-expression of the *white (w)* Gene Triggers Male-Male Courtship«, in: *Proceedings of the U. S. National Academy of Sciences* 92, 1995, S. 5525-5529.

12 Larry Thompson, »Search for a Gay Gene«, in: *Time*, 12. Juni 1995, S. 60f.

13 John Travis, »Bisexual Bugs«, in: *Science News* 148, 1995, S. 13f.

14 Nicholas Wase, »Now Playing at a Nearby Lab: ›Revenge of the Fly People‹«, in: *New York Times*, 20. Mai 1997, S. C1.

15 Das Papier, das letztlich aus diesem Anruf resultierte, ist: Jonathan Benjamin et al., »Population and Familial Association Between D4 Dopamine Receptor Gene and Measures of Novelty Seeking«, in: *Nature Genetics* 12, 1996, S. 81-84. Siehe auch Hamer, »Thrills«, in: *Living with Our Genes*, S. 27-54.

16 Jonathan Flint et al., »A Simple Genetic Basis for a Complex Psychological Trait in Laboratory Mice«, in: *Science* 269, 1955, S. 1432-1435.

17 Natalie Angier, »Variant Gene Tied to a Love of New Thrills«, in: *New York Times*, 2. Januar 1996, S. A1.

18 Klaus-Peter Lesch et al., »Association of Anxiety-related Traits with a Polymorphism in the Serotonin Transporter Gene Regulatory Region«, in: *Science* 274, 1966, S. 1527-1531. Hamer schrieb einen Kommentar zu diesem Aufsatz: »The Heritability of Hap-

piness«, in: *Nature Genetics* 14, 1996, S. 125f. Siehe auch Hamer, »Worry«, in: *Living with Our Genes*, S. 55-86.

19 Zitiert in: Faye Flam, »Pursuing Key to Happiness, Researchers Look for Genes«, in: *Philadelphia Inquirer*, 4. Oktober 1996, S. A1.

20 Jon Cohen, »Does Nature Drive Nurture?«, in: *Science* 273, 1966, S. 577f. Siehe auch Robert M. Sapolsky, »The Importance of a Well-groomed Child«, in: *Science* 277, 1997, S. 1620f.

21 Nicholas Wade, »First Gene for Social Behavior Identified in Whiskery Mice«, in: *New York Times*, 9. September 1997, S. C4.

22 J. Steven de Belle, Arthur J. Hilliker und Marla B. Sokolowski, »Genetic Localization of *foraging (for)*: A Major Gene for Larval Behavior in *Drosophila melanogaster*«, in: *Genetics* 123, 1989, S. 157-163.

23 Maurice Leroy, »Frenchman Is New Heir in Ethiopia«, in: *Philadelphia Inquirer,* 29. November 1996, S. A12.

24 Siehe J. L. Pierce et al., »A Major Influence of Sex-Specific Loci on Alcohol Preference in C57BL/6 and DBA/2 Inbred Mice«, in: *Mammalian Genome* 9, 1998, S. 942-948.

KAPITEL XIX

1 Aus: *The Insect World of J. Henri Fabre*, hrsg. von John Elder, Boston 1991, S. 326.

2 Es war am Samstag, dem 29. Oktober 1994.

3 Wieschaus teilte sich den Nobelpreis 1995 mit Christiane Nüsslein-Volhard und Edward Lewis für ihre Arbeit über Gene und die Entwicklung von Taufliegen.

4 Benno Müller-Hill, zitiert in: Sydney Brenner, »A Night at the Operon. Review of *The lac Operon: A Short History of a Genetic Paradigm*, by Benno Müller-Hill«, in: *Nature* 386, 1997, S. 235.

5 Ibid.

6 Wilson, *Die Einheit des Wissens*, S. 245.

7 Shine und Wrobel, *Morgan*, S. 2.

8 Tom Strachan et al., »A New Dimension for the Human Genome Project: Towards Comprehensive Expression Maps«, in: *Nature Genetics* 16, 1997, S. 126-132.

9 George R. Stewart, *Picketts Charge: A Microhistory of the Final Attack at Gettysburg, July 3, 1863*, Boston 1959, S. ix.

10 Lee M. Silver, *Remaking Eden: Cloning and Beyond in a Brave New World*, New York 1997.

11 Wilson, *Die Einheit des Wissens,* S. 369f.

12 Zitiert in: Gleick, *Genius,* S. 13.

13 Francis Crick, *Was die Seele wirklich ist. Die naturwissenschaftliche Erforschung des Bewußtseins,* Hamburg 1997.

14 Ibid.

15 Richard M. Restak, *The Brain,* New York 1984, S. 147ff.

16 Jon H. Kaas, »Vision Without Awareness«, in: *Nature* 373, 1995, S. 195; Alan Cowey, »Blindsight in Real Sight«, in: *Nature* 377, 1995, S. 290f.

17 Lukrez, *Vom Wesen des Weltalls,* übers. von Dietrich Ebner, Zweiter Gesang, Berlin 1994, S. 66f., Zeilen 250-260.

18 Schrödinger, *Was ist Leben?,* S. 149.

19 Ibid., S. 150, S. 152. Vergleiche hierzu Daniel Dennett, *Consciousness Explained,* Boston 1991.

20 Schrödinger, *Was ist Leben?,* S. 153. Diesen Passus hatte sich Benzer angestrichen, als er das Buch als junger Physiker erstmals las.

21 Abraham J. Heschel, *Who Is Man?,* Stanford, CA, 1965, S. 9f.

22 Blaise Pascal, *Gedanken,* S. 135. [Nr. 301 nach der Brunschvicgschen Aphorismen-Zählung (Diederich'sche Ausgabe)].

23 Blaise Pascal, *Über die Religion,* S. 173.

24 Ralph Waldo Emerson, »The Over-Soul«, in: *Essays and Lectures,* New York 1983, S. 395.

25 William James, *Talks to Teachers,* Kap. 15: »The Will«, in: Bruce Kuklich (Hrsg.), *Writings 1878–1899,* New York 1987, S. 810f.

26 Max Delbrück, »*Homo Scientificus* According to Beckett«, in: W. Beranek (Hrsg.), *Science, Scientists, and Society,* New York 1972.

27 Die Idee zu diesem Absatz entstand aus einem Gespräch, das ich mit dem Schriftsteller Lawrence Weschler über die fraktale Ähnlichkeit dieser Zweige und Äste führte.

28 Euripides, *Die Bakchen,* übers. von Oskar Werner, Stuttgart 1968, S. 55.

29 Konrad Lorenz, *Das sogenannte Böse,* S. 8.

30 R. J. Greenspan, J. C. Hall und T. Tully, *Genes and Behavior: A New Synthesis,* Manuskript eines Buches, Princeton, NJ, 1995.

31 Konrad Lorenz, *Das sogenannte Böse,* Kap. 6.

32 Ludwig Wittgenstein, »Tractatus logico-philosophicus«, Werkausgabe, Bd. 1, Frankfurt a.M. 1984, S. 379, Abschn. 309.

33 Rainer Maria Rilke, »Die Achte Elegie«, in: *Duineser Elegien* (1923), hrsg. vom Rilke-Archiv, Frankfurt a.M. 1974, S. 37.

34 Ibid.

35 Hinweise in diese Richtung sehen mehrere Philosophen. Siehe z. B. Daniel C. Dennett, »Our Mind's Chief Asset: Review of *Being There: Putting Brain, Body, and World Together Again*«, in: *Times Literary Supplement*, 16. Mai 1997, S. 5.

36 W. Shakespeare, *Hamlet*, II.2, in der Übersetzung von Schlegel-Tieck.

Bibliographie

Monographien und Sammelbände

Aiken, Conrad, *Selected Poems*, Cleveland, Ohio, 1964.

Allen, Garland E., *Thomas Hunt Morgan*, Princeton, NJ, 1978.

Augustinus, *Bekenntnisse*, Berlin/Darmstadt 1957.

Barkan, Leonard, *Nature's Work of Art: The Human Body as Image of the World*, New Haven 1975.

Blake, William, *Zwischen Feuer und Feuer. Poetische Werke*, aus dem Englischen neu übers. und mit Anm. hrsg. von Thomas Eichhorn, München 1996.

Borges, Jorge Luis, *Fiktionen*, Werke, Bd. 5, Frankfurt a.M. 1992.

Browne, Janet, *Charles Darwin*, Bd. 1, New York 1995.

Burgess, Anthony, *Clockwork Orange* (1962), neu übers. von Wolfgang Krege, München 1997.

Burton, Robert, *Die Anatomie der Melancholie* (1621), übers. von Ulrich Horstmann, Zürich/München 1988.

Cairns, John, Gunther S. Stent et al. (Hrsg.), *Phage and the Origins of Molecular Biology*, Cold Spring Harbor, NY, 1966.

Caplan, Arthur L. (Hrsg.), *The Sociobiology Debate: Readings on Ethical and Scientific Issues*, New York 1978.

Carlson, Elof Axel, *The Gene: A Critical History*, Philadelphia 1966.

Carroll, Lewis, *Alice im Spiegelland*, München 1992.

Cerdá-Olmedo, E., und E. D. Lipson (Hrsg.), *Phycomyces*, Cold Spring Harbor, NY, 1987.

Cornford, F. M., *Microcosmographia Academica: Being a Guide for the Young Academic Politician*, Cambridge 1908.

Crease, Robert P., und Charles C. Mann, *The Second Creation: Makers of the Revolution in Twentieth-Century Physics*, New York 1986.

Crick, Francis, *What Mad Pursuit: A Personal View of Scientific Discovery*, New York 1988.

ders., *Was die Seele wirklich ist. Die naturwissenschaftliche Erforschung des Bewußtseins*, Hamburg 1997.

Cziko, Gary, *Without Miracles: Universal Selection Theory and the Second Darwinian Revolution*, Cambridge, Mass., 1995.

Darwin, Charles, *Über die Entstehung der Arten durch natürliche Zuchtwahl oder die Erhaltung der begünstigten Rassen im Kampfe um's Dasein* (1859), nach der engl. Ausg. durchges. von J. Victor Carus, hrsg. von Gerhard H. Müller, reprographischer Nachdr. der 9. Auflage (Stuttgart 1920), Darmstadt 1992.

ders., *Die Abstammung des Menschen* (1871), 3. Auflage, Wiesbaden 1966.

ders., *Der Ausdruck der Gemüthsbewegungen bei dem Menschen und den Tieren* (1872), Stuttgart 1901.

ders., *The Life and Letters of Charles Darwin*, hrsg. von Francis Darwin, Bd. 3, London 1887.

ders., *Metaphysics, Materialism, and the Evolution of Mind. The Early Writings of Charles Darwin*, mit Kommentaren zu den M- und N-Notizbüchern von Howard E. Gruber, Chicago 1980.

Dawkins, Richard, *Das egoistische Gen*, überarbeitete und erweiterte Neuausgabe, Heidelberg 1994.

ders., *Der blinde Uhrmacher. Ein neues Plädoyer für den Darwinismus*, München 1987.

Degler, Carl, *In Search of Human Nature*, Oxford 1991.

Dennett, Daniel, *Consciousness Explained*, Boston 1991.

Dethier, V. G., *To Know A Fly*, San Francisco 1962.

Dickinson, Emily, *The Complete Poems of Emily Dickinson*, Boston 1960.

Dubois, René, *So Human an Animal*, New York 1968.

Dudai, Yadin, *The Neurobiology of Memory: Concepts, Findings, Trends*, Oxford 1989.

Eckert, Michael, und Helmut Schubert, *Kristalle, Elektronen, Transistoren. Von der Gelehrtenstube zur Industrieforschung*, Reinbek bei Hamburg 1986.

Edelman, Gerald M., *Göttliche Luft, vernichtendes Feuer*, München 1995.

Elder, John (Hrsg.), *The Insect World of J. Henri Fabre*, Boston 1991.

Emerson, Ralph Waldo, *Essays and Lectures*, New York 1983.

ders., *Essays and Poems*, New York 1996.

Euripides, *Die Bakchen*, übers. von Oskar Werner, Stuttgart 1968.

Feynman, Richard P., *Surely You're Joking, Mr. Feynman!*, New York 1986.

Fischer, Ernst Peter, und Carol Lipson, *Thinking About Science: Max Delbrück and the Origins of Molecular Biology*, New York 1988.

Galton, Francis, *Inquiries into Human Faculty and Its Development*, London 1882.

ders., *Natural Inheritance*, London 1889.

ders., *Memories of My Life*, 3. Auflage, London 1909.

Gay, Peter, *The Enlightenment: An Interpretation*, New York 1966.

Gill, Frank B., *Ornithology*, New York 1989.

Gleick, James, *Genius: The Life and Science of Richard Feynman*, New York 1992.

Gratzer, Walter (Hrsg.), *A Literary Companion to Science*, New York 1989.

Greenspan, Ralph J., *Fly Pushing: The Theory and Practice of Drosophila Genetics*, Cold Spring Harbor, NY, 1997.

ders., Jeff C. Hall und Tim Tully, *Genes and Behavior: A New Synthesis*, Princeton, NJ, 1995.

Hamer, Dean, und Peter Copeland, *The Science of Desire*, New York 1994.

dies., *Living with Our Genes*, New York 1995.

Heraklit, *Fragmente*, hrsg. von Bruno Snell, Zürich 1989.

Heschel, Abraham J., *Who Is Man?*, Stanford, CA, 1965.

Hobbes, Thomas, *Leviathan oder Stoff, Form und Gewalt eines bürgerlichen und kirchlichen Staates* (1651), hrsg. und eingel. von Iring Fetscher, Neuwied/Berlin 1966.

Horaz, *Epistulae. Briefe*, Erstes Buch, Stuttgart 1986.

Jacob, François, *The Statue Within*, New York 1988.

ders., *The Logic of Life: A History of Heredity*, Princeton, NJ, 1993.

Judson, Horace Freeland, *The Eighth Day of Creation*, New York 1979.

Kandel, Eric R., James H. Schwartz und Thomas M. Jessell (Hrsg.), *Principles of Neural Science*, Norwalk, Conn., 1988.

Katz, Jonathan N., *The Invention of Heterosexuality*, New York 1995.

Kevles, Daniel J., *In the Name of Eugenics*, 2. Auflage, Cambridge, Mass., 1995.

Kohler, Robert E., *Lords of the Fly: Drosophila Genetics and the Experimental Life*, Chicago 1994.

La Mettrie, Julien Offray de, *Machine Man and Other Writings* (1748), Cambridge 1996.

Lawrence, D. H., *Vögel, Blumen und wilde Tiere. Gedichte*, deutsch von Wolfgang Schlüter, Bonn 2000.

Lawrence, Peter A., *The Making of a Fly: The Genetics of Animal Design*, Oxford 1992.

LeVay, Simon, *The Sexual Brain*, Cambridge, Mass., 1993.

Lewis, Sinclair, *Dr. med. Arrowsmith* (1925), aus dem Amerikanischen von Daisy Bródy, Reinbek bei Hamburg 1954.

Lewontin, Richard C., *Human Diversity*, New York 1982.

ders., Steven Rose und Leon J. Kamin, *Not in Our Genes: Biology, Ideology, and Human Nature*, New York 1984.

Liungman, Carl G., *Dictionary of Symbols*, Santa Barbara, CA, 1991.

Locke, John, *Versuch über den menschlichen Verstand* (1690), 4., durchges. Auflage nach der Übersetzung von C. Winckler, Hamburg 1981.

Lorenz, Konrad Z., *Er redete mit dem Vieh, den Vögeln und den Fischen* (1949), München 1983.

ders., *Das sogenannte Böse. Zur Naturgeschichte der Aggression* (1963), München 1983.

Lukrez, *Vom Wesen des Weltalls*, übers. von Dietrich Ebner, Berlin 1994.

Luria, A. R., *The Mind of a Mnemonist*, New York 1969.

Lwoff, André, und Agnes Ullmann (Hrsg.), *Origins of Molecular Biology: A Tribute to Jacques Monod*, New York 1979.

Mayr, Ernst, *Die Entwicklung der biologischen Gedankenwelt. Vielfalt, Evolution und Vererbung*, Berlin 1984.

Montaigne, Michel de, *Essais* (1590), erste moderne Gesamtübersetzung von Hans Stilett, München 2000.

ders., *Essais* (1590), hrsg. von Ralph-Rainer Wuthenow, übertr. von Johann Joachim Bode, Frankfurt a.M. 1976.

Morgan, Thomas Hunt, *Evolution and Genetics*, 2. Auflage, Princeton, NJ, 1925.

Muller, Hermann J., *Out of the Night: A Biologist's View of the Future* (1935), New York 1984.

Nietzsche, Friedrich, *Jenseits von Gut und Böse* (1886), Stuttgart 1976.

Novalis, *Schriften*, Bd. 3, hrsg. von Paul Kluckhohn, Stuttgart u.a. 1983.

Olby, Robert C., *The Path to the Double Helix*, Seattle 1974.

Orel, Vitezslav, *Gregor Mendel: The First Geneticist*, Oxford 1996.

Park, David, *The Image of Eternity: Roots of Time in the Physical World*, Amherst, Mass., 1980.

Pascal, Blaise, *Gedanken* (1670), nach der endgültigen Ausgabe übertr. von Wolfgang Rüttenauer, Leipzig o.J.

ders., *Über die Religion und über einige andere Gegenstände* (1670), übers. und hrsg. von Ewald Wasmuth, Werke, Bd. 1, Heidelberg 1978.

Paul, Diane B., *Controlling Human Heredity: 1865 to the Present*, Atlantic Highlands, NJ, 1995.

Payne, Roger, *Among Whales*, New York 1995.

Peters, James A. (Hrsg.), *Classic Papers in Genetics*, Prentice-Hall 1959.

Powers, Richard, *The Gold Bug Variations*, New York 1992.

ders., *Galatea 2.2*, New York 1995.

Proust, Marcel, *Auf der Suche nach der verlorenen Zeit*, deutsch von Eva Rechel-Mertens, Bd. 13: »Die wiedergefundene Zeit.«, Frankfurt a.M. 1978.

Restak, Richard M., *The Brain*, New York 1984.

ders., *The Mind*, New York 1988.

Rhodes, Richard, *The Making of the Atomic Bomb,* New York 1986.

Richards, Robert J., *Darwin and the Emergence of Evolutionary Theories of Mind and Behavior*, Chicago 1987.

Rilke, Rainer Maria, *Duineser Elegien* (1923), hrsg. vom Rilke-Archiv, Frankfurt a.M. 1974.

Schrödinger, Erwin, *Was ist Leben? Die lebende Zelle mit den Augen des Physikers betrachtet* (1944), München/Zürich 1951/1987.

ders., *Geist und Materie*, Wien 1986.

Shine, Ian, und Sylvia Wrobel, *Thomas Hunt Morgan: Pioneer of Genetics*, Lexington, KY, 1976.

Silver, Lee M., *Mouse Genetics: Concepts and Applications*, New York 1955.

ders., *Remaking Eden: Cloning and Beyond in a Brave New World*, New York 1997.

Skinner, Burrhus Frederic, *Science and Human Behavior*, New York 1953.

Spieth, Herman T., *Courtship Behaviors in the Hawaiian Picture-winged Drosophila*, Berkeley, CA, 1984.

Spinoza, *Die Ethik*, übers. von Jakob Stern, Stuttgart 1972.

Stent, Gunther S., und R. Calendar, *Molecular Genetics: An Introductory Narrative*, San Francisco 1978.

Stewart, George R., *Picketts Charge: A Microhistory of the Final Attack at Gettysburg, July 3, 1863*, Boston 1959.

Stoppard, Tom, *Arcadia*, London 1993.

Sturtevant, Alfred H., *A History of Genetics*, New York 1965.

Tinbergen, Niko, *Instinktlehre*, Berlin 1976.

Wanley, Nathaniel, *The Wonders of the Little World*, London 1788.

Ward, Ritchie R., *The Living Clocks*, New York 1971.

Watson, J. B., *Behaviorism*, New York 1925.

Watson, James D., *Die Doppelhelix. Ein persönlicher Bericht über die Entdeckung der DNS-Struktur*, Reinbek bei Hamburg 1969.

Whitman, Walt, *Complete Poetry and Collected Prose*, New York 1982.

Wiesel, Elie, *Alle Flüsse fließen ins Meer. Autobiographie*, Hamburg 1995.

Wills, Christopher, *The Wisdom of the Genes*, New York 1989.

Wills, Garry, *Lincoln at Gettysburg: The Words That Remade America*, New York 1992.

Wilson, Edward O., *Sociobiology: The New Synthesis*, Cambridge, Mass., 1975.

ders., *Naturalist*, Washington, DC, 1994.

ders., *Die Einheit des Wissens*, Berlin 1998.

Winfree, Arthur T., *The Timing of Biological Clocks*, New York 1987.

Wittgenstein, Ludwig, *Tractatus logico-philosophicus*, Werkausgabe, Bd. 1, Frankfurt a.M. 1984.

Wooldridge, Dean E., *The Machinery of the Brain*, New York 1963.

Artikel

Aceves-Piña, E. O., et al., »Learning and Memory in *Drosophila*, Studied with Mutants«, in: *Cold Spring Harbor Symposium in Quantitative Biology* 48, 1983.

Alberini, Cristina M., et al., »A Molecular Switch for the Consolidation of Long-Term Memory: cAMP-inducible Gene Expression«, in: *Annals of the New York Academy of Sciences* 758, 1955.

Allen, Garland E., »The Introduction of *Drosophila* into the Study of Heredity and Evolution: 1900–1910«, in: *Isis* 66, 1975.

Anderson, Thomas F., »Electron Microscopy of Phages«, in: Cairns et al., *Phage*.

Angier, Natalie, »Variant Gene Tied to a Love of New Thrills«, in: *New York Times*, 2. Januar 1996.

Antoch, Marina P., et al., »Functional Identification of the Mouse Circadian *Clock* Gene by Transgenic BAC Rescue«, in: *Cell* 89, 1997.

Avery, O. T., C. M. Macleod et al., »Induction of Transformation by a Deoxyribonucleic Acid Fraction Isolated from Pneumoccus Type III«, in: *Journal of Experimental Medicine* 79, 1944.

Bailey, J. M., und R. C. Pillard, »A Genetic Study of Male Sexual Orientation«, in: *Archives of General Psychiatry* 48, 1991.

Balter, Michael, »... and a Recent Recruit«, in: *Science* 275, 1997.

Bargiello, T. A., F. R. Jackson und M. W. Young, »Restoration of Circadian Behavioural Rhythms by Gene Transfer in *Drosophila*«, in: *Nature* 312, 1984.

Barron, James, »Letters from Serial Bomber Sent Before Blast«, in: *New York Times*, 26. April 1995.

Belle, J. Steven de, Arthur J. Hilliker und Marla B. Sokolowski, »Genetic Localization of *foraging (for)*: A Major Gene for Larval Behavior in *Drosophila melanogaster*«, in: *Genetics* 123, 1989.

Benjamin, Jonathan, et al., »Population and Familial Association Between D4 Dopamine Receptor Gene and Measures of Novelty Seeking«, in: *Nature Genetics* 12, 1996.

Benzer, Seymour, »The Structure of a Genetic Region Bacteriophage«, in: *Proceedings of the U. S. National Academy of Sciences* 41, 1955.

ders., »Genetic Fine Structure«, in: *Harvey Lectures* 56, 1960.

ders., »The Fine Structure of the Gene«, in: *Scientific American*, Januar 1962.

ders., »Behavioral Mutants of *Drosophila* Isolated by Countercurrent Distribution«, in: *Proceedings of the National Academy of Sciences USA* 58, 1967.

ders., »From the Gene to Behavior«, in: *Journal of the American Medical Association* 218, 1971.

ders., »Genetic Dissection of Behavior«, in: *Scientific American*, Dezember 1973.

ders., »Adventures in the *rII* Region«, in: Cairns et al., *Phage*.

Bergmann, K., A. P. Eslava und E. Cerdá-Olmedo, »Mutants of *Phycomyces* with Abnormal Phototropism«, in: *Molecular and General Genetics* 123, 1973.

Bitterman, M. E., »Psychology via Psychology: Review of *The Neuroscience of Animal Intelligence*, by Euan M. Macphail«, in: *Science* 263, 1994.

Blacker, C. P., »›Eugenic‹ Experiments Conducted by the Nazis on Human Subjects«, in: *Eugenics Review* 44,1, 1952.

Booker, Ronald, und William G. Quinn, »Conditioning of Leg Position in Normal and Mutant *Drosophila*«, in: *Proceedings of the U. S. National Academy of Sciences* 78,6, 1981.

Bourtchuladze, Roussoudan, et al., »Deficient Long-Term Memory in Mice with a Targeted Mutation of the cAMP-responsive Element-binding Protein«, in: *Cell* 79, 1994.

Brenner, Sydney, »The Genetics of *Caenorhabditis elegans*«, in: *Genetics* 77, 1974.

ders., »A Night at the Operon. Review of *The lac Operon: A Short History of a Genetic Paradigm*, by Benno Müller-Hill«, in: *Nature* 386, 1997.

Burgoyne, Paul, »Fruit(less) Flies Provide a Clue«, in: *Nature* 381, 1996.

Carlson, Elof Axel, »An Unacknowledged Founding of Molecular Biology: H. J. Muller's Contribution to Gene Theory, 1910–1936«, in: *Journal of the History of Biology* 4, 1971.

ders., »The *Drosophila* Group: The Transition from the Mendelian Unit to the Individual Gene«, in: *Journal of the History of Biology* 7,1, 1974.

Carpenter, F. W., »The Reactions of the Pomace Fly (*Drosophila ampelophila Loew*) to Light, Gravity, and Mechanical Stimulation«, in: *Contributions from the Zoölogical Laboratory of the Museum of Comparative Zoölogy at Harvard College* 162, 1905.

Castiglione-Morelli, M. A., et al., »Conformational Study of the Thr-Gly Repeat in the *Drosophila* Clock Protein PERIOD«, in: *Proceedings of the Royal Society of London* B 260, 1995.

Clayton, R. K., und Max Delbrück, »Purple Bacteria«, in: *Scientific American* 185,11, 1951.

Cohen, Jon, »Does Nature Drive Nurture?«, in: *Science* 273, 1966.

ders., »The Genomics Gamble«, in: *Science* 275, 1997.

Connolly, John B., und Tim Tully, »You Must Remember This«, in: *The Sciences*, Mai–Juni 1996.

Cowey, Alan, »Blindsight in Real Sight«, in: *Nature* 377, 1995.

Cranefield, Paul F., »The Philosophical and Cultural Interests of the Biophysics Movement in 1847«, in: *Journal of History of Medicine and Allied Sciences* 21, 1966.

Crick, Francis, »The Double Helix: A Personal View«, in: *Nature*, 1974.

Crow, J. F., »A Diamond Anniversary: The First Chromosome Map«, in: *Genetics* 118, 1988.

Delbrück, Max, »Primary Transduction Mechanisms in Sensory Physiology and the Search for Suitable Experimental Systems«, in: *Israel Journal of Medical Science* 1, 1965.

ders., »*Homo Scientificus* According to Beckett«, in: W. Beranek (Hrsg.), *Science, Scientists, and Society*, New York 1972.

ders., und M. B. Delbrück, »Bacterial Viruses and Sex«, in: *Scientific American* 179, 1948.

Dennett, Daniel C., »Our Mind's Chief Asset: Review of *Being There: Putting Brain, Body, and World Together Again*«, in: *Times Literary Supplement*, 16. Mai 1997.

Dethier, V. G., »Microscopic Brains«, in: *Science* 143, 1964.

Dudai, Yadin, Yuh-Nung Jan et al., »Dunce, a Mutant of *Drosophila* Deficient in Learning«, in: *Proceedings of the U. S. National Academy of Sciences* 73, 1976.

Fincham, J. R. S., »Mendel – Now Down to the Molecular Level«, in: *Nature* 343, 1990.

Flam, Faye, »Pursuing Key to Happiness, Researchers Look for Genes«, in: *Philadelphia Inquirer*, 4. Oktober 1996.

Flint, Jonathan, et al., »A Simple Genetic Basis for a Complex Psychological Trait in Laboratory Mice«, in: *Science* 269, 1955.

Frank, David A., und Michael E. Greenberg, »CREB: A Mediator of Long-Term Memory from Mollusks to Mammals«, in: *Cell* 79, 1994.

Freud, Sigmund, »Die Frage der Laienanalyse (1926)«, in: *Studienausgabe*, hrsg. von A. Mitscherlich et al., Ergänzungsband, Frankfurt a.M. 1975.

ders., »Zur Einführung des Narzißmus (1924)«, in: *Studienausgabe*, Bd. III, hrsg. von A. Mitscherlich et al., Frankfurt a.M. 1975.

Friedman, Jeffrey M., »The Alphabet of Weight Control«, in: *Nature* 385, 1997.

Fujita, Shinobu C., et al., »Monoclonal Antibodies Against the *Drosophila* Nervous System«, in: *Proceedings of the U. S. National Academy of Sciences* 79, 1982.

Gailey, Donald A., und Jeffrey C. Hall, »Behavior and Cytogenetics of *fruitless* in *Drosophila melanogaster*: Different Courtship Defects Caused by Separate, Closely Linked Lesions«, in: *Genetics* 121, 1989.

Garcia-Bellido, A., und J. R. Merriam, »Cell Lineage of the Imaginal Discs in Drosophila Gynandromorphs«, in: *Journal of Experimental Zoology* 170, 1969.

Gill, K. S., »A Mutation Causing Abnormal Courtship and Mating Behavior in Male *Drosophila melanogaster*«, in: *American Zoologist* 3, 1963.

Gould, James L., »Review of Russian Contributions to Invertebrate Behavior, Edited by Charles I. Abramson, Zhanna P. Shuranova, and Yuri M. Burmistrov«, in: *American Scientist* 85, November bis Dezember 1997.

Gratzer, Walter, »Per Ardua ad Stockholm: Review of *I Wish I'd Made You Angry Earlier: Essays on Science, Scientists, and Humanity*, by Max Perutz«, in: *Nature* 393, 1998.

Greenspan, Ralph J., »The Emergence of Neurogenetics«, in: *Seminars in Neurosciences* 2, 1990.

ders., »Flies, Genes, Learning and Memory«, in: *Neuron* 15, 1995.

ders., »Understanding the Genetic Construction of Behavior«, in: *Scientific American* 272,4, 1995.

Hall, Jeffrey C., »Control of Male Reproductive Behavior by the Central Nervous System of *Drosophila*: Dissection of a Courtship Pathway by Genetic Mosaics«, in: *Genetics* 92, 1979.

ders., »Pleiotropy of Behavioral Genes«, in: R. J. Greenspan und C. P. Kyriacou (Hrsg.), *Flexibility and Constraint in Behavioral Systems*, New York 1994.

Hamer, Dean H., »The Heritability of Happiness«, in: *Nature Genetics* 14, 1996.

ders., et al., »A Linkage Between DNA Markers on the X Chromosome and Male Sexual Orientation«, in: *Science* 261, 1993.

Hardin, Paul E., Jeffrey C. Hall und Michael Rosbash, »Feedback of the *Drosophila period* Gene Product on Circadian Cycling of Its Messenger RNA Levels«, in: *Nature* 343, 1990.

Harris, William A., William S. Stark und John A. Walker, »Genetic Dissection of the Photoreceptor System in the Compound Eye of *Drosophila melanogaster*«, in: *Journal of Physiology* 256, 1976.

Harrison, R. G., »Embryology and Its Relations«, in: *Science* 85, 1937.

Hirsch, Jerry, »Behavior Genetics and Individuality Understood«, in: *Science* 142, 1963.

Horgan, John, »Eugenics Revisited«, in: *Scientific American*, Juni 1993.

Hotta, Yoshiki, und Seymour Benzer, »Mapping of Behaviour in Drosophila Mosaics«, in: *Nature* 240, 1972.

dies., »Courtship in Drosophila Mosaics: Sex-specific Foci for Sequential Action Patterns«, in: *Proceedings of the U. S. National Academy of Sciences* 73, Nr. 11, 1976.

Hu, Stella, et al., »Linkage Between Sexual Orientation and Chromosome Xq28 in Males but Not in Females«, in: *Nature Genetics* 11, 1995.

Huxley, Julian S., »Eugenics and Society«, in: *The Eugenics Review* 28,1, 1936.

Jackson, F. R., T. A. Bargiello, S.-H. Yun et al., »Product of *per* Locus of *Drosophila* Shares Homology with Proteoglycans«, in: *Nature* 320, 1986.

Jaroff, Leon, »The Gene Hunt«, in: *Time* 133, Nr. 12, 20. März 1989.

James, William, *Talks to Teachers*, Kap. 15: »The Will«, in: Bruce Kuklich (Hrsg.), *Writings 1878–1899*, New York 1987.

Kaas, Jon H., »Vision Without Awareness«, in: *Nature* 373, 1995.

Kandel, Eric, »Nerve Cells and Behavior«, in: *Scientific American* 223, 1970.

ders., »Small Systems of Neurons«, in: *Scientific American* 241, 1979.

Kankel, Douglas R., und Jeffrey C. Hall, »Fate Mapping of Nervous System and Other Internal Tissues in Genetic Mosaics of *Drosophila melanogaster*«, in: *Developmental Biology* 48, 1976.

Keller, Evelyn Fox, »Physics and the Emergence of Molecular Biology: A History of Cognitive and Political Synergy«, in: *Journal of the History of Biology* 23, 1990.

Klinkenborn, Verlyn, »Awakening to Sleep«, in: *New York Times Magazine*, 5. Januar 1997.

Konopka, Ronald J., und Seymour Benzer, »Clock Mutants of *Drosophila melanogaster*«, in: *Proceedings of the U. S. National Academy of Sciences* 68, 1971.

Kyriacou, Charabambos P., und Jeffrey C. Hall, »Circadian Rhythm Mutations in *Drosophila melanogaster* Affect Short-Term Fluctuations in the Male's Courtship Song«, in: *Proceedings of the U. S. National Academy of Sciences* 77,11, 1980.

ders., et al., »Evolution and Population Biology of the *period* Gene«, in: *Seminars in Cell and Developmental Biology* 7, 1996.

Leroy, Maurice, »Frenchman Is New Heir in Ethiopia«, in: *Philadelphia Inquirer,* 29. November 1996.

Lesch, Klaus-Peter, et al., »Association of Anxiety-related Traits with a Polymorphism in the Serotonin Transporter Gene Regulatory Region«, in: *Science* 274, 1966.

LeVay, Simon, und D. H. Hamer, »Evidence for a Biological Influence in Male Homosexuality«, in: *Scientific American* 270, 1994.

Lewis, Edward B., »A Gene Complex Controlling Segmentation in *Drosophila*«, in: *Nature* 276, 1978.

ders., »Clusters of Master Control Genes Regulate the Development of Higher Organisms«, in: *Journal of the American Medical Association* 267, 1992.

ders., »Remembering Sturtevant«, in: *Genetics* 41, 1995.

Lewontin, Richard C., »The Dream of the Human Genome«, in: *New York Review of Books* 39,10, 1992.

ders., »Women Versus the Biologists: Review of *Exploding the Gene Myth*, by Ruth Hubbard and Elijah Wald, and Other Books«, in: *New York Review of Books*, 7. April 1994.

Li, Xiao-Jiang, et al., »A *Huntington*-associated Protein Enriched in Brain with Implications for Pathology«, in: *Nature* 378, 1995.

Maddox, John, »Valediction from an Old Hand«, in: *Nature* 278, 1995.

Manning, Aubrey, »Drosophila and the Evolution of Behaviour«, in: *Viewpoints in Biology* 4, 1964.

Marshall, Eliot, »NIH's ›Gay Gene‹ Study Questioned«, in: *Science* 268, 1995.

Marx, Jean, »Tracing How the Sexes Develop«, in: *Science* 269, 1995.

Miller, Carol A., und Seymour Benzer, »Monoclonal Antibody Cross-Reactions Between *Drosophila* and Human Brain«, in: *Proceedings of the U. S. National Academy of Sciences* 80, 1983.

Mohr, T., »Hermann J. Muller, 1890–1967«, in: *Journal of Heredity* 63, 1972.

Moore, John A., »Science as a Way of Knowing – Genetics«, in: *American Zoologist* 26, 1986.

Morgan, Thomas Hunt, »Sex Limited Inheritance in *Drosophila*«, in: *Science* 32, 1910.

ders., »The Origin of Five Mutations in Eye Color in *Drosophila* and Their Modes of Inheritance«, in: *Science* 33, 1911.

ders., »The Relation of Biology to Physics«, in: *Science* 65, 1927.

ders., »The Relation of Genetics to Physiology and Medicine«, in: *Scientific Monthly* 41, 1935.

ders., »Genesis of the White-eyed Mutant«, in: *Journal of Heredity* 33, 1942.

Müller, G. H., »*Drosophila*: A Contribution to Its Morphology and Development by W. F. von Gleichen in 1764«, in: *Journal of Natural History* 10, 1976.

Muller, Hermann J., »Artificial Transmutation of the Gene«, in: *Science* 66, 1927.

ders., »The Production of Mutations by X-rays«, in: *Proceedings of the U. S. National Academy of Sciences* 14, 1928.

ders., »Physics in the Attack on the Fundamental Problems of Genetics«, in: *Scientific Monthly* 44, 1936.

Myers, Michael P., et al., »Positional Cloning and Sequence Analysis of the *Drosophila* Clock Gene, *timeless*«, in: *Science* 270, 1995.

Oosumi, T., W. R. Belknap und B. Garlick, »*Mariner* Transposons in Humans«, in: *Nature* 378, 1995.

Painter, Theophilus S., »Salivary Chromosomes and the Attack on the Gene«, in: *Journal of Heredity* 25, 1934.

Payne, Fernandus, »Forty-nine Generations in the Dark«, in: *Biological Bulletin* 18, 1910.

Peyer, B., »An Early Description of *Drosophila*«, in: *Journal of Heredity* 38, 1947.

Pierce, J. L., et al., »A Major Influence of Sex-Specific Loci on Alcohol Preference in C57BL/6 and DBA/2 Inbred Mice«, in: *Mammalian Genome* 9, 1998.

Pinker, S., und S. J. Gould, »Evolutionary Psychology: An Exchange«, in: *The New York Review of Books*, 9. Oktober 1997.

Pittendrigh, Colin S., »Temporal Organization: Reflections of a Darwinian Clock-watcher«, in: *Annual Review of Physiology* 55, 1993.

Platon, »Euthyphron«, in: *Sämtliche Dialoge*, hrsg. von Otto Apelt, vollst., unveränd. Nachdr. der Ausgabe Leipzig 1922–1923, Bd. 1, Hamburg 1988.

Pollack, Robert, »A Crisis in Scientific Morale«, in: *Nature* 385, 1997.

Pontecorvo, Guido, »Genetic Formulation of Gene Structure and Gene Action«, in: *Advances in Enzymology* 13, 1952.

Quinn, William G., William A. Harris und Seymour Benzer, »Conditioned Behavior in *Drosophila melanogaster*«, in: *Proceedings of the U. S. National Academy of Sciences* 71,3, 1974.

ders., und James L. Gould, »Nerves and Genes«, in: *Nature* 278, 1979.

Ready, Donald F., Thomas E. Hanson und Seymour Benzer, »Development of the *Drosophila* Retina, A Neurocristalline Lattice«, in: *Developmental Biology* 53, 1976.

Reddy, P., A. C. Jacquier, N. Abovich et al., »The *period* Clock Locus of *D. melanogaster* Codes for a Proteoglycan«, in: *Cell* 46, 1986.

Reppert, Steven M., »A Clockwork Explosion!«, in: *Neuron* 21, 1998.

Roll-Hansen, Nils, »*Drosophila* Genetics: A Reductionist Research Program«, in: *Journal of the History of Biology* 11,1, 1978.

Rood, Stewart B., et al., »Gibberellins: A Phytohormonal Basis for Heterosis in Maize«, in: *Science* 241, 1988.

ders. et al., »Why Mendel's Peas Came Up Short«, in: *Science* 277, 1997.

Ryner, Lisa C., et al., »Control of Male Sexual Behavior and Sexual Orientation in *Drosophila* by the *fruitless* Gene«, in: *Cell* 87, 1996.

Sapolsky, Robert M., »The Importance of a Well-groomed Child«, in: *Science* 277, 1997.

Sawyer, Lesley, et al., »Natural Variation in a *Drosophila* Clock Gene and Temperature Compensation«, in: *Science* 278, 1997.

Schibler, Ueli, »New Cogwheels in the Clockworks«, in: *Nature* 393, 1998.

Schwartz, Delmore, »I Am a Book I Neither Wrote Nor Read«, in: Nancy Sullivan (Hrsg.), *The Treasury of American Poetry*, Garden City, NY, 1978.

Sehgal, Amita, et al., »Loss of Circadian Behavioral Rhythms and *per* RNA Oscillations in the *Drosophila* Mutant *timeless*«, in: *Science* 263, 1994.

Simons, Howard, »Scientist Finds Flies Can't Learn But Moths and Bats Use Sonar«, in: *Washington Post*, 28. April 1966.

Siwicki, K., et al., »Antibodies to the *period* Gene Product of *Drosophila* Reveal Diverse Tissue Distribution and Rhythmic Changes in the Visual System«, in: *Neuron* 1, 1988.

Spieth, Herman T., »Courtship Behavior in *Drosophila*«, in: *Annual Review of Entomology* 19, 1974.

Stent, Gunther S., »That Was the Molecular Biology That Was«, in: *Science* 160, 1968.

ders., »Strength and Weakness of the Genetic Approach to the Development of the Nervous System«, in: *Annual Review of Neurosciences* 4, 1981.

Stern, Curt, »The Continuity of Genetics«, in: *Daedalus* 99,4, 1970.

Stokstad, Erik, »DNA on the Big Screen«, in: *Science* 275, 1997.

Strachan, Tom, et al., »A New Dimension for the Human Genome Project: Towards Comprehensive Expression Maps«, in: *Nature Genetics* 16, 1997.

Sturtevant, Alfred H., »The Use of Mosaics in the Study of the Developmental Effects of Genes«, in: *Proceedings of the Sixth International Congress of Genetics*, 1932.

ders., »The Linear Arrangement of Six Sex-linked Factors in *Drosophila*, as Shown by Their Mode of Association«, in: *Journal of Experimental Zoology* 14, 1939.

ders., »Thomas Hunt Morgan«, in: *Biographical Memoirs of the National Academy of Sciences USA* 33, 1959.

Sulston, J. E., und Sydney Brenner, »The DNA of *Caenorhabditis elegans*«, in: *Genetics* 77, 1974.

Thompson, Larry, »Search for a Gay Gene«, in: *Time*, 12. Juni 1995.

Tinbergen, Niko, »Social Releasers and the Experimental Method Required for Their Study«, in: *Wilson Bulletin* 60, 1948.

Travis, John, »Bisexual Bugs«, in: *Science News* 148, 1995.

Trottier, Yvon, et al., »Polyglutamine Expansion as a Pathological Epitope in Huntington's Disease and Four Dominant Cerebellar Ataxias«, in: *Nature* 378, 1995.

Tully, Tim, »Measuring Learning in Individual Flies Is Not Necessary to Study the Effects of Single-Gene Mutations in *Drosophila*: A Reply to Holliday and Hirsch«, in: *Behavior Genetics* 16,4, 1986.

ders., »Discovery of Genes Involved with Learning and Memory: An Experimental Synthesis of Hirschian and Benzerian Perspectives«, in: *Proceedings of the U. S. National Academy of Sciences* 93, 1996.

ders. und William G. Quinn, »Classical Conditioning and Retention in Normal and Mutant *Drosophila melanogaster*«, in: *Journal of Comparative Physiology* 157, 1985.

ders. et al., »Genetic Dissection of Consolidated Memory in *Drosophila*«, in: *Cell* 79, 1994.

Vitaterna, M. H., et al., »Mutagenesis and Mapping of a Mouse Gene, *Clock*, Essential for Circadian Behavior«, in: *Science* 264, 1994.

Vosshall, Leslie B., et al., »Block in Nuclear Localization of *period* Protein by a Second Clock Mutation, *timeless*«, in: *Science* 263, 1994.

Wade, Nicholas, »First Gene for Social Behavior Identified in Whiskery Mice«, in: *New York Times*, 9. September 1997.

Wase, Nicholas, »Now Playing at a Nearby Lab: ›Revenge of the Fly People‹«, in: *New York Times*, 20. Mai 1997.

Watson, James D., »Growing Up in the Phage Group«, in: Cairns et al., *Phage*, S. 239.

ders., »The Human Genome Initiative«, in: Barry Holland und Charabambos Kyriacou (Hrsg.), *Genetics and Society*, Reading, Mass., 1993.

ders. und Francis H. C. Crick, »A Structure for Deoxyribose Nucleic Acid«, in: *Nature* 171, 1953.

Weaver, Warren, »Molecular Biology: Origin of the Term«, in: *Science* 170, 1970.

Wheeler, David A., et al., »Molecular Transfer of a Species-Specific Behavior from *Drosophila simulans* to *Drosophila melanogaster*«, in: *Science* 251, 1991.

Wilhoite, Jr., Fred H., »Ethology and the Tradition of Political Thought«, in: *Journal of Politics* 33, 1971.

Wilmut, I., et al., »Viable Offspring Derived from Fetal and Adult Mammalian Cells«, in: *Nature* 385, 1997.

Yin, J. C., et al., »Induction of a Dominant Negative CREB Transgene Specifically Blocks Long-Term Memory in *Drosophila*«, in: *Cell* 79, 1994.

ders., et al., »CREB as a Memory Modulator: Induced Expression of a dCREB2 Activator Isoform Enhances Long-Term Memory in *Drosophila*«, in: *Cell* 81, 1995.

Yu, Qiang, et al., »Molecular Mapping of Point Mutations in the *period* Gene That Stop or Speed Up Biological Clocks in *Drosophila melanogaster*«, in: *Proceedings of the U. S. National Academy of Sciences* 84, 1987.

Zehring, William A., et al., »P-Element Transformation with *period* Locus DNS Restores Rhythmicity to Mutant, Arrhythmic *Drosophila melanogaster*«, in: *Cell* 39, 1984.

Zhang, Shang-Ding, und Ward F. Odenwald, »Mis-expression of the *white* (*w*) Gene Triggers Male-Male Courtship«, in: *Proceedings of the U. S. National Academy of Sciences* 92, 1995.

Register

Die *kursiven* Ziffern verweisen auf Bildlegenden.

Abbildungen

American Philosophical Society Library: 41, 47, 49, 125
Benzer, Barbie: 295(r)
Benzer, Seymour: 55(l), 55(r), 64, 65, 83, 116, 190, 212(o),
    259, 299(l), 351 (Laurent Seroude)
Cajal Institute: 107
California Institute of Technology Archives: 157, 299(r)
Cold Spring Harbor Laboratory Archives: 63, 73 (Ross Madden,
    Black Star), 74, 299(u)
Delbrück, Manny: 71
Fahrner, Karen: 212(r)
Hall, Jeff: 212(l)
Hadfield, Chris: 219
Lewis, Edward: 257, 333
New York Academy of Medicine Library: 353
Savvateeva, Eleana, und Tim Tully: 295(l)
Scientific American und Nachlaß von Bunji Tagawa: 175
Syndikus der Cambridge University Library: 127

Die Abbildung auf S. 24 ist dem Aufsatz von Niko Tinbergen, »Social
Releasers and the Experimental Method Required for Their Study«, in:
Wilson Bulletin 60 (1948), S. 6-52, entnommen, die Zeichnung auf S. 45
dem Aufsatz von T. H. Morgan, »Localization of the Hereditary Material in the Germ Cells«, in: *Proceedings of the U.S. National Academy of
Sciences* 1 (1915), S. 420-429. Die Zeichnung auf S. 75 stammt aus dem
Aufsatz von Seymour Benzer, »Genetic Fine Structure«, in: *Harvey Lectures* 56 (1960), S. 1-21, die Abbildung auf S. 115 aus Francis Galton, *Inquiries into Human Faculty*, S. 120. Die Zeichnung auf S. 128 ist dem Aufsatz von T. H. Morgan, C. B. Bridges und A. H. Sturtevant, »The Genetics of *Drosophila*«, in: *Bibliographia Genetica* 2 (1925), S. 1-262, entnommen, die Darstellung auf S. 172 dem Aufsatz von T. H. Morgan und
C. B. Bridges, »The Origin of Gynandromorphs«, in: *Contributions to the
Genetics of Drosophila melanogaster* (Carnegie Institute of Washington
1919), S. 1-122.

Die Originalausgabe erschien 1999
unter dem Titel »Time, Love, Memory: A Great Biologist
and His Quest for the Origins of Behavior«
bei Alfred A. Knopf, New York.

Alle Rechte vorbehalten,
auch das der fotomechanischen Wiedergabe.
Lektorat: Andrea Böltken
Register: Frank Zimmer, Berlin
Schutzumschlag: Rothfos & Gabler, Hamburg
Satz: Bongé+Partner, Berlin
Druck und Buchbinder: GGP Media GmbH, Pößneck
Printed in Germany 2000
ISBN 3-88680-697-9